Psilocybinpilze und ihre Lebensräume

Ich widme dieses Buch María Sabina, Tina Wasson und Kit Scates – drei großartigen Mykologinnen und Hüterinnen des Wissens, die mein Leben weitreichend beeinflusst haben.

PAUL STAMETS

Psilocybinpilze *und* ihre Lebensräume

Geschichte, Bestimmung und Verwendung psychoaktiver Pilze

at VERLAG

Inhalt

Vorwort

Paul Stamets ist namhafter Pilzspezialist und für seine Pionierarbeiten in der Mykologie, der Pilzkunde, geachtet. Er hat auf diesem Gebiet viele wegweisende Beiträge geleistet, wie die Veröffentlichung zahlreicher Bücher über den Anbau von Heilpilzen sowie von psychoaktiven und essbaren Pilzarten. Auch hat er zusammen mit Kollegen aus der Wissenschaft antivirale und antikanzerogene Eigenschaften von Heilpilzen untersucht. In seinem einprägsamen Buch *Das große Netz: Wie Pilze die Welt retten können* (2005) liefert er überzeugende Argumente dafür, wie Pilze durch Mykorestauration bei der Rettung unseres angeschlagenen Planeten eine ebenso entscheidende Rolle spielen können wie Arzneimittel aus Pilzen bei der Wiederherstellung des Gleichgewichts und der Gesundheit von uns Menschen.

Doch ursprünglich war es der Kontakt mit psychoaktiven Pilzen, der Paul Stamets in das interdisziplinäre Gebiet der Mykologie gelockt hatte und der auf vielfältige Weise Kern seiner Leidenschaft für alles, was mit Pilzen zu tun hat, geblieben ist. Am anerkanntesten, manche mögen sogar sagen am berühmtesten, ist seine Arbeit über die psilocybinhaltigen psychedelischen Pilzarten. Paul Stamets gebührt als einem der einflussreichsten – wenn nicht dem einflussreichsten – Wissenschaftler und Lehrer Anerkennung dafür, dass er bewusstseinserweiternde Pilze einer breiteren Öffentlichkeit bekannt macht. Zwei der vielen von ihm veröffentlichten Bücher sind den psilocybinhaltigen Pilzen gewidmet, *Psilocybe Mushrooms and Their Allies* (1978) und *Psilocybin Mushrooms of the World: An Identification Guide* (1996).

Mit der Publikation seines neuesten Werks hebt Paul Stamets nun seine Leidenschaft auf eine ganz neue Ebene. *Psilocybinpilze und ihre Lebensräume* ist allumfassend. Es deckt die Entwicklung der psilocybinhaltigen Pilze ab, ihre vermutliche Rolle bei der Koevolution mit dem Menschen, ihre Funktion in uralten und zeitgenössischen religiösen und schamanischen Riten, sowohl in der Alten als auch in der Neuen Welt, ihre aufkommende Bedeutung in der Medizin und alles, was Psilocybin-Enthusiasten – oder lediglich interessierte Naturliebhaber – vielleicht wissen möchten. Dieses Buch enthält Kapitel über die weltweite Verbreitung von psilocybinhaltigen psychoaktiven Pilzen, wo man sie findet, wie man sie erkennt, wie man sie züchtet und (nicht unbedeutend) wie man sie für die mentale Gesundheit und spirituelle Entwicklung sicher verwendet. Die zweite Hälfte des Buches umfasst ein Handbuch zur Pilzbestimmung von psilocybinhaltigen Pilzen in sechs Gattungen, wobei jeder Eintrag um hervorragende Farbfotografien und Informationen über den Lebensraum sowie weitere relevante Informationen erweitert ist. Das ganze Buch ist gespickt mit überwältigenden Farbfotos, von denen viele vom Autor selbst aufgenommen wurden.

Dieses Buch ist wahrlich Paul Stamets Meisterwerk und spiegelt seine fast 50-jährige Forschungserfahrung der Mysterien aus der Welt des Psilocybins wider. Das Ergebnis ist das umfassendste, detailreichste und schönste Werk zu diesem Thema, das je publiziert wurde. Es sind viele Bücher über psilocybinhaltige Pilze veröffentlicht worden; in keinem sind die unterschiedlichen Stränge jedoch auf die Art und Weise verwoben wie in *Psilocybinpilze und ihre Lebensräume*. Es ist einfach das maßgebliche Werk zum Thema psilocybinhaltige Pilze und wird es wahrscheinlich auch für Jahrzehnte bleiben.

Dennis McKenna
Vorsitzender und Hauptgründer der McKenna Academy of Natural Philosophy, Abbotsford, British Columbia, Oktober 2024

»The Generous Queen« von Autumn Skye

Einleitung

Die Reise mit psilocybinhaltigen Pilzen beginnt

Pilze sind geheimnisvoll: Manche können uns nähren, manche können uns heilen, manche können uns töten und manche können uns auf eine lebensverändernde spirituelle Reise schicken. Psilocybinhaltige Pilze sind einzigartig – sie können uns dabei unterstützen, ein glücklicheres, erfüllteres, friedlicheres Leben zu leben, und uns ermutigen, verantwortungsvollere Erdenbürger zu werden. Viele Menschen tun sich schwer, ihre Psilocybinerlebnisse zu beschreiben, die über unser Alltagsvokabular und unser spirituelles Fundament hinausgehen können. Die unbeschreiblichen Effekte können tiefgreifend sein. Ich denke, dass psilocybinhaltige Pilze uns und schließlich unserem Planeten helfen können – oder uns zumindest von unserem Weg der Selbstzerstörung abbringen können. Psilocybinhaltige Pilze könnten helfen, die Welt und uns als Spezies zu retten!

Mit *Psilocybinpilze und ihre Lebensräume* beginnen Sie mit dem Abenteuer der Selbstfindung und tauchen in die Natur ein. Ich habe diesen Titel zu Ehren von Alexander H. Smith und seinem Buch *Mushrooms in Their Natural Habitats* gewählt.[1] Mein Professor am Evergreen State College, Dr. Michael Beug, machte mich mit Dr. Smith Mitte der 1970er-Jahre bekannt. Beide haben einen wesentlichen Beitrag zur Mykologie geleistet, insbesondere in Bezug auf die psilocybinhaltigen Pilzarten. Diese beiden Wissenschaftler erkannten die Ernsthaftigkeit meines Interesses an psilocybinhaltigen Pilzen, als ich Anfang zwanzig war, und ermutigten mich, meine Studien trotz der Kontroversen zu dieser Zeit zu verfolgen. Ich bin diesen beiden und all meinen Mentoren für immer dankbar.

Psilocybinhaltige Pilze können kosmische Visionen ebenso anregen wie Selbsterkenntnis sowie Erkenntnisse über die Welt und das Universum um uns herum. Sobald Sie diese Lebewesen kennenlernen, werden die Pilze wie alte Freunde für immer Ihre Verbündeten sein. Und sobald Sie sich mit ihnen angefreundet haben, werden sie Sie dazu verleiten, sie zu fotografieren, zu pflücken und eine Partnerschaft mit ihnen einzugehen, damit Sie ihre Sporen und das Myzel verbreiten. In diesem Buch erfahren Sie, wie Sie mit psilocybinhaltigen Pilzen und ihren Verbündeten eine transformative Reise beginnen können. Für viele von Ihnen wird der Kontakt mit psilocybinhaltigen Pilzen

Psilocybe semilanceata, der Spitzkegelige Kahlkopf, ein wirkungsvoller psilocybinhaltiger Pilz.

Psilocybe azurescens, einer der wirkstärksten psilocybinhaltigen Pilze der Welt.

Ich selbst im Alter von 20 Jahren bei meinem ersten, jedoch erfolglosen Versuch, *Psilocybe cubensis* zu züchten.

zu einem bestimmenden Erlebnis werden. Gehen Sie vorsichtig und respektvoll mit diesen mächtigen Organismen um. Sie sind sehr alt und entwickelten ihre Formen lange vor uns.

Ich habe psilocybinhaltige Pilze seit 1974 in ihren natürlichen Lebensräumen erforscht und mein erstes Buch, *Psilocybe Mushrooms and Their Allies,* 1978 sowie ein zweites Buch, *Psilocybin Mushrooms of the World,* 1999 veröffentlicht. Dieses Buch ist mein drittes Bestimmungshandbuch und es zeigt meinen anhaltenden, lebenslangen Einsatz, den Wissenshorizont über psilocybinhaltige Pilze zu erweitern. Ich beschreibe viele Arten und Anbautechniken, die nie zuvor vorgestellt wurden.

Mykologie ist die Wissenschaft von den Pilzen und Mykologen sind unsere Hüter des Wissens über Pilze. G. C. Ainsworth schrieb in seiner *Introduction to the History of Mycology,* dass die Wörter *mycology* und *mycologist* aus dem Jahr 1836 stammen.[2] Ein sehr frühes Einzelwerk über Pilze, *Rariorum plantarum historia,* datiert aus dem Jahr 1601, und frühe Erwähnungen der Gattung *Psilocybe* enthält ein Bericht von 1834 in den *Transactions of the American Philosophical Society.* Beide Texte waren in Latein verfasst. In diesen Büchern gibt es nur sehr spärliche Verweise auf psilocybinhaltige Pilze, was zum Teil auf die vielschichtige und schwer fassbare Natur der Pilze zurückzuführen ist. Die meisten psilocybinhaltigen Arten stechen nicht hervor und sind daher selten zu finden. Eine bemerkenswerte Ausnahme bilden die majestätischen dungliebenden Arten wie der *Psilocybe cubensis*.

Akademisch gebildete Mykologen mit Fachwissen über psilocybinhaltige Pilze gab es in der Geschichte nur ganz vereinzelt. So haben motivierte Amateure wesentlich zur Wissensgrundlage über psilocybinhaltige Pilze beigetragen. Durch diese leidenschaftlichen Bürgerwissenschaftler, die es auch auf dem Gebiet der Astronomie und in so vielen anderen Forschungsbereichen gibt, vertiefen wir unser Verständnis für die Natur. Tatsächlich war Charles Darwin kein klassisch ausgebildeter professioneller Biologe. Er wollte Priester werden und erhielt einen Abschluss als Bachelor of Arts. Seine Theorien über die Artenentstehung und die Evolution sind jedoch als Durchbruch in der Wissenschaft von enormer Bedeutung bekannt.

»Viele der Pioniere in der Mykologie gingen ihrer Arbeit über Pilze nicht beruflich nach, sondern waren persönlich angetrieben von der Faszination, und glücklicherweise bleibt dies bis heute ein Schlüsselaspekt der Mykologie«, beobachtete D. L. Hawksworth in seinem 2006 für den 8. International Mycological Congress verfassten Artikel »Mycology and Mycologists«. »Die bewanderten Liebhaber sind jedoch letztendlich von der Unterstützung durch berufsmäßige Experten, vom Zugang zu Referenzsammlungen und Präsenzbibliotheken sowie immer umfangreicheren und zuverlässigeren Datenbanken abhängig.« Hawksworth zitierte sogar einen Artikel von R. Watling mit dem Titel »Die Rolle des Amateurs in der Mykologie – Was täten wir ohne sie!«.

Und nun hat eine neue Generation von autodidaktischen Mykologen die Pilzkunde zu ihrem Beruf gemacht. Das Wort *Amateur* trifft nicht mehr zu. Ihre Leidenschaft, Erfahrung, Intelligenz und das On-the-Job-Training bringen frischen Wind in ein Fachgebiet, das gestärkter ist als je zuvor. Bis heute haben relativ wenige akademische Mykologen ausreichend Erfahrung, um jemanden bei der Bestimmung von psilocybinhaltigen Pilzen sicher zu leiten, geschweige denn bei der Vereinigung mit ihnen.

Das aktuelle Erwachen in Bezug auf Psilocybin verläuft kulturübergreifend aus dem Untergrund. Heutzutage bestehen die Psilocybin-Praktiken aus einer Verbindung von kulturellen Traditionen, die mit solider Wissenschaft untermauert sind. Mit diesem Handbuch an Ihrer Seite schließen Sie sich anderen Menschen auf der Welt an, die das Wissen über psilocybinhaltige Pilze verwalten und teilen. Wir haben heute die Aufgabe, Entscheidungen zu treffen, die Auswirkungen auf die Zukunft der uns und unsere Umwelt nährenden sozialen und biologischen Netzwerke haben. Unsere gemeinsame Pflicht als Verbündete des Psilocybins liegt in der Bildung von Kooperationsnetzwerken, die der Allgemeinheit dienen, während sie die Traditionen der indigenen Völker respektieren, die Jahrhunderte, wenn nicht Jahrtausende, zurückreichen. Psilocybinhaltige Pilze wurden auch von der indigenen Bevölkerung als Heiligtümer angenommen, deren Ahnen keine Verwendung dokumentiert haben. Christen, Juden, Muslime, Hindus und Buddhisten verwenden psilocybinhaltige Pilze aktuell, denn die gemeinsamen Erfahrungen stärken die Gefühle der Einheit, der Vergebung, der Güte und des umfassenden Bewusstseins.[3] Ausgerechnet ebenjene Institutionen, Religionen und Kulturen, welche die Verwendung von Psilocybin in der Vergangenheit unterdrückt haben, profitieren immer mehr von der modernen Verwendung dieser ehrwürdigen Pilze. Psilocybinhaltige Pilze spenden uns weiterhin Weisheit und Mitgefühl, damit wir die Gräben zwischen uns überwinden.

Wir alle sind Einheimische der Erde.
Psilocybinhaltige Pilze verbinden uns.
Wir sind eins mit dem Universum.

***

Dieses Handbuch soll Ihnen helfen, psilocybinhaltige Pilze in einer Vielzahl von Lebensräumen auf einem Großteil der Erde zu finden. Psilocybinhaltige Pilze sind nicht gerade einheitlich – sie kommen in vielen Formen, Größen und Farben daher. Sie wachsen auf Feldern und in Wäldern. Sie sind üblicherweise Bodenbewohner. Dennoch weisen viele psilocybinhaltige Arten (schätzungsweise mehr als 220) gemeinsame Merkmale auf, die ich hier beschreibe. Indem Sie sich auf diese Merkmale konzentrieren und die grundlegende Pilztaxonomie erlernen, können Sie psilocybinhaltige Pilze sicherer identifizieren und das Risiko minimieren, versehentlich giftige Pilze zu pflücken. Eine erfolgreiche Pilzsuche hängt von gründlichen Kenntnissen, einem guten Timing und dem Wissen über den Lebensraum ab. Mit der Zeit und einer sorgsamen Detailbeachtung werden Sie besser verstehen, welche Psilocybin produzieren. Dieses Buch wird Sie nicht zu einem Spezialisten machen; doch kann es Sie, vorausgesetzt Sie folgen den Sicherheitshinweisen, Schritt für Schritt beim Lernen leiten, um die Risiken zu minimieren und die Vorteile zu maximieren.

Pilze sind winzige Arzneimittelfabriken, die Hunderttausende von Molekülen produzieren. Psilocybin und Psilocin sind zwei Moleküle von besonderem Interesse, da sie die wirkungsvollsten Verbindungen darstellen. Sie rufen psychoaktive Effekte hervor. Aber haben psilocybinhaltige Pilze möglicherweise auch andere Vorteile? Bei der Arbeit mit Wissenschaftlern haben wir herausgefunden, dass dem Psilocybin verwandte Tryptaminderivate wie Norpsilocin, ein Metabolit von Baeocystin, *in vitro* potenziell antiviral wirken. Viele weitere nützliche aktive Moleküle könnten in ihnen verborgen liegen. Obwohl psilocybinhaltige Pilzarten sicher erscheinen, produzieren manche unter ihnen wachsende Pilzarten giftige Verbindungen, die tödlich sein können.

Nur etwa 15 000 der von Forschern auf insgesamt 150 000 geschätzten Pilzarten sind bisher bestimmt worden. Sie gehören zu einem umfassenderen Pilzgenom, das Pilze, Schimmel und Hefen mit 2 bis 12 Millionen Arten umfasst. Jedes Jahr werden mehr als 2000 neue Pilzarten neu beschrieben. Diese Schätzungen erhöhen sich in dem Maße weiter, wie das Pilzgenom erforscht wird. Jede Art hat ihre unverwechselbare Chemie. Ich betrachte Pilze als Zauberer der Moleküle, die geschickt eine enorme Anzahl sekundärer Stoffwechselprodukte erzeugen, welche die Arten beim Wettbewerb, bei der Kooperation und beim Überleben unterstützen. Viele dieser Metaboliten haben Einfluss auf die Gesundheit von Mensch und Lebensraum. Psilocybin ist nur ein brillantes Beispiel hierfür.

Wie viele giftige, essbare und psilocybinhaltige Pilze gibt es?

Hier geben wir einige allgemeine Schätzungen. Die Anzahl steigt tendenziell, je mehr wir forschen.

Alle Pilzarten:
Es gibt 2 bis 12 Millionen und vielleicht sogar 20 Millionen Pilzarten. Etwa 10 % der Pilze bilden Fruchtkörper. Nur 15 000 bis 20 000 Pilzarten der 150 000 wahrscheinlich existierenden Arten sind bisher bestimmt worden.[4]

Giftpilze:
Etwa 250 Arten[5]

Essbare, kulinarisch interessante Pilze:
Etwa 300 Arten[6]

Psilocybinhaltige Pilze:
Etwa 220 Arten
Psilocybe: 168 Arten[7]
Panaeolus: 17 Arten[8]
Gymnopilus: 16 Arten[9]
Pluteus: 8 Arten[10]
Inocybe: 6 Arten[11]
Conocybe/Conocybula: 4 Arten[12]
Galerina: 1 Art[13]

Können Pilze sowohl Psilocybin als auch Gift enthalten? Selten, aber wir kennen einen Bericht (der nochmals bestätigt werden muss): Eine Sammlung von *Gymnopilus junonius (= Gymnopilus spectabilis)* enthält angeblich Psilocybin und das neurotoxische Oligoisoprenoid.[14] Wir werden wahrscheinlich mehr als eine Pilzart finden, die sowohl Psilocybin als auch toxische Alkaloide und sogar Amatoxine (bicyclische Oktapeptide des tödlichen Amanitas) im selben Fruchtkörper produziert. Ich sehe nicht, dass diese Verbindungen einander ausschließen. Wir wissen jedoch noch nicht, warum Pilze psychoaktive und giftige Moleküle hervorbringen. Sind dies zufällige Produkte einiger anderer wesentlicher Stoffwechselwege, die das Überleben der Pilze mit sichern?

Es stellt sich heraus, dass die Anzahl der bekannten psilocybinhaltigen Pilze, giftigen Pilze und schmackhaften essbaren Pilze sich ähnelt. Jede dieser drei Gruppen macht weniger als 2 % aller bisher beschriebenen Pilzarten aus. Meine größte Sorge? Ich habe psilocybinhaltige Pilze häufig Seite an Seite mit tödlichen Giftpilzen wachsen sehen – manchmal berührten sie sich schon (siehe Fotos hier und auf den Seiten 14 und 171). Pilze unbesehen zu pflücken, wenn psilocybinhaltige und giftige Pilze so dicht beieinander wachsen, könnte zu einem verhängnisvollen Irrtum führen.

Bläuliche Druckstellen sind jedoch eine verräterische Eigenschaft, welche die meisten psilocybinhaltigen Pilze teilen. Nun sind aber nicht alle Lamellenpilze, die blaue Druckstellen bekommen, psilocybinhaltige Arten. Zum Beispiel wurde in dem verlockend blau werdenden Stiel von *Inosperma calamistratum* (ehemals *Inocybe calamistrata*) bisher noch kein Psilocybin oder Psilocin gefunden. Einige *Mycena*-Arten bekommen bläuliche Druckstellen. Es ist bei der Analyse aber weder Psilocybin noch Psilocin entdeckt worden (siehe Seiten 71 und 120). Beachten Sie also bitte, dass die Farbe Blau nicht einzig mit Psilocybin oder Psilocin verbunden ist. Weitere Stoffe, von denen viele noch nicht bekannt sind, spielen eine Rolle. Die blauen Druckstellen bei psilocybinhaltigen Pilzen sind zum Teil auf Psilocybin zurückzuführen, das in einer Kaskadenreaktion von Enzymen zu chinoiden Psilocyl-Oligomeren abgebaut wird – Verbindungen, die Indigo (also der blauen Farbe) ähneln, aber nicht psychoaktiv sind. Diese Verbindungen könnten dennoch Ausgangsstoffe sein und theoretisch in Psilocin rückumgewandelt werden.[15] Die Lehre hieraus: Unterschätzen Sie nicht die komplexe multidirektionale Biochemie von psilocybinhaltigen Pilzen! Chemiker enträtseln immer noch ihre Geheimnisse. Pilze sind wahre Zauberer beim Zusammenstellen exotischer Moleküle.

Psilocybe stuntzii, eine psilocybinhaltige Art mit violett-braunen Sporen, zusammen mit *Galerina marginata,* einem tödlich giftigen Pilz mit rostbraunen Sporen (siehe auch Seite 122). Unvorsichtige Sammler können diese Arten leicht vermischen.

Um Ihr Risiko zur Fehlbestimmung zu minimieren und Sie bei mehrdeutigen taxonomischen Überschneidungen in Alarmbereitschaft zu versetzen, stelle ich eine Handvoll psilocybinhaltiger Arten heraus, die in der Natur mit einer giftigen Art derselben Gattung auftreten. Zum Beispiel ist *Conocybula cyanopus* (ehemals *Pholiotina cyanopus*) psilocybinhaltig; *Pholiotina rugosa* ist ein tödlicher Giftpilz. *Galerina steglichii* ist psilocybinhaltig; *Galerina marginata* ist ein tödlicher Giftpilz.

Psilocybe pelliculosa (oben), ein psilocybinhaltiger Pilz, und eine *Galerina-Art* (unten) wurden dicht beieinander gefunden. Manche *Galerina*-Arten sind tödliche Giftpilze!

Psilocybe cubensis ist der meistkultivierte und -verwendete psilocybinhaltige Pilz der Welt. Der Pilz verfärbt sich typischerweise bläulich, wenn er angekratzt wird. Dies ist ein verräterisches Zeichen, dass diese Art Psilocybin und Psilocin enthält. Jedoch nicht alle Pilze, die bläuliche Druckstellen bekommen, enthalten Psilocybin.

Inocybe aeruginascens ist psilocybinhaltig; *Inocybe geophylla* ist aufgrund des enthaltenen Muscarins (eines natürlichen Pilzalkaloids) für Hunde manchmal verhängnisvoll. Auch durch andere muscarinhaltige *Inocybe*-Spezies wurden bereits Menschen getötet, jedoch selten. Einige der mehr als 1050 bekannten Arten der braunsporigen *Inocybe*-Arten sowie einige Arten der weißsporigen *Mycena* enthalten Muscarin.[16] Nicht alle dieser mehr als 1400 *Mycena*-Arten sind analysiert worden, sodass es wahrscheinlich ist, dass noch viel mehr *Inocybe*-Spezies Toxine enthalten.

Die oben genannten Arten erfordern hochpräzise Bestimmungsfähigkeiten eines Experten. Den meisten mir bekannten Experten widerstrebt in Anbetracht vieler anderer sicherer Alternativen die Durchführung von Selbstversuchen mit diesen psilocybinhaltigen Arten. Wir kennen die volle Anzahl der Toxine, falls es welche gibt, die sich in psilocybinhaltigen Arten innerhalb der Gattungen *Conocybe, Pholiotina, Galerina, Gymnopilus, Pluteus* und *Inocybe* versteckt halten können, noch nicht. Obwohl es sich hierbei um akademisch interessante Fragen handelt, rate ich davon ab, bei Exemplaren dieser besonderen, potenziell gefährlichen Gattung Bioassays (Selbstversuche) durchzuführen, zumindest vorerst. In Anbetracht der vielen Unklarheiten empfehle ich Ihnen, sich strikt in den sicheren Fahrwassern der menschlichen Erfahrung aufzuhalten und Arten von *Psilocybe* und *Panaeolus* vorzuziehen.

Aus der Erfahrung von Jahrtausenden und seit Kürzerem von den modernen Analysetechniken wissen wir, welche Pilze bedenkenlos gegessen werden können. Die gute Nachricht besteht darin, dass die Wissenschaft weitgehend bestätigt hat, was unsere Vorfahren durch sehr langes Experimentieren entdeckt haben. Am besten bleibt man bei der Einnahme innerhalb der Grenzen dessen, was getestet worden ist und als ungefährlich befunden wurde.

Obwohl es in der Medizin heißt, dass die Dosis das Gift macht, ist Psilocybin selbst in sehr hohen Dosen erstaunlich ungiftig. Eine Schätzung geht davon aus, dass man fast 19 kg frische psilocybinhaltige Pilze essen müsste, um die LD50, die letale Dosis, zu erreichen (eine tödliche Dosis, bei der 50 % der Anwender sterben würden).[17] Das wäre bei einer Person mit 70 kg eine Dosis, die mehr als ein Viertel des Körpergewichts ausmacht! (Bitte beachten Sie, dass Psilocybin zwar eine extrem geringe Toxizität aufweist, jedoch viele weitere Verbindungen in Pilzen noch nicht bekannt sind oder getestet wurden.) Da Pilze im Allgemeinen chemisch hochkomplex sind und manchmal wechselwirkende Moleküle enthalten, deren Wirkmechanismen noch sehr wenig verstanden sind, ist es für die meisten Menschen klug, über Jahrhunderte von Menschen getestete und für gut befundene psilocybinhaltige Arten zu wählen: nämlich solche der Gattungen *Psilocybe* und *Panaeolus*.

Die Konzentration auf psilocybinhaltige Pilze mit leicht violett-braunen bis schwarzen Sporen verhindert das Verwechslungsrisiko mit *Conocybula (Conocybe, Pholiotina), Galerina, Gymnopilus, Inocybe* und *Pluteus,* die rostbraune bis braune Sporen aufweisen und nicht die violett-braunen bis schwarzen Sporen, die für die Exemplare der Gattungen *Psilocybe* und *Panaeolus* charakteristisch sind. Im Endeffekt heißt das bei der Bestimmung eines Pilzes, den Sie vielleicht zu sich nehmen, eine Fülle an Vorsichtsmaßnahmen zu ergreifen, denn ein Fehler könnte Sie und andere töten. Pilze sind wirkmächtige Organismen, die Respekt verlangen und ernsthafte Studien bedingen.

Warnung:
Nehmen Sie nie einen Pilz zu sich oder geben ihn anderen zu essen, wenn Sie nicht absolut überzeugt von der Richtigkeit seiner Bestimmung sind – *und* er ungefährlich ist.

Teil 1

Psilocybin – verschiedene Blickwinkel

ELEUSIS
Healing Addiction Trauma & Depression
Soul Medicine for the Betterment of Well People
Stanislav Grof
Neurogenesis
Albert Hofmann
Timothy Leary
Psilocybin
Ergot
Aztec Codex
Socrates
Idealist Philosophy was based on Visionary Experience
Persephone
Abducted Underground by Hades
Springing Out

Kapitel 1

Entwicklung und historische Verwendung von psilocybinhaltigen Pilzen

Zum aktuellen Zeitpunkt haben Mykologen mehr als 220 Arten von psilocybinhaltigen Pilzen über eine breite Anzahl an Gattungen hinweg dokumentiert. Vor etwa 67 bis 65 Millionen Jahren entwickelte sich wahrscheinlich ihre Fähigkeit, Psilocybin herzustellen. Die Entwicklung von psilocybinhaltigen Pilzarten war das Ergebnis von mindestens vier zyklischen Übertragungen von Genen, die für Psilocybin kodieren (Umwandlung von Tryptophan in Psilocybin), was einen wiederkehrenden dynamischen Fluss an psilocybinkodierenden Genen zeigt. Dies hat zu den vielen psilocybinhaltigen Arten geführt, die sich über mindestens neun anerkannte Gattungen aufteilen: *Conocybe, Conocybula, Galerina, Gymnopilus, Inocybe, Panaeolus, Pluteus, Psilocybe* und eine pathogene Art aus der Gattung *Massospora,* die Zikaden befällt und keine Fruchtkörper bildet.

Wir wissen noch nicht, welcher psilocybinhaltige Pilz sich zuerst gebildet hat. Was wir jedoch wissen, ist, dass die für die Biosynthese von Psilocybin notwendigen Gene von einer Pilzart zu anderen Arten übertragen wurden. Wahrscheinlich wurde Psilocybin zunächst in Holzfäulepilzen gebildet und tauchte später in Dung-

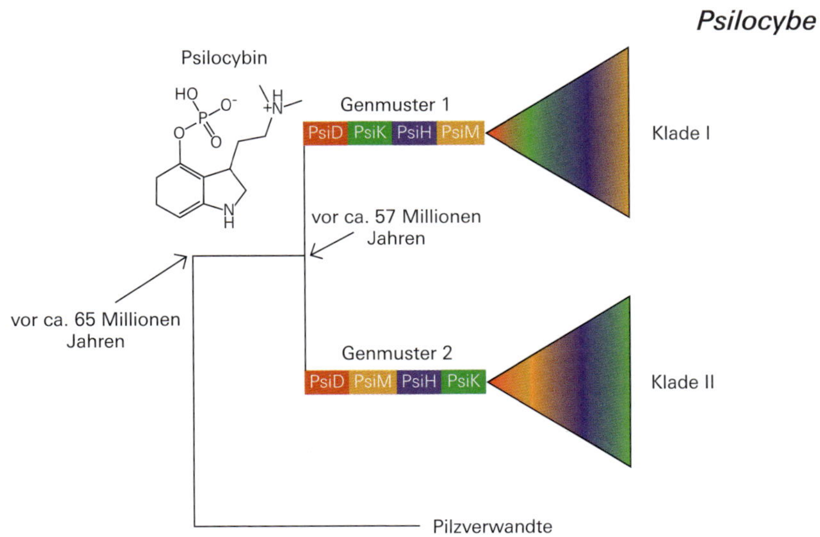

Die Phylogenie oder der Genstammbaum zeigt die vermutete Herkunft von Psilocybin in *Psilocybe.* Klade I und Klade II repräsentieren die *Psilocybe*-Arten mit denselben Genmustern innerhalb ihrer psilocybinproduzierenden Gen-Cluster. Bild: Bryn Dentinger.

»Albert Hofmann und das neue Eleusis« von Alex Grey

Eine mit *Psilocybe cubensis* verwandte Art wächst auf Elefantendung.

Psilocybe cubensis wächst auf Kuhmist.

bewohnern auf. Es bestehen viele Wege, wie die Gene für die Psilocybinsynthese sich verbreitet haben können. Badshaw und andere stellten fest, dass eine ökologische Verschiebung zu dungliebenden Arten zu zwei Gelegenheiten unabhängig stattfand, und zitierten vier oder fünf Möglichkeiten des horizontalen Gentransfers zu anderen Pilzen vor 40 bis 9 Millionen Jahren.[1]

Interessanterweise trifft das Erscheinen des Gen-Clusters, das für Psilocybin kodiert, mit dem kreidezeitlich-paläogenen Aussterben vor etwa 66 Millionen Jahren zusammen.[2,3] Nach diesem Ereignis, das durch einen Meteoriteneinschlag ausgelöst wurde, starben mehr als 75 % der Arten aus. Megafauna-Pflanzenfresser, wie die frühen Vorfahren von Elefanten und Mastodons, begannen anschließend schnell, sich unterschiedlich zu entwickeln. Viele Linien führten zu der dungproduzierenden, grasenden Megafauna. Die Linie dieser Tiere kann 50 bis 25 Millionen Jahre zurückverfolgt werden. Psilocybinhaltige Pilze entwickelten sich in demselben Zeitraum parallel. Unsere heutigen Rinder lassen sich bis zu ihren Wurzeln vor 12 Millionen Jahren zurückverfolgen. Während dieser Zeit haben psilocybinhaltige Pilze vermutlich den Sprung von der Megafauna wie den Elefanten oder den Nilpferden zu den Rindern geschafft.

Zwei weitere von vielen möglichen Vektoren des Gentransfers stellen Fäulnisbakterien und Anastomose (Myzelfusion oder enger Kontakt) unter Mithilfe von Insekten und Vögeln dar, insbesondere von Reihern, welche die psilocybinhaltigen Pilze wahrscheinlich in neuen Lebensräumen verbreitet haben. Einige Pilzarten auf Weiden könnten davon profitiert haben, darunter der majestätische *Psilocybe cubensis* und der neu benannte *Psilocybe ochraceocentrata. Psilocybe cubensis* ist jetzt der am häufigsten gezüchtete und konsumierte psilocybinhaltige Pilz aller psilocybinhaltigen Pilzarten. Diese Arten können gemeinsam mit ähnlich wirksamen Arten aus dem taxonomischen Cluster von *Panaeolus cyanescens* auf demselben Misthaufen auftreten. Eine Arbeitshypothese lautet, dass psilocybinproduzierende Gene zunächst in dungbewohnenden Arten der Gruppe *Panaeolus cyanescens* auftraten und anschließend auf dungbewohnende *Psilocybe*-Arten wie *Psilocybe cubensis* bzw. *Psilocybe ochraceocentrata* übersprangen. Viele Wege haben dazu geführt, dass Psilocybin von einer Art zu einer anderen übergegangen ist. Und wahrscheinlich werden sie sich mit der Entwicklung weiterer psilocybinhaltiger und noch zu entdeckender Arten weiterverbreiten.

Die Vorliebe der Art *Psilocybe cubensis* für Weiden erlaubte ihr, sich zwischen Arten von Megafauna-Pflanzenfressern zu verbreiten, da Wälder gelichtet und durch Grasland für Kühe, Schafe und Pferde ersetzt wurden. Da die mit dem pantropischen *Psilocybe cubensis* verbundenen Taxa weiterhin in Elefantendung gefunden werden, ist der Sprung zum Dung des Wildochsen und der abstammenden Rinder wahrscheinlich eine Ausdehnung des Lebensraums und ein Vorgang jüngeren Datums. Eine interessante und plausible Theorie besagt, dass Reiher die Sporenverbreitung von mit *Psilocybe cubensis* verwandten Arten unterstützt haben, nachdem sie eine mutualistische Beziehung mit Rindern eingegangen sind.[4] Reiher ernähren sich von Schwarminsekten, die auffliegen, während die Rinder weiterziehen und den Lebensraum unter ihren Hufen stören. Die Reiher-Hypothese finde ich besonders interessant, da die Reiher sich auf vielen Megafauna-Pflanzenfressern niederlassen. Viele Insekten entwickeln sich nicht nur auf dem Dung, sondern auch in zahlreichen Pilzen, die auf dem Dung wachsen. Für viele Pilze dienen Insekten so als primäre Verbreiter für Sporen und Myzel. Da sowohl Reiher als auch auf Dung wachsende Pilze Teiche, Moore, Ufer und Sumpfland bevorzugen, treffen sie häufig aufeinander. Als Zugvögel können Reiher dann die Pilze noch weiter verbreiten. Aber auch andere Vögel wie Krähen und Raben können heißhungrige Pilzfresser sein.

Weshalb produziert eine Pilzart Psilocybin? Welchen Evolutionsvorteil liefert diese Verbindung? Da psilocybinhaltige Pilze sich vor dem Menschen und all seinen ausgestorbenen zweibeinigen Vorfahren entwickelt haben – viele hatten ihre Formen schon gebildet, bevor unsere Primatenvorfahren sich entwickelten –, erscheint eine biologische Erklärung unabhängig von der Entwicklung des Menschen wahrscheinlich.[5] Manche Wissenschaftler haben vermutet, dass Psilocybin ein potenzielles Insektizid sein könnte. Dies könnte dazu führen, dass räuberisches Verhalten durch Orientierungs- oder Appetitverlust verhindert wird, sodass Insekten die Fruchtkörper nicht fressen.[6] Ich finde jedoch Fliegenlarven in vielen reifenden psilocybinhaltigen Pilzen, insbesondere in weidebewohnenden Arten. Ich habe wiederholt festgestellt, dass eine andere Gruppe der wirbellosen Tiere, Schnecken und Nacktschnecken (erdbewohnende Mitglieder des Stammes Mollusca), psilocybininaktive Arten vorziehen. Ich führte einen einfachen Wahltest mit invasiven europäischen schwarzen Nacktschnecken (*Arion* spp.) durch, die ich in einen Karton setzte, dazu einen *Psilocybe cyanescens* mit gewelltem Hut und einen Riesen-Träuschling, *Stropharia rugoso-annulata,* an gegenüberliegende Seiten. Die Schnecken schwärmten aus und fraßen die Lamellen und das Pilzfleisch des Riesen-Träuschlings, jedoch nicht die Blauenden Kahlköpfe. Als den Schnecken nur *Psilocybe cyanescens* vorgesetzt wurde, erschienen sie nicht interessiert und ließen sie unbeschädigt. Natürlich ist ein Test nicht beweiskräftig, sodass es diese Theorie noch zu beweisen gilt. Aber wir waren von den Beobachtungen beeindruckt.

Wie auch andere Pilzarten ziehen psilocybinhaltige Pilze Trauermücken, Buckelfliegen, *Drosophila* und weitere Fliegen an, die ihre Sporen in neue Lebensräume verbreiten. Andererseits verschlingen Schnecken und Nacktschnecken das Fleisch der auftauchenden Fruchtkörper bis hin zu den sporenproduzierenden Lamellenschichten und verringern so die Sporenabgabe. Diese Beobachtung unterstützt die Theorie, dass Psilocybin die Plünderung durch Gastropoden (Schnecken und Nacktschnecken) verhindern könnte. Wenn dies der Fall ist, warum produzieren dann nicht alle Pilze Psilocybin? Dass psilocybinhaltige Pilze ihre Sporen auch über uns Menschen verbreiten, könnte sich später entwickelt und ihr Überleben unterstützt haben, so wie dies bei vielen Pflanzen der Fall ist, die der Mensch bisher kultiviert hat, von Äpfeln bis zu Marihuana.[7] Psilocybinhaltige Pilze inspirieren uns, sie als heilige Verbündete zu betrachten, die es zu schützen und zu kultivieren gilt. Ob zufällig oder absichtlich, sie haben einen neuen Vektor für die Panspermie erreicht. Sie trampen mit uns, während wir weiterziehen und neue Lebensräume besiedeln, selbst wenn wir den Weltraum erforschen. Ich stelle die Theorie auf, dass Astronauten psilocybinhaltige Pilze als psychologischen (und ökologischen) Nutzen benötigen werden, um während der extraterrestrischen Erforschung von anderen Planeten die Einsamkeit zu überwinden und bei der Mission zu bleiben.[8] Wir sind jetzt mit den psilocybinhaltigen Arten für immer verbunden.

Die Theorie vom berauschten Affen

In den 1990er-Jahren machten Terence und Dennis McKenna die Theorie vom berauschten Affen populär. Die McKennas meinten, dass sich unsere zweibeinigen Vorfahren während der Klimaveränderung anpassen und Neuerungen vornehmen mussten, um in neuen Lebensräumen zu überleben. Die Brüder schrieben die plötzliche Entwicklung von größeren Gehirnen beim Homo sapiens vor ungefähr 200 000 bis 300 000 Jahren dem Konsum von *Psilocybe cubensis* zu. Hohe Dosen Psilocybin sollen die Neurogenese (Neubildung von Nervenzellen) entzündet haben. Heute scheint diese Hypothese, die einst weithin verhöhnt wurde, nicht mehr so weit hergeholt. Obwohl diese Idee seinerzeit nur eine Hypothese war, denke ich in Anbetracht der heutigen Hinweise, dass sie jetzt als eine ernsthaft in Betracht zu ziehende Theorie gilt.

Als unsere zweibeinigen Vorfahren die Wälder verließen, um Großsäuger im Grasland zu jagen, sind sie wahrscheinlich auf *Psilocybe cubensis* (oder den eng verwandten *Psilocybe ochraceocentrata*) gestoßen, der auf Mist von Rindern, Zebras, Antilopen, Elefanten, Nilpferden, Rhinozerossen und möglicherweise anderen afrikanischen Megafauna-Pflanzenfressern wuchs. Die Sammler von *Psilocybe cubensis* (auch: Kubanischer Kahlkopf) können seine Fruchtkörper aus etwa hundert Metern Entfernung sehen, so offensichtlich sind sie. Wo Pilze auf Mist wachsen und sporulieren, werden Fliegen angezogen und legen Eier. Alternde *Psilocybe cubensis* wimmeln oft nur so von Larven und da viele Primaten Maden essen, könnte dies als eine potenzielle Nahrungsquelle angesehen worden sein. Zweiundzwanzig Primatenarten, dreiundzwanzig, wenn Menschen mitgezählt werden, nehmen Pilze als Nahrung zu sich.[9] Tatsächlich konsumiert der Goeldi-Tamarin aus dem bolivianischen Amazonasgebiet etwa sein zwölffaches Körpergewicht an Pilzen pro Jahr. Viele Primaten wissen, welche von ihnen essbar und welche zu meiden sind. Fraßen unsere Primatenvorfahren Pilze so, wie sie es heutzutage tun? Ihnen sind zweifellos diese Arten begegnet, aber stimulierte das Fressen von

Alex Greys Darstellung der Theorie vom berauschten Affen, der zufolge der häufige Konsum von psilocybinhaltigen Pilzen die kognitiven Funktionen und die Gehirnmasse erhöhte und die evolutionäre Ankunft des *Homo sapiens* vorantrieb.

psilocybinhaltigen Pilzen die Vergrößerung des Gehirns der Primaten?

Unsere Vorfahren aßen wahrscheinlich über Millionen von Jahren hinweg oft psilocybinhaltige Pilze, was Psilocybin zu einem möglichen epigenetischen Neurostimulator macht. Dies bedeutet, dass neue genetische Faktoren für die Neurogenese auftauchten. Durch die Mechanismen der Epigenetik könnten externe Einflüsse (z. B. Psilocybin und Klimawandel) die Genexpression beeinflussen, um die Überlebenschancen zu erhöhen. Für sammelnde Familien und Artgenossen war der Verzehr von Pilzen, abgesehen von einer nahrhaften Mahlzeit, ein aufschlussreiches und unterhaltsames gemeinsames Erlebnis. Hätte die Evolution der Gehirne unserer Primatenvorfahren von solchen Begebenheiten profitiert und neue neurale Verbindungen hergestellt? Wissenschaftler wetteifern weiterhin bei der Postulierung von Theorien darüber, wie und warum sich das Gehirnvolumen unserer frühen Vorfahren innerhalb von weniger als 200 000 Jahren um den Faktor zwei oder drei vergrößert hat und dadurch die Größe und Komplexität unserer heutigen Gehirne erreichte. Unsere Spezies *Homo sapiens* entwickelte sich vor relativ kurzer Zeit. Die McKennas spekulierten, dass sich durch die wiederholte Einnahme von psilocybinhaltigen Pilzen neue Neuronen bildeten, was die Gehirnkapazität vergrößerte. Dies ermöglichte unseren affenähnlichen Vorfahren, neue Fähigkeiten zum Überleben zu entwickeln.

Ich denke, dass diese ungeprüfte Hypothese zu einer nachprüfbaren Theorie erhoben werden sollte. Sie erscheint umso plausibler, da neuere Forschungen gezeigt haben, dass Psilocybin und andere eng verwandte Tryptaminderivate das Nervenwachstum in pluripotenten (Vorläufer, Progenitor) menschlichen Stammzellen anregt.[10] Wir haben jetzt auch Beweise, dass Psilocin an Neurorezeptoren bindet, was die Neurogenese, Neurogeneration und Neuroplastizität stimuliert (für weitere Informationen siehe Seite 109). Die Hypothese der Brüder McKenna wurde zu ihrer Zeit und bis heute von Wissenschaftlern aus unterschiedlichen Bereichen rundweg als lächerlich, eher als ein Traum eines Berauschten, beurteilt. Naive Kritiker äußern, dass »fachliche« Beurteilungen beschränkt sind, da es beim Thema Bewusstseinserweiterung an Aufklärung aus erster Hand mangelt.

Kulturbedingte Verwendung von psilocybinhaltigen Pilzen in der Alten und Neuen Welt

Obwohl es in der Alten im Vergleich zur Neuen Welt nicht viele schriftliche Belege zur Verwendung von psilocybinhaltigen Pilzen gibt, hat durch mündliche Überlieferung doch das Wissen der Ahnen die Zeit überdauert. Zum Beispiel existiert unter den Heilern des Volkes der Basotho, den sogenannten *lingaka* (Medizinern), aus dem Königreich Lesotho in Südafrika eine lange mündlich überlieferte Tradition der Verwendung von *Psilocybe maluti* (siehe Seite 169), dem *koae-ea-lekhoaba.* Sie weichen die Pilze zusammen mit der halluzinogenen Pflanze *Boophone disticha,* der Fächerlilie, vor Ort bekannt als *seipone* oder *leshoma,* in heißem Wasser ein.[11,12] Giorgio Samorini berichtete ebenfalls von der möglichen Verwendung visionärer Pilze in Nordafrika und an der Elfenbeinküste.[13,14] Ich vermute, dies sind nur wenige von sicherlich weitaus mehr Beispielen der Verwendung von Psilocybin in der Vorgeschichte. Es ist anzunehmen, dass derer noch deutlich mehr der wissenschaftlichen Entdeckung harren. Ich bin auch davon überzeugt, dass die überlieferte Weisheit der indigenen Völker eine ernstzunehmende Form der Wissenschaft ist. Beide wissenschaftlichen Schulen, die der Vorfahren und die heutige, basieren auf der Natur.

Wir haben faszinierende objektive Beweise, die eine historische Verwendung von Psilocybin in der Alten Welt bezeugen könnten. Wir sehen Artefakte möglicher Darstellungen von psilocybinhaltigen Pilzen in archäologischen Berichten durch Künstler aus dem Paläolithikum und dem Neolithikum. Diese Bilder sind natürlich interpretationsfähig. Doch die Häufigkeit, mit der gewisse Pilze auftauchen, erscheint verlockend. Ich verlasse mich nicht nur darauf, was andere geschrieben haben, sondern auf Entdeckungen, von denen noch nicht berichtet wurde und welche die historischen Belege einer möglichen Psilocybinverwendung in der Alten Welt unterstützen. Ich ermutige zu ernsthaften akademischen Studien der Verwendung von psilocybinhaltigen Pilzen sowohl in der Vergangenheit als auch in der Gegenwart auf dem gesamten Planeten. Einige Regionen auf der Erde sind aufgrund von kultureller Unterdrückung unterrepräsentiert, während psilocybinhaltige Pilze das Bewusstsein von der Kontrolle dominanter Dogmen und Ideologien befreien. Ein anderer Grund für die bislang eher blinden geografischen Flecken der Psilocybingeschichte könnte der Klimawandel sein. Pilze, die einst entlang üppig bewachsener Flussgebiete verbreitet waren, sind durch Wüstenbildung rarer geworden oder ausgestorben. In dem Maße, wie Pilze seltener werden, nehmen auch die Verwendung und das Wissen der Einheimischen ab, und die Weisheit geht eventuell verloren.

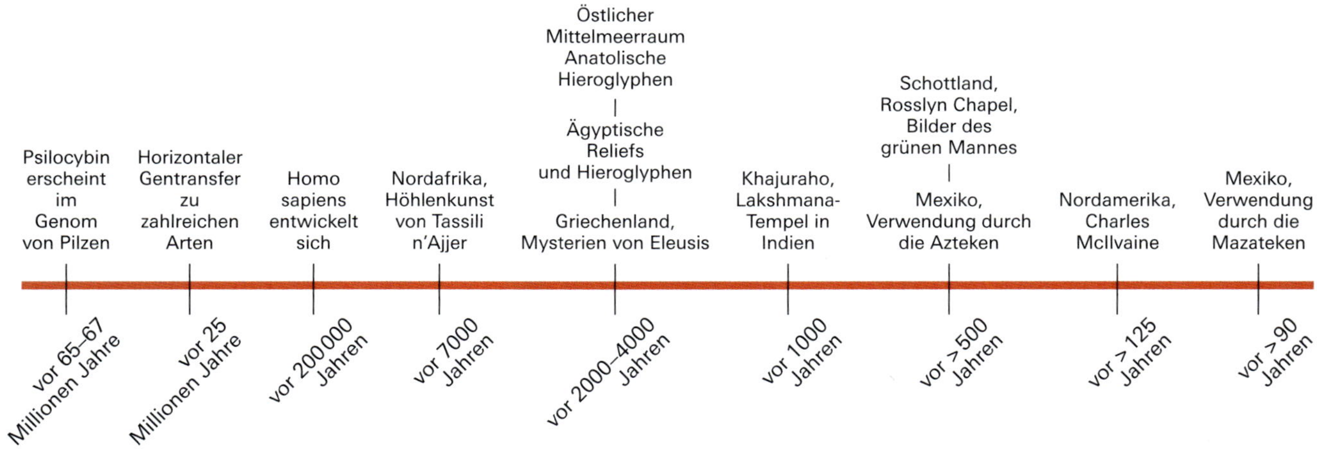

Mutmaßliche historische Zeitachse einiger Ereignisse, die mögliche und dokumentierte psilocybinhaltige Pilze in der menschlichen Kultur wiedergeben.

Zugegebenermaßen haben Mykologen einen auf Pilze fokussierten Blickwinkel, aber wir tragen auch vielseitiges Wissen bei, das viele Historiker nutzen sollten, bevor sie neue Theorien vollständig diskreditieren. Erst kürzlich wurde das Studium der Mykologie auf eine neue Ebene der wissenschaftlichen Glaubwürdigkeit gehoben, während es zuvor zu einer Wissenschaft mit geringer Bedeutung degradiert worden war. Ich bin offen für Gegenmeinungen und einen respektvollen Dialog über dieses Thema, da es nicht nur fundamental für die Evolution der Zivilisation, sondern auch für unsere spirituellen Ansichten über das Universum ist.

Verwendung von psilocybinhaltigen Pilzen in der Alten Welt: das Plädoyer für die Wahrscheinlichkeit

Die Felsenzeichnung des Bienen-Pilz-Mannes in der Höhle Tassili n'Ajjer ist mehr als 7000 Jahre alt. Mehrere Darstellungen sind in die Höhlenwände auf dem Plateau Tassili n'Ajjer im aktuellen Südosten von Algerien, Libyen, Nigeria und Mali eingeritzt. *Tassili n'Ajjer* kann mit »Hochebene der fließenden Flüsse« übersetzt werden. Jahrtausende zuvor wies das Gebiet ein feuchteres Klima auf als mit der heutzutage dominierenden, was-

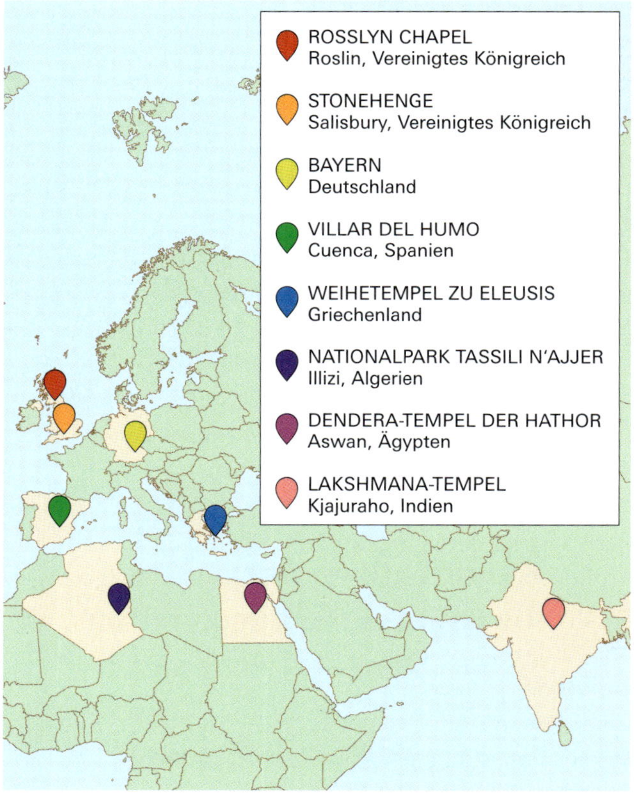

Die wahrscheinlich frühesten Hinweise auf die Verwendung von psilocybinhaltigen Pilzen findet man in den Höhlen von Tassili n'Ajjer in Afrika; der Höhle Selva Pascuala in der Nähe von Villar del Humo in Spanien; Stonehenge in England, dem Weihetempel zu Eleusis in Griechenland; dem Dendera-Tempel der Hathor, Debod und Isis (und vielen anderen) in Ägypten; dem Lakshmana-Tempel in Khajuraho, Indien; und der Rosslyn Chapel in Schottland.

Der Bienen-Pilz-Mann des Künstlers Jonathan Meader, nachgearbeitet in Kupfer.

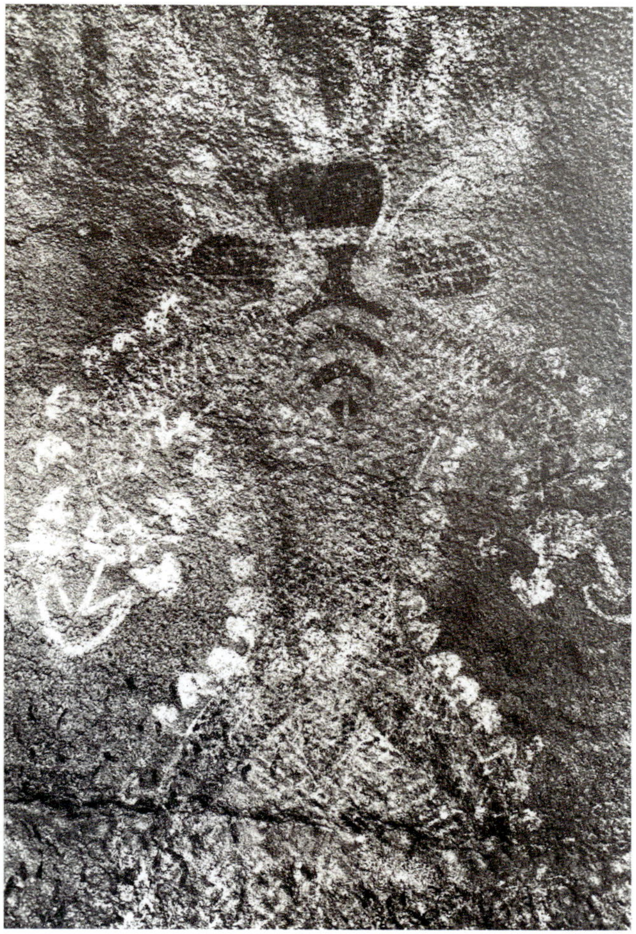

Das Höhlenkunstwerk des Bienen-Pilz-Mannes ist schätzungsweise 7000 Jahre alt. Aus *Merveilles du Tassili N'Ajjer (Wunder von Tassili N'Ajjer)* © 1962 Jean-Dominique Lajoux, Arthaud, Paris.

serarmen Sahara. Diesen Lebensraum suchten häufig Langhornrinder auf, und vermutlich wuchsen hier verbreitet *Psilocybe cubensis* oder *Psilocybe ochraceocentrata*. Die Figur des sogenannten Bienen-Pilz-Mannes ist nicht nur wegen der zahlreichen abgebildeten Pilze faszinierend, sondern auch, weil die taxonomisch akkuraten *Formen* der Pilze vielen Psilocybin-Arten ähneln. In Mesoamerika stellte die indigene Bevölkerung fest, dass das Einlegen der Pilze in Honig eine exzellente Möglichkeit war, diese sehr leicht verderbliche Art zu konservieren. So hat die Verbindung von Bienen, Honig und Pilzen in dieser Höhlenmalerei durchaus Sinn.

Der Fall des Bienen-Pilz-Mannes von Tassili ist nur ein Beispiel für den Mangel an Kenntnisnahme

Das Piktogramm der laufenden Menschen zeigt einen taxonomisch korrekten Phänotyp eines *Psilocybe*-Pilzes und zieht (mit Punkten, die möglicherweise Sporen oder Ideen repräsentieren) eine direkte Verbindung zwischen den Pilzen und den menschenähnlichen Köpfen.

von Pilzen durch Archäologen, was ich mykologische Kurzsichtigkeit nenne. Es ist ein fehlendes Erkennen der Darstellungen von Pilzen als das, was sie sind. In seinem Buch *The Rock Paintings of Tassili*[15] erwähnt der französische Forscher Jean-Dominique Lajoux die Pilze nicht, obwohl die Piktogramme von laufenden Figuren wimmeln, die mit pilzähnlichen Köpfen geschmückt sind und zugespitzte Pilze in der Hand tragen. Die Zeichnungen der Pilze sind morphologisch konsistent und entsprechen selbst den Phänotypen vieler psilocybinhaltiger Pilze.

Um Lajoux zu zitieren: »Diese Malerei beinhaltet im höchsten Grad Symbolik ... in einem Muster, dessen Bedeutung den meisten von uns entgeht ... Ein grob gemaltes weißes Rind ... ist vermischt mit diesen figürlichen Darstellungen und spielt in der gesamten Komposition eine tragende Rolle.« Was die eindeutig pilzartigen Darstellungen betrifft, so weist er nicht darauf hin, dass diese wahrscheinlich Pilze repräsentieren, sondern bemerkt nur, dass »diese maskierten Figuren die einzigen an diesem Standort sind. Sie sind *olivgrün* mit einem *purpurnen* Rand.« Psilocybinhaltige Pilze erscheinen aufgrund ihres Psilocybingehalts oft grünlich bis purpurn. Dieses weitere Element überzeugt mich jedenfalls, dass es sich bei den dargestellten Bildern um psilocybinhaltige Pilze handelt.

Psilocybe cubensis, Psilocybe ochraceocentrata und *Psilocybe fimetaria* wachsen alle auf Rinderdung, haben oft spitze Hüte (zugespitzt) und verändern beim Pflücken ihre Farbe zu olivgrün bis bläulich-purpurn. Der mit einer Bienenmaske verdeckte Kopf und die zahlreichen die humanoide Figur schmückenden Pilze unterstreichen die enge Verbindung zwischen Pilzen, Kühen, Bienen und, im weiter gefassten Sinne, dem Honig. Für mich und viele andere Mykologen erscheint dies als ein bildhaftes Psilocybin-Handbuch und ein Sinnbild zur Bewahrung aus der Altsteinzeit.

Das 6000 bis 8000 Jahre alte Wandbild mit dem Namen Selva Pascuala in der Nähe der Stadt Villar del Humo in Spanien zeigt einen langhornigen Auerochsen (*Bos primigenius,* der Vorfahre des modernen Hausrinds aus dem Holozän) mit etwa einem Dutzend kegelförmiger Pilze, die in der Nähe aus dem Boden sprießen. Viele psilocybinhaltige Pilze haben einen kegelförmigen Hut, der sich nach oben verjüngt, und einen Stiel, der länger ist als der Durchmesser seines Huts. Es ist unwahrscheinlich, dass diese Höhlenmalerei Steinpilze oder Champignons darstellt, da diese abgerundete Hüte aufweisen, die breiter als die Stiele lang sind. Etliche Forscher haben angedeutet, dass die dargestellte Art *Psilocybe hispanica* sein könnte, eine Art, die ähnlich oder synonym zu *Psilocybe fimetaria* ist.

Bis ins Jahr 400 n. Chr. führten die Griechen in einer fast 2000-jährigen Tradition, die als Mysterien von Eleusis bekannt ist, ein Herbstritual zu Tod und Wiedergeburt durch. Es wurde zu Ehren der Gottheit Demeter und ihrer Tochter Persephone gefeiert. Zu Hunderten nahmen griechische Bürger, darunter versklavte Menschen, an einer heiligen Zeremonie teil, während derer sie viele Kilometer zu einem großen Telesterion (Weihetempel) wanderten, wo sie in einer Gruppe ein psychedelisches Elixier, das *Kykeon,* zu sich nahmen, so die Theorie. In ihrem Klassiker von 1978, *The Road to Eleusis: Unveiling the Secret of the Mysteries* (dt. Der Weg nach Eleusis), argumentierten R. Gordon Wasson, Albert Hofmann und Carl Ruck, dass das Kykeon Pilze

Met (fermentiertes Honiggetränk) aus psilocybinhaltigen Pilzen wurde in Europa wahrscheinlich über Jahrhunderte getrunken. Psilocybin in Honig einzulegen ist eine populäre Praktik, die heute noch bei Shape Shifter Honey genutzt wird. Dieser mit Psilocybin versetzte Honig ist eine beliebte Beimischung zu Tees oder heißem Wasser, die bei Festivals wie dem Telluride Mushroom Festival, dem Burning Man und dem Glastonbury Festival angeboten wird. Dass diese Praktik heute so weit verbreitet ist, ist ein Zeugnis von geteiltem Wissen, das Tausende von Jahren zurückreicht und aus einer Vielzahl von Kulturen entstand.

Im Grasland der Pyrenäen Spaniens und Frankreichs kommt *Psilocybe fimetaria* vor, ein psilocybinhaltiger Pilz, der auf Pferde- und Kuhmist wächst.

Dieses Steinrelief stellt die Göttin Demeter dar, die ihrer Tochter Persephone einen Pilz überreicht, bevor Persephone die herbstliche Unterwelt betrat, wo sie den Winter über schlummerte, um im Frühling wieder aufzutauchen.

Höhlenmalerei in Spanien, geschätzte 6000 bis 8000 Jahre alt, stellt eine langhornige Kuh (Auerochse) mit spitzen psilocybinähnlichen Pilzen dar. Die Abbildung der Pilze legt nahe, dass sie für unsere prähistorischen Vorfahren wichtig waren. Die Kuh in der Nähe legt nahe, dass diese beiden in Zusammenhang stehen.[17]

beinhaltete, wahrscheinlich einen entgifteten Extrakt aus einem Mutterkornpilz *(Claviceps* sp.), einer natürlichen Quelle von Mutterkorn-Alkaloiden (verwandt mit LSD)[16], der auf Weizen, Roggen, Raygras, Hafer, Gerste und anderen Gräsern wächst. Die Autoren spekulierten ebenfalls, dass der Name Demeter etymologisch *erysibe* oder *ergot* (Mutterkorn) gleicht. In seinem Buch *The Immortality Key* von 2020 kam Brian Muraresku zu einer ähnlichen Schlussfolgerung. Er analysierte nicht wie Wasson, Hofmann und Ruck die Literatur, sondern stellte auch biochemische Analysen von antiken Kelchen an, die bei ähnlichen Riten verwendet wurden. In ihnen wurden Rückstände von Mutterkorn gefunden.[18]

Da Mutterkorn außerdem an mediterranen Gräsern gedeiht und psilocybinhaltige Pilze in demselben Grasland in den Hügeln oberhalb von Eleusis wachsen, würde es mich nicht überraschen, wenn bei den Ritualen beide verwendet worden wären. Die Verbindung zweier psychedelischer Pilze würde eine starke psychoaktive Zubereitung ergeben. Obwohl es noch keine konkreten Hinweise gibt, dass die Griechen psilocybinhaltige Pilze während der Mysterien von Eleusis verwendeten, gibt es doch dieses interessante Relief von vor 2400 Jahren, auf dem Demeter und Persephone direkt mit Pilzen in Verbindung gebracht werden, als Persephone in die Unterwelt entschwindet. Es könnte implizieren, dass die visionären Effekte des Pilzes ihr bei der Reise halfen.

Auch der römische Kaiser Augustus und Philosophen wie Sokrates, Cicero und Euripides nahmen diese Elixiere zu sich, die den meisten griechischen Bürgern zugänglich gemacht wurden, obwohl die Kosten mehreren Monatseinkommen einfacher Leute entsprachen. Niemand konnte über diese Praktiken sprechen, aus

Lakshmi, die Göttin des Reichtums, wird mit der Lotusblume assoziiert. Hier wird sie mit zwei Händen mit spitzen Formen gezeigt, die mir als Mykologen dem konischen Phänotypen von *Psilocybe cubensis* zu entsprechen scheinen.

Dies ist eine Gruppe von *Psilocybe cubensis,* die den Formen der Pilze auf dem Relief von Lakshmi bemerkenswert ähneln. Diese Pilze wachsen auf dem Mist von Rindern, Elefanten und anderen Megafauna-Herbivoren. Kühe werden in Indien seit Tausenden von Jahren als heilig betrachtet. Warum?

Angst davor, erwischt zu werden, denn dafür galt die Todesstrafe.[19] Der brillante Jonathan Ott ging in seiner selbst veröffentlichten, unbedingt lesenswerten epischen Abhandlung *Pharmacotheon*[20] auf die Mysterien von Eleusis ein. Er spekulierte, dass einer der Gründe für Sokrates' Hinrichtung darin lag, dass er die Geheimnisse der Mysterien von Eleusis verriet. Meiner Meinung nach waren die Priester von Eleusis tatsächlich erfahrene Mykologen. Sie hatten Jahrhunderte Zeit, um diese Elixiere zu perfektionieren. Wir wissen nicht, wie die Mykologenpriester den Zaubertrank von Eleusis gebraut haben, einen, der das Bewusstsein anregen konnte, ohne Wundbrand zu verursachen, was durch die Aufnahme von durch Mutterkorn kontaminier-

Brot aus mit Mutterkorn kontaminiertem Getreide war im mittelalterlichen Europa wahrscheinlich auch die Quelle des gut dokumentierten Antoniusfeuers, das vorübergehenden »Wahnsinn« und Brennen in Armen und Beinen verursachte.[21] Die schrecklichen Symptome und die Veränderung des Bewusstseins belegten angeblich Hexerei. Hunderttausende von Menschen kamen während der Inquisition um, die sich gegen Wissende richtete und bei der wahllos Ketzer definiert wurden, die angeklagt wurden zu wissen, wie ein veränderter Bewusstseinszustand hervorgerufen werden kann. Das Trinken von Zubereitungen, welche die Weltsicht verändern und das Bewusstsein befreien, ist systematisch unterdrückt worden, denn sie wurden als Bedrohung für die bestehende Ordnung angesehen. Ein Beispiel aus der jüngeren Vergangenheit ist Präsident Richard Nixons Krieg gegen die Drogen, in dessen Rahmen Psilocybin und andere psychedelische Stoffe 1971 verboten wurden. Dies zielte auf eine große Anzahl an politischen Gegnern ab, insbesondere auf Minderheiten und junge Menschen.

Mit dieser Münze, Libertas Americana, von 1783 feierten die USA die Unabhängigkeit von Großbritannien am 4. Juli 1776. Dieses Bild mit Symbolcharakter kann bis zu den Freiheitsmützen, die von emanzipierten römischen Sklaven getragen wurden, zurückverfolgt werden. In der Mykologie ist der Name Liberty Cap (Freiheitsmütze) aufgrund der morphologischen Ähnlichkeit eng mit *Psilocybe semilanceata* verbunden worden. In neuerer Zeit nimmt diese psilocybinhaltige Pilzart die Bedeutung des freien Bewusstseins an.[22]

ten Lebensmitteln auf Kornbasis verursacht werden kann. In einem interessanten Bericht über die Herstellung von ägyptischem Bier schlug Tom Riedlinger eine Methode für die Herstellung eines solchen Tranks vor.[23] Ich glaube, dass der Mutterkornbrand wahrscheinlich eher durch eine wiederholte Aufnahme von mit Mutterkorn kontaminierten Getreidekörnern ausgelöst wird als durch eine einmalige Einnahme im Leben. Trotz der Fortschritte in der Pharmakologie bleiben die Mysterien von Eleusis bis heute ein Rätsel.

Es gibt auch spannende Hinweise auf die Verwendung von heiligen Pilzen in Indien. Auch wenn Wasson behauptet, dass es sich bei dem visionären Mittel Soma of India um *Amanita muscaria* handelte,[24,25] bleibe ich skeptisch. Für mich erscheint es verlockender, dass für spirituelle Zwecke *Psilocybe cubensis* verwendet wurde. Ein Relief aus dem Lakshmana-Tempel, den der Herrscher Yashovarman vor etwa 1000 Jahren in Khajuraho, Indien, gebaut hat, stellt phänotypisch akkurate Formen dar, die *Psilocybe cubensis* ähneln. Diese Pilze können immer noch nebenan auf dem Kuhmist gepflückt werden.[26] Shiva, der Herr des Rausches, hat einen blauen Hals, da sich die Druckstellen bei diesen Pilzen blau verfärben. Kühe sind in Indien kulturell geschützt und werden verehrt. Vielleicht ist dies der Fall, weil sie die letzten Lieferanten der auf ihrem Mist wachsenden psilocybinhaltigen Pilzen sind. Beides unterstützt meine nicht so abwegige Hypothese. Seltsamerweise besagt die Legende, dass Buddha 483 v. Chr. im Alter von 80 Jahren starb, als er eine Art bestimmten Pilzes aß,[27] wovon manche behaupten, es sei sein letzter Akt der Erleuchtung gewesen.

Auch in der Rosslyn Chapel, die im 15. Jh. in Schottland gebaut wurde, finden sich eingemeißelte pilzartige Reliefs. Auf den Reliefs wird die Vielfalt der Religionen von Heiden, Katholiken, Kelten und nordischen Völkern gefeiert. Als ich die Rosslyn Chapel im

Eins der 115 Kastenreliefs des Grünen Mannes schmückt innen die aus dem 15. Jh. stammende Rosslyn Chapel in Schottland. Der Grüne Mann war eine mythologische Figur und repräsentierte die Notwendigkeit, mit der Natur verbunden zu bleiben, zur Erde zurückzukehren. Diese Motive sind lange Zeit sowohl in heidnischen (einschließlich der keltischen) als auch in christlichen Kulturen zu finden gewesen. Viele zeigen spitze, pilzähnliche Formen, die aus dem Mund entspringen. Interessanterweise gibt es dort nach meiner Zählung zehnmal mehr Darstellungen des Grünen Mannes als von Jesus Christus. Der kegelige Hut, die eingerollten Ränder und der lange Stiel sind typische Merkmale von *Psilocybe semilanceata,* einer Art, die auf Schafweiden in der Nähe dieses Tempels wächst.

Psilocybe semilanceata, der Spitzkegelige Kahlkopf oder Liberty Cap. Der Name Liberty Cap (Freiheitsmütze) wird jetzt eher in seiner Assoziation mit einem Pilz verwendet als in seinem historischen Bezug mit der Phrygischen Mütze.

Mehr als 2000 Jahre alt (50 bis 25 v. Chr.) ist diese antike Feuerstelle in Welwyn, England, etwa 160 km von Stonehenge entfernt. Herausragende Formen ähneln dem Spitzkegeligen Kahlkopf, *Psilocybe semilanceata,* einem wirkstarken psilocybinhaltigen Pilz, der immer noch auf den umliegenden Weiden wächst. Auf ihnen haben jahrhundertelang Kühe und Schafe gegrast. Aus dem British Museum, Sammlungsnr. #1911,1208.2.

Jahr 2010 besuchte, war ich aufgrund der Anzahl der wie Pilze aussehenden Reliefs, die in die Steinblöcke des Tempels geritzt waren, vor Ehrfurcht erstarrt. Darüber hinaus ist die Rosslyn Chapel von Weiden umgeben, auf denen Schafe grasen. Dies bildet einen idealen Lebensraum für den Spitzkegeligen Kahlkopf, *Psilocybe semilanceata.* Der Anthropologe Jerry Brown, PhD, und Julie Brown erforschten ebenfalls diesen Tempel und spekulierten über die Verwendung von Psychedelika im frühen Christentum.[28]

Obwohl Stonehenge, das in England in den Salisbury Plains liegt, einigen Experten zufolge vor der Zeit der Druiden entstanden ist, war ich erstaunt, Weiden mit Schafen, ideal für das Wachstum von Spitzkegeligen Kahlköpfen *(Psilocybe semilanceata),* direkt um diese uralte, majestätische Zeremonialstätte vorzufinden. Es ist umstritten, ob Druiden, die Hohepriester der Kelten, dieser Region psilocybinhaltige Pilze einst verwendeten. Es ist nicht fraglich, dass die Druiden aktuell psilocybinhaltige Pilze verwenden und Stonehenge als heiligen Tempel für Trips mit psilocybinhaltigen Pilzen betrachten. Dies ist noch ein weiteres Beispiel einer Verbindung, die niemals bewiesen oder widerlegt werden kann.[29] Die Umstände, dass psilocybinhaltige Pilze im Ökosystem um diese spirituellen Monumente leben, heizen Spekulationen über eine Vergangenheit an, die lange Zeit vor unseren Augen verborgen war. Die verstrichene Zeit hat zwar unsere Fähigkeit zu wissen überschattet, jedoch nicht unsere Hypothesefähigkeit.

Umit Sayin, ein türkischer Arzt, lieferte Argumente dafür, dass die alten anatolischen Kulturen von Kleinasien, welches die heutige Türkei und Syrien umspannte, ebenfalls psilocybinhaltige Pilze verwendeten, wie Reliefs und Statuen zwischen 1500 und 500 v. Chr. zeigen.[30] Ein anatolisches Heiligtum zur Feier der Göttin

Kubaba zeigt eingeritzte pilzähnliche Hieroglyphen an ihrer Basis (siehe Seite gegenüber).[31] Manche Experten sind davon überzeugt, dass in dieser Region psilocybinhaltige Pilze verwendet wurden, andere nicht.

Verwendeten die alten Ägypter psilocybinhaltige Pilze? Es erscheint wahrscheinlich, da die ägyptische Kultur reich an Symbolik mit tiefer Spiritualität und Verbindungen zur Natur ist. Die ethnomykologische Tradition der Vergangenheit hängt von unserem Verständnis der alten Praktiken ab. Dies ist eine Herausforderung, da diese Praktiken vom Schleier des Geheimnisvollen umhüllt und geschützt wurden. In Anbetracht der fehlenden schriftlichen Beweise müssen wir die Rolle der antiken Kunst im Kontext der Ökosysteme betrachten, die zu diesen Zeiten vorherrschten. Sollte der archäologische Nachweis nicht eindeutig sein, könnten die paläoökologischen Analysen potenziell einige Erklärungen liefern.

Dieselben Kräfte, die zur Verwüstung der Hochebene Tassili n'Ajjer des Bienen-Pilz-Manns führten und diese Region stark veränderten, hatten auch Einfluss auf einen großen Teil von Nordafrika und die mediterrane Region, inklusive des Nilbeckens des heutigen Ägyptens. Während die grundwasserführende Schicht abtrocknete, zog der Nil mehr Menschen an, die ihn für die Schifffahrt und zum Ackerbau nutzten. Obwohl in dieser trockenen Region Pilze heute rar sind, waren sie doch eindeutig Teil der ägyptischen Geschichte und Kultur.

Von alten Ägyptern wurden Pilze gepriesen und beschrieben als »ohne Blätter, ohne Knospen, ohne Blüten: dennoch bilden sie Früchte; als Lebensmittel, als Tonikum, als Medizin: die gesamte Schöpfung ist wertvoll«.[32,33] Die alten Ägypter betrachteten Pilze als Geschenk des Gottes Osiris, des Gottes des Lebens nach dem Tod und der Unterwelt. Im Papyrus von Ani, auch bekannt als ägyptisches Totenbuch aus den Jahren 375–275 v. Chr., wurden Pilze als »Fleisch der Götter« bezeichnet. Interessanterweise nannten die Azteken einige psilocybinhaltige Pilze *teonanácatl,* was sich genauso mit »Fleisch der Götter« übersetzen lässt (siehe Seite 36).[34,35] Über Kulturen, Kontinente und Jahrtausende hinweg beschworen Pilze das Göttliche in denen herauf, die sie erlebten.

Statue der Göttin Kubaba aus dem 19. Jh., aktuell im British Museum in London. Beachten Sie die pilzförmigen Hieroglyphen.

Es ist verständlicherweise unwahrscheinlich, dass mykologisch ahnungslose Archäologen in alten Berichten und Bildern Pilze sehen. Diese Theorie würde vorangetrieben, wenn DNS von *Psilocybe cubensis* oder *Psilocybe ochraceocentrata* in den Gefäßen oder den Böden um die ägyptischen Tempel gefunden würden, in denen Pilze abgebildet wurden. In dem Maße, wie die Technologie sich weiterentwickelt, werden viele Geheimnisse der Vergangenheit gelüftet. Dies könnte eins von ihnen sein.

Berlant,[36] Froese und andere[37] sowie Abdel-Azeem und andere[38,39] behaupten alle, dass die alten Ägypter aufgrund der morphologischen Ähnlichkeiten der Hieroglyphen, die Pilzformen darstellen, eine Art wie *Psilocybe cubensis* verwendet haben könnten. Im Jahr 2013 hat der legendäre Baba Ahati Kilindi Iyi, der für seine hochdosierte Verwendung von psilocybinhalti-

Pilzformen, die *Psilocybe cubensis* und *Psilocybe ochraceocentrata* phänotypisch ähnlich sind, scheinen aus einem Gefäß in der Hand von Hathor zu wachsen. Hathor, die Göttin der Schönheit, wird oft in ihrer tierischen Form als Kuh dargestellt (30 v. Chr. bis 14 n. Chr.). Siehe auch das Bild auf Seite 28, eine klassische Form von *Psilocybe cubensis.*

Beachten Sie die Blüten des Blauen Lotus zusammen mit pilzähnlichen Formen zu Füßen der Göttin Hathor.

gen Pilzen bekannt ist, ebenfalls darauf hingewiesen, dass die ägyptischen Hieroglyphen *Psilocybe cubensis* darstellten.[40] Diese Hypothese ergibt für mich in vielerlei Hinsicht Sinn.

In der Mykologie schauen wir nach Indikatorarten. Diese Arten bevölkern ein Ökosystem, das auf die gesuchten Pilze hinweist. Im alten Ägypten wurde der Blaue Lotus als heilig betrachtet und war in der ägyptischen Spiritualität bedeutend. Er wurde häufig in Form von Hieroglyphen und Reliefs an den Wänden von vielen Tempeln dargestellt. Der Blaue Lotus (*Nymphaea nouchali* var. *caerulea*), eine Seerosenart, wächst in Teichen. Teiche ziehen Rinder auf der Suche nach Wasser an. Dort, wo der Blaue Lotus in Teichen gedeiht und Rinder sich in der Nähe versammeln, gedeiht wahrscheinlich auch die Gruppe der koprophilen (dungliebenden) *Psilocybe cubensis.* Jäger und Sammler, welche den Blauen Lotus aufgrund seiner Essbarkeit und seiner medizinisch wirksamen Rhizome sammelten, trafen wahrscheinlich auf Pilzarten ähnlich *Psilocybe cubensis,* die auf dem Dung der Rinder Fruchtkörper bildeten. Die frühen Ägypter wussten vermutlich von diesen goldfarbenen, blau verfärbenden psilocybinhaltigen Pilzen, denn diese und der Blaue Lotus wachsen gemeinsam im selben Ökosystem des Feuchtgebiets. Darstellungen der beiden Arten auf manchen Tempelmauern nahe beieinander zeigen, dass die Ägypter von ihrer engen Verbindung wussten.

Die alten Ägypter hielten dies in Form von Steinkunst als Botschaft für die Ewigkeit fest, wobei die Bedeutung nicht mehr klar ist, da sowohl Blauer Lotus als auch Pilze in dieser Region selten geworden sind.

Heute fällt dort weniger als 1 mm Regen pro Jahr. Vor allem brachten die saisonalen Überflutungen des Nils vor Jahrtausenden dringend benötigtes Wasser, Feuchtigkeit und Nährstoffe, durch die diese Region ihren Ruf als Kornkammer Ägyptens erlangte. Heute ist das ganz anders, da Dürren die Wasserressourcen im benachbarten Sudan und Äthiopien beeinflussen, Quellen, die das meiste Nilwasser liefern. Pollenanalysen zeigen in den Jahren 1250 bis 1100 v. Chr. eine radikale Veränderung in dieser Region hin zu einem trockeneren Ökosystem.[41] Die Klimaveränderung hat die ägyptische Kultur fundamental verändert.

Ein pilzähnliches Wandrelief im Tempel von Edfu (237 bis 57 v. Chr.). Für viele Mykologen ist dies eine taxonomisch korrekte Abbildung eines Pilzes, der vielen *Psilocybe*-Arten sehr ähnelt.

2016 behauptete der ägyptische Mykologe Ahmed Abdel-Azeen, dass die Pilze auf dem Wandrelief der Göttin Hathor mit einem Körbchen Pilzen im Tempel von Dendera die klassischen Formen der Gruppe *Psilocybe cubensis* abbildeten. Im Mai 2023 besuchten wir neun Tempel entlang des Nils, darunter auch den Tempel von Dendera. Wir fanden an den Wänden direkt unterhalb von Hathor pilzförmige Wandreliefs oft in Kombination mit dem Blauen Lotus und dem Falken, beide sind anerkannte Symbole der ägyptischen Spiritualität. Die Ägypter betrachteten den Blauen Lotus als heilige Blume, die sich am Tag öffnete und zur Nacht schloss. Sie symbolisierte Leben, Tod, das Leben nach dem Tod, Wiedergeburt und Erleuchtung. Der Falke stellte den Sonnengott dar, den lebenden König von Ägypten. Dass die Formen des Falken, des Blauen Lotus und eines Pilzes wiederholt zusammen anzutreffen sind, unterstreicht ihre symbiotische Verbindung.

Falken sitzen auf Pilzen, während Blauer Lotus wächst. Falken stellten den Gott Horus dar, den Sonnengott und König Ägyptens. Es ist bedeutend, dass diese drei zusammen abgebildet sind.

Für uns als Pilzanbauer ergibt das von Hathor gehaltene Gefäß als Gefäß zur Fruchtkörperbildung durchaus Sinn. Wenn man auf Dung fruktifizierende wilde *Psilocybe cubensis* in ein solches Gefäß umfüllt, wie auf Seite 32 dargestellt, wachsen wahrscheinlich innerhalb von ein bis drei Wochen aus den engen Öffnungen ein weiteres Mal Pilze. Ein solches Gefäß würde nicht nur Feuchtigkeit zurückhalten, sondern auch schädigende Einflüsse von Sonnenlicht und starken Temperaturschwankungen zwischen Tag und Nacht ausschließen. Währenddessen könnte Kohlendioxid durch die Öffnungen entweichen und die Sauerstoffzufuhr zum Myzel gewährleistet werden. Wasser könnte leicht hineingegossen werden und langsam verdunsten, was das Myzel bei der Atmung unterstützt. Die *Psilocybe*-Pilze könnten längere Stiele bilden, während die Fruchtkörper aus dem feuchten und dunklen Gefäßkörper ins Licht wüchsen, sodass sie außerhalb ihre Sporen verbreiten könnten. Und sobald sie auftauchten, würden sich die Pilze wie abgebildet gegen die Schwerkraft biegen. Pilzanbauer verwenden bei vielen Arten gewöhnlich kleine Öffnungen, um eine gezielte Bildung von

Fruchtkörpern auszulösen. Wenn mykologisch erfahrene Ägypter damals entdeckt hätten, dass die Pilzstümpfe nach dem Schnitt nachwachsen (siehe Seite 78), hätte es die Erfolgswahrscheinlichkeit erhöht, wenn sie zurück in das Gefäß gegeben worden wären. Dies ist noch ein weiterer Aspekt, der den meisten Ägyptologen, die nicht im Bereich der Mykologie geschult sind, nicht auffallen würde.

Stellen einige dieser Hieroglyphen und Steinritzungen psilocybinhaltige Pilze dar? Oder ist dies alles nur die fantasiereiche Vorstellung derer, die glauben, dass psilocybinhaltige Pilze zentral für die Entwicklung der modernen Zivilisation sind? Oder werden die Skeptiker von ihrer Unwissenheit beeinflusst? Einige Ägyptologen sind durch ihr mangelndes Wissen über das Ökosystem vor Jahrtausenden, in das die Kulturen eingebettet waren, für das Verständnis der Zusammenhänge im Nachteil. Meistens fehlt ihnen die Kenntnis der Pilze, da diese in einer Bioregion, die über die Zeit eine dramatische Verwüstung erlebt hat, jetzt rar sind. Aus einer breiteren Perspektive habe ich gelernt, die Fähigkeiten von einheimischen Völkern nicht zu unterschätzen. Sie können die Organismen in dem Ökosystem, das Generationen zuvor ausgetestet haben, ganz genau kennen.

Die Methoden, mit denen ich psilocybinhaltige Pilze durch Umpflanzen von Myzel angebaut habe, unterliegen keinen technologischen Beschränkungen. Diese Methoden könnten vor Jahrtausenden angewendet worden sein und werden von vielen auch heute praktiziert. Es ist unbestreitbar, dass psilocybinhaltige Pilze für diejenigen, die sie auf der ganzen Welt vom Altertum bis heute verwenden, visionäre Erlebnisse herbeiführen und tiefe Ehrfurcht hervorrufen sowie Spiritualität, Inspiration, Einsicht und künstlerische Kreativität fördern können, dass sie die mentale Gesundheit verbessern und uns unterstützen können, zivilisierter zu werden. Künstler haben diese Beziehungen seit Äonen verschlüsselt. Begeisterte Anhänger wollen sie verbreiten.

Kürzlich traf ich eine neue Generation Ägypter in Kairo, die diese verlorene Tradition wiederentdecken, indem sie Elixiere aus Extrakten des Blauen Lotus mit den sich blau verfärbenden *Psilocybe cubensis* tranken. Diese Kombination erfährt nun international eine Wiederauferstehung – vielleicht eine erneute Erinnerung an ein kulturelles Erbe, das von den Praktiken der Ahnen widerhallt.

Ähnlich wie einige konventionelle Ägyptologen, konnte der französische Ethnologe Jean-Dominique Lajoux die dargestellten Pilze nicht erkennen, denn er wusste einfach nicht, was er sah. Das ist keineswegs überraschend, dass ein auf die Wüste fokussierter Archäologe die Abbildungen von Pilzen nicht erkennen würde. Es ist verständlich, dass man keine Kenntnis über Pilze hat, die einst in einem Ökosystem gediehen sind, das seitdem radikal verwüstet wurde.

Unglücklicherweise haben Wissenschaftler aus anderen Disziplinen oft Schwierigkeiten zu erkennen, was für den Pilzkenner offensichtlich ist. Dieses sich wiederholende Muster hat verhindert, dass das Wissen über psilocybinhaltige Pilze Teil der anerkannten historischen Aufzeichnungen geworden ist. Ich empfehle Skeptikern, die ablehnen, dass es sich bei diesen Formen um Pilze handeln könnte, umsichtiger zu sein. Ein Ägyptologe, den ich zurate zog, bestand darauf, dass dies keine Pilze, sondern umgedrehte Löffel seien, was akademisch wahrscheinlich sicherer ist, als zu sagen,

Der Blaue Lotus (*Nymphaea nouchali* var. *caerulea*) schließt die Blüten am Abend und öffnet sie im Morgengrauen wieder. Der Blaue Lotus wurde von den alten Ägyptern als spirituelle Heiligkeit verehrt. Er verkörperte die Wiedergeburt.

Der Autor (links), mit Dr. Christian Rätsch, hält einen *Psilocybe azurescens.*

es handele sich um Pilze. Ich denke, dies unterstreicht ein typisches Problem, dem Archäologen und Anthropologen sich gegenübersehen: Wenn ein Ökosystem sich verändert und wie in diesem Fall verwüstet wird, wurde aus diesem ehemals üppig bewachsenen Flussdelta eine aride Region, in der die gewöhnlich anzutreffenden Pilze heute so gut wie ausgestorben sind. Dieser Mangel an Wissen über die kulturellen Implikationen von Pilzen verwirrt und beeinflusst viele Interpretationen heutiger Fachleute, die sich mit den alten Praktiken der Verwendung psilocybinhaltiger Pilze beschäftigen.

Es sollte nicht überraschen, dass psilocybinhaltige Pilze, werden sie in Honig konserviert oder mit anderen Kräutern verwendet, fermentieren und berauschende Aufgüsse ergeben. Durch das Reinheitsgebot von 1516 wurden Pilze oder andere potenziell psychoaktive Zutaten oder Zusätze vermeintlich aus dem Bierbrauprozess eliminiert. Dieses Gesetz trat wahrscheinlich aus vielerlei Gründen in Kraft, einer der wichtigsten war jedoch zu verhindern, dass Halluzinogene oder sogar giftige Verfälschungsmittel zugesetzt wurden. Das Gesetz gab vor, dass Bierbrauer für die Herstellung und Vermarktung von Getränken, die als Bier bezeichnet wurden, nur Wasser, Gerste, Hopfen und die natürliche Fermentierung (aus Hefen) verwenden durften. Die Begrenzung der Zutaten auf Gerste und Hopfen sollte vermutlich dazu dienen, dass Getreide wie Weizen und Roggen der Brotherstellung vorbehalten blieb. Der verstorbene Christian Rätsch, ein deutscher Etnopharmakologe, behauptete, es handele sich hier um eines der ersten europäischen Drogengesetze.[42] Ob aus Zufall oder beabsichtigt, wurde hier wahrscheinlich eine weitere heidnische Praktik unterdrückt. Der Nebel der Geschichte lässt die Gründe hierfür auch schwer ermitteln.

Xōchipilli, der Prinz der Blumen, eine Statue der Azteken aus dem 16. Jh. aus Zentralmexiko, zeigt mehrere psychoaktive Pflanzen und Pilze. Beachten Sie auf dem Sockel und den Kniescheiben die *Psilocybe* mit eingerollten Rändern.

Verwendung von psilocybinhaltigen Pilzen in der Neuen Welt: eine dokumentierte Geschichte

Die Verwendung von psilocybinhaltigen Pilzen in der Neuen Welt ist über mehrere Hundert Jahre gut dokumentiert worden und basiert sowohl auf archäologischen Entdeckungen als auch auf schriftlichen Beschreibungen. Eine der tiefgreifendsten Entdeckungen wurde Mitte des 19. Jh. am Fuße des Vulkans Popocatépetl in Zentralmexiko ans Licht gebracht. Es war eine Statue, die als Xōchipilli, Prinz der Blumen, der Aztekengott der Liebe, des Tanzes, der Landwirtschaft und der bewusstseinsverändernden Pflanzen, bekannt geworden ist. Die Statue, deren Entstehung im ersten Jahrzehnt des 16. Jh. liegt, spiegelt die tiefe Wertschätzung und den Respekt der Azteken gegenüber bewusstseinsverändernden Pflanzen und psilocybinhaltigen Pilzen wider. Die aktuell im Museo Nacional de Antropología in Mexico City ausgestellte Statue zeigt an der Basis und den Kniescheiben von Xōchipilli phänotypisch korrekte Reliefs von Pilzen, die *Psilocybe caerulescens* oder *Psilocybe aztecorum* sein könnten. Die Azteken verwendeten Psilocybin wegen seiner divinatorischen Vorzüge: in die Zukunft sehen, verlorene Gegenstände finden, Krankheiten diagnostizieren und in die spirituelle Welt reisen.

Historiker sind auch von *teonanácatl* fasziniert, einer Zubereitung, die zur Krönung des Aztekenkaisers Ahuitzotl im Jahr 1486 serviert wurde. Diego Durán, ein dominikanischer Mönch, berichtete, dass psychotrope Pilze auf den großen Feierlichkeiten zu Ehren der Thronbesteigung von Moctezuma II., dem berühmten Kaiser der Azteken, im Jahr 1502 gegessen wurden. Diese Berichte wurden von dem spanischen Missionar und Priester Bernardino de Sahagún um 1529 im *Codex Florentinus* dokumentiert. In dem 1885 erschienen Wörterbuch der Sprache Nahuatl, die in Oaxaca gesprochen wurde, erwähnte der französische Linguist Rémi Siméon die Verwendung von psychedelischen (vermutlich) psilocybinhaltigen Pilzen: »Teonanácatl, espèce de petit champignon qui a mauvais goût, enivre et cause des hallucinations.« [Teonanácatl, eine Art kleiner Pilz, der schlecht schmeckt, berauscht und Halluzinationen verursacht.][43]

Die Bezeichnung *teonanácatl* lässt sich mit »Fleisch der Götter« übersetzen (dieselbe Übersetzung gaben die alten Ägypter manchen Pilzen). Das Mixteken-Dokument *Codex Vindobonensis Mexicanus I* aus dem 14. Jh. enthält wiederholt pilzartige Bilder, darunter eines, auf dem sieben Götter zwei oder drei Pilze umklammern. Der *Codex Vindobonensis* wurde Karl I., König von Spanien, 1519 als Geschenk überreicht und befindet sich aktuell in der Österreichischen Nationalbibliothek in Wien.

Im Februar 1519 legte eine Flottille mit den ersten Invasionskräften von mehr als 500 spanischen Erobe-

Pilzsteine der Maya zwischen 1500 und 500 v. Chr. geben einen Hinweis auf die Verwendung von psilocybinhaltigen Pilzen. Einige wenige haben Mulden in ihrer Mitte, was darauf hindeutet, dass sie auch als Reibmühle zum Zermahlen von Substanzen dienten. Viele Pilzsteine wurden von Dorfbewohnern der Maya zutage gefördert, die sie in den 1960ern und 1970ern in Guatemala an Straßenständen an Touristen verkauften. Andere kamen auf den Kunstmarkt, wenn Museen sie im Zuge einer Sammlungsauflösung verkauften, um die Betriebskosten zu finanzieren. Da es schwierig zu beweisen ist, dass sie echt sind, sind zahlreiche Falsifikate zum Kauf angeboten worden. Wesentlich seltener sind auch Pilzsteine der Olmec-Kultur aus Jade gefunden worden. Die Olmec war eine vor den Maya und Azteken bestehende Kultur, die dafür bekannt ist, dass während ihrer Zeit gigantische Köpfe ihrer Anführer aus Basalt gemeißelt wurden. Mehr als 600 von vielen Tausend Steinen, die es vermutlich gab, sind bisher gefunden worden.

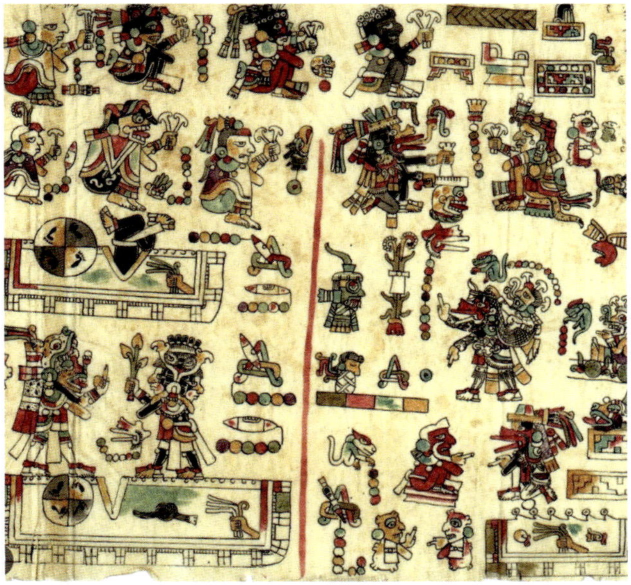

Dieses Faksimile des *Codex Vindobonensis Mexicanus I,* das Original datiert möglicherweise zurück bis ins 14. Jh., zeigt mehrere Beispiele von Azteken beim Essen von psilocybinhaltigen Pilzen. Für mich als Mykologen sind die drei kegelförmigen gelblichen *Psilocybe*-ähnlichen Pilze, die eine Figur links unten hält, interessant. Sie haben eine starke morphologische Ähnlichkeit mit *Psilocybe zapotecorum* und *Psilocybe yungensis.*

rern an der Küste der Halbinsel Yucatán in Mexiko an. Die elf Schiffe mit einer Vielzahl von Kanonen und mehr als einem Dutzend Pferden sowie Rindern, Schafen, Ziegen und europäischen Pflanzen wurden angeführt von Hernán Cortés. Diese Expeditionsstreitmacht begleiteten katholische Priester zur Konvertierung der Azteken und zahlreiche Schreiber, die diese historische Begegnung festhielten. Einer dieser Missionarspriester war Bernardino de Sahagún, der die Verwendung von psilocybinhaltigen Pilzen durch die Azteken dokumentierte. Seine Beobachtungen veröffentlichte de Sahagún in einem Dokument, das als *Codex Florentinus* bekannt wurde. Darin protokollierte er die Verwendung von berauschenden Pilzen: »Diese aßen sie vor der Morgendämmerung mit Honig ... als sie davon erwärmt wurden, begannen sie zu tanzen, und manche sangen und manche weinten. Manche interessierten sich nicht für das Singen, sondern saßen in ihren Räumen und blieben dort als würden sie nachdenken ... Dann, wenn die Trunkenheit nachgelassen hatte, sprachen sie miteinander über die gesehenen Visionen.«[44]

Während der Unterwerfung anderer Kulturen durch die Christen wurden praktizierende Gläubige der indigenen Bevölkerung im Allgemeinen verfolgt. Bildnisse, die ihre spirituelle Welt und ihre Götter repräsentierten, wurden als Götzendarstellungen systematisch zerstört. In den Jahrzehnten nach der Ankunft von Cortés 1519 in Veracruz, Mexiko, folgten Hunderttausende Spanier und Spanierinnen der Expeditionsstreitmacht auf der Suche nach Gold und zerstörten die einheimische Kultur und Religion. *Psilocybe cubensis* wurde wahrscheinlich über die Rinder, die Christoph Columbus in die Karibik brachte, und/oder später von den Wellen an spanischen Eroberern und den auf Landwirtschaft fokussierten Priestern nach Amerika gebracht.[45] Paradoxerweise brachten die Spanier wahrscheinlich eine neue psilocybinhaltige Pilzart in die Region, unterdrückten jedoch die Verwendung von psilocybinhaltigen Pilzen generell. Die Verwendung dieser Pilze wurde in den Untergrund abgedrängt. Die Geschichte wurde von den Siegern geschrieben, die auch zu Zensoren wurden. Anschließend folgten mehrere Jahrhunderte mit wenigen bis keinen schriftlichen Aufzeichnungen über die Verwendung von psilocybinhaltigen Pilzen, obwohl die Rituale mit diesen Pilzen fortdauerten.

Die neuzeitliche Wiederentdeckung von psilocybinhaltigen Zauberpilzen

Die Wiederentdeckung von psilocybinhaltigen Pilzen durch westliche Wissenschaftler und Intellektuelle hat viele Drehungen und Wendungen genommen und zeigte, wie sich wissenschaftliche Ansichten mit der Zeit verändern. Im Fall der Geschichte der Psilocybinverwendung haben viele Experten mit diesem vielschichtigen Wissen ihre persönlichen Erfahrungen geheim gehalten, um ihre religiöse, politische, wirtschaftliche oder akademische Position nicht zu gefährden. Einige Berichte sind spürbar zurückhaltend.

Zum Beispiel berichtete Charles McIlvaine in *One Thousand American Fungi,* das 1900 erschienen ist, dass er mehreren Trips mit psilocybinhaltigen Pilzen beigewohnt hatte. Diejenigen, die einen auf Dung wachsenden *Panaeolus* (Düngerling) aufgenommen hatten, der als *Panaeolus papilionaceus* (wenngleich wahrscheinlich falsch) identifiziert worden war. Er stellte fest: »Die Effekte von *P. papilionaceus* sind sehr unsicher. Ich habe gesehen, dass er *in wenigen Fällen* [Kursivschrift nicht im Original] Heiterkeit und weitere milde Symptome von Berauschung hervorrief. Er ist sehr klein und keine fruchtbare Art, sodass es schwierig ist, größere Mengen zu erhalten.«[46]

Ich wünschte, ich könnte 125 Jahre zurückgehen und McIlvaine über die beobachteten »wenigen Fälle« von leichter Berauschung interviewen. Ich behaupte, er hatte den Wert zu niedrig angesetzt. Es regt die Fantasie an, warum jemand in Anbetracht der zugegebenermaßen geringen Größe nach dieser Pilzart für die Küche suchen sollte, wo es doch widerstandsfähigere Arten mit kulinarischem Wert wie den einladenden *Agaricus campestris,* den Wiesenchampignon, gibt, der üblicherweise im selben Ökosystem wächst.

Im Jahr 1923 schrieb Blas Pablo (Blasius Paul) Reko, ein in Mexiko lebender österreichischer Arzt und Ethnobotaniker, an das U.S. National Herbarium, dass *teonanácatl* kein Peyote sei, wie der amerikanische Ethnobotaniker William Stafford behauptet hatte, sondern tatsächlich ein berauschender Pilz. 1936 erhielt der Anthropologe Robert J. Weitlaner von seinen einheimischen Kontakten Pilze, die sie in der Nähe der südmexikanischen Stadt Huautla de Jiménez im Staat Oaxaca gesammelt hatten. Weitlaner sandte diese Exemplare an Reko, der sie an das Botanical Museum der Harvard University weiterleitete. 1938 reiste der 23-jährige Ethnobotaniker Richard Evans Schultes von Harvard nach Mexiko, wo er sich mit Reko zusammenschloss, um weiter nachzuforschen. Sie besuchten auch Huautla de Jiménez, wo sie mehr über die Verwendung der heiligen Pilze erfuhren, wurden jedoch nicht eingeladen, an einer Velada, dem traditionellen Pilzritual, teilzunehmen.[47]

Ebenso 1938 wurden Jean Bassett Johnson und eine Gruppe von Anthropologen nachts Zeugen eines geheimen Pilzrituals in Huautla de Jiménez.[48] Sie hatten die Information von Eunice V. Pike, einer amerikanischen Missionarin, erhalten, die zu den Wycliffe Bible Translators gehörte.[49] Johnson und seine spätere Frau Irmgard Weitlaner-Johnson, die Tochter von Robert J. Weitlaner, berichteten, dass »der brujo (Zauberer) unter dem Einfluss eines narkotisierenden Pilzes steht, es ist der Pilz, der spricht, und nicht der brujo«. Aus ihren ausgedehnten Befragungen erfuhren Eunice Pike und ihre Missionarskollegin Florence Cowan, dass die Mazateken glaubten, die Pilze bildeten sich dort, wo die Tränen und das Blut Jesus Christus auf die Erde fielen.

»Die Pilze sagen, dass sie die Kindgöttin ist, ein Geist, eine Heilige, eine Schöpferin, das Herz Christi, das Herz der Jungfrau Maria. Sie ist Licht, Sprache, Denken.« Pike und Cowan klagten: »Welche Lehre muss die Einführung des Abendmahls bei den Mazateken begleiten, damit sie nicht dieselbe Erfahrung aus Brot und Wein erwarten, die sie zuvor mit den Pilzen machten, und stattdessen enttäuscht sind? Manche Gläubige der Mazateken, vorwiegend neue Christen, haben den Pilz eine Zeitlang weiterverwendet. Gegenargumente haben sehr wenig erreicht.«[50]

Ähnlich wie in Bezug auf den Leib Christi glaubten sie, dass die Pilze niemals gekocht werden dürfen, da dies bedeuten würde, Gott zu schaden. Die Mazateken, mit denen Pike und Cowan sprachen, behaupteten, sie würden den Himmel sehen, wenn sie die Pilze aßen, und schienen perplex zu sein, dass die Christen nicht auch den Himmel sehen könnten, sondern ihnen lediglich versprochen wurde, dass sie ihn nach dem Tod sehen. Die beiden Missionarinnen gaben zu, keine überzeugende Antwort zu haben.

Synkretismus zwischen den religiösen Praktiken der indigenen Mazateken und dem Katholizismus – die offensichtliche Ähnlichkeit zwischen dem Verzehren von Pilzen und der Eucharistie – wurde in den mazatekischen Traditionen nach dem Kontakt mit den Europäern fester Bestandteil. Diese Fusion zwischen der indigenen und der katholischen Kultur zeigt sich in den Pilz-Veladas der Mazateken. Trotz ihrer Bemühungen, die psilocybinhaltigen Pilze aus diesem neu gewobenen kulturellen Gebilde der indigenen Mazateken zu entfernen, blieben die katholischen Priester und Missionare erfolglos. Zudem hielten die Mazateken nur etwas davon, das Getreide dort zu pflanzen, wo Pilze wuchsen, denn sie wussten, dass der Boden dort ergiebig sein würde (und dort unfruchtbar, wo sie keine Pilze fanden). Dass Pilze das Land nähren, ist ein weiteres

Exemplare in der *Panaeolus*-Sammlung von Schultes wurden ursprünglich mit einem spitzen Hut beschrieben und scheinen so nachher falsch bestimmt worden zu sein; stattdessen waren sie wahrscheinlich *Psilocybe mexicana. Panaeolus papilionaceus* enthält üblicherweise kein oder nur sehr wenig Psilocybin, kann jedoch zusammen mit *Psilocybe mexicana* auftreten, denn sie gedeihen beide auf Weiden, auf denen Kühe, Pferde und Schafe grasen. Diese Arten findet man oft in grasbewachsenen Bereichen, wo Dung zersetzt worden ist. Sie verschmelzen mit den umgebenden Gräsern und verschleiern den offensichtlichen Lebensraum, den Dung.

Der dungliebende *Panaeolus papilionaceus* (= *Panaeolus campanulatus* und *Panaeolus sphinctrinus*) hat schon viele Experten verwirrt. Analysen haben ergeben, dass manche Sammlungen von *Panaeolus papilionaceus* niedrige Psilocybinlevel enthalten, dies jedoch nicht konsistent. Die Aufzeichnungen waren schwierig zu entschlüsseln. Solche Verwechslungen sind jedoch häufig, wenn die Taxonomie einer Art bestimmt wird, und die Geschichte der Art *Panaeolus* ist gespickt mit falschen Bestimmungen, vermischten Sammlungen und verloren gegangenen Belegsammlungen. Falsche Identifizierungen durch Experten gehören zum Lernprozess bei der Entschlüsselung neuer Arten. Eine erneute Prüfung mithilfe einer DNS-Analyse hat einige, jedoch nicht alle verwirrenden Geschichten gelöst, die mit der Klassifizierung von psilocybinhaltigen Pilzen verbunden sind. Es ist besorgniserregend, dass viele Belege in Herbarien aus einer gemischten Sammlung von mehr als einer Art bestehen. Wenn nicht alle Exemplare studiert werden, besteht die Gefahr, dass Experten falsche Schlussfolgerungen ziehen, die von anderen Experten verbreitet werden. Bis zum heutigen Tag ist die Pilztaxonomie eine anfällige, noch im Entstehen begriffene Wissenschaft.

Ich testete einmal etwa 30 rohe *Panaeolus papilionaceus* (sie schmeckten widerlich) im Selbstversuch in der Hoffnung, sie seien psychoaktiv. Sie waren es nicht. Die in den Subtropen oft gleichzeitig mit ihnen auftretenden *Panaeolus cyanescens* und *Psilocybe cubensis* sind es jedoch. Auch weitere *Panaeolus*-Arten, wie der Pferdemist liebende *Panaeolus cinctulus,* früher bekannt als *Panaeolus subbalteatus,* können mit *Psilocybe cubensis* zusammen auftreten. (Beide findet man häufig auf Pferde- oder Kuhweiden.) Tatsächlich können *Psilocybe mexicana, Panaeolus papilionaceus, Panaeolus cyanescens* und *Panaeolus cinctulus* im selben Umfeld wachsen, und manchmal sprießen zwei Arten aus demselben Misthaufen. Jeder der vier erwähnten Pilze kann eine Indikatorart für eine der anderen sein. Das bedeutet, wenn Sie eine der Arten finden, befinden Sie sich wahrscheinlich in dem richtigen Lebensraum, um auch die anderen zu finden.

Der Behangene Düngerling, *Panaeolus papilionaceus,* produziert kein Psilocybin und tritt häufig mit psilocybinhaltigen Pilzarten auf, hier auf Kuhdung. Üblicherweise findet man viele *Panaeolus*-Exemplare nah beieinander, was zu großer Verwirrung über ihre Taxonomie geführt hat. Dieser Pilz breitet sich nicht flach aus, und die charakteristischen fein gezähnten Überreste am Hutrand fehlen oft aufgrund von Wettereinfluss oder Alter. Siehe auch Seite 127.

Beispiel für die bemerkenswerte Weisheit der indigenen Bevölkerung. Psilocybinhaltige Pilze bleiben transzendent – sie schlagen Brücken zwischen Kulturen mit göttlichem Respekt für die Natur und das spirituelle Universum, deren Gegenwart sie zu einem besseren landwirtschaftlichem Ertrag leitete.

Im Jahr 1940 veröffentlichte Richard Evans Schultes einen wichtigen Beitrag im *American Anthropologist* mit dem Titel: »Teonanacatl: The Narcotic Mushroom of the Aztecs.«[51, 52] (Der Narkosepilz der Azteken) Die ihm bereitgestellten Exemplare, die von Weiden kamen, waren in schlechtem Zustand und wurden vorläufig der Varietät *Panaeolus campanulatus* var. *sphinctrinus* zugeordnet. Unmittelbar nach der Veröffentlichung von Schultes Artikel und noch etliche Jahre danach trugen westliche Wissenschaftler (einschließlich Schultes) diese falsche Bestimmung von *teonanácatl* (Fleisch der Götter) als *Panaeolus campanulatus* var. *sphinctrinus,* bekannt als *Panaeolus papilionaceus,* weiter. (Die falsche Bestimmung von Pilzen ist in der Wissenschaft nicht ungewöhnlich.)

Ich stimme jedoch mit anderen Spezialisten überein, dass *teonanácatl* kein *Panaeolus,* sondern eher ein *Psilocybe* oder eine Sammlung von *Psilocybe*-Arten war: höchstwahrscheinlich *Psilocybe mexicana, Psilocybe caerulescens* und/oder *Psilocybe aztecorum.* Nachfolgende Sammlungen von sogenannten Zauberpilzen durch die Mazateken, die sich in besserem Zustand befanden, wurden von dem französischen Mykologen Roger Heim bestimmt. Die überprüften Sammlungen beinhalteten nicht nur *Psilocybe mexicana,* sondern auch die psilocybinhaltigen *Psilocybe caerulescens* und *Psilocybe cubensis,* Letzter damals noch als *Stropharia cubensis* bekannt.

Dies sind die frühesten Berichte in der westlichen wissenschaftlichen Literatur, welche die Wiederentdeckung der Verwendung von psilocybinhaltigen Pilzen in Mexiko beschreiben – Pilze, die bekannt waren und von indigenen Pilzspezialisten zuvor während Jahrhunderten, wenn nicht gar Jahrtausenden verwendet wurden. In den Vereinigten Staaten wussten Mykologen wie Charles McIlvaine gegen Ende des 19. Jh., dass eine Art, die *Panaeolus papilionaceus* ähnlich sah, einen Rausch hervorrief, aber es bestehen keine früheren Dokumente darüber, die diesem Autor bekannt waren, dass europäische Immigranten in Nordamerika absichtlich psilocybinhaltige Pilze zu sich genommen hätten.

Fast 20 Jahre, nachdem Richard Evans Schultes zum ersten Mal von Pilzen erfuhr, die visionäre Effekte herbeiführen, führte María Sabina Magdalena García, eine mazatekische Medizinfrau in Oaxaca, den selbst ernannten Ethnomykologen R. Gordon Wasson und einige seiner Begleiter durch eine Reise mit psilocybinhaltigen Pilzen. Wasson war Vizepräsident für Public Relations bei der JP Morgan Bank, und zusammen mit seiner Frau, der Medizinerin Valentina (Pavlovna) Wasson, verbrachte er Jahrzehnte mit der Untersuchung der Verwendung von psychoaktiven Pilzen (primär *Psilocybe* und *Amanita*) über viele Kulturen hinweg.

Der Zugang der Wassons zum Gebiet der Mykologie (und damit zur Gründung der Ethnomykologie) entsprang ihren völlig entgegengesetzten Reaktionen auf ein zufälliges Auffinden wilder Pilze bei ihrer verspäteten Hochzeitsreise 1926. Valentina (Tina) wuchs mit dem Sammeln und Essen von Pilzen in ihrer Heimat Russland auf, bevor sie während der Russischen Revolution ausreiste und in London Ärztin wurde. Sie kannte die Namen vieler Pilzarten. Auf ihrer Hochzeitsreise stießen sie eines Tages in den Catskills Mountains im Südosten des Staates New York zufällig auf eine Gruppe majestätischer Pilze. Sie war von ihrem Fund entzückt, während Gordon Wasson bei dem Gedanken, sie essen zu müssen, bestürzt reagierte. Sie waren beide davon fasziniert, auf welche Weise ihr kultureller Hintergrund zu ihren Reaktionen beitrug, was sie später als *Mykophilie* und *Mykophobie* bezeichneten. Sie waren beide entschlossen, mehr über diese faszinierenden Organismen zu lernen. Diese Erfahrung bildete den Zündfunken für ihre lebenslange Erforschung von Pilzen und deren unterschiedlichen Verwendungsformen in den Kulturen. Dies führte sie schließlich zur Erforschung der ursprünglichen historischen Verwendung von psilocybinhaltigen Pilzen in der Neuen Welt.

Gordon und Tina Wassons Interesse führte sie schließlich durch Kontakte von Richard Evans Schultes, Blas Pablo Reko und Robert Weitlaner nach Oaxaca. Im Jahr 1953 stellten sich die Wassons als Anthropologen bei einer Familie in Huautla de Jiménez vor, die ihnen eine Übernachtungsmöglichkeit anbot. Am nächsten Tag sammelten ihre Gastgeber die heiligen Pilze in der Nähe und zeigten sie den Besuchern, die kurz danach an ihrem ersten Ritual mit dem Schamanen Aurelio Carrera teilnahmen. Die Wissenschaftler aus dem Westen beobachteten die Pilz-Velada anscheinend nur.[53] Gordon Wasson machte daraufhin Selbstexperimente mit einer Mischung wilder Pilze, spürte aber zu seiner Enttäuschung keinen Effekt. In ihrem Buch *Mushrooms, Russia, and History* beschrieben die Wassons ihre Erfahrung: »Die Tage vergingen und wir waren immer enttäuschter, dass wir keine große Menge an heiligen Pilzen angesammelt hatten. Das frühe Ende der Regenzeit hatte sie rar werden lassen. RGW [R. Gordon Wasson] leerte unser wertvolles Lager, indem er drei der kleinen und einen der großen aß, mehr konnten jedoch nicht erübrigt werden. Sie waren bitter im Geschmack und nicht ausreichend, um psychische Symptome auszulösen.«[54]

Bei weiteren Besuchen, von dem einer zwei Jahre später stattfand, traf die Wasson-Gruppe Cayetano García Mendoza, den stellvertretenden Bürgermeister der örtlichen Gemeinde. Er stellte sie seiner Verwandten María Sabina, einer Chojn Chijné oder Hüterin der Weisheit, für ein weiteres Ritual vor. Diese Treffen und Einweihungen in das alte indigene Wissen waren zunächst einvernehmlich vereinbart, doch galt es, die Geheimhaltung zu respektieren. Es dauerte noch bis zu Gordon Wassons drittem Besuch bei den Mazateken im Jahr 1955, dass er zu einer echten Velada eingeladen wurde.

Tina Wasson schaut zu Gordon Wasson, an dem Tag, nachdem er eine hohe Dosis *Psilocybe caerulescens* zu sich genommen und mit María Sabina in Oaxaca auf einer Psilocybinreise gewesen war.

Eine rasig wachsende Gruppe junger *Psilocybe caerulescens,* eine wirkungsvolle psilocybinhaltige Art, die in indigenen Ritualen der Mazateken bedeutsam sind.

María Sabina mit ihren Schülerinnen und Schülern. María Sabina bestand darauf, dass sie keine Curandera (Schamanin), sondern eine Sabia, eine Hüterin der Weisheit oder eine Weise, war.

In der Nacht des 29. Juni 1955 nahmen Wasson und sein Kollege Allan Richardson zusammen mit María Sabina an einer Velada mit heiligen psilocybinhaltigen Pilzen teil, die ihre Führer auf verrottender Zuckerrohrbagasse in der Nähe gesammelt hatten. María Sabina pries das Erscheinen der Pilze mit Lob und Gesang.

Wasson und seine erweiterte Gruppe nahmen am 2. Juli 1955 an einer weiteren Velada mit María Sabina teil. Diesmal nahm Wasson sechs Paar Pilze, die *Psilocybe caerulescens* zu sein schienen, innerhalb von 30 Minuten ein, ganz klar eine Dosis für eine Heldenreise. Richardson nahm nicht teil, so konnte er sich darauf konzentrieren, Fotos zu machen und festzustellen, dass »einmal genug war«.[55]

María Sabina mit ihrer Familie und R. Gordon Wasson vor ihrem Altar.

María Sabina überreicht R. Gordon Wasson paarige *Psilocybe caerulescens,* wirkstarke psilocybinhaltige Pilze.

María Sabina, tief in das Ritual eingetaucht.

Wasson beschrieb die Erfahrung dieses Abends folgendermaßen:

Wir waren nie wacher, und die Visionen kamen, ob unsere Augen offen oder geschlossen waren. Sie tauchten aus der Mitte des Blickfeldes auf, öffneten sich, während sie kamen, mal jagend, mal langsam, mit der Geschwindigkeit, die unser Wille wählte. Es waren lebendige Farben und immer harmonisch. Es begann mit geometrischen Mustern, winkelig, in der Art von Textilteppichen oder Tapeten, von der Hand eines Architekten gezeichnet ... Später war es, als ob die Wände unseres Hauses sich aufgelöst hätten und mein Geist herausgeflossen wäre und ich mitten in der Luft hinge und die Berglandschaften anschaute, mit sich langsam über die Hänge vorwärtsbewegenden Kamelkarawanen, die Berge wuchsen Stufe über Stufe hinauf bis zum Himmel. Da war ich nun, im Weltraum im Gleichgewicht, ein entkörpertes Auge, unsichtbar, körperlos, sehend, aber nicht gesehen.[56]

Ein paar Tage später, am 5. Juli 1955, nahmen Tina Wasson und ihre 19-jährige Tochter Masha mit einem eigenen einheimischen Führer ebenfalls die heiligen Pilze zu sich. Die Bezeichnung *Zauberpilze* wurde von den Herausgebern des Magazins *Life* am 13. Mai 1957 geprägt, als sie Gordon Wassons Beschreibung der Teilnahme an einer geführten Reise mit einer Curandera (María Sabina) veröffentlichten und der westlichen Welt einen flüchtigen Eindruck in die alten Rituale mit psilocybinhaltigen Pilzen gab.[57] (Die Bilder der beiden Sitzungen mit María Sabina von Allan Richardson wurden in dem Artikel veröffentlicht.) Der Artikel machte Millionen von Amerikanern darauf aufmerksam, dass Zauberpilze existieren und dass die einheimischen Völker Südmexikos wussten, wie man sie für spirituelle und therapeutische Zwecke nutzte. Diese öffentliche Enthüllung diente als Katalysator der Revolution des neuen Bewusstseins, die schon bald über den Rest der Welt fegte.

Eine Woche später, am 19. Mai 1957, veröffentlichte Tina Wasson ihre Geschichte, »I Ate the Sacred Mushrooms« (Ich aß die heiligen Pilze), in fast 12 Millionen Exemplaren von *This Week,* einer landesweiten Beilage vieler Sonntagszeitungen.[58] Darin bemerkt sie, dass psilocybinhaltige Pilze für die westliche Medizin therapeutisches Potenzial aufweisen könnten. Dies ist

Ohne das Wissen von Gordon und Tina Wasson wurde Gordon Wassons Reise nach Mexiko 1956 zum Teil vom CIA-Projekt MK-ULTRA finanziert. Man war aktiv auf der Suche nach neuen Verbindungen, die während Verhören Geständnisse herbeiführen konnten.[59] Ein Dokument der CIA vom 27. März 1956 weist darauf hin, dass er (vermutlich Wasson) »im Unklaren und ahnungslos in Bezug auf das Interesse der Regierung an diesem Projekt« ist. (Wasson berichtete später in seinem Tagebuch, dass er von James Moore von der CIA heimlich kontaktiert wurde.[60]) In dem Dokument heißt es weiter, dass »er« bis jetzt drei Forschungsreisen mit insgesamt etwa zehn geplanten Feldexpeditionen durchgeführt hatte. Die Finanzierungsanfrage lag bei 2000 $ (was heute etwa 18000 bis 28000 € entspricht). Vergleichend gesagt, scheint diese Forschungsreise als Projekt mit hoher Priorität dieses Finanzierungslevel nicht wert gewesen zu sein. Das bereitgestellte Geld diente zur Erstattung von Ausgaben für Fotografie und Nebenkosten. Es erscheint mir eher wie ein Vorhaben zur Ausforschung ausgefallener Ideen.

Wenn wir diesem zum Teil bearbeiteten freigegebenen Dokument glauben sollen, wusste Wasson nicht, dass ein CIA-Mitarbeiter ihn auf diesen Forschungsreisen begleitete, oder aber er behielt diese Information für sich. Ich weiß von keinem weiteren Anhaltspunkt, dass Wasson zum Zeitpunkt seiner Forschungsreisen Kenntnis davon hatte, dass die CIA seine Unternehmungen zum Teil finanziert hatte. Später hatte er tatsächlich erfahren, dass er unwissentlich ein Gewinn für die CIA geworden war. Und die Forschungsreisen der Wassons sollten bald danach öffentliches Aufsehen erregen, das bis heute nachhallt.

ein bedeutender und oft übersehener Meilenstein in der Geschichte des Psilocybins.

Der in Deutschland geborene Mykologe Rolf Singer reiste ebenfalls nach Mexiko, um den Kontakten von Richard Evans Schultes und Gordon Wasson zu folgen und Exemplare für weitere Forschungen zu sammeln. Singer traf sich mit Wasson in Huautla de Jiménez. In seinem Buch *Agaricales in Modern Taxonomy,* dessen einzelne Bände 1949 und 1951 veröffentlicht wurden, beschreibt Singer die berauschenden Pilze von Mexiko nicht als *Panaeolus,* sondern als *Psilocybe.*[61] Im Jahr 1958 nennt Singer in einem Artikel, den er mit Alexander Smith von der University of Michigan publizierte, mehrere sich bläulich verfärbende Arten der Gattung *Psilocybe* aus dem Pazifischen Nordwesten von Nordamerika, Mexiko, Bolivien und Argentinien: *Psilocybe baeocystis, Psilocybe strictipes, Psilocybe collyboides, Psilocybe candidipes, Psilocybe aggericola, Psilocybe muliercula* und *Psilocybe yungensis.*[62] Singer hatte den ungewöhnlichen Schritt gemacht und *Mycologia* (finanziert durch den Mediziner Sam Stein, Direktor *The Bertram and Roberta*

Am 13. Mai 1957 enthüllte das Magazin *Life* Millionen von Lesern die Eigenschaften von psilocybinhaltigen Pilzen, ihre kulturelle Verwendung durch die Mazateken, ihre Merkmale und die intensive Reise, die Wassons Team mit ihnen unternahm.

R. Gordon Wasson und der französische Mykologe Dr. Roger Heim suchen 1955 psilocybinhaltige Pilze in Oaxaca.

Stein Neuropsychiatric Research Program Foundation mit Sitz in Chicago[63]) bezahlt. So konnte sein Artikel unabhängig von der Reihenfolge des Eingangs vor Roger Heims und Roger Callieuxs geplanter Publikation von *Psilocybe wassonii* veröffentlicht werden.

Heim veröffentlichte die Bezeichnung *Psilocybe wassonii* später im Jahr 1958 in einem kurzen Artikel mit dem Titel »Diagnose latine du *Psilocybe wassonii* Heim, Espèce Hallucinogène des Azteques [Lateinische Beschreibung von *Psilocybe wassonii* Heim, einer halluzinogenen Art der Azteken]«.[64] Dieser Name wurde durch die vorangegangene Publikation von Singer und Smith nachrangig. Die Publikationen von Singer und Smith kamen auch einigen der anderen vermeintlichen Namen zuvor, die Heim und Callieux in ihrer Publikation »Nouvelle contribution à la connaissance des Psilocybes hallucinogènes du Mexique« [Neuer Beitrag zum Wissen über halluzinogene *Psilocybe* in Mexiko] von 1960 vorbrachten.[65,66,67,68] (In der Taxonomie erhält derjenige das Namensvorrecht, der neue lateinische Doppelbenennungen zuerst veröffentlicht (Prioritätsprinzip).) Diese vier Mykologen Singer, Smith, Heim und Callieux standen ganz klar in Konkurrenz zueinander. Der Konflikt um die Benennung von *Psilocybe wassonii* und anderen Arten bildete einen Graben, was in der akademischen Welt zwischen brillanten Köpfen, erpicht darauf, die Ersten zu sein, nicht ungewöhnlich ist. Ich brachte das Thema bei Alexander Smith zur Sprache, der mir sagte, er habe erst nach der Publikation von dieser Kontroverse erfahren. Er habe lediglich Kommentare zur Mikroskopie und Taxonomie nach dem Erhalt von Exemplaren von Singer beigetragen. Singer, Smith, Heim und Callieux waren einige der produktivsten Mykologen in der Geschichte und haben Hunderte von Pilzarten benannt.

Tina Wasson starb am 31. Dezember 1958 im Alter von 57 Jahren. Während jedes Vortrags von Gordon Wasson, dem ich beiwohnte, zollte er Tina reichlich Anerkennung und betonte ihre entscheidende Rolle für seine Begeisterung für die anschließende jahrzehntelange Forschung auf dem Gebiet der Ethnomykologie. Er ehrte ihr Andenken weiterhin mit der Spende seiner Bücher und von Artefakten an Harvard und nannte sein Geschenk »The Tina and Gordon Wasson Ethnomycological Collection« (Die ethnomykologische Sammlung von Tina und Gordon Wasson). Die Mycological Society of America hat eine Auszeichnung zu Ehren der Was-

Psilocybe caerulescens in der Hand des ekstatischen Xōchipilli, des Prinzen (Gottes) der Blumen. Diese Reproduktion wird aktuell von einem Hüter der Weisheit der Mazateken in Ritualen verwendet.

Das beidseitige Sehen: eine kulturelle Brücke der Kooperation bauen und die Bräuche der indigenen Bevölkerung respektieren

Jede Diskussion über psilocybinhaltige Pilze muss die Rechte und Bräuche der Ureinwohner anerkennen. Die Verfolgung, das Leid und die Ausbeutung der indigenen Bevölkerung überall auf der Welt gehören zur schmerzhaften und schwierigen Geschichte, die wir alle begreifen müssen. Wir können zwar nicht die Vergangenheit ändern, jedoch die Zukunft. Unsere Diversität kann unsere stärkste Kraft sein. Die Stimmen *aller* indigenen Völker müssen gehört und respektiert werden. Heute, im Zuge des DNS-Tests, entdecken viele von uns, dass unsere genetische Geschichte diverser und komplizierter ist, als wir wussten.

Das beidseitige Sehen ist ein von Ureinwohnern entwickeltes Modell, das wir als Gemeinschaft beachten sollten. Dieses Konzept wurde zuerst von Mi'kmaw Elders Albert und Murdena Marshall aus Ostkanada vorgestellt, um die Standpunkte von Ureinwohnern und nicht indigener Bevölkerung zu vereinen.

Beidseitiges Sehen bedeutet zu lernen, mit einem Auge mit den Stärken der Wissensweisen der indigenen Bevölkerung und mit dem anderen Auge mit denen des Westens zu sehen, und beide Augen gemeinsam zu nutzen.[69] Das Konzept ist einfach: Ein Auge betrachtet die Dinge aus der Perspektive der Weisheit, Praxis und Weltsicht der indigenen Völker, das andere betrachtet die Dinge aus westlicher Perspektive und verwendet moderne Technologien, die die Bewahrung, den Schutz und die Ausweitung der heimischen kulturellen Verwendung unterstützen kann. Mit beiden Augen sieht unser kollektiver Blick besser als mit einem. Diese Methode hilft, kulturelle Grenzen zu überbrücken.

Die National Science Foundation hat kürzlich einen Zuschuss von 30 Mio. $ für die Einrichtung des Center for Braiding Indigenous Knowledges and Science (CBIKS) (Zentrum für die Verflechtung von indigenem Wissen und Wissenschaft) vergeben, das acht Forschungszentren in den USA, Kanada, Australien und Neuseeland betreibt, die auf der Philosophie des beidseitigen Sehens basieren. Dies ist der Weg, den viele begrüßen, während wir weiter forschen und das Wissen über die Verwendung von psilocybinhaltigen Pilzen für spirituelle und medizinische Zwecke erweitern. Die Nachricht über den Geist von psilocybinhaltigen Pilzen soll weitergegeben werden. Unser Planet leidet. Wir erleben eine Kreativitätskrise. Wir verlieren alle, wenn wir nicht zusammenarbeiten. Wir müssen die Praktiken der indigenen Bevölkerung schützen, da die Medizinwissenschaft auf den Heilpraktiken der Ureinwohner aufbaut. Wie Geraldine Manson von den Ältesten der Snuneymuxw First Nation aus Westkanada bemerkte, ist jetzt die Zeit für *Naut sa mawt* (als ein Geist und eine Seele zusammenarbeiten). Wir können die Vergangenheit nicht verändern, aber wir können aus ihr lernen, um eine bessere, gemeinsame Zukunft aufzubauen.

sons initiiert. Im Jahr 2015 war ich der erste Empfänger des *The Gordon and Tina Wasson Awards,* den ich als Anerkennung meines Beitrags im Bereich der Pilzforschung erhielt. Er ist eine meiner höchsten Ehrungen.[70]

Obwohl Wasson den Namen von María Sabina und ihrem Dorf in dem Artikel im Magazin *Life* verschleierte, veröffentlichte er später im selben Jahr ihre wahre Identität und den Ort in einer limitierten Auflage mit 512 Kopien von Band 2 des gemeinsam mit seiner Frau veröffentlichten Buchs, *Mushrooms, Russia, and History.*[71] Dass Wasson die Geheimhaltungsvereinbarung mit María Sabina gebrochen hat, steht anscheinend im Gegensatz zu der Hochachtung und dem Respekt, für den er für sie und die Mazateken eintritt. Als die Menschen María Sabinas Namen kannten, schwärmten Tausende nach Huautla de Jiménes, um sie aufzusuchen – traurigerweise zu ihrem und zum Nachteil ihres Dorfes. Die spirituellen Rituale, die vor den Westländern seit den Verfolgungen durch die spanischen Eroberer geheim gehalten wurden, waren offengelegt, und der Ansturm von Menschen, Geld und die Allbekanntheit erwiesen sich als zerstörerisch. Seitdem ist Oaxaca nicht mehr dasselbe Dorf.

Interessanterweise war María Sabina sowohl eine mazatekische Hüterin der Weisheit als auch eine fromme Katholikin. Ihre Pilzrituale wurden in der Gegenwart von Motiven der Heiligen Dreifaltigkeit abgehalten. Diese Fusion von indigenen und fremden religiösen Praktiken, bei Anthropologen als Synkretismus bekannt, war möglicherweise ein Weg für die indigene Bevölkerung, ihre traditionellen Rituale aufrechtzuerhalten und die Unterdrückung durch die Spanier zu überleben. Es gibt traumatisierende Geschichten, die indigene Völker auf der ganzen Welt erlebt haben, weil ihre Verwendung von psychoaktiven Pilzen und Pflanzen unterdrückt worden war. Heute verfolgen die Mazateken weiter ihre heiligen Rituale, die durch jüngere Generationen der indigenen Bevölkerung neu belebt worden sind. Sie praktizieren diese Rituale weiter und entdecken in manchen Fällen die alten Traditionen wieder. Da die Nachfrage nach psilocybinhaltigen Pilzen es schwieriger macht, wilde Exemplare zu finden, unterstützt die Verwendung von In-vitro-Züchtungen von *Psilocybe cubensis* die Beschaffung dringend benötigter psilocybinhaltiger Pilze.

María Sabina, die damals für die therapeutisch-schamanische Verwendung der psilocybinhaltigen Pilze ins Gefängnis kann, wird jetzt in Mexiko als Nationalheldin viel gepriesen. Sowohl María Sabina als auch Tina Wasson wurden in die Suche, Bestimmung und Verwendung von Pilzen eingeweiht. Sie waren nicht nur therapeutisch Praktizierende, sondern auch Mykologinnen. Diese beiden starken Frauen entfachten die internationale Psilocybinrevolution. Ich werde sie ewig als Vorbilder anerkennen; sie haben den Weg gebahnt, dem wir jetzt folgen. Wir schulden den Mazateken Dankbarkeit und Hochachtung dafür, dass sie diese alte Tradition in Anbetracht manchmal tödlicher Unterdrückung durch die spanischen Siedler und die Kirche lebendig gehalten haben.

Die Enthüllung der mazatekischen Traditionen gegenüber der westlichen Welt wird von vielen als unvorteilhaftes Beispiel von Kolonialismus und Ausbeutung angesehen.[72] Als die Verwendung von psilocybinhaltigen Pilzen aus den engen Grenzen der Mazatekenkultur heraustrat, löste sie die Revolution des Interesses aus, das wir heute sehen. Aber waren die Mazateken das einzige indigene Volk, das psilocybinhaltige Pilze verwendete? Logischerweise bedienten sich wahrscheinlich viele Kulturen in der Geschichte der Menschheit einiger der mehr als 220 heute auf der Welt bekannten Arten von psilocybinhaltigen Pilzen. Die Geschichte der Verwendung von psilocybinhaltigen Pilzen ist durch die Verfolgung von indigenen Heilern durch die Invasoren im Dunkeln geblieben. Die militärische Überlegenheit, die nachfolgende religiöse Dominanz und Krankheiten der Invasoren trieben die Praktizierenden von Ritualen mit psilocybinhaltigen Pilzen in den Untergrund. Es ist bemerkenswert, dass überhaupt Berichte überliefert sind. (Als weiterführende Literatur zu den weitverbreiteten historischen Beispielen von möglicher Verwendung von psilocybinhaltigen Pilzen durch indigene Völker empfehle ich die kommentierte Bibliografie von Spiers et al.[73])

Die ersten gezüchteten *Psilocybe* sah ich auf Fotografien von Flaschen in Roger Heims Labor in Paris und in Singers Artikel von 1958, der prachtvolle Exemplare von *Psilocybe cubensis* auf Kompost zeigte. Im Jahr 1960 publizierte der Mykologe Leon Kneebone von der Pennsylvania Agricultural Experiment Station, einem Zentrum für die Unterstützung der Champignon *(Agaricus)*-Industrie, auch Methoden zur Kultivierung von psilocybinhaltigen Pilzen auf Agar, Roggenkörnern, Zuckerrohrbagasse und Kompost.[74] Er erhielt mehrere Exemplare (*Psilocybe aztecorum, Psilocybe cubensis* und *Psilocybe mexicana*) von Rolf Singer, der psilocybinhaltige Pilze in Mexiko gesammelt hatte. Kneebones Artikel, auf den selten verwiesen wurde, wurde zu einem Wendepunkt bei der Kultivierung von *Psilocybe cubensis* in großem Umfang. Die Methode, Fruchtkörper von

Psilocybe cubensis auf sterilisierten Getreidekörnern zu züchten, war für Heimzüchter wesentlich einfacher als die arbeitsintensive Kompost-Mist-Kultivierung. Es ist bemerkenswert, dass *Psilocybe cubensis* spontan auf sterilisiertem Getreide fruktifiziert (z. B. auf älterer Pilzbrut), während *Agaricus bisporus* (Champignon) es nicht tut. Myzel auf sterilisiertem Getreide zu züchten war jahrzehntelang eine übliche und die bevorzugte Methode gewesen, um Pilzbrut für die Beimpfung von mistbasiertem Kompost für die kommerzielle Produktion von Champignons zu erhalten.

Nachdem Roger Heim, Alexander Smith, Rolf Singer und Leon Kneebone ihre Zuchttechniken veröffentlicht hatten, hatte die Allgemeinheit Kenntnis von einer nachhaltigen Methode für die Zucht von psilocybinhaltigen Pilzen erhalten. Diese Entdeckung revolutionierte die Heimkultivierung von psilocybinhaltigen Pilzen wie *Psilocybe*- und *Panaeolus*-Arten. So war in ferne Länder zu reisen nicht mehr die einzige Option, um psilocybinhaltige Pilze zu finden. Die Menschen konnten sie zu Hause züchten. Diese neue Möglichkeit reduzierte den Druck, wilde Pilze in Mesoamerika zu sammeln, und verringerte die Notwendigkeit für Zauberpilz-Tourismus.

Im Zuge von größeren, verlässlicheren Lieferungen nahm die Verwendung von psilocybinhaltigen Pilzen in den 1970er- und 1980er-Jahren immer weiter zu. Jetzt, da die wissenschaftlichen Vorteile bestätigt werden, zeigt der Konsum von psilocybinhaltigen Pilzen von den Babyboomern bis zur Gen Z einen kontinuierlichen Trend nach oben. Etwa 12 % der Befragten in den USA berichteten einer aktuellen Umfrage zufolge von einem Psilocybingebrauch während ihres Lebens, wobei 3,1 % unter ihnen psilocybinhaltige Pilze im letzten Jahr zu sich genommen haben. In dieser landesweiten Umfrage waren das im Jahr 2023 geschätzt 8 Millionen amerikanische Erwachsene und damit wesentlich mehr als bei jedem anderen Psychedelikum.[75] Es gibt bisher keine weltweiten Untersuchungen, aber ich schätze, die Anzahl der Anwender steigt in die Hundertmillionen.

Psilocybinpilze und ihre Lebensräume spricht die wichtige und wachsende gesellschaftliche Notwendigkeit für eine korrekte Bestimmung und einen sicheren Dosierungsrahmen an, um Schaden zu verhindern und den Nutzen zu vergrößern. Die Bewegung um die psilocybinhaltigen Pilze fegt über die Welt und erweckt das Bewusstsein zu einer Zeit, die kritisch für die Rettung unserer Art und des Ökosystems ist. Wann werden wir die Schwelle zu einem Massen-Paradigmenwechsel im Bewusstsein überschreiten? Für mich und viele andere hat diese Reise unsere Spiritualität vertieft und unser gemeinsames Verständnis vom Sein bestätigt. Psilocybinhaltige Pilze könnten helfen, uns als Spezies auf die nächste Ebene zu heben.

Berichte über psilocybinhaltige Pilze aus dem Pazifischen Nordwesten von Nordamerika

Ich lebe im Pazifischen Nordwesten und habe die meiste Zeit damit verbracht, von Nordkalifornien bis British Columbia Pilze zu suchen. Die Pilze dieser Bioregion sind mein Fokus und meine Spezialität, obwohl ich den gesamten Planeten bereist und *Psilocybe*-Arten untersucht habe. *Vielleicht* haben Menschen im Pazifischen Nordwesten psilocybinhaltige Pilze vor langer Zeit für spirituelle Zwecke genutzt, aber die tatsächliche Verwendung muss durch die lebenslangen Forschungen von Ethnobotanikern wie Nancy Turner und weiteren erst noch dokumentiert werden.[76] Heimische psilocybinhaltige Pilze sind im Vergleich zum Fliegenpilz *(Amanita muscaria)*, einem großen, leuchtend roten Pilz, der unübersehbar ist und von der indigenen Bevölkerung weltweit und auch im Pazifischen Nordwesten verwendet worden ist, ausgesprochen selten und nicht offensichtlich. Psilocybinhaltige Pilze können besonders schwierig in der üppigen Mykodiversität dieser Bioregion zu finden sein, da sie zwischen Tausenden von anderen Arten im selben Lebensraum versteckt sind. Trotzdem bedeutet ihre Seltenheit nicht, dass sie niemals verwendet wurden. Der Tod eines älteren Mykologen unterbricht die Kette des Wissens. Diese Pilze könnten über Generationen hinweg entdeckt, vergessen und wiederentdeckt worden sein. Obwohl ich bisher von keinen schriftlichen Berichten über die Verwendung von Psilocybin durch die indige-

Die Hüte des Spitzkegeligen Kahlkopfs, *Psilocybe semilanceata,* unterliegen einer radikalen, fortschreitenden Farbveränderung. Zunächst sind die feuchten Pilze dunkelkastanienbraun, doch während sie trocknen, werden sie heller bis zu einem blassen Gelbbraun. Diese Art des Verblassens der Hutfarbe wird als Hygrophanität bezeichnet.

ne Bevölkerung erfahren habe, hat mir einmal ein indigener Freund (Nisqually) erzählt, dass seine Großeltern davon sprachen, kleine psilocybinartige Pilze zeremoniell verwendet zu haben, um Visionen hervorzurufen.

Und obwohl psilocybinhaltige Pilze kurz nach der Publikation von Wassons Story im Magazin *Life* in Oaxaca durch Fremde gesammelt worden sind, wurde den psilocybinhaltigen Arten des Pazifischen Nordwestens erst zwei Jahrzehnte später umfassend Aufmerksamkeit geschenkt. Die frühesten schriftlichen Berichte auf Englisch, die ich über die Einnahme von psilocybinhaltigen Pilzen im Pazifischen Nordwesten gefunden habe, handelten von der versehentlichen »Vergiftung« von zwei Familien in der Nähe von Milwaukie, Oregon, und Kelso, Washington, in den Jahren 1960 bzw. 1961.[77] Vermutlich waren es Pilze der Art *Psilocybe baeocystis,* aber die Fotografie in Schwarz-Weiß in einer der Veröffentlichungen zeigt eindeutig *Psilocybe cyanescens.*

Es gibt einen weiteren registrierten Vorfall der Einnahme von psilocybinhaltigen Pilzen aus den 1960er-Jahren, doch diesmal scheint sie beabsichtigt gewesen zu sein. Die Royal Canadian Mounted Police verhaftete einen Studenten an der University of British Columbia wegen des Besitzes von Spitzkegeligem Kahlkopf *(Psilocybe semilanceata)* im Jahr 1965. Und in den 1970ern wurde die grasbewachsene Region um Masset auf den Gwai'i-Inseln in British Columbia ein Mekka für Suchende der sogenannten Zauberpilze. Hunderte von Hippies reisten zu dieser abgelegenen Insel, um nach Liberty Caps zu suchen. In einem 2012 in der Vancouver Mycological Society veröffentlichten Artikel spekulierten die Autoren, dass die Pilze mit grasendem Vieh aus Europa und den für es benötigten Futterpflanzen mitgebracht wurden.[78]

In den 1960er- und 1970er-Jahren bestand viel Verwirrung bezüglich *Psilocybe baeocystis* und *Psilocybe cyanescens.* In einem Artikel von 1977 berichtete Dr. Andrew Weil von der schnell wachsenden Popularität, psilocybinhaltige Pilze in Oregon zu pflücken, insbesondere diejenigen, die auf Holzschnitzeln wuchsen.[79] Obwohl ihm von ortsansässigen Mykologen mitgeteilt wurde, dass die beliebteste Art *Psilocybe baeocystis* gewesen sei, handelte es sich doch wahrscheinlich eher um *Psilocybe cyanescens.* Damals war die Taxonomie von *Psilocybe* nicht klar, denn nur wenige Spezialisten konnten sie korrekt identifizieren. *Psilocybe baeocystis* ist noch heute eine seltene Art, während *Psilocybe cyanescens* immer noch verbreitet wächst. Die Einblicke, Erfahrungen und der Mut dieses Arztes von Harvard beeinflussten mich und andere, die Psilocybin erforschten, in hohem Maße. Der Beitrag von Dr. Weil zur aufkommenden Renaissance der Psychedelika hält bis zum heutigen Tag an. Wie auch María Sabina und Tina Wasson ist Andrew Weil Teil des Kontinuums der verehrten Hüter des Wissens, der die moderne Medizin mit seinen Perspektiven auf den Einsatz von psilocybinhaltigen Pilzen erweitert.

In den späten 1970er-Jahren begann ich, als Antwort auf das Interesse an psilocybinhaltigen Pilzen und weil auf konservativen Konferenzen zur Mykologie nicht darüber gesprochen werden sollte, zusammen mit weiteren Mykologen eine Reihe von Pilzkonferen-

Der Spitzkegelige Kahlkopf, *Psilocybe semilanceata,* ist eine ausgesprochene Graslandart mit einem stark hygrophanen Hut und purpur-braunen Sporen, und gewöhnlich (aber nicht immer) ist er spitz gebuckelt. Diese Art weist gelegentlich Blautöne auf, insbesondere am Myzel der Stielbasis. Er ist sehr reich an Psilocybin, einem stabilen Molekül, und arm an Psilocin, das instabil ist. Wie auch *Psilocybe pelliculosa* besitzt diese Art eine separate gallertartige Haut (siehe Seite 183).

Der Blauende Kahlkopf, *Psilocybe cyanescens,* ist typischerweise kastanienbraun bis karamellfarben, wenn er feucht ist. Hier werden zwei Pilze während des Trocknens gelb. Mykologen nennen diese Farbveränderung hygrophan.

zen zu organisieren. Im Alter von 21 Jahren war meine Arbeit durch eine Lizenz der Drogenbehörde DEA (Drug Enforcement Administration) legitimiert, die mein Professor Dr. Michael Beug vom The Evergreen State College innehatte. So fühlten wir uns ermutigt, Versammlungen von Experten zu diesem Thema zu organisieren.

Die erste Hallucinogenic Mushroom Conference wurde in Millersylvania State Park in der Nähe von Olympia, Washington, im Jahr 1976 abgehalten. Anwesend waren unter vielen anderen R. Gordon Wasson, Jonathan Ott, David Repke, Dale Leslie, Michael Beug und ich. Im Jahr 1979 begannen Jim Jacobs, Jeff Chilton, Gary Menser und ich mit den MycoMedia-Konferenzen, die wir ein weiteres Jahrzehnt lang durchführten. Die MycoMedia-Konferenzen zielten darauf ab, Brücken zwischen akademischen Mykologen, die oft nicht so gut über psilocybinhaltige Pilze informiert waren, und erfahrenen, nicht akademischen (»Amateur«-)Mykologen zu bauen. Diese Konferenzen nahmen stark zu. Das Telluride Mushroom Festival, das Dr. Emanuel Salzman, Joanne Salzman, Dr. Andrew Weil, Gary und Irene Lincoff, Art Goodtimes, Lee und Linnea Gillman, ich und andere ins Leben riefen, startete im Jahr 1981. Konferenzen mit dem Schwerpunkt Psilocybin haben bis heute Erfolg. Ich sehe diese Versammlung als ein Kontinuum der Weitergabe des heiligen Wissens, das Jahrtausende über Kontinente und Kulturen hinweg zurückreicht.

Die Konferenz MycoMedia's Mushrooms I wurde im Jahr 1979 in Siltcoos Station, Oregon, abgehalten. Mitwirkende hier waren (von links nach rechts) Dr. Steven Pollock, James Jacobs, ich, Dale Leslie, Dr. Gastón Guzmán, Jeremy Bigwood und Jonathan Ott.

Paul Stamets, Sasha Shulgin und Terence McKenna in Palenque, Mexiko, 1998.

Paul Stamets, LaDena Stamets und Terence McKenna auf der MycoMedia Conference im Jahr 1983 in Breitenbush Hot Springs, Detroit, Oregon. McKenna veröffentlichte mehrere Bücher und war während der 1980er- und 1990er-Jahre eine Art Anführer der psychedelischen Bewegung in Nordkalifornien.

Alexander Shulgin, Jonathan Ott, Christian Rätsch und Andrew Weil waren einige der Fachleute auf der Millennium Mushroom Conference von 1999.

Die Millennium Mushroom Conference in Breitenbush, Oregon, am 31. Oktober 1999 war ein Treffen von den Merry Pranksters (Ken Kesey und Freunde mit dem Bus Furthur) und Wissenschaftlern aus dem Bereich Psychedelika. Zusammen mit mir nahmen Ken Kesey, George Walker, Ken Babbs, Mountain Girl (Carolyn Garcia), Alexander und Ann Shulgin, Dr. Andrew Weil, Dr. Michael Beug, Kit Scates, David Aurora, Gary Lincoff, Christian Rätsch, Jonathan Ott, David Tatelman, Satit Thaithatgoon, Chris Kilham, Dr. Manny Salzman, Joanne Salzman, Tom Riedlinger, Beverly Jenden-Riedlinger, Dorothy Beebee, Miriam Rice, Steve Rooke, Manny, Joanne und Naomi Salzman und viele andere angesehene Psychonauten teil.

Roland Griffiths, Psychopharmakologe von der Johns Hopkins University School of Medicine veröffentlichte klinische Studien mit Psilocybin und bestärkte die wissenschaftliche Gemeinschaft, die Forschung in Bezug auf die Vorzüge des Psilocybins zu erneuern. Die klinischen Studien zwischen 2006 und 2021 von ihm und seinen Kollegen werden von vielen als Legitimierung von Psilocybin zur Therapie anerkannt.

Im Jahr 2023 organisierten Rick Doblin und die MultiDisciplinary Association for Psychedelic Studies (MAPS) in Denver, Colorado, die größte Versammlung für Psychonauten, die bisher bekannt ist: mit etwa 12 000 Wissenschaftlern, Hütern des Wissens und Neugierigen. So wie es jahrtausendelang gewesen ist, setzt sich die Tradition der Weitergabe des Wissens in großen Gruppen fort. Hier lag ein wesentlicher Fokus auf der Psilocybinforschung.

Kapitel 2

Wo man psilocybinhaltige Pilze findet

Psilocybinhaltige Pilze wachsen auf allen Kontinenten der Erde, außer in der Antarktis, was noch zu dokumentieren ist. Seit dem frühen 19. Jh. sind mehr als 220 Arten von psilocybinhaltigen Pilzen beschrieben worden. Die meisten sind in zwei Lebensräumen weit verbreitet: in Wäldern und Feldern. Die überwiegende Mehrheit der psilocybinhaltigen Pilze sind Saprobionten (Arten, die auf toter und/oder sich zersetzender Materie leben). Die Fülle und Vielfalt von psilocybinhaltigen Pilzarten in der Schatzkiste der Natur bietet eine breite Auswahl an Kandidaten, die nachhaltig genutzt werden können, denn viele lassen sich kultivieren.

Holzliebende psilocybinhaltige Pilze

In meiner Bioregion ist *Psilocybe pelliculosa* die einzige psilocybinhaltige Art, die ich in den uralten Tannenwäldern des Pazifischen Nordwestens gefunden habe. Die meisten holzzersetzenden psilocybinhaltigen Pilze findet man dort, wo immer Holzabfälle anfallen, insbesondere in Übergangswaldbeständen, wenn das Land gestört ist. Viele *Psilocybin*-Arten finden sich in Flussauen, die regelmäßig überflutet werden, wo Bäume, Äste und Holzabfälle stromabwärts treiben. Ob nun im Pazifischen Nordwesten von Nordamerika oder im Hochland von Mexiko oder Spanien, diese Zonen sind oft ideal, um nach *Psilocybe*-Arten zu suchen. In Oaxaca, Mexiko, können oft Erdrutsche, Geländeeinschnitte, Pfade und Feldwaldbauabfälle das Wachstum von *Psilocybe zapotecorum* und *Psilocybe caerulescens* fördern. Seltsamerweise findet man vergleichsweise wenige lignikole (holzbewohnende) psilocybinhaltige Pilze in unberührten Lebensräumen. Die meisten gedeihen dort, wo Unruhe im Wald herrscht. Da Menschen fähiger sind, Schlachtfelder zu hinterlassen, als jedes andere Tier, ist es keine Überraschung, dass die Pilze dort auftauchen, wo wir die Natur stören, insbesondere dort, wo Bäume geschlagen, Holzschnitzel im Landschaftsbau verteilt oder Straßen und Wege durch Wälder gebaut werden.

Eine weitere Landschaft, in der Pilze gedeihen, liegt an Flüssen mit Überschwemmungen. Ein hervorragendes Beispiel ist der Columbia River, der in den USA zwischen Oregon und Washington fließt. Das Columbia-Becken bietet einen breiten Streifen mit überflutungsgefährdeten Lebensräumen für *Psilocybe cyanescens* und *Psilocybe azurescens.* Der wiederholte Eintrag von Holzabfällen und der sich verändernde Wasserspiegel des Flusses, der durchschnittlich 7500 Kubikmeter Wasser pro Sekunde führt, bilden Uferlinien, die ideale Lebensräume für etliche psilocybinhaltige Pilze darstellen, wie z. B. *Psilocybe azurescens, Psilocybe cyanescens, Psilocybe baeocystis* und *Psilocybe stuntzii.*

Psilocybe azurescens und *Psilocybe cyanescens* treten in denselben Lebensräumen auf und sind eng ver-

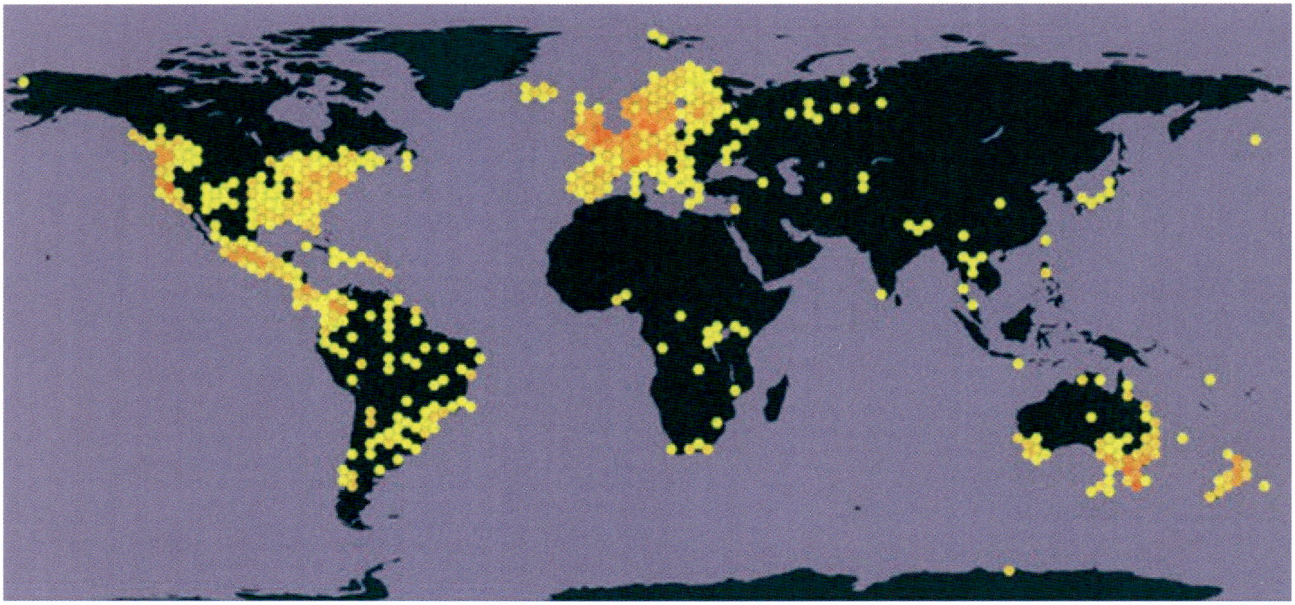

Die Karte zeigt die Verteilung von mehr als 5682 Sammlungen an psilocybinhaltigen Pilzen zwischen 1800 und 2022, wobei viele der etwa 220 bekannten psilocybinhaltigen Arten enthalten sind.

wandt, obwohl das natürliche Verbreitungsgebiet von *Psilocybe cyanescens* ausgedehnter ist. *Psilocybe azurescens* hat einen im Vergleich gleichmäßig geformten äußeren Hutrand, oft mit einem Nabel (erhöhter Bereich) in der Mitte des Hutes. *Psilocybe cyanescens* tendiert zu einem gewellten Hutrand, aber hat selten einen Buckel. Auch kann *Psilocybe azurescens* wesentlich größer als *Psilocybe cyanescens* werden. Beide sind wirkstarke psilocybinhaltige Pilze, die sich auf Druck bläulich verfärben.

Als die ersten Europäer nach Amerika segelten, waren ihre Holzschiffe mit Myzel besiedelt. Als das Holz verrottete und nicht mehr seetauglich war, wurden die Schiffe oft zerlegt und als Baumaterial verwendet. (Siehe Seiten 215 und 216 für ein Foto von *Gymnopilus luteofolius.*) Zimmerleute mieden die verrottenden Bretter und sammelten sie auf einem Abfallhaufen. Manche erschienen jedoch vielleicht als Bauholz verwendbar. Letztendlich haben die mit Myzel durchwachsenen Bretter die Landschaft wahrscheinlich mit Pilzarten beimpft, die für die Küste oft neu waren.

Obwohl *Psilocybe cyanescens* als Erstes 1946 von Elsie Wakefield von den Royal Botanic Gardens in Kew beschrieben wurde,[1] besteht eine hohe Wahrscheinlichkeit, dass diese Art auf den Britischen Inseln und in Europa nicht endemisch ist. Die Kew Gardens importierten Hunderte von Pflanzen-, Farn- und Moosarten aus der ganzen Welt. Zu den Sammlungen gehörten viele Bäume und Büsche aus dem Pazifischen Nordwesten, unter ihnen Douglasien, Erlen, wilde Rosen, Azaleen und Rhododendren. Könnte die Sammlung von Pflanzen aus dem Pazifischen Nordwesten *Psilocybe cyanescens* nach Großbritannien und Europa gebracht haben? Dies ist eine plausible Theorie, und wahrscheinlich ist dies kein einmaliges Ereignis gewesen, sondern wiederholte sich häufig mit der Ankunft lebender Pflanzensammlungen aus der Ferne.

Diese Art der Migration und Besiedelung, die Verbreitung des Genoms einer Art in neue Lebensräume, nennt sich *Panspermie.* Es ist plausibel, dass psilocybinhaltige Arten mit wandernden Menschen und ihren Haustieren reisen. Die angestammten Lebensräume von psilocybinhaltigen und vielen saprobiontischen Pilzen zu finden, ist jedoch für Evolutionsmykologen eine anhaltende Herausforderung, da Grenzen nicht länger durch den Ozean gesetzt werden.

Psilocybe cyanescens, Blauender Kahlkopf, wurde als Erstes von den Royal Botanic Gardens in Kew in Richmond, England, beschrieben. Aber besiedelte *Psilocybe cyanescens* England und Europa von den USA aus? Viele Mykologen denken, ja.

Eine Kolonie von *Psilocybe cyanofibrillosa,* Schwarzblauender Kahlkopf, wächst unter einem Rhododendron in der *Rhododendron Species Foundation* in Tacoma, Washington.

Psilocybe azurescens, Azurblauer oder Stattlicher Kahlkopf, bewohnt naturgemäß die Küstenregionen in der Nähe der Mündung des Columbia Rivers in den Pazifischen Ozean.

In dem Maße, wie Menschen migrierten und neue Lebensräume besiedelten, fällten sie Bäume, um Feuer zu machen und Gebäude zu bauen, und verwendeten neuerdings Holzschnitzel für den Landschaftsbau. Wir haben ideale Möglichkeiten für diese oft seltenen Arten geschaffen, sodass sie auch in der Nähe unserer dichter bewohnten Bereiche entdeckt werden. In der Natur erzeugen andere Tiere wie Spechte, Eichhörnchen, Biber und weitere Nagetiere ebenfalls Holzschnitzel. Biber benagen und fällen Bäume für ihre Dämme und den Bau, die mit reichlich Wasser und Holzstücken gefüllt sind und eine perfekte Umgebung für psilocybinhaltige Pilze bieten. Ich frage mich, ob Biber ökologische Überträger sind, die gewissen auf Holz wachsenden psilocybinhaltigen Pilzen ermöglichen, in urbar gemachte Zonen einzudringen. Genauso sind Spechte dafür bekannt, dass sie durch das Aufklopfen des Holzes Bäume mit Pilzen beimpfen.[2, 3]

Ich behaupte, dass viele holzzersetzende psilocybinhaltige Arten eine endophytenartige Abwehr innerhalb des Ökosystems von sich entwickelnden

Cluster aus *Psilocybe cyanescens* bilden sich auf naturalisierten Holzschnitzeln für den Landschaftsbau.

und alternden Bäumen liefern. Viele Zersetzer im Bereich der Pilze sind auch Endophyten (sie richten sich zwischen lebenden Pflanzenzellen ein), was Teil des natürlichen Mykobioms ist, das die Gemeinschaft vor schnell tötenden Pilzen und Parasiten schützt. Wenn ein Wirtsbaum durch Spechte, Biber, Menschen oder andere Tiere wesentlich verändert wird, könnte dies dem Myzel signalisieren, dass es an der Zeit ist, einen Fruchtkörper zu bilden. Selten, wenn überhaupt, lebt eine Pilzart isoliert in ihrem Ökosystem. Die Evolution endet in Zusammenschlüssen von zusammenarbeitenden Organismen, deren Fähigkeiten komplementär gestaltet sind, um ein gemeinsames Überleben zu sichern.

Eichhörnchen sammeln nicht nur Baumsamen und knabbern an Zapfen, sondern sie leben auch in von Spechten geschaffenen Höhlen. Auch haben Eichhörnchen ein notorisch schlechtes Gedächtnis, wo sie ihre Samen versteckt haben. Was sie lagern und nicht fressen, dient als günstiger Lebensraum für Holzsaprobionten. Pumas, Bären, Waschbären, Nagetiere, Hirsche, Elche, sie alle kratzen an Bäumen, und diese Wunden ermöglichen Saprobionten den Eintritt in die Bäume.

Da Ameisen eine lange koevolutionäre Geschichte als Myzelzüchter haben, würde es mich nicht wundern, wenn es weitere unentdeckte Beziehungen zwischen Ameisen und Pilzen gäbe. Manche fliegenden Insekten legen Eier in reifende Pilze als Unterbringung für ihre Larven. Wenn diese schlüpfen, nehmen sie als Fliegen eine Sporensammlung mit sich, nicht unähnlich der Bestäubung durch Bienen.

Die meisten Pilze verwenden jedoch den Wind als Verbreitungsüberträger. Bei den meisten Pilzarten müssen sich zwei kompatible Sporen treffen, verbinden und ein fruchtbares (dikariotisches) Myzel bilden. Die erfolgreiche Paarung nimmt mit der Entfernung der einzelnen Sporen vom Ursprungspilz ab. Demgegenüber nehmen Tiere viele Sporen beim Kontakt mit Pilzen auf. So ist es wahrscheinlicher, dass sich kompatible Sporen in unmittelbarer Nähe voneinander erfolgreich paaren, als wenn sie durch die Luft über weite Distanzen verteilt werden. Im Grunde haben Pilze herausgefunden, wie sie von so unterschiedlichen Tieren wie von Bibern bis zu Vögeln profitieren und die für ihr Überleben wichtigen Sporen verbreiten können. Pilze haben viele Wege entwickelt, ihre Abkömmlinge zu verbreiten. Sie folgen uns, während wir reisen, und sie nutzen uns und andere Tiere, um sich zu vermehren.

Ein *Psilocybe baeocystis,* der direkt aus einem Zapfen einer Douglasie wuchs. *Psilocybe baeocystis* ist ein wirkungsvoller, jedoch seltener psilocybinhaltiger Pilz des Pazifischen Nordwestens von Nordamerika. Wenn Eichhörnchen diese Zapfen sammeln und ihre Samen entfernen und beiseiteschaffen, verbreiten sie diese und andere Arten vielleicht.

Im Pazifischen Nordwesten habe ich *Psilocybe cyanescens* nie in einem intakten, ungestörten Erlenwald gefunden. Und doch wachsen *Psilocybe canescens* oft im nächsten Herbst aus den Holzschnitzeln, wenn Erlen gefällt und zu Holzschnitzeln verarbeitet werden. Ist das Myzel bereits in den lebendigen Bäumen angesiedelt und wartet es nur auf die Möglichkeit, Fruchtkörper zu bilden, sobald sein Wirt gefällt ist? Wie lange ist das Myzel mit diesen Wäldern schon verwoben, und welche Rolle spielt es dabei, das Ökosystem gesund zu erhalten? Ist *Psilocybe cyanescens* ein Endophyt und schützt der Pilz den Baum und koexistiert er als Teil der mykobiomischen Immunität? Wenn diese Erlenwälder dramatisch geschädigt werden, werden zwei psilocybinhaltige Pilzarten zur Fruchtkörperbildung angeregt: *Psilocybe cyanescens* und *Gymnopilus luteofolius.* Ebenso tauchen plötzlich viele Pilzarten einschließlich *Psilocybe allenii* auf, wenn Eichen gehäckselt werden. Sind diese Arten der Saprobionten der Weg der Natur, geschädigte Umwelt bei Übergang und Heilung zu unterstützen? Es ist ein üblicher Vorgang, dass Störungen im Ökosystem Wald die Pilzbildung stimulieren. Und die meisten psilocybinhaltigen Pilze scheinen eine Vorliebe für frisch gestörte Lebensräume zu haben, Grenzgänger an den Schnittstellen von Ökosystemen im Übergang.

Wo liegt die ursprüngliche Heimat der psilocybinhaltigen Pilze, die jetzt so weit verbreitet sind wie die Spezies *Psilocybe cubensis*? Liegt sie in Afrika oder Indien? Wir wissen es noch nicht. Mein Namensvetter *Psilocybe stametsii,* den ich bei einem Versuch fand, die Diversität der Pilzwelt eines geschützten ecuadorianischen Nebelwalds zu kartieren,[4] stammt aus einer spezifischen Region. Ich befürchte, dass diese Art, anders als *Psilocybe cubensis,* von der Ernte ausgeschlossen werden kann, da bis heute nur zwei Exemplare gefunden worden sind. Oder sind sie reichlicher vorhanden, als wir aktuell wissen? Das Überleben von *Psilocybe stametsii* würde eindeutig abgesichert, wenn wir Kulturen anlegen und ihn züchten würden. Aus Vorsicht heraus sollten wir jedoch mit dem Ernten dieser empfindlichen und seltenen Art vorsichtig

Tief im Los Cedros Biological Reserve in Ecuador gehen Giuliana Furci von der Fungi Foundation, Cosmo Sheldrake, Robert Macfarlane, César Rodríguez-Garavito und José Cuevas mit den Richtern vom Constitutional Court of Ecuador, die diesen Wald unter dem Gesetz Rights of Nature der ecuadorianischen Verfassung schützten.

Giuliana Furci an diesem Tag auf demselben Pfad, als sie den Holotypus einer neuen Art, *Psilocybe stametsii,* sammelte.[5]

sein. Wenn Sie einen psilocybinhaltigen Pilz für die Verwendung suchen, wählen Sie einen Pilz wie *Psilocybe cubensis* oder einen anderen, der leicht kultiviert werden kann. In Anbetracht der Tausenden von Stämmen in der Natur und Hunderten in Kultur ist die Kultivierung von *Psilocybe cubensis* nachhaltiger.

In Kapitel 4 werde ich Schritt für Schritt erläutern, wie ein Beet für psilocybinhaltige Pilze am Beispiel der Art *Psiloybe cyanescens* im Garten angelegt werden kann. Dieses Vorgehen funktioniert für die meisten lignikolen *Psilocybe*-Arten. Sobald dieser Pilz ortsständig ist, können seine kurzlebigen Fruchtkörper jahrzehntelang einfach angebaut werden, indem das Beet jährlich neu aufgefüllt wird.

Psilocybinhaltige Pilze auf Land und Grasland

Der andere Lebensraum, in dem viele weitere psilocybinhaltige Arten wachsen, ist das Grasland: Felder, Weiden, Wiesen und andere grasbewachsene Bereiche. Die vorherrschende Art in kühleren Regionen ist *Psilocybe semilanceata,* der berühmte Liberty Cap, zu Deutsch Spitzkegeliger Kahlkopf. Die vorherrschende Art in tropischen Niederungen ist *Psilocybe cubensis,* der Kubanische Kahlkopf oder Golden Top. In beiden Lebensräumen wachsen einige weitere psilocybinhaltige Arten, die gewöhnlich gemeinsam auftreten. Einen Standort einer Art gefunden zu haben, bedeutet oft, auch einen Standort von weiteren Arten gefunden zu haben.

Die Morphologie der meisten psilocybinhaltigen Pilze wie dem Spitzkegeligen und dem Kubanischen Kahlkopf wird von zahlreichen Faktoren bestimmt und führt zu winzigen bis majestätischen Fruchtkörpern. Der genetische Phänotyp, die Substratnährstoffe, die Höhe des Grases und das Wetter haben hauptsächlich Einfluss auf die Fruchtkörper. Zum Beispiel kann *Psilocybe semilanceata* kurze Stiele aufweisen, wenn er in niedrigem Gras wächst, und lange Stiele, wenn er in hohem Gras wächst, wie auf den Seiten 183 bis 184 zu sehen ist. Auch die Hüte neigen zu einem größeren Umfang, wenn man sie in dichten Gruppen in Riedgras findet. Dasselbe gilt für *Psilocybe cubensis* und andere Arten. Es ist klar, dass die Länge des Stiels höchst variabel ist und es sich nicht um ein verlässliches taxonomisches Merkmal handelt. Stiele werden länger, damit die Hüte die Sporen aus ihren Lamellen in die Luft entlassen können.

Auf gedüngtem Grasland findet man psilocybinhaltige Pilze in subtropischen und tropischen Regionen der Erde am leichtesten. *Psilocybe cubensis,* eine koprophile (auf Tierdung wachsende) Art, ragt heraus; man kann die goldenen Spitzen oft Hunderte Meter entfernt noch sehen. Ich habe Gefallen daran gefunden, diese Pilze in Palenque, Mexiko, auf Kuhweiden zu sammeln, die von Dschungel umgeben sind. In Texas und Florida konnte ich ihre goldenen Hüte von Weitem in der Sonne glänzen sehen. Auf Kuhweiden wachsen diese Pilze üppiger, wenn sie zwischen Grasbüscheln eingebettet sind, die Schatten und Nährstoffe liefern. *Psilocybe cubensis* liebt das Tiefland und tritt oberhalb von mehreren Hundert Metern weniger häufig auf. Im Hochland von Mexiko zum Beispiel werden die in der alten Tradition der Mazateken tief verwurzelten *Psilocybe zapotecorum* und *Psilocybe caerulescens* breitflächig gesammelt. Dank der Migration von Tieren und Menschen sind die Arten über große Distanzen hinweg gereist. Psilocybinhaltige Pilze findet man in verschiedenen Regionen der Welt während der Regensaison. Die meisten wachsen innerhalb allgemein definierter Temperaturbereiche, der Isothermen. Regen und Lufttemperatur bestimmen das schnelle Auftauchen zahlreicher Pilzarten in Abhängigkeit vom Ökosystem, in dem sie sich entwickelt haben. Natürlich findet man auch Arten außerhalb dieser Bereiche, doch innerhalb der folgenden beiden repräsentativen Isotherme wachsen die meisten psilocybinhaltigen Arten. Ich habe 18 repräsentative Arten, die diesen beiden Isothermen folgen, und einige übergreifende aufgelistet. Die Isotherme, in denen Pilze gedeihen, werden durch unterschiedliche Tag- und Nachttemperaturen und Verdunstungskälte bei Regen, Wind, Schatten, Hanglage und Nähe zu wasserführenden Schichten beeinflusst.

4,4 bis 15,6 °C: *Conocybula cyanopus* (ehemals *Pholiotina cyanopus*), *Psilocybe allenii, Psilocybe azurescens, Psilocybe baeocystis, Psilocybe cyanescens, Psilocybe fimetaria, Psilocybe pelliculosa, Psilocybe semilanceata, Psilocybe serbica, Psilocybe stuntzii* und viele andere. Niedrige Temperaturen, sogar Frost, gefolgt von wärmerem Wetter,

Weide als Tieflandlebensraum zum Sammeln des Spitzkegeligen Kahlkopfs, *Psilocybe semilanceata.*

kann bei vielen dieser Arten die massenweise Bildung von Fruchtkörpern stimulieren. Niedrige Temperaturen können auch Primordien stimulieren, die ruhen, bis diese Isotherme erreicht ist. Viele Arten der gemäßigten Breiten fruktifizieren nur, wenn die Tagestemperatur während mehrerer Tage mindestens unter 10 °C fällt.

15,6 bis 26,7 °C: *Panaeolus cinctulus, Panaeolus cyanescens, Psilocybe ovoideocystidiata, Psilocybe zapotecorum, Psilocybe caerulescens, Psilocybe mexicana, Psilocybe cubensis* und *Psilocybe stametsii.* Temperaturen von unter 15,6 °C hindern diese Arten am Wachstum, wäh-

Jahrzehntelang wurde mir gesagt, dass die Ureinwohner von Mesoamerika *Psilocybe cubensis* aufgrund seiner Verbindung zur spanischen Invasion verschmähten und die heimischen Arten wie *Psilocybe aztecorum, Psilocybe caerulescens, Psilocybe zapotecorum* und *Psilocybe mexicana* bevorzugten. *Psilocybe cubensis* ist in Mexiko als San Ysidro, Schutzpatron der Landwirtschaft, bekannt. (San Isidro Labrador wurde 1802 in Madrid, Spanien, geboren.)[6] Da jedoch die meisten dieser Arten unregelmäßig zu finden sind und ihr Fund vom örtlichen Wetter abhängt, nutzen viele der heutzutage praktizierenden Schamanen und Führer das bequeme Angebot von im Labor gezüchteten psilocybinhaltigen Pilzen wie *Psilocybe cubensis.* Dies ist ein interessantes Beispiel für künstliche Vermehrung, eine westliche technologische Innovation, die den Traditionen der indigenen Bevölkerung unter dem Druck von wachsender Nachfrage und sinkender Verfügbarkeit heiliger Pilze hilft zu überleben. Indigene Traditionen sind nie statisch; sie passen sich fortwährend an, indem sie neue Techniken übernehmen oder Neuerungen erfinden. Psilocybin baut Brücken zwischen Kulturen, da moderne Technologien alte Praktiken schützen.

Psilocybe semilanceata gedeiht auf durchtränkten Weiden und in der Nähe von Teichen. Spitzkegelige Kahlköpfe tendieren zu kurzen Stielen in kurzem Gras und langen Stielen in hohem Gras.

Dieser Teich liegt in einem Tieflandökosystem, das einen guten Lebensraum für *Psilocybe semilanceata* bietet, insbesondere, wenn dort Kühe, Schafe und in geringerem Maße Pferde grasen und es anreichern.

Dieses Foto zeigt mich bei der Betrachtung des Schilds »No Mushroom Picking« (Pilze pflücken verboten). Diese Schilder machen Passanten darauf aufmerksam, dass es in der Nähe interessante Pilze gibt. Durch das Greifen nach einem Pilz, ihn zu fotografieren, ihn zu berühren, ihn jedoch nicht technisch zu pflücken, blieb ich hier völlig im Rahmen des Gesetzes. Ein mir gut bekannter Mykologe wurde dabei jedoch erwischt und mit einem Bußgeld dafür belegt, dass er einen Pilz fotografierte, obwohl er Professor der Mykologie an einer Universität war.

rend Temperaturen von über 26,7 °C dazu führen, dass viele von ihnen schneller reifen, aber die Bildung neuer Primordien verhindert wird. Diese Isotherme zeigt den Bereich des Fruchtkörperwachstums an, jedoch nicht unbedingt die Primordienbildung.

Pilze, die im Freien wachsen, sind oft größer als solche, die auf demselben Substrat in Innenräumen gedeihen, was wahrscheinlich mit dem Kontakt zu günstigen Bodenmikroben, besserer Belüftung und Sonnenlicht zusammenhängt. Wenn Sie das Myzel auf Kuh- oder Hühnermistkompost geben, könnte die Fruchtkörperbildung massiv sein. Den richtigen Kompost herzustellen, kann jedoch knifflig sein. Nutzen Sie Ihre Vorstellungskraft, es bestehen viele Optionen für ein kilometerlanges Myzel (weitere Ideen hierzu finden Sie im Buch *The Mushroom Cultivator*).

Obwohl Rinder- und Schafweideland primäre Lebensräume für Graslandarten sind, wachsen einige psilocybinhaltige Pilze in Grasland, das nicht mit Mist angereichert ist. Im Pazifischen Nordwesten fallen zwei Beispiele auf: Beide beziehen sich auf die grasbewachsenen Streifen, die den Einbahnstraßenverkehr vor dem Eingang zur University of British Columbia in Vancouver, Kanada, und dem The Evergreen State College in Olympia, Washington, trennen. *Psilocybe semilanceata* zeigte sich an diesen Standorten produktiv. Diese Art bevorzugt manchmal verkehrsreiche Zonen mit hoher Sichtbarkeit. Fußball-, Rugby-,

Psilocybe cubensis fruktifiziert dicht gedrängt auf einer Mischung aus Reis und Sonnenblumen-Hirse-Vogelfutter. Aus der ersten Ernte wurde ungefähr ein Drittel der Trockenmasse zu getrockneten Pilzen. (Ich perfektionierte diese Technik zufällig.) Diese psilocybinhaltige Art ist der am häufigsten kultivierte Psilocybinpilz der Welt. Sobald er Fruchtkörper gebildet hat, kann das mit Myzel durchzogene Getreide nach draußen gepflanzt werden.

Psilocybe cubensis fruktifiziert einige Wochen später aus demselben Myzel, wie auf dem Foto oben, ein zweites Mal, dieses Mal jedoch draußen im Garten. Das Myzel war mit feuchter Erde bedeckt und wurde ein bis zwei Tage lang gewässert. Die Fruchtkörper bildeten sich zehn Tage später. (Methoden zur Pilzbrutherstellung und Rezepte finden Sie in meinem Buch *Growing Gourmet and Medicinal Mushrooms.*)

American-Football- und Baseballfelder sind genauso wie Golfplätze Hauptbesiedelungsplätze für psilocybinhaltige Pilze. In Evergreen wurde ich einmal Zeuge, wie die College-Fußballmannschaft das Spiel unterbrach, damit psilocybinhaltige Pilze nicht zertrampelt wurden. Dies löste zunächst Befremden bei dem gegnerischen Team aus, dessen Mitglieder sich schon bald am Sammelspaß der psilocybinhaltigen Pilze beteiligten.

Beachten Sie jedoch, dass Herbizide und Insektizide auf diesen künstlich angelegten Landschaften Sicherheitsbedenken mit sich bringen. Auch ist es nicht unüblich, dass klassische holzliebende Pilzarten in den ersten zehn Jahren, nachdem der Rasen gelegt wurde, jahrelang produktiv sind und dabei das untergegrabene Holz zersetzen. Regelmäßiges Wässern stimuliert das Wachstum weiterhin. Das Auftreten von lignikolen psilocybinhaltigen Arten auf Wiesen und Feldern unterstreicht, dass man sich nicht ausschließlich auf charakteristische Lebensräume, insbesondere bei neu gebildeten Lebensräumen, als Schlüsselindikator verlassen kann. Bei psilocybinhaltigen Pilzen sind Ausnahmen die Regel.

Etliche Arten der lignikolen Pilze wachsen in grasbewachsenen Bereichen mit Holzresten oder unter Bäumen. Diese Mischung von Gräsern und Holzschnitzeln stimuliert die Fruchtkörperbildung bei *Psilocybe azurescens* (schauen Sie nach grasbewachsenen Dünen), *Psilocybe aztecorum* (unter Pinien) und *Psilocybe ovoideocystidiata* (entlang Uferzonen mit Eschenahorn). Diese Schnittstellenumgebungen zwischen Wäldern und grasbewachsenen Bereichen oder Wälder mit Gräsern sind der Hauptlebensraum für viele psilocybinhaltige Arten.

Ein natürlicher Hartholzhain (Erlen) wie dieser unterstützt holzliebende (lignikole) psilocybinhaltige Pilze. Lignikole Pilze wie *Psilocybe azurescens* und *Psilocybe cyanescens,* um wenige der vielen zu nennen, lieben Gräser und zersetzen Rasenfilz, der von herabgefallenen Ästen, Waldabfällen und Holzschnitzeln durchsetzt ist.

White Spores

Kapitel 3

So erkennen Sie psilocybinhaltige Pilze

Es ist fast unmöglich, ohne gutes Verständnis der Pilzmorphologie oder der Form und der verschiedenen Stadien des Lebenszyklus des Pilzes eine Pilzart in der Wildnis korrekt zu bestimmen. Während psilocybinhaltige Pilze im Allgemeinen anderen Pilztypen ähneln, gibt es doch einige eindeutige Elemente, durch die sie sich abheben.

Pilzmorphologie

Mehr als 99 % aller psilocybinhaltigen Pilze bestehen aus einem Hut (pileus), Lamellen (lamellae) und einem Stiel (stipes).[1] Der Hut schützt den wachsenden Pilz vor Regen und Wind und liefert so ein windstilles Mikroklima für die sporentragenden Lamellen unter dem Hut, die mit den Sporen reifen. Der Stiel erhöht den Pilzhut mit den Lamellen, von wo aus die Sporen dann frei in neue Lebensräume schweben können.

Einige der psilocybinhaltigen Arten wie *Psilocybe cubensis* wiesen ein hautähnliches (membranöses) Teilvelum auf, das sich von dem Hutrand zum Stiel erstreckt und die sporenbildenden Lamellen schützt. Der äußere Rand dieses Velums trennt sich vom Hut, während der Pilz reift und innerhalb von wenigen Minuten elegant herabfällt. Gleichzeitig werden die ersten Sporen entlassen. Die Oberseite dieses membranösen Teilvelums ist oft mit Anhäufungen leicht purpur-brauner Sporen geziert. Diese Sporenlinien spiegeln die Zwischen-

Kubanischer Kahlkopf *(Psilocybe cubensis)* mit einem fallenden membranösen Teilvelum, das zum Ring (annulus) wird. Der Fall des Velums dauert nur wenige Minuten, während der Hut sich schnell ausbreitet. Beachten Sie die Sporenstreifen auf der Oberfläche des fallenden Velums.

David Sumerlin prüft und bestimmt einige der Pilze, die bei einem Gruppenstreifzug an einem Tag gesammelt wurden. Beachten Sie, dass die Pilze nach Sporenfarbe sortiert sind.

Azurblaue Kahlköpfe *(Psilocybe azurescens)* haben ein spinnwebartiges Teilvelum, das eine fibrilläre Ringzone bilden kann oder auch nicht, die schon bald mit dunkelpurpur-braunen Sporen geziert ist. Beachtenswert ist, dass die Ringzone kurzlebig ist und oft verschwindet, wenn der Hut sich aufspannt.

räume zwischen den Lamellen darüber wider (siehe Seite 63).

Wenn das Velum vollständig abgefallen ist, bleiben am Stiel oft Velumreste als Ring (annulus) zurück. Bei vielen Pilzen bildet ein membranöses Teilvelum einen membranösen Ring. Manche dieser Ringe sind jedoch nur schwach ausgebildet oder, selten, nicht vorhanden. Durch Wind und Regen verschwindet der Ring oft mit der Zeit. Bedenken Sie, dass die Phänotypen sich unterscheiden können. Es gibt einige sonderbare Phänotypen von *Psilocybe cubensis,* die überhaupt keinen eindeutigen Ring hervorbringen.

In vielen Fällen ist die Art des Rings für eine korrekte Identifikation wichtig. Eine verbreitete Art des Teilvelums nennt sich Cortina. Hierbei ziehen sich feine Fäden vom Hutrand zum Stiel, die normalerweise zerreißen, wenn der Pilz reift, und die einen Ring aus feinen Fasern am Stiel hinterlassen, die auch mit Sporen geziert werden. Solche fibrillären Velumreste bilden eine fibrilläre Ringzone oder einen spinnwebartigen Ring. Auch sie sind zart und können bei vielen Exemplaren verloren gehen, während die Pilze reifen und dem Wetter ausgesetzt sind. Aus diesem Grund ist es wichtig, für eine korrekte Identifikation eine ganze Bandbreite von Exemplaren, vom frühesten bis zum spätesten Stadium, vorliegen zu haben.

Psilocybinhaltige Pilze produzieren üblicherweise Sporen aus Basidien. Bei den meisten Arten bildet jede Basidie vier Sporen, die möglicherweise nicht alle mit den anderen Sporen kompatibel sind. Die meisten psilocybinhaltigen Pilze besitzen zwei Gene, welche die Paarungskompatibilität der Sporen kontrollieren. Ein einziger Pilz kann Sporen mit vier möglichen Paarungstypen (ähnlich Geschlechtern) bilden.

Der Lebenszyklus der Pilze

Das Myzelstadium macht mehr als 95 % des Lebenszyklus eines Pilzes aus. Nach der Keimung der Sporen oder der Myzeltranslokation muss das Myzel eine ausreichende Myzelmatte bilden, um die Pilzstruktur, den Fruchtkörper, hervorzubringen. Dies ist ein nie endender Kreislauf von den Sporen über die Keimung, das Myzel und die Pilzfruchtkörper bis hin zu weiterer Sporulation. Sporen können sofort keimen oder jahrelang ruhen. Wir verstehen noch nicht vollständig, warum dies so ist.

Pilze bilden sich im Allgemeinen abhängig von acht Umweltreizen:

1. Zustrom von Wasser (Regen, Abwasser, Flussauen, Überschwemmungen, Bewässerung, Berieselungsanlagen)
2. Temperaturänderungen (Rückgang im Herbst, Anstieg im Frühjahr)

Allgemeine Pilz-, Velum- und Stielformen

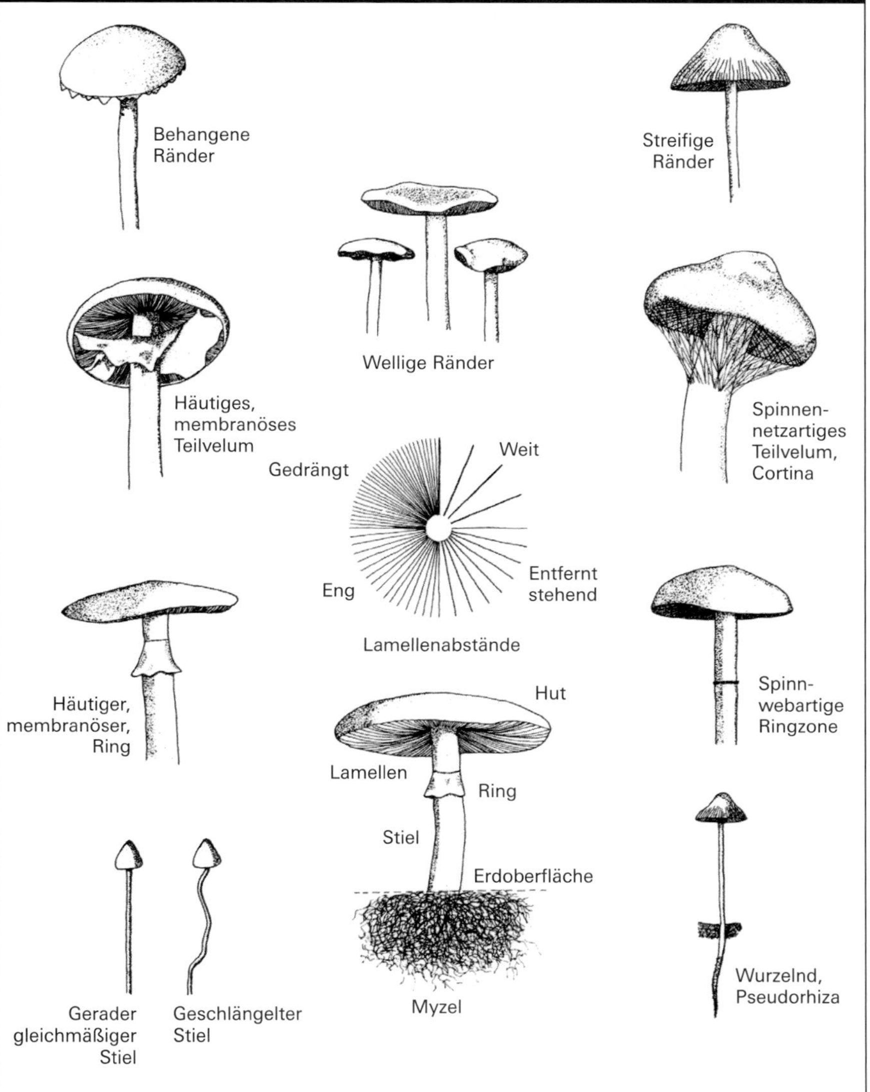

Allgemeine Lamellenformen, -schneiden and -ansätze

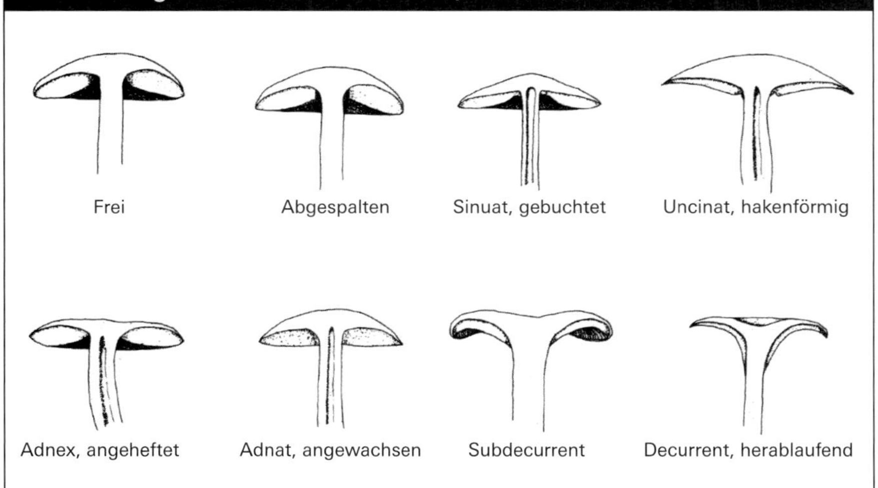

Allgemeine Hutformen

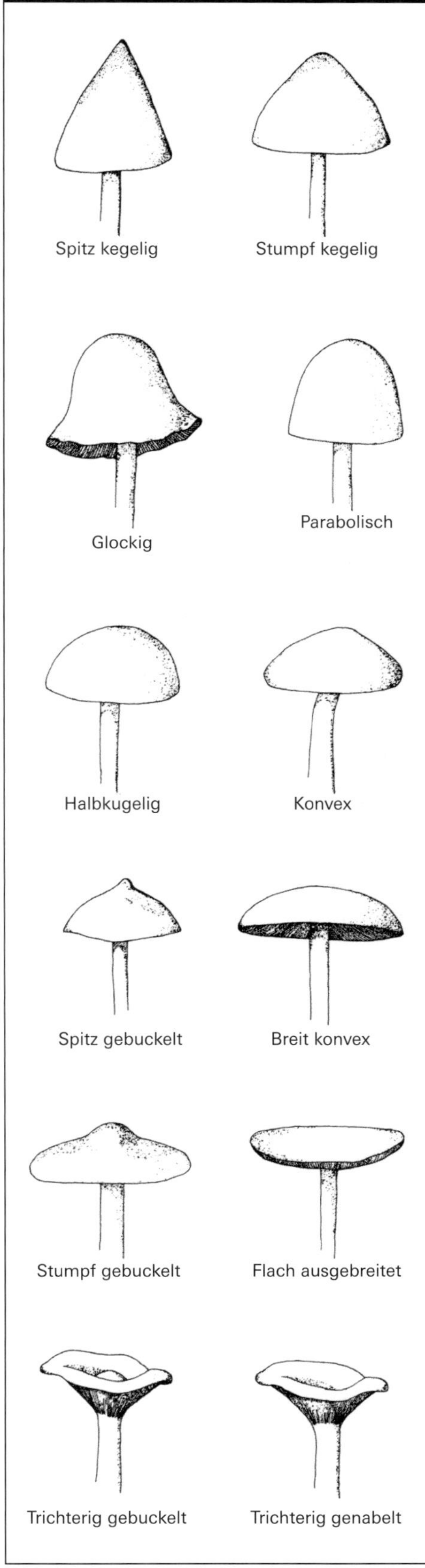

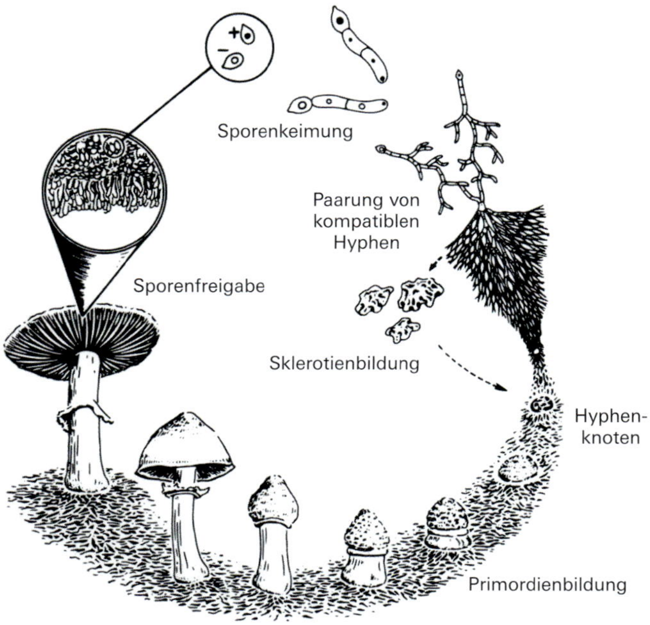

Oben abgebildet ist der Lebenszyklus der Pilze, der im Allgemeinen zwei Gruppen von psilocybinhaltigen Pillzen repräsentiert: *Psilocybe mexicana* und *Psilocybe tampanensis* versus *Psilocybe cubensis. Psilocybe mexicana* und *Psilocybe tampanensis* haben alternative Überlebensstrategien entwickelt: Sie bilden unterirdisch ein Sklerotium, eine erhärtete Masse übriggebliebenen Gewebes. Im Lebenszyklus von *Psilocybe cubensis* fehlt dieses Merkmal. Sklerotien werden zur Bildung angeregt, wenn das Myzel in Dunkelheit gezüchtet wird. Sie können später Pilze hervorbringen, wenn sie Licht und Wasser ausgesetzt werden.[2] Sklerotien können viele Monate überleben, bevor aus ihnen Pilze sprießen.

Das Sklerotium von *Psilocybe mexicana* zum Verkauf in den Niederlanden, wo es als »Zaubertrüffel« bekannt geworden ist. Aus diesen Sklerotien, die üblicherweise einen geringen Psilocybinwert aufweisen, sprießen psilocybinreichere Pilze, wenn man sie in Erde pflanzt.

3. Frische Luft, wenn Myzel zur Oberfläche seines Lebensraums aufstrebt, zu sogenannten Boden-Luft-Schnittstelle
4. Licht
5. Physische Störungen
6. Beschränkung von Nährstoffen
7. Reize durch andere Pilze
8. Physisches Hindernis

Pilzanbauer nutzen viele dieser Faktoren strategisch, um die Fruchtkörperbildung aus dem Pilzmyzel anzustoßen.[3]

In den meisten Klimaten trifft der Beginn der Regensaison mit niedrigeren Temperaturen zusammen. Wenn Myzel sich nahe an der Bodenoberfläche befindet, »atmet« es Kohlendioxid aus und Sauerstoff ein. Die meisten Psilocybin-Arten sind lichtempfindlich. Wenn also diese anderen Faktoren zutreffen, bilden sich nur gesunde Pilze, wenn sie Licht ausgesetzt sind. Pilzanbauer wissen, wie sie mithilfe des Kohlendioxidgehalts die Länge der Stiele und mithilfe von Licht den Durchmesser der Hüte beeinflussen können. Zucht-Enoki, *Flammulina velutipes* und verwandte Arten, bilden aufgrund von schwachem Licht und hohem Kohlendioxidgehalt in der Umgebung lange Stiele aus. In dieser Kombination werden die Fruchtkörper beim Wachsen so geformt, wie sie im Allgemeinen in Lebensmittelgeschäften gekauft werden können.

Zur letzten Gruppe von Faktoren gehören Störungen, Beschränkung der Ressourcen und Herausforderungen durch Konkurrenten. Viele Pilzarten werden durch Erdrutsche, Bodenstörungen (Bau, Erdbeben), Harken des Substrats (eine auch von Züchtern verwendete Technik), Überschwemmung oder durch Schritte auf den Myzelbeeten – Myzel ist wie ein Drucksensor unter den Füßen! – zur Fruchtkörperbildung angeregt. Dies könnte der Grund sein, warum viele psilocybinhaltige Pilze, wie *Psilocybe pelliculosa,* meist entlang von Pfaden und steinigen Wegen auftreten.

Eine kompliziertere Stimulierung ist der Reiz durch einen konkurrierenden Organismus, wie z. B. eine andere Pilzart. Es scheint, als ob das Myzel wisse, dass ein neuer Lebensraum nicht erobert werden kann, weil ein Konkurrent dort bereits resident ist. Daher ist es Zeit zu fruktifizieren! Es gibt jedoch auch Arten wie die Schmetterlingstramete *(Trametes versicolor)*, die das Myzelnetzwerk anderer Arten parasitieren.

Ein weiterer interessanter, wenn auch seltenerer Stimulus ist ein Blitzeinschlag. Beobachter in Europa, Asien und Amerika berichten von Fruchtkörperbildung nach Blitzeinschlägen. Experimente in Japan zeigten, dass elektrische Impulse von 50 000 bis 100 000 Volt mit einer Dauer von 1/10 000 000 Sekunden Myzel zur Pilzbildung anregen können.[4] Da Blitze auf der ganzen Welt auftreten, ist es nicht überraschend, dass viele Naturvölker die Fruchtkörperbildung mit Blitzeinschlägen verbinden. Dies ist ein weiterer Grund, warum wir der Weisheit der indigenen Bevölkerung nicht misstrauen sollten. Die Wissenschaft beweist oft erst Jahrhunderte später, dass Volksweisheiten sachlich korrekt sind.

Blitze am Horizont künden von bevorstehendem Regen. Ich habe mich oft gefragt, ob das Myzel, das ja ein Netzwerk aus sensiblen Fasern ist, den kommenden Regen spüren kann. Erst der Blitzeinschlag, dann folgt Donnergrollen und dann der Regen. Der Donner am Horizont bewegt sich als langwellige Frequenzen kilometerweit. Ich denke, dass Myzelnetzwerke wie Saiten eines Musikinstruments vom Schall des Donners nachklingen. Nimmt das Myzel den bevorstehenden Regen dann vorweg und bereitet es sich auf die Wasseraufnahme vor? Es ergibt Sinn, dass nicht nur Blitze, sondern auch Donner und sogar Trommeln das Myzelwachstum stimulieren könnten. Wenn ja, würden die festlichen Versammlungen von Menschen mit Musik, Tanz und Träumerei das Myzelnetzwerk wecken und dadurch den Nährstofffluss verbessern, damit Pilze gebildet und Pflanzen genährt würden, sodass die Menschen bei einem besseren Überleben unterstützt werden können?

Diese Idee scheint für viele Menschen, denen ich dies gegenüber erwähnt habe, weit hergeholt, aber andere Mykologen haben bestätigt, dass Vibrationen und Elektrizität das Pilzwachstum stimulieren.[5] Myzel ist in der Lage zu spüren, wenn nicht sogar zu hören. Fungi erwachen, konkurrierend, zu jeder Gelegenheit, die ihr Überleben und letztendlich unseres verbessert.

Psilocybe mexicana, Pilze fruktifizieren aus im Boden vergrabenen Sklerotien.

Psilocybe pelliculosa wächst im Pazifischen Nordwesten gern entlang von Waldwegen und an Straßen.

Die Regel zur Identifizierung der meisten psilocybinhaltigen Pilze

Vor Jahren habe ich eine einfache Regel für die Identifizierung von psilocybinhaltigen Pilzen aufgestellt, die immer noch Gültigkeit besitzt.

Wenn ein
Lamellenpilz
leicht purpur-braune bis schwarze Sporen
aufweist und
sich bläulich verfärbt,
dann ist es sehr *wahrscheinlich* ein
psilocybinhaltiger Pilz.

Lamellenpilze und leicht purpur-braune bis schwarze Sporen sind relativ leicht zu verstehende Merkmale. Die Beachtung dieser beiden Charakteristika, plus die Blauverfärbung, engt das Feld der Kandidaten vor allem auf die psilocybinhaltigen Arten ein. Die Blauverfärbung ist eine Reaktion auf Druck bei Berührung oder auf Stress aufgrund von wiederholtem Nasswerden und Trocknen. Die Pilze sind nicht von Anfang an blau, wie manche *Stropharia*-Arten, die kein Psilocybin produzieren (siehe Foto auf Seite 72). Psilocybin ist eine stabile Chemikalie; Psilocin nicht. Psilocybin ist eine Prodrug (Vorläufersubstanz) für Psilocin. Dies bedeutet, dass Psilocybin bei der Einnahme zu Psilocin verstoffwechselt wird. Psilocin ist der aktive Stoff, der das Bewusstsein verändert, indem es insbesondere im Gehirn an die 5-HT2_A-Rezeptoren und ähnliche Neurorezeptoren bindet.[6]

Wenn psilocybinhaltige Pilze sich bläulich verfärben, ist dies das Ergebnis einer enzymatischen Umwandlung von Psilocin in Komponenten, die nicht psychoaktiv sind. Das Phosphatase-Enzym (PsiP) bildet aus Psilocybin Psilocin, das anschließend durch das Laccase-Enzym in eine heterogene Mischung von chinoiden Psilocyl-Oligomeren zerlegt wird – Komponenten, die dem Indigo, also der blauen Farbe, ähneln. Die Stärke der Blauverfärbung bei psilocybinhaltigen Pilzen zeigt an, wie wirksam die Pilze einmal gewesen sind, d.h., dass sie dann an Wirksamkeit verloren haben. (Der chemische Prozess erlaubt theoretisch eine Bidirektionalität zurück zum Psilocin.) Wenn Sie eine Gruppe psilocybinhaltiger Pilze finden, die auf Druck eine starke Blauverfärbung zeigen, ist dies ein guter Indikator dafür, dass die gesamte Kolonie wahrscheinlich *sehr* wirksam ist. Zu den Sonderfällen gehört der wirksame Spitzkegelige Kahlkopf *(Psilocybe semilanceata),* der sich aufgrund seines hohen Psilocybingehalts und des niedrigen Psilocingehalts kaum und, wenn überhaupt, dann bläulich verfärbt. Und wenn diese Art eine Blauverfärbung zeigt, befindet sie sich normalerweise im flaumigen Myzel an der Stielbasis. Den meisten Exemplaren von psilocybinreichen, psilocinarmen Arten mangelt es an der Blauverfärbung, aber sie sind noch immer sehr wirksam, *und* sie sind bei einer langen Lagerung stabil.

Psilocybe azurescens, ein Pilz mit leicht purpur-braunen Sporen, verfärbt sich bei Berührung mit ihm schnell bläulich, da Psilocin enzymatisch abgebaut wird. Diese Reaktion ist für viele wirksame psilocybinhaltige Arten typisch.

Psilocybe azurescens kann durch Verletzungen oder Frost fast schwarz werden. Ich würde den rechten, stark blau verfärbten Pilz nicht essen. Er zersetzt sich dann schnell.

Blauverfärbung von *Psilocybe baeocystis* und *Psilocybe cyanofibrillosa,* zwei psilocybinhaltige Arten mit leicht purpur-braunen Sporen.

Wie viele psilocybinreiche Pilze wird *Psilocybe cyanescens* am Tag nach strengem Frost blau, wenn die Temperatur wieder über den Gefrierpunkt steigt. Einmal aufgetaut, verrotten diese blauen Pilze schnell.

Ausnahmen der Regel

Es gibt einige psilocybinhaltige Arten, deren Sporen rostbraun sind und deren Fruchtkörper sich bei allen Exemplaren möglicherweise erkennbar blau verfärben können. Es gibt jedoch einige giftige Doppelgänger mit rostbraunen Sporen, die diesen psilocybinhaltigen Arten sehr ähneln. Dies ist mir wichtig, denn eine falsche Bestimmung von Pilzen mit rostbraunen Sporen kann tödliche Konsequenzen haben. Diese Arten muss man sich einzeln einprägen. Andererseits sind manche Pilze von Natur aus bläulich, aber nicht aufgrund von Druck oder Verletzungen. Ich weiß von keinen giftigen Lamellenpilzen, die von Natur aus bläulich sind *und* auch leicht purpur-braune Sporen vorweisen. Dies wirft folgende Frage auf: Sind die Pilze, die Sie gefunden haben, von Natur aus blau, oder werden sie auf Druck blau? Manchmal ist dies schwer zu ermitteln. Die Blauverfärbung ist ein potenzielles, jedoch nicht endgültiges Merkmal zur Identifizierung eines psilocybinhaltigen Pilzes. *Conocybula cyanopus* (rostbraune Sporen), *Inosperma calamistratum* (braune Sporen) und *Mycena amicta* (weiße Sporen) zeigen deutliche Blautöne an ihren Stielbasen. Aber wenn die Stielbasis nicht mitgepflückt worden ist, wäre dieses kritische Identi-

Um einen hochwirksamen »blauen Saft« zu erhalten, der für eine Verwendung in der Zukunft lange Zeit gelagert werden kann, geben Sie kleine Stücke von *Psilocybe azurescens* (oder viele der sich blau verfärbenden *Psilocybe*-Arten, einschließlich *Psilocybe cubensis*) in einen leeren Krug, bedecken Sie sie mit Eis und kühlen Sie alles zwei oder drei Tage bei 2-4 °C. Der sich dabei ergebende Kaltwasserextrakt kann auch zu blauen Eiswürfeln (um die Wirksamkeit besser zu erhalten) gefroren oder im Verhältnis 1:1 mit Ethanol (Vodka) zu einem flüssigen Elixier vermischt werden. (Ethanol verhindert das Säuern.) Diese Extraktionsmethode funktioniert ebenfalls mit kaltem Wasser. Ein längeres Einwirken von heißem Wasser führt zu einem braunen Extrakt und vermindert die Wirkung der Pilze, und zwar variabel und häufig, aber nicht immer. Da die Extraktion mit Wasser ein sensibler Prozess ist, finde ich es sicherer, kaltes Wasser für die Extraktion von blauem Saft zu verwenden.

Blauer Saft aus dem Blauenden Kahlkopf *Psilocybe cyanescens.*

Blauer Saft aus dem Kubanischen Kahlkopf *Psilocybe cubensis.*

fizierungsmerkmal verloren gegangen. *Conocybula cyanopus* produziert Psilocybin, während *Inosperma calamistratum* und *Mycena amicta* dies nicht tun. Eine weitere *Mycena*-Art, *Mycena pura,* kann blau sein und ist giftig, da sie das toxische Muscarin enthält. Erkennen Sie auf den Fotos auf Seite 71 und 72, welche Pilze psilocybinhaltig sind, ohne die Bildunterschriften zu lesen? Sollten Sie die blaue Farbe an der Basis der Stiele als einziges Kriterium verwendet haben, könnten Sie einen Pilz fälschlicherweise als einen psilocybinhaltigen Pilz identifiziert haben, der es jedoch nicht ist. Aus diesem Grund müssen Sie eine Pilzart nach der anderen lernen.

Bedeutende Ausnahmen der Regel beziehen sich auf mindestens drei Mitglieder der Familie Strophariaceae: die Gruppe, die *Stropharia aeruginosa, Stropharia caerulea* und *Stropharia cyanea* umfasst. Sie sind mit der Gattung *Psilocybe* verwandt, enthalten aber kein Psilocybin. Sie können ganz leuchtend und schön blau sein oder manchmal auch punktuell, aber meistens sind sie an der Stielbasis bläulich. Die Genießbarkeit dieser Artengruppe ist nicht eindeutig. Manch anekdotischer Bericht behauptet, sie verursachten Magen-Darm-Beschwerden. Also bitte essen Sie sie nicht! Die Pilze sind jedoch wunderschön anzusehen.

Sich auf Lamellenpilze mit leicht purpur-braunen bis schwarzen Sporen zu fokussieren, die sich bei Druck bläulich verfärben, minimiert das Risiko einer falschen Identifikation. Viele Pilzarten sind bläulich oder blau gefleckt, insbesondere Lamellenpilzarten der Gattungen *Leptonia, Entoloma* und *Stropharia* und Arten ohne Lamellen aus der Familie der Dickröhrlingsverwandten Boletaceae (z. B. *Xerocomellus chrysenteron,* ehemals bekannt als *Boletus chrysenteron* und *Leccinum scabrum*) und aus den gezahnten Hydnaceae (Artenkomplex *Hydnellum caeruleum*). Obwohl die bläuliche Farbe ein Merkmal ist, das Psilocybingehalt anzeigen *könnte,* ist es nicht das *einzige,* das verwendet werden sollte, um eine Psilocybinart endgültig zu identifizieren.

Mycena amicta ist ein Pilz mit weißen Sporen, der kein Psilocybin produziert. Beachten Sie den Blauton an der Stielbasis. *Mycena amicta* kann eine Vielzahl von Farben annehmen.

Mycena pura, ein Pilz mit weißen Sporen, kann bläulich gefärbt sein, ist jedoch giftig, da er Muscarin enthält.

Inosperma calamistratum (= Inocybe calamistrata) ist eine von mehreren mit *Inocybe* eng verwandten Arten, die sich blau verfärben, aber kein Psilocybin produzieren. Beachten Sie die dunkelbläulichen Töne an der Stielbasis. Viele *Inocybe* enthalten das Gift Muscarin.

Achtung: Einige Pilze mit rostbraunen Sporen können tödlich sein

Wenn Sie von Lamellenpilzen mit dunkelpurpur-braunen bis schwarzen Sporen zu denjenigen mit rostbraunen Sporen kommen, haben Sie die Gefahrenzone erreicht. Zwei Gattungen von Pilzen mit rostbraunen Sporen, *Galerina* und *Pholiotina,* beherbergen einige der bekannten tödlichsten Pilze, die existieren und die Toxine produzieren, die jenen der stattlicheren *Amanita*-Arten ähnlich sind. *Galerina marginata* (Batsch) Kühner (= *Galerina autumnalis* Smith und Singer) und *Pholiotina rugosa* (Peck) Singer (= *Pholiotina filaris* (Fr.) Peck) können Sie mit ihren starken Lebergiften, den Cyclopeptiden, töten.

Diese Gruppe der Pilze mit rostbraunen Sporen ist weiterhin kompliziert, denn *Conocybula cyanopus,* eine Art, die früher als *Conocybe cyanopus* (G. F. Atk.) Kühner bekannt war, ist ein blaufüßiger psilocybinhaltiger Pilz und wurde derselben Gattung wie sein tödlicher Cousin *Pholiotina rugosa* zugeordnet. Die neuere Bezeichnung ist *Conocybula cyanopus* (G. F. Atk.) T. Bau und H. B. Song, und sie haben beide die gleichen rostbraunen Sporen. Des Weiteren gibt es eine psilocybinhaltige, aber seltene *Galerina*-Art, *Galerina steglichii* Besl., die ursprünglich aus Deutschland berichtet

Psilocybe cyanescens ist ein psilocybinhaltiger Pilz mit leicht purpurbraunen Sporen. Beachten Sie die Blauverfärbung an den Stielen.

Stropharia aeruginosa, eine wunderschöne, bläulich gefärbte Pilzart mit leicht purpur-braunen Sporen ist kein Psilocybinbildner. Ihre Essbarkeit ist unbekannt. (Vorsicht ist angeraten: Essen Sie diesen Pilz nicht.)

Conocybula cyanopus (ehemals *Conocybe cyanopus* und *Pholiotina cyanopus*) ist ein psilocybinhaltiger Pilz mit rostbraunen Sporen. Beachten Sie die Blauverfärbung an der Stielbasis. Wenn die Stielbasis beim Pflücken verloren geht, kann diese Art nicht makroskopisch identifiziert werden.

Die Gruppe *Entoloma serrulatum* (= *Leptonia serrulata*) mit blassrosa-braunen Sporen und die verwandten *Entoloma*-Arten können bläulich sein, sind jedoch keine Psilocybinbildner. Die Essbarkeit dieser Arten ist unbekannt. (Vorsicht ist angeraten: Essen Sie diesen Pilz nicht.)

wurde, aber in Nordamerika noch nicht bekannt ist. Eine namenlose, sich blau verfärbende *Galerina* wächst in Kolumbien, Südamerika. Es ist nur eine Frage der Zeit, bis diese Holzschnitzel bewohnende Art in Nordamerika Fuß fasst.

Dass zwei psilocybinhaltige Pilzarten sowie zwei tödlich giftige Arten in denselben Gattungen (*Galerina* und *Pholiotina*) klassifiziert werden, unterstreicht, dass ein Fehler bei der Bestimmung tödlich sein kann. Alle vier Arten haben rostbraune Sporen. Alle sind normalerweise klein. Alle können in denselben Lebensräumen wie psilocybinhaltige Arten auftreten. Ein unglücklicher, achtloser Sammler von psilocybinhaltigen Pilzen könnte leicht *Galerina marginata* und/oder *Pholiotina rugosa* sammeln – mit tödlichen Konsequenzen. Dies ist bereits passiert. Menschen sind daran gestorben, dass sie einen *Galerina* verwechselt haben. Sie dachten, es sei ein *Psilocybe*.

Eine weitere Gattung, die sowohl psilocybinhaltige als auch giftige Arten beherbergt, ist *Inocybe*, eine große Gattung von mehr als 1000 zumeist Mykorrhiza-Arten. Mykorrhiza-Arten wachsen in Verbindung mit einem Wirtsbaum in einer symbiotischen Beziehung, während die anderen Gattungen, die psilocybinhaltige Pilze enthalten, alle Saprobionten oder Zersetzer sind. *Inocybe* umfasst auch toxische Arten, die Muscarin bilden. Sie können bei der Aufnahme einer ausreichenden Menge potenziell tödlich sein. Produzieren einige Arten sowohl Psilocybin, Muscarin und/oder andere Toxine? Es ist sehr gut möglich, obwohl noch nicht bekannt. Die Chemie von Pilzen ist bisher kaum erforscht worden. Wenn man sich auf die Arten mit leicht purpur-braunen bis schwarzen Sporen konzentriert, wird diese potenzielle Gefahr vermieden.

Es gibt nur wenige tödlich giftige Pilzarten. Viele weitere toxische Arten sind leicht giftig. Normalerweise treten die Symptome der tödlichsten Giftpilze erst nach mehreren Stunden auf. Bei einer Vergiftung mit Muscarin produzierenden Pilzen, wie man sie unter *Clitocybe, Inocybe, Mycena* und *Omphalotus* findet, können die Symptome schon nach 15 bis 60 Minuten eintreten. Alle, die an einer Grunderkrankung leiden, können atypische Symptome ausbilden. Wenn Sie sich also krank fühlen, sollten Sie die nächste Giftnotzentrale anrufen, die Sie dann in den meisten Fällen mit einem Spezialisten verbinden kann. Achten Sie darauf, dass Sie, falls erforderlich, Exemplare für eine weitere Analyse aufbewahren. Und wenn Sie die Pilze fotografieren, welche die Vergiftung mutmaßlich ausgelöst haben, gehen Sie sicher, dass Sie die Lamellen der reiferen Pilze mit auf dem Bild haben. Mykologen, die als Berater für die Giftnotzentralen arbeiten, müssen die Sporenfarbe der fraglichen Pilze erkennen. Auch wenn ein Pilzsporenabdruck wichtig ist, könnte die Zeit für dessen Erstellung über Nacht eine Diagnose und die vorgeschlagene Behandlung verzögern.

Dieses Buch soll zwar ein Führer für psilocybinhaltige Pilze und nicht für Giftpilze sein, dennoch bedarf das Thema Giftpilze Ihrer vollen Aufmerksamkeit. Ich werde hier nicht in die Tiefe gehen, daher empfehle ich mehrere Bücher und Online-Quellen (siehe Seite 246). Vergewissern Sie sich bitte immer der Ungiftigkeit eines Pilzes, bevor Sie ihn zu sich nehmen oder ihn anderen empfehlen. Ihr Leben könnte von der korrekten Identifikation abhängen. Wir tragen alle Verantwortung dafür, potenziellen Schaden zu minimieren und die Vorzüge von Zauberpilzen zu maximieren.

Pholiotina rugosa (= *Pholiotina filaris*) ist ein Pilz mit rostbraunen Sporen, der potenziell tödlich ist. Er kann in einer Vielzahl von Lebensräumen wachsen, in denen die Böden mit sich zersetzenden Holzabfällen angereichert sind. Beachten Sie die rostbraunen Sporen auf dem Ring.

Die Anfertigung eines Sporenabdrucks ist einfach und macht Spaß

Die meisten psilocybinhaltigen Pilze haben dunkelpurpur-braune bis schwarze Sporen. Eine geringe Anzahl dieser Arten hat rostbraune bis lachsfarbene Sporen – aber das gilt genauso für einige tödlich giftige Pilze. Aus einer Fülle von Vorsichtsmaßnahmen könnten Einsteiger, die psilocybinhaltige Pilze identifizieren möchten, sich auf Arten mit leicht purpur-braunen bis schwarzen Sporen konzentrieren. Sie sind zahlreicher und leichter zu bestimmen.

Einer der kritischsten Wege, giftige Arten zu meiden und eine psilocybinhaltige Art zu finden, liegt in der richtigen Identifizierung der Farbe von Pilzsporen. Auch wenn Sammler mit Adleraugen die Sporenfarbe von Pilzen in ihrem natürlichen Lebensraum erkennen können, ist eine sicherere Methode die Anfertigung eines Sporenabdrucks.

So fertigen Sie einen Sporenabdruck an:

1. Sammeln Sie zahlreiche ausgewachsene bis reife Pilze, also Pilze mit fast vollständig ausgebreiteten Hüten.
2. Trennen Sie den obersten Teil des Stiels von den Hüten und legen Sie die Hüte mit den Lamellen nach unten auf ein Blatt Papier. Meistens ist weißes Papier die beste Wahl. Sollten die Pilze jedoch keine dunklen Sporen oder sogar weiße Sporen bilden, können Sie die Sporenfarbe auf farbigem Papier oder einer Kombination aus weißem und farbigem Papier besser erkennen.
3. Legen Sie eine Schale über die Pilzhüte auf das Papier, um zu verhindern, dass Sporen weggeweht werden; die Schale darf nicht auf die Hüte drücken. Lassen Sie sie über Nacht ruhen. Normalerweise sind die Sporen bis zum nächsten Tag herausgefallen. Das Muster folgt der Strahlensymmetrie der Lamellen. Wenn die potenziell psilocybinhaltigen Pilze klein sind, schrumpfen die Hüte aufgrund der Verdunstung.
4. Decken Sie die Pilze auf, die über Nacht geruht haben, und beurteilen Sie die Sporenfarbe. Manchmal, wenn die Pilze zu alt oder ausgetrocknet sind, fallen keine Sporen heraus. Sollte dies der Fall sein, versuchen Sie es erneut mit jüngeren, frischeren Exemplaren.

Sporenabdrücke des Blauenden Kahlkopfs *Psilocybe cyanescens* anfertigen (einen Tag nach dem Sammeln der frischen Pilze).

Sporenabdrücke von *Psilocybe cyanescens* (am zweiten Tag nach der Sammlung der frischen Pilze). Der Blauende Kahlkopf liefert aufgrund seiner gewellten Hutränder einen ungleichmäßigen Sporenabdruck.

Hier finden Sie einige Beispiele von gut gelungenen Sporenabdrücken aus frischen Pilzen. Pilze, die austrocknen, liefern keine guten Sporenabdrücke. (In mehreren meiner Bücher, wie *Growing Gourmet and Medicinal Mushrooms* und *The Mushroom Cultivator,* finden Sie vollständige Anleitungen zur Herstellung von Kulturen aus Sporen unter sterilen Bedingungen, die Sie zu Hause selbst anlegen können.)

Die Fotos rechts zeigen, wie Sporen von *Psilocybe allenii* und *Psilocybe cubensis* über Nacht oder auch innerhalb weniger Stunden sichtbar werden. Dies ist vom Pilz abhängig. Das Abdecken der Exemplare mit einer Schüssel hilft gegen ein Wegwehen der Sporen. Diese Sporenfarbe von purpur-braun über purpur-schwarz bis schwarz ist typisch für diese Art. Je stärker die Verdichtung der Sporen, umso dunkler ist der Sporenabdruck.

Das Einlegen von Sporen in Öl zum Ölen von Kettensägen ist eine innovative Methode, um Pilzarten zu verbreiten und zu schützen, die in Waldgebieten wachsen. Ich gab die Sporen von *Psilocybe azurescens* in Rapsöl *(Brassica napus).* Die frischen Schnittflächen und die Holzschnitzel wurden beimpft, während die Bäume und Äste zurechtgesägt wurden. Ich gab das Sporenöl Ken Kesey, der hochamüsiert über das Konzept war und es auf seinem Land in Oregon für gute Zwecke verwendete. Sporen können auch zu Sprüh- oder Sprinklersystemen hinzugefügt werden, um neue Lebensräume zu beimpfen. Schließen Sie sich der Bewegung für die Freigabe von Sporen an. Verbreiten Sie Sporen!

Sporenabdruck von *Psilocybe allenii.* Beachten Sie, wie die Hüte über Nacht geschrumpft sind.

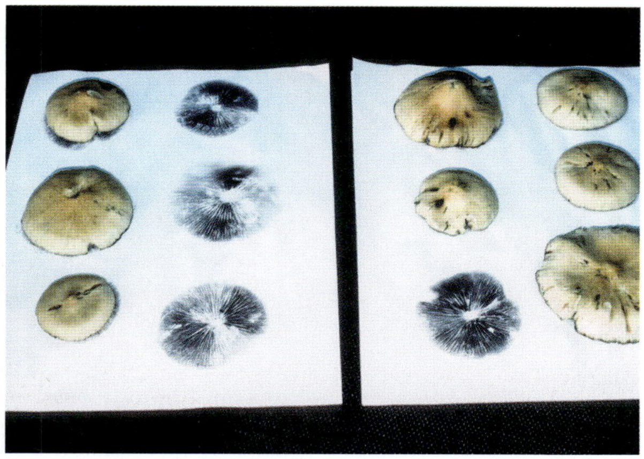

Die Sporen von *Psilocybe cubensis* erscheinen als Masse purpur-schwarz bis schwarz.

Durch die Beigabe von Sporen von *Psilocybe azurescens* zu biologisch abbaubarem Kettensägenöl können Holzfäller diese und andere Pilzarten verbreiten. Sie können die Sporen von einem Sporenabdruck herunterschaben oder sie mit dem Papier in das Öl tauchen und anschließend das Öl in den Kettensägenbehälter einfüllen und so die Kette ölen und mit Sporen versetzen.

Kapitel 4

So legen Sie ein Beet für psilocybinhaltige Pilze an

Pilzesammeln ist oft eine Glückssache, bei der man viel Energie für Ergebnisse aufwendet, die manchmal kein Ergebnis erzielt. Eine der Lebensfreuden ist daher die Naturalisierung von wilden psilocybinhaltigen Pilzen in einem Beet im eigenen Garten oder, wenn der Platz reicht, außerhalb einer Wohnung in einem Wohnblock. Aufgrund der Risiken, die bei der Suche von potenziell illegalen Substanzen auf fremdem Eigentum auftreten könnten, der wachsenden Popularität des Pilzesammelns und des sich daraus ergebenden Drucks auf die Pilzpopulationen ist das Anlegen eines eigenen Beets auch ein kleiner Beitrag, um psilocybinhaltige Pilze und sich selbst zu schützen. Einer der Vorteile eines eigenen Beets ist, dass man die Pilze wachsen sehen kann. Dieser enge tägliche Kontakt wird zu einer Partnerschaft. Dadurch, dass Sie die Pilze nähren, können Sie jahrelang mit ihrem reichen Ertrag belohnt werden, und Sie können die Pilze honorieren, indem Sie ihr Myzel weiterwachsen lassen. Es ist eine Freude zu sehen, wie sie jedes Jahr mit minimalem Aufwand voraussagbar auftauchen.

Bei einem Ausflug können Sie viele holzzersetzende psilocybinhaltige Arten mit nach Hause bringen, die in den meisten Fällen leicht kultiviert werden können. Zu den am leichtesten anzusiedelnden Arten zählen *Psilocybe allenii, Psilocybe aztecorum, Psilocybe azurescens, Psilocybe caerulipes, Psilocybe caerulescens, Psilocybe cyanescens, Psilocybe hopii, Psilocybe mescaleroensis, Psilocybe ovoideocystidiata, Psilocybe serbica, Psilo-*

Die Rhizomorphen an der Stielbasis von vielen Holzfäulepilzen können von den Pilzen abgeschnitten und in frische Hartholzschnitzel gepflanzt werden. So erhält man sein eigenes Pilzbeet. Die hier gezeigten Pilze sind *Psilocybe azurescens.*

Holzschnitzel harken als Vorbereitung für ein Pilzbeet.

Psilocybe azurescens mit seinen flaumigen Stielstümpfen und sternförmigen Rhizomorphen kann leicht angesiedelt werden. Beachten Sie die bläulichen Töne. Viele psilocybinhaltige Pilze weisen bläuliche Töne an ihrer Stielbasis auf, insbesondere verbunden mit dem empfindlichen oberirdischen Myzel.

cybe subaeruginascens, Psilocybe subaeruginosa und ähnliche holzzersetzende psilocybinhaltige Arten.

Holzschnitzel liebende Arten mit üppigem rhizomorphem (strangartigem) Myzel, das die Stielbasis schmückt, sind im Allgemeinen am leichtesten in neuen Pilzbeeten anzusiedeln. Die koprophilen (dungbewohnenden) und auf Weiden wachsenden Arten andererseits sind schwieriger anzusiedeln. Dung zersetzt sich schnell, sodass das Fenster für eine mögliche Ansiedlung kleiner ist. Und die Zucht einiger weniger Grasland-Arten ist durch die noch nicht verstandene Verbindung der Pilze mit Gräsern, ihren Rhizomen und den Mikrobiomen innerhalb des Bereichs der Rhizome besonders komplex.

Holzschnitzel zersetzen sich innerhalb von Jahren, bevor sich keine kultivierten Pilze mehr bilden. Im ersten Jahr ist die Fruktifizierung am stärksten, und dann flaut sie im zweiten und dritten Jahr ab, wenn nicht jährlich frische Holzschnitzel auf das Beet gegeben werden. Ein aufmerksamer britischer Biologe bemerkte im Herbst 2000, nachdem ein umgegrabenes Stück Land im vorangegangenen Jahr gemulcht wurde, eine riesige Menge *Psilocybe cyanescens.* Sie wurde auf mindestens 100 000 oder mehr Pilze geschätzt.[1] Und einmal wurde ich Zeuge einer unvorstellbar starken Fruktifizierung von *Psilocybe stuntzii,* eines Ausbruchs von nebeneinander wachsenden psilocybinhaltigen Pilzen, die buchstäblich die Landschaft zu einer höheren Ebene anhob, direkt gegenüber von einer Polizeistation auf der Boat Street in der Nähe der University of Washington, Seattle.

Die drei Hauptmethoden zur Naturalisierung von Myzel:

1. Beimpfen von Holzschnitzeln (fermentiert oder frisch) mit im Labor gezüchtetem Myzel (Pilzbrut)

Dieser glückliche Pilzsammler hat *Psilocybe cyanescens* gesammelt und dabei die Pilzstümpfe beim Sammeln gekappt. Die Pilzstümpfe können wie Tulpenzwiebeln in Berge von frischen Hartholzschnitzeln gepflanzt werden. So wird ein Mutterbeet mit naturalisierter Pilzbrut angelegt, die dann später in eine wesentlich größere Menge Holzschnitzel übertragen werden kann und das Pilzbeet exponentiell vergrößert.

Häckseln von Erlenstämmen und -ästen mit kleinem Durchmesser.

2. Beimpfen von Holzschnitzeln mit Pilzstümpfen von *Psilocybe*-Pilzen
3. Übertragen von Linsen aus wildem oder naturalisiertem Myzel

Holzschnitzel liebende *Psilocybe*-Pilze ebenso wie dungliebende *Psilocybe* haben normalerweise flaumige Stielstümpfe, die, wenn man sie abschneidet, als Pilzbrut verwendet werden können. Die Pilzstümpfe verwandeln sich auf zauberhafte Weise aus zerfallenden festen Gewebebestandteilen und regenerieren sich zu kräftig wachsenden, auseinanderstrebenden Strängen aus stark rhizomorphem Myzel. Seltsamerweise verrotten die Bereiche oberhalb der Pilzstümpfe mit Schimmel, während die Stielstümpfe, an denen das Myzel angewachsen ist, aus dem sie entstanden sind, nicht verrotten. Die Holzschnitzel liebenden psilocybinhaltigen Pilze sind einfacher zu züchten als die koprophilen *Psilocybe*-Arten wie *Psilocybe cubensis*.

In meinem Buch *Growing Gourmet and Medicinal Mushrooms* beschreibe ich genau, wie man Pilzbrut herstellt, und in meinem Buch *Das große Netz: Wie Pilze die Welt retten können*, wie man mit Pilzstümpfen beimpft und wildes Myzel überträgt. Das folgende Verfahren ist jedoch direkter, denn Sie brauchen kein Labor, um die Pilzbrut anzuziehen. Es ist auch wesentlich besser, denn die Holzschnitzel werden vor der Beimpfung und der nachfolgenden Verwendung des Muttermyzels für ein weiteres massives exponentielles Wachstum für einige Wochen fermentiert.

Ihre Gartenpilzbeete müssen jedes Jahr mit frischen Holzschnitzeln aufgefüllt werden, so wie in der Natur durch die Winterstürme Äste abbrechen und das wilde Myzel nähren, das dann im nächsten Herbst Fruchtkörper hervorbringt. Myzel hungert danach, gefüttert zu werden. Ohne dieses Nachfüllen mit Holzschnitzeln oder frisch fermentierten und mit Myzel besiedelten Holzschnitzeln wird das Holzschnitzelbeet sich zu neuem, reichhaltigem Boden zersetzen. Ich habe wiederholt gesehen, wie sich 15–30 cm frische Holzschnitzel innerhalb von zwei Jahren zu 2,5–5 cm dunkler Erde zersetzen. Holzbasierte Pilzbeete sterben normalerweise nach zwei bis drei Jahren aus, wenn sie nicht jährlich mit frischen Holzschnitzeln ergänzt werden.

Eine überraschend einfache und erfolgreiche Nachfüllmethode, um gesundes Myzel zum Wachsen anzuregen, liegt darin, die frischen Holzschnitzel vor der Beimpfung eine Woche lang in frischem Wasser zu fermentieren. Diese technisch einfache Methode schafft eine komplexe mikrobielle Suppe, die für ein schnelles Myzelwachstum hochwirksam ist. Ich bevorzuge Holzschnitzel aus Hartholz, insbesondere aus Erle, Espe, Pappel (Cottonwood), Birke, Eiche, Eschenahorn, Ulme und so weiter. Ich habe mit gemischten Hölzern, insbesondere Douglasien, manchmal zugemischt mit Zedern, erfolgreich experimentiert. Sollten Sie Zedern, Redwoods oder Wacholder verwenden, dürfen diese nur einen sehr geringen Anteil des gesam-

Die ideale Holzschnitzelgröße für ein Pilzbeet im Freien. Größere Holzschnitzel durchsetzt mit kleineren bilden einen vielfältig gegliederten komplexen Mikrokosmos, in dem das Myzel gedeiht.

ten Holzes ausmachen, da diese Hölzer antimykotische Eigenschaften haben und das Myzelwachstum behindern würden. Stroh kann auch verwendet werden, aber es ist schwieriger, damit zu arbeiten, und die Fermentation ist nicht so erfolgreich wie bei Holzschnitzeln. Außerdem hat in Stroh gezüchtetes Myzel eine wesentlich kürzere Lebensdauer als in Holzschnitzeln gezüchtetes, das widerstandsfähiger und langlebiger ist.

Fermentation durch Eintauchen in Wasser

Diese Methode ist meine bevorzugte und die allerbeste, um stark wachsendes Myzel zu schaffen, das außerdem eine bessere Immunität gegen Konkurrenten aufweist. Ich stolperte zufällig über diese Methode, als ich Birkenholzdübel mehrere Wochen in einem 20-Liter-Eimer in Wasser liegen ließ. Während dieser Zeit bildete sich ein schleimiger Film auf dem Wasser. Als ich die übel riechende Flüssigkeit aus dem Eimer ablaufen ließ und die Holzdübel Stunden später beimpfte, war der Wachstumsstart des Myzels beeindruckend: schnell, seilartig, stark verzweigend und dreidimensional. Ehrlich gesagt hat es mich umgehauen. Dann begann ich, mit größeren Behältnissen und Holzschnitzeln sowie Stroh zu experimentieren. Obwohl ich diese Entdeckung unabhängig gemacht hatte, erfuhr ich bald danach, dass andere diese Methode ebenfalls entdeckt hatten, insbesondere in Asien. (Eins meiner Mottos: »Gute Ideen empfehlen sich selbst.«) Ich bin erfreut, dass andere ebenfalls bestätigt haben, dass diese Methode erfolgreich ist, und ich bin sicher, dass sie noch weiter verbessert werden kann. Das Myzel selbst ist der beste Lehrer. Ermutige sein Wachstum, Pilze zu bilden – und wir werden folgen.

Als Erstes ist es wichtig zu wissen, dass das Myzel, ähnlich wie wir, ein Immunsystem besitzt. Wenn eine reine Myzelkultur in einem Reinraumlabor, das frei von anderen Organismen ist, wächst, befindet sich das Immunsystem des Myzels in einem Ruhezustand. Wenn Sie nun Pilzbrut aus einer Reinkultur in einem Bett aus unsterilisierten Holzschnitzeln verteilen, kämpft das Myzel gegen die residenten mikrobiellen Konkurrenten. Dieses Myzel ist, so nenne ich es, »immunologisch naiv«. Sobald es diese Kontakte mit Mikroben überlebt, sich anpasst und wächst, wird das Myzel »immunologisch trainiert«.

Holzschnitzel in Wasser einzulegen und deren Fermentation für mehrere Wochen zu ermöglichen, führt dazu, dass das mikrobielle Ökosystem im stehenden Wasser schnell zur anaeroben Fermentation übergeht. Ich sah mich bezüglich dieser Behauptung von einem Masterstudenten herausgefordert. Wir erstellten eine DNS-Analyse der fermentierenden Brühe. Tatsächlich veränderten sich die dominanten Bakterienpopulationen nach mehreren Wochen von aeroben Arten zu anaeroben Arten um den Faktor drei.

Seien Sie vorgewarnt, dass *Klebsiella* und andere potenziell gefährliche Bakterien in fermentierten Holzschnitzeln wachsen können. Der Kontakt mit konzentrierten Bakterien könnte gefährlich sein, insbesondere für diejenigen, die eine Immunschwäche haben – und besonders bei äußeren Verletzungen. Um dieses Risiko zu minimieren, tragen Sie Handschuhe und fassen Sie sich nicht ins Gesicht, an die Nase oder an die Augen, wenn Sie mit ihnen in Kontakt gekommen sind. Waschen Sie sich danach die Hände und reinigen Sie die Handschuhe.

Nach dem Abgießen des Wassers von den fermentierten Holzschnitzeln ist der Sauerstoff in der Luft für die Anaerobier giftig und hemmt oder tötet sie. Die Anaerobier werden zu nahrhafter Nahrung für das Myzel und die Holzschnitzel werden weicher. Diese Fermentationsmethode verleiht dem immunologisch naiven Myzel so einen Startvorteil, und das Blatt wendet sich zugunsten des Myzels.

Myzel ist wie wir aerob: Es »atmet« Sauerstoff ein und Kohlendioxid aus. Da für Anaerobier Sauerstoff giftig ist, nimmt ihre Vitalität ab, wenn das Myzel hineingegeben wird und sich ausbreitet, um sie sich einzuverleiben. Ich stelle die Hypothese auf, dass dieser plötzliche Kontakt epigenetische Genexpressionen aktiviert, die das Myzelwachstum stimulieren. Diese Form des neuen Myzels ist nicht länger immunologisch naiv. Es ist mikrobiell gestärkt und wächst kräftig.

Ebenso gilt, wenn Sie Stielstümpfe von Pilzen mit Rhizomorphen oder Flecken wilden Myzels übertra-

Holzschnitzel werden in Kunststoffkisten in Wasser eingelegt. Das untergetauchte Ökosystem wird tendenziell von anaeroben Bakterien dominiert. Nach vier Wochen wird die Brühe von den fermentierten Holzschnitzeln abgegossen, und Sauerstoff neutralisiert die anaeroben Bakterien. Dann ist es Zeit für die Beimpfung. Sie können Pilzstümpfe verwenden, naturalisiertes Myzel als Linse übertragen oder im Labor gezüchtete Getreide- oder Sägemehlbrut verwenden. Alle Methoden funktionieren gut! Die Beimpfungsrate variiert von 5 bis zu 10 Pilzstümpfen oder 1 bis 20% des Volumens von Pilzbrut zu Holzschnitzeln in einem hier gezeigten Kunststoffbehälter mit 102 Litern.

Nahaufnahme von mit *Psilocybe-cyanescens*-Myzel durchzogenen Holzschnitzeln. Dieses kräftige Myzel ist »immunologisch trainiert« und im idealen Stadium für eine Übertragung oder die Verwendung zur weiteren Ausdehnung in weitere Holzschnitzel um den Faktor 5 bis 20.

8 bis 12 Wochen nach der Beimpfung, in gemäßigten Klimaten früher und bei hartem Frost im Winter später, sind die Holzschnitzel mit Myzel durchzogen. Dieses Myzel besitzt ein gestärktes Immunsystem, da es sich Mikroben einverleibt und ein Mykobiom aufgebaut hat. Jetzt ist es bereit für eine Expansion in frisch fermentierte Holzschnitzel (1 bis 20×) oder für die Umsiedelung ins Beet im Freien.

gen, beginnt das Myzel normalerweise schnell zu wachsen. Es weiß bereits, wie es die Immunabwehr gegen viele potenzielle Pathogene einsetzt. Darüber hinaus bevorzugt das Myzel Mikroben, die gut für es sind. Sie bilden eine Grundverteidigung. Das Immunsystem des Myzels wird aktiviert, während es präbiotische Bakteriengruppen bevorzugt, die es beim Überleben unter-

Umgedrehter Block aus Holzschnitzeln mit Myzel nach 12 oder mehr Wochen nach der Beimpfung. Beachten Sie, dass 95% dieses Holzschnitzelblocks fest mit Myzel durchzogen sind und von ihm zusammengehalten werden.

Einharken von mit Myzel durchzogenen Holzschnitzeln zu einer 3 bis 8 cm dicken Schicht für ein Pilzbeet.

Fruktifizierende Pilze Mitte Oktober.

Anstatt nur Holzschnitzel zu verwenden, können Sie mit derselben Fermentationsmethode auch Hartholzdübel (Birke, Eiche) in Wasser einweichen. Verteilen Sie beide Holztypen an einem schattigen Platz und geben Sie abschließend eine 5 bis 10 cm dicke Schicht frischer Holzschnitzel darüber. Alternativ können Sie frisch geschnittene Hartholzstämme beimpfen und so myzeldurchzogene Flöße herstellen. Dies sind nur zwei von vielen Möglichkeiten, wie das Myzel zur schnellen Verbreitung angeregt werden kann.

Mit Myzel von *Psilocybe azurescens* durchzogenes Holz hat einen ganz eigenen Geruch. Beachten Sie die Zähigkeit, mit der die Myzelrhizomorphen die Dübel zusammenhalten.

stützen, und Konkurrenten abwehrt. Dieses immunologisch trainierte Myzel schließt sich mit mikrobiellen Verbündeten zu einem komplexen mykologischen Verteidigungsschild zusammen.

Sobald sich dieses Mykobiomkollektiv etabliert hat, ermöglicht die Synergie der gemeinsamen Wirtsverteidigung dem Myzel, exponentiell zu wachsen. Ich bin über die Vitalität von Myzel unter diesen Bedingungen stets erstaunt. Etwa 0,84 m^2 Myzel kann Billionen von Überkreuzungen, Gabelungen und Spitzen haben. An jeder Verbindung und mit jeder der auseinanderstrebenden Spitzen sammelt das Myzel Informationen, die sein Immunsystem trainieren. Ganz wie bei einer Impfung kann das Myzel gegen pathogene Bedrohungen immer immuner werden. Muttermyzel in diesem Stadium wird von uns Züchtern geschätzt: Es bewahrt die Fähigkeiten strategischer Verteidigung. Sobald die Rhizomorphen in ein unterstützendes Substrat gesetzt werden, können sie nachgelagertes Myzel in alle Richtungen verbreiten. Lang leben die Rhizomorphen!

Eine Rhizomorphenansammlung von *Psilocybe azurescens* kann Zehntausende Male ihr Gewicht in Holzschnitzeln tragen. Myzel verhindert Erosion, hält Wasser zurück und Böden zusammen.

Ein eigenes Pilzbeet anlegen

Dies sind die Schritte für das Anlegen eines Pilzbeets im Freien mit der Fermentationsmethode:

Schritt 1. Zerkleinern Sie laubfreie Hartholzäste in 6 mm bis 5 cm große oder geringfügig größere Stücke. Verwenden Sie dafür vorzugsweise einen Häcksler oder alternativ ein anderes verfügbares Gerät. Ich beginne mit dem Häckseln gern im Herbst und Winter, nachdem die Blätter heruntergefallen sind, und insbesondere, wenn die Holzschnitzel liebenden psilocybinhaltigen Pilze fruktifizieren. So kann ich ihre Stielstümpfe für die Beimpfung verwenden. Auch im Frühjahr funktioniert das Häckseln, das Zeitfenster zwischen Beimpfung und Fruktifizieren ist jedoch verkürzt.

Schritt 2. Füllen Sie einen 38 bis 192 Liter großen Behälter mit Deckel nicht höher als 46 cm mit Holzschnitzeln. Füllen Sie sie mit chlorfreiem Wasser auf, bis die Holzschnitzel untergetaucht sind. Legen Sie den Deckel auf und lassen Sie den Behälter 2 bis 4 Wochen im Freien ruhen. Wählen Sie dafür während der Wintermonate eine kalte, jedoch frostfreie Stelle aus. Für die Holzschnitzelfermentationsmethode können viele Arten von Behältern verwendet werden. Ich mag die üblichen Kunststoffbehälter, die man in Baumärkten und Gartencentern kaufen kann. Siehe auch Seite 81.

Schritt 3. Gießen Sie das Wasser in die Erde ab. Tragen Sie dabei Handschuhe. Achten Sie darauf, dass das Wasser nicht in Kontakt mit der Haut, Wunden oder sensiblen Stellen kommt. Zur Vorsicht sollten Sie Augen, Nase, Mund oder offene Wunden nicht berühren. Dies ist besonders wichtig, wenn Sie unter einer Immunschwäche leiden. Stellen Sie sicher, dass das abgegossene Wasser nicht in einen Fluss, See, Ozean oder das Grundwasser fließt, aus dem das örtliche Trinkwasser gewonnen wird. (Ich schütte es einfach zurück auf den

Waldboden, wo es anscheinend keine negativen Effekte auf die dem Wasser ausgesetzten bzw. von ihm genährten Bäume hat.)

Schritt 4. Breiten Sie die im Behälter verbliebenen fermentierten Holzschnitzel aus, sodass sie Luft bekommen. Sie müssen die Holzschnitzel eventuell gelegentlich lüften, indem Sie sie mit einer Schaufel, Harke oder Mistgabel umrühren. Wenn Sie 20-Liter-Eimer verwenden, schütten Sie die Holzschnitzel einfach von einem Eimer in einen anderen und stellen Sie den Eimer schräg, um die Belüftung zu erhöhen. Ich lasse oberhalb der Holzschnitzel immer etwa 20 % Platz, sodass sie ausgasen können. Sie können den unteren Bereich der Behälter auch mit Abflusslöchern versehen, sodass das Substrat besiedelt werden kann. Lassen Sie den Behälter einige Stunden oder über Nacht stehen. Es gibt hier keine verbindlichen Regeln. Experimentieren Sie, um zu sehen, was für Sie und Ihr Myzel am besten funktioniert. Dies ist eine Partnerschaft. Sie und Ihr Myzel lernen beide, wie Sie zusammenarbeiten können.

Schritt 5. Beimpfen Sie im Behälter die fermentierten Holzschnitzel mit im Labor gezüchteter Pilzbrut, mit Pilzstümpfen oder übertragen Sie wildes Myzel durch einfaches Mischen unter das neue Substrat. Sie könnten auch Pappkartonbrut verwenden, die ich in meinem Buch *Das große Netz* im Detail diskutiere, oder Sie übertragen Linsen naturalisierten Myzels. Die Beimpfungsrate (z. B. das Volumen der Pilzbrut, der Pilzstümpfe oder des übertragenen Myzels im Verhältnis zum Gesamtvolumen des Holzschnitzelsubstrats) kann zwischen 1 % und bis 50 % liegen; mehr ist unnötig. Sollten Sie Pilzstümpfe verwenden, empfehle ich fünf bis zehn Stück pro 15 Liter Substrat in einem 20-Liter-Eimer. Wenn Sie Myzel verwenden, sind 10 % eine gute Beimpfungsrate. Je höher die Beimpfungsrate ist, desto schneller wächst das Myzel, und umso früher müssen Sie für das Myzel mehr Platz schaffen. Das Schlüsselkonzept ist hier, das Myzel fortlaufend im Wachstum zu halten!

Schritt 6. Decken Sie Ihren Behälter lose ab, um stehendes Regenwasser zu verhindern und gleichzeitig eine langsame Transpiration und Verdunstung zu ermöglichen. Ich lege zerrissene Pappe oben auf die Holzschnitzel und stelle den Behälter in den Schatten. Die Pappe kann auch mit Myzel besiedelt werden, während es nach oben wächst. Sie können diese Pappe dann für weitere Übertragungen nutzen.

Schritt 7. Nach 4 bis 8 Wochen *sollten* Sie, da zahlreiche Variablen im Spiel sind, massives Myzelwachstum wahrnehmen (siehe Foto auf Seite 81 rechts oben). Sobald dieses Myzel entweder im Freien oder vorzugsweise an einem kalten Platz ohne Frost überwintert hat, ist es bereit für die Erweiterung in einem neuen Pilzbeet im Freien. In diesem Kräftigungsstadium kann das Myzel verwendet werden, wie es ist, oder es kann mit ihm das bis zu 100-Fache seines Volumens beimpft werden! (Ich empfehle das 4- bis 20-Fache.) Beachten Sie, dass die beste Zeit für das Auspflanzen ins Pilzbeet im Freien spätestens der Vorfrühling ist, sodass es im Herbst Pilze treibt. Wenn Sie das Myzel nicht bewegen, das in den Behältern inkubiert wurde, bilden sich zwar oft im Behälter Fruchtkörper, aber es sind wesentlich weniger, als wenn Sie das Myzel im Freien zur Erstellung Ihres heiligen Pilzbeets verwendet hätten.

Suchen Sie eine Stelle mit vollem Schatten. Sollte Ihr Garten direkter Sonne oder trockenen Winden ausgesetzt sein oder anderweitig in einer weniger günstigen Umgebung liegen (z. B. mit starken Temperaturschwankungen), legen Sie einen atmungsaktiven Stoff über das Inkubationsbeet oder verteilen Sie Pappstücke auf den Holzschnitzeln, um die Stelle, an der die Pilze gedeihen, zu schützen. Das Mutterpilzbeet in einem Garten anzulegen ist meiner Meinung nach ideal, denn die meisten dieser Saprobionten haben eine positive Wirkung auf Gemüse, schaffen großartigen Boden, haben leichten Zugang zu Wasser und Sie können sie leicht sehen, wenn sie Fruchtkörper bilden. Ich habe viele Fruktifizierungen verpasst, weil ich nicht zur richtigen Zeit am richtigen Ort war. Da Sie nun kräftiges, immungestärktes Myzel angehäuft haben, können Sie direkt frische, nicht fermentierte Holzschnitzel beimpfen. Breiten Sie frische Holzschnitzel 2,5 bis 5 cm dick aus und verteilen anschließend die mit Myzel durchzogenen Holzschnitzel gleichmäßig darüber. Verteilen Sie nun eine weitere 2,5 bis 5 cm dicke Lage frische Holzschnitzel darüber. Hierdurch bildet sich eine Ebene aus Myzel zwischen zwei Lagen Holzschnitzeln. Alternativ können Sie das Myzel mit dem Substrat vermischen. Dies ist ein gebräuchliches Verfahren bei der Beimpfung von sterilisierten oder pasteurisierten Substraten. Ich finde jedoch, dass die Beimpfungsmethode in Ebenen einen besseren Erfolg garantiert. Eher als bei einzelnen Beimpfungspunkten, von denen jeder einzelne gegen die umgebenden Konkurrenten ankämpfen muss, schafft eine zusammenhängende Myzelschicht eine stärkere Kolonie.

Normalerweise dauert es mindestens zwei Monate vor der Fruktifizierungsphase, die mit dem Einsetzen von förderlichen Temperaturen und Regen beginnt, bis naturalisierte Pilzbrut frische Holzschnitzel besiedelt hat. In den nördlichen Breiten fruktifizieren die meisten Arten im frühen Herbst. Während der Wachstumsphase im Frühjahr und Sommer besteht die größte Sorge darin, dass das Myzel austrocknen könnte. Auch wenn Myzel Wasser abgibt, während es die Holzschnitzel verdaut, schadet direktes Sonnenlicht ihm. Indirektes Sonnenlicht oder Halbschatten ist nicht allzu schädlich, aber kann eine frühe Fruktifizierung verzögern, wenn die Oberfläche ihm stark ausgesetzt ist.

Auf dem Pilzbeet mit *Psilocybe cyanescens* auf Seite 88 unten rechts bildeten sich mehr als einen Monat später Fruchtkörper als auf den grasbewachsenen Beeten. Diese Methode erfordert eine jährliche Gabe von frischen Holzschnitzeln auf die Oberfläche, aber schließlich werden andere Pilze das Pilzbeet übernehmen. Ich empfehle nach drei Jahren der Holzschnitzelzugabe, ein neues Beet mit Pilzstümpfen oder mit neuem Myzel (aus Pilzstümpfen oder Pilzbrut) anzulegen. Bedenken Sie auch, dass sich durch Sporen unerwartete spontane Satellitenkolonien in der Umgebung bilden können. Immer eine Freude!

Schritt 8. Wenn der benachbarte Bereich nicht grasbewachsen ist, verteilen Sie wenige Grassamen über Ihre Holzschnitzelschichten, um die spätere Pilzbildung zu unterstützen. Ich habe den Verdacht, dass sich Primordien am besten in Tautropfen bilden, insbesondere, wenn Wassertropfen von den Grashalmspitzen zur Basis laufen und zum Oberflächenmyzel. Graswachstum wirkt bei der Schaffung der sehr feuchten Mikroumgebung unterstützend, welche die Pilzbildung begünstigt. Sollte Ihr Beet entlang eines grasbewachsenen Bereichs liegen, werden die Rhizome wahrscheinlich unterirdisch wachsen und spontan ein Grasökosystem auf den Holzschnitzeln bilden.

Schritt 9. Sollte es nicht regnen, beginnen Sie Anfang September, das Pilzbeet jeden bis jeden zweiten Tag für wenige Minuten mit Wasser zu besprühen, um das Myzel zu motivieren, zur Oberfläche emporzuwachsen.

Schritt 10. Von Ende September bis Anfang Dezember sprießen an den meisten Orten der Nordhemisphäre

Psilocybe cyanescens fruktifiziert in einem Kunststoffbehälter mit fermentiertem Myzel. Wird das Myzel nicht übertragen und erweitert, bilden sich Pilze in der von der Art bevorzugten Isothermen (4,4–15,6 °C). Dieselbe Pilzbrut kann bis zum 20-Fachen oder sogar bis zum 100-Fachen(!) erweitert werden. Dies ist möglich mit frischen, nicht fermentierten Holzschnitzeln. (Ich empfehle das 4- bis 20-Fache.) Die Temperaturen für das Pilzbrutwachstum können über oder unter den Fruktifizierungsisothermen liegen. Myzel ist sehr tolerant gegenüber Temperaturschwankungen; seine Fruchtkörper sind es nicht.

Ein Pilzbeet mit *Psilocybe cyanescens* wird nach der Beimpfung im Frühjahr inkubiert. Das atmungsaktive wasserdurchlässige Gewebe ermöglicht den Luftaustausch und wirft gleichzeitig Schatten. Es hält die Inkubationsumgebung feucht und ist für das Myzelwachstum förderlich. Darunter wächst Gras, was eine frühe Primordienbildung unterstützt. Dieses Gewebe wird weggenommen, sobald die Herbstregenfälle beginnen. Wenn das Gras wachsen gelassen wird, werden die Pilze größer und sind wesentlich gehaltvoller, als wenn es entfernt wird. Es liegt an Ihnen, das beste Verfahren für höhere Erträge weiterzuentwickeln. Wesentlich ist, dass bei Graswachstum, meiner bevorzugten Methode, ein bis zwei Monate frühere Fruktifizierungen möglich sind. Außerdem stehen die Pilze versteckter. Hierdurch wird die Plünderung durch potenzielle Pilzräuber verringert.

Schritt 11. Nach der Pilzernte ist die ideale Zeit, mehr laubfreies Holz zu häckseln. Bei Verwendung frischer Holzschnitzel sollten Sie maximal 2,5 bis 5 cm auf Ihr Pilzbeet geben. Ich habe die Erfahrung gemacht, dass 7 bis 8 cm die maximal empfohlene Dicke darstellen. Größere Holzschnitzel ermöglichen eine bessere Atmung als kleinere. Wenn die Holzschnitzelschicht dicker ist, könnte dies das Pilzbeet in eine Art Myzelwinterruhe versetzen und Konkurrenten ermutigen. Die neue Holzschnitzelschicht sollte oberflächlich hinzugegeben und muss jährlich aufgefüllt werden.

Sollten Sie Ihr Beet in der Fruktifizierungsphase erweitern wollen, können Sie weitere Holzschnitzel mindestens zwei Wochen lang fermentieren und mit frischen Pilzstümpfen der gerade geernteten Pilze beimpfen, oder Sie können mit Myzel durchzogene Holzschnitzel (naturalisierte Pilzbrut) für die Beimpfung mit Schwung abheben und sie über den Winter inkubieren. Das Myzel dieser nördlichen Art kann hart gefrieren und danach weiterwachsen. Hier funktioniert die Strategie der gutartigen Vernachlässigung. Grundsätzlich gilt, lassen Sie das Myzel in Ruhe. Überdie Fruchtkörper. Sie liefern Ihnen nicht nur eine Fülle an Pilzen, sondern auch Pilzstümpfe, die sich ideal für die Beimpfung im Folgejahr eignen.[2] Am besten ernten Sie die Pilze, wenn sie ausgewachsen sind, bevor sich die Hüte flach ausbreiten und stark sporulieren. Wenn Sie gern Sporen sammeln wollen, ernten Sie reife Pilze. Sollten sie für die Ernte zu reif sein, keine Sorge, denn ihre Sporen können bei der Stärkung des darunterliegenden Myzels unterstützend wirken und nah wie fern auch weitere Satellitenkolonien bilden. Sobald die Sporen freigesetzt sind, wird das Wachstum exponentiell.

Dasselbe Pilzbeet wie im Bild oben ließ fünf Monate später mehrmals stark Pilze sprießen, jedoch Wochen vor Pilzbeeten, die zwar zu demselben Zeitpunkt beimpft wurden, aber nicht mit Gewebe abgedeckt und stattdessen der freien Luft ausgesetzt waren. Darüber hinaus setzten sich die aufeinanderfolgenden Fruchtbildungen im Grasbeet fast drei Monate lang nach dem ersten Fruchtansatz fort – und danach jede Woche während des Herbstes. Dieses Pilzbeet hat den Vorteil, dass schrammige Stämme in die Holzschnitzel eingebettet waren. Infolgedessen ist die Ausgangsbasis für die Fruktifizierung besser.

Der Blauende Kahlkopf, *Psilocybe cyanescens,* fruktifiziert gern in Clustern wie diese junge Gruppe.

Psilocybe cyanescens – von Primordien bis zum reifen Pilz.

prüfen Sie seine Entwicklung nur alle paar Monate, indem Sie vorsichtig in den Holzschnitzeln graben. Im Winter werden Sie nicht viel Wachstum wahrnehmen, aber bis spätestens Mitte des Frühjahrs wächst es rasch wieder.

Die Lebensdauer des Pilzbeets verlängern

Da psilocybinhaltige Pilze Saprobionten sind (Fäulnisfresser, die auf toter oder sich zersetzender Materie leben), ziehen Sie weiter, sobald sie frische Holzschnitzel zersetzt haben. Praktisch gesehen stirbt das Pilzbeet dann ab und hinterlässt einen reichhaltigen Boden. Ich habe die Shiitake-Baumstamm-Methode für ein langlebigeres Pilzbeet verändert, indem ich angekratzte Erlenstämme durch direkten Kontakt mit Myzel beimpft habe. Analog zu einem Ofen, in dem Holzschnitzel im Verhältnis zu einem Baumstamm schneller verbrennen, braucht das Myzel eher Jahre als Monate, um einen Erlenstamm zu zersetzen.

Die Methode ist recht einfach. Sobald Sie ein Beet mit Myzel eingerichtet haben, zersägen Sie junge Hartholzbäume (in diesem Fall Erle) und zerkratzen Sie die Seiten (d.h., entfernen Sie Teile der Rinde, sodass das Holz darunter zum Vorschein kommt) mit einer Axt, Machete oder Kettensäge. Legen Sie die Holzstämme parallel in direktem Kontakt mit dem Myzel auf das Beet, um eine direkte Kolonisierung der Stämme zu ermöglichen. Diese Myzelflöße können die Lebensdauer eines *Psilocybe cyanescens*-Beets von einem oder zwei Jahren wesentlich verlängern, vorausgesetzt, es erhält jährlich eine dünne Lage frisch geschnittener Holzschnitzel. Außerdem können Sie neue genarbte Baumstämme zwischen die Stämme des Vorjahres legen, sodass das Myzel auf diese überspringt. Sobald diese Stämme besiedelt sind, können sie zur Bildung von Satellitenkolonien an einen neuen Standort verbracht werden. Die beimpften Stämme sind auch großartige Geschenke für Freunde und Familie.

Sobald die genarbten Stämme in Kontakt mit von Myzel durchdrungenen Holzschnitzeln gebracht werden, besiedelt das Myzel das Holz. Der Stamm auf Seite 88 zeigt das Myzelwachstum etwa drei Monate nach Kontakt.

Psilocybinhaltige Pilze ernten und lagern

Meiner Meinung nach ist die beste Zeit für die Ernte von psilocybinhaltigen Pilzen vor oder im frühesten Stadium der Sporulation. Dies ist normalerweise der Fall, wenn die Pilze halbwüchsig sind, d.h., wenn die Lamellen noch nicht viele Sporen produzieren. Sporen verfügen nicht über Psilocybin. Dies ist einer der Gründe, warum der Verkauf von Sporen auf Bundesebene in den USA nicht gesetzlich kontrolliert wird. (Wenn auch manche Staaten wie Kalifornien und Florida den Verkauf von Sporen psilocybinhaltiger Pilze einschränken.)

Zu Beginn, wenn sich der Fruchtkörper bildet und auftaucht, ist sein Fleisch sehr kompakt. Während der Reifezeit der Lamellen nimmt die Dichte des Pilzfleischs ab. Obwohl es noch nicht bewiesen ist, habe ich die Erfahrung gemacht, dass die Wirksamkeit der Pilze größer ist, wenn sich die Fruchtkörper noch im Trommelschlägelstadium befinden, das sich durch ein festes und schmales Velum entlang des Hutrands auszeichnet. Innerhalb von Stunden, manchmal von Minuten, spannen sich die Hüte auf, das Velum beginnt vom äußeren Hutrand an zu fallen, eventuell bildet sich ein fibrillärer oder häutiger Ring (Annulus) und Sporen werden in Massen freigesetzt. Da das dichte Gewebe der psilocybinhaltigen Pilze sich in Lamellen und Sporen umwandelt, reduziert sich die Gewebemasse, die Psilocybin und Psilocin enthält, entsprechend. Aus praktischer Sicht ist es schwierig, in der Natur Pilze zu finden, die sich in genau diesem Stadium befinden. Die meisten Funde sind zufällig. Sollten Sie jedoch Züchter sein, können Sie beobachten, wie sich Ihre Pilze von Minute zu Minute entwickeln. Die Geschwindigkeit ihres Wachstums von einem daumennagelgroßen Babypilz über das Trommelschlägelstadium bis zur vollen Reife kann von wenigen Stunden bei Warmwetterar-

Bearbeiten Sie die Stämme mit einem Buschmesser, um Einfallstore für das Myzel in das innere Holz zu schaffen. Diese Methode bildet ein Myzelreservoir, das länger anhält als Holzschnitzel. Die Stämme können vom Herbst bis zum frühen Frühjahr bearbeitet werden. Ich bevorzuge den Herbst, um nach der letzten Ernte die beste Kolonisierung zu ermöglichen. Die mit Myzel durchdrungenen Stämme können als Mittelachse für weitere Pilzbeete in ein anderes Beet mit unbeimpften Holzschnitzeln verbracht werden.

Das Myzel kann auf einen Erlenstamm überspringen, der in direktem Kontakt liegt. Dies erhöht die Ernte im nächsten Jahr.

Ein Pilzbeet im Freien und in der Nähe von Wasser profitiert von der höheren Feuchtigkeit.

Psilocybe cyanescens in grasbewachsenen Pilzbeeten mit eingebetteten genarbten Holzstämmen bildet sehr große Fruchtkörper. Beachten Sie ihre Robustheit und ihre Blauverfärbung an den Stielen.

ten bis zu einigen Tagen bei Kaltwetterarten betragen. *Psilocybe cyanescens* und seine Verwandten sporulieren normalerweise langsamer und erst, wenn die Hüte bis zu breit konvex geöffnet sind.

Psilocybe cubensis weist ein häutiges Teilvelum auf, das abfällt, während die Hüte sich öffnen und gleichzeitig sporulieren. Am besten erntet man *Psilocybe cubensis,* wenn das Velum gerade zerreißt. In diesem Stadium werden Sporen in nur geringen Mengen abgegeben. Die Menge steigt anschließend innerhalb von wenigen Stunden exponentiell an. Die purpur-braunen Sporen verzieren die Oberseiten der häutigen Ringe (Annuli). Jüngere Exemplare sind zu bevorzugen. Größer ist nicht besser. Die Sporenmasse kann beachtlich sein: Bei Austern-Seitlingen zum Beispiel können die erzeugten Sporen mehr als 20 % des Fruchtkörpers ausmachen. Bei *Psilocybe cubensis* würde ich erwarten, dass etwa 10 % der Pilzmasse in die Sporenbildung investiert werden. Es ist eine Fehlannahme bezüglich reifender Pilze, dass größere Pilze schwerer sind. Tatsächlich sind sie weniger kompakt und haben weniger Masse als in ihrem Jugendstadium. Die Masse ist am größten, bevor das Teilvelum fällt, die Hüte sich ausbreiten und die Sporen zu Millionen entlassen werden.

Die Ernte sollte aus fünf Gründen dann stattfinden, wenn das Velum am Hut noch geschlossen ist:

1. Die Wirksamkeit des Pilzes ist mit dieser Morphologie optimiert.
2. Sobald Pilze sporulieren, ziehen sie Insekten, Larven und Bakterien an und verrotten schnell.
3. Manche Menschen sind allergisch gegen Pilzsporen und manche stärker gegen die Sporen von *Psilocybe cubensis* als gegen Sporen von anderen Pilzarten.[3]
4. Die Sporenmasse entsteht aus einem wesentlichen Anteil der gesamten Pilzmasse, und die Umwandlung von Pilzmasse in Sporen reduziert die Wirksamkeit.
5. Die Sporen, die auf dem umgebenden Myzel liegen, könnten verhindern, dass sich weitere Pilze bilden, nicht nur physisch, sondern auch, weil sich zahlreiche inkompatible Stämme bilden können, welche mit dem darunterliegenden Myzel konkurrieren und in manchen Fällen auch durch Anastomose die Paarung von Hyphen fördern.

Psilocybinhaltige Pilze und ihre Wirksamkeit konservieren

Direkt nach der Ernte können psilocybinhaltige Pilze bei niedriger Temperatur in einem Dörrgerät getrocknet werden. Besser ist jedoch, sie bei Raumtemperatur an der Luft mit Ventilatoren zu trocknen. Die getrockneten Pilze in luftdichten Beuteln zu vakuumieren und anschließend einzufrieren ist auch eine gute Methode. Die Trocknungstemperatur sollte bei maximal 24 °C liegen. Trockenere Luft erhöht die Verdunstungsraten. Kleinere Pilze trocknen schneller als größere und könnten daher eine höhere Wirksamkeit behalten. Die getrockneten Pilze einzufrieren gilt im Allgemeinen als die beste Art der Lagerung von psilocybinhaltigen Pilzen, obwohl es einige Berichte gibt, dass getrocknete Pilze, die bei Raumtemperatur in Dunkelheit gelagert werden, ihre Wirksamkeit für lange Zeit behalten. Pilze mit einem höheren Psilocybingehalt und einem niedrigeren, weniger stabilen Psilocingehalt behalten

Zum idealen Zeitpunkt geerntete *Psilocybe cubensis:* wenn das Velum noch geschlossen ist und bevor die Lamellen stark sporulieren.

ihre psychoaktive Wirkung tendenziell länger. Es sind jedoch viele Variablen im Spiel.

Alle psilocybinhaltigen Pilze verlieren mit der Zeit an Wirksamkeit. Zum Beispiel haben getrocknete *Psilocybe cubensis* normalerweise einen Psilocybin-/Psilocingehalt von 1 bis 2 %, selten bis zu 5 %, was 10 bis 50 mg Psilocybin/Psilocin pro Gramm getrockneten Pilzen entspricht. Spitzkegelige Kahlköpfe *(Psilocybe semilanceata)* produzieren etwa dieselbe Menge Psilocybin, aber sehr geringe, manchmal nicht feststellbare Mengen an Psilocin. Eine Faustregel, die ich unterschreibe, lautet: Nach einem Jahr nimmt die Wirksamkeit um 10 bis 25 % ab und ist in 10 Jahren kaum noch vorhanden. (*Psilocybe cyanescens* und *Psilocybe semilanceata* sind erwähnenswerte Ausnahmen.)

Sollten Ihre Pilze nach dem Trocknungsversuch weich und biegsam sein, verfügen sie noch über Restfeuchte und werden sich schneller zersetzen. Idealerweise sollten sie innerhalb von 24 bis 48 Stunden nach dem Sammeln trocken und dann leicht zerbrechlich sein. Ein Feuchtigkeitsgehalt von 12 bis 18 % ist gut. Das Vakuumieren hilft, erneutes Feuchtwerden und Oxidieren zu verhindern.

Im Herbarium bei Raumtemperatur aufbewahrte Exemplare von *Psilocybe cubensis* haben nach Jahrzehnten oft keinen feststellbaren Psilocybingehalt mehr. Die überraschende Ausnahme, basierend auf einigen Exemplaren ist *Psilocybe cyanescens,* der die Hälfte seiner normalen Wirksamkeit bis zu 40 Jahre lang beibehält. Auch *Psilocybe semilanceata* hat gezeigt, dass er nach mehreren Jahrzehnten einen wesentlichen Anteil seiner Wirksamkeit beibehält. Bradshaw und andere spekulierten, dass die anfänglich geringere Masse dieser Pilze eine schnelle Austrocknung ermöglicht und die endogene enzymatische Zersetzung einschränkt.[4] Die gängige Meinung war, dass Gefriertrocknen (auch: Lyophilisierung) die beste Trocknungsmethode war, obwohl in einem Bericht festgestellt wurde, dass Exemplare von *Psilocybe cubensis,* die getrocknet und bei Raumtemperatur bei Dunkelheit gelagert wurden, mehr Psilocybin und Psilocin enthielten als tiefgefrorene frische Exemplare.[5] Widersprechen sich diese Berichte? Wahrscheinlich nicht, da bei den bestimmten Methoden der Trocknung diverse Variablen eine Rolle spielen könnten, die für die Haltbarkeit der psilocybinhaltigen Pilze wesentlich sind. Die Trocknungs- und Lagerungsmethode beeinflusst sicherlich die Haltbarkeit der Tryptamine. Es gibt noch keinen wissenschaftlichen Konsens über die beste Trocknungs- oder die beste langfristige Lagerungsmethode.

Obwohl berichtet wird, dass die Hüte von *Psilocybe cubensis* doppelt so wirkungsvoll sind wie die Stiele, wirken zu viele Variablen zusammen – Pilzgröße, Stiellänge, allgemeine Morphologie –, um mit Überzeugung voraussagen zu können, welchen Anteil das Trocknen an der Zersetzung hat. Mehrere veröffentlichte Studien verglichen die Psilocybinmengen, aber klärten nicht, ob die analysierten Pilze unreife, sporenlose Fruchtkörper, reife Fruchtkörper oder eine Mischung daraus waren. Es gibt auch keine Einzelheiten über die Zeit des Trocknungsprozesses vom frisch gepflückten Pilz bis zur Analyse, zum Lichtstärkeneinfall usw. Ich bin der Meinung, dass unreife, sporenlose Pilze wirkstärker sind als reife Pilze aus derselben Ernte. Je mehr Sporen, desto weniger Psilocybin.

Der Test zu Hause

Die Wirksamkeit von unterschiedlichen Pilzarten aus verschiedenen Quellen und die Lagerbedingungen und Lagerdauer nicht zu kennen, bedeutet, dass sich die meisten Anwender von psilocybinhaltigen Pilzen auf Mundpropaganda oder gut gemeinte Ratschläge verlassen. Der Psilo-QTest von Miraculix, das erste Heimtestkit für die Psilocybinwertbestimmung, ist zu einem moderaten Preis erhältlich. Die Testgenauigkeit wird auf 10 bis 20% Abweichung von dem tatsächlichen Gehalt geschätzt. Nichtsdestoweniger könnte er für die Bestimmung der Wirksamkeit hilfreich sein, insbesondere für diejenigen, die sensibel auf Psilocybin reagieren. Als ich diese Testkits verwendete, zeigten die Ergebnisse knapp 2% Psilocybin in luftgetrockneten *Psilocybe cubensis* und mehr als 2% in *Psilocybe cyanescens* an. Jedoch sind die Tests davon abhängig, dass Braunschattierungen zwischen einer braunen Flüssigkeit und einer Farbtafel richtig abgeglichen werden. Es gibt also viel Raum für Fehler.

Regelmäßig mit einer Prüfcharge einen Bioassay durchzuführen, ist eine empirische Methode, um die Wirksamkeit von gelagerten Pilzen zu testen. Bei ordnungsgemäß gelagerten Pilzen lässt das Risiko für negative Reaktionen nach, d. h., bei einer Standarddosierung wird mit der Zeit ein geringerer Effekt verspürt, kein stärkerer. Für diejenigen jedoch, die eine vorhersehbare Dosis wünschen, werden mittlerweile Testmethoden für zu Hause oder in Analyselaboren angeboten. Ein Test dieser Art verfügt über enormes Marktpotenzial und ist entscheidend für die Anpassung der Dosis. Diesen Bedarf bedient Hyphae Labs (Patreon.com/hyphaelabs) in Oakland, Kalifornien. Ich empfehle dieses Unternehmen nicht, aber schätze seine innovativen Dienstleistungen, die angesichts der wachsenden Verwendung von Psilocybin auf ein wichtiges öffentliches Bedürfnis eingehen.

Alternativ kann durch eine Hochleistungsflüssigkeitschromatografie-Analyse (HPLC) die Wirksamkeit genau bestimmt werden. Die Geräte hierfür kosten jedoch mehrere Zehntausend Euro, und die meisten Labore mit einer solchen Ausstattung werden psilocybinhaltige Pilze für eine Analyse nicht akzeptieren. Da sich Gesetze jedoch schnell verändern, wobei die meisten lockerer werden und die öffentliche Sicherheit priorisieren, werden mehr Testlabore zur Verfügung stehen. Bitte prüfen Sie regelmäßig, ob es diesen Service an Ihrem Wohnort gibt. Beachten Sie, dass in den USA lokale Vorschriften und Bundesgesetze eventuell nicht übereinstimmen. Der gesetzliche Status von Psilocybinbesitz, -züchtung, -verwendung und -handel befindet sich weltweit im Fluss.

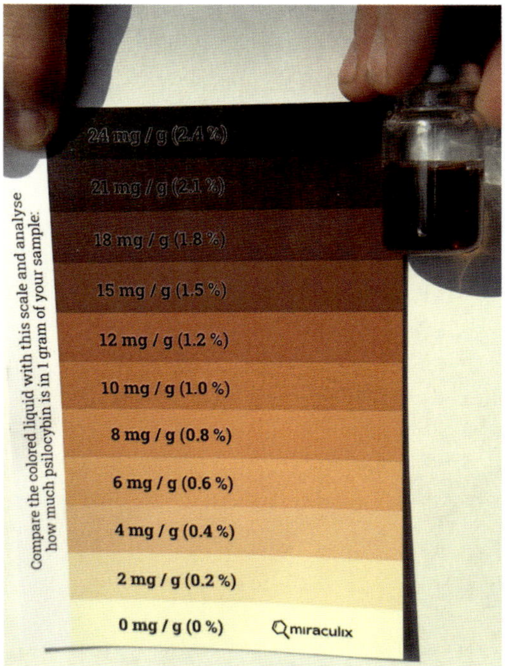

Verwendung eines farbmetrischen Verfahrens zum Einschätzen des Psilocybingehalts. Hier wurden *Psilocybe cyanescens* vier Jahre nach einer Lagerung im Freien getestet.

Kapitel 5

Psilocybin ist nicht für alle geeignet

Psilocybinhaltige Pilze wirken potenziell unterschiedlich auf Menschen. Viele von uns, aber längst nicht alle teilen eine ähnliche Empfänglichkeit. Viele Menschen empfinden die Einnahme von psychoaktiven Pilzen positiv, tiefgreifend und spirituell. Aus ihr ergeben sich tiefe Reflexion und Verbundenheit. Für mich persönlich ist Psilocybin ein Sakrament, die Achse meiner spirituellen Überzeugungen, und ich verwende es religiös sowie ehrfürchtig. Wie viele andere finde auch ich den Kontakt mit Psilocybin unbeschreiblich: Uns fehlen die Worte, um die Erfahrungen vollständig beschreiben zu können. Zwar machen die meisten Menschen mit Psilocybin im Allgemeinen positive Erfahrungen, trotzdem kann es für manche eine Herausforderung darstellen und zur Destabilisierung führen.

Eine maßvolle, aber bedeutsame Dosis wird von den meisten Menschen bei 1 g getrockneten *Psilocybe cubensis* gespürt (wenn 1 g getrocknete Pilze 10 mg Psilocybin enthalten, die Dosis also 1 % beträgt), obwohl manche Menschen auch einen Effekt verspüren, wenn sie nur 0,5 g getrocknete Pilze mit dieser Konzentration (5 mg Psilocybin) zu sich nehmen. Eine wichtige Warnung: Diese Berechnung basiert auf der Annahme, dass die Pilze 1 % Psilocybin enthalten. Ich habe jedoch schon gesehen, dass der Gehalt um einen Faktor von mehr als vier variieren kann. In den meisten klinischen Versuchen liegt die therapeutische Makrodosis bei 25 bis 50 mg Psilocybin, das entspricht 2,5 bis 5 g getrockneten Pilzen mit 1 % Psilocybin/Psilocin. Beachten Sie, dass frisch angebaute oder gesammelte psilocybinhaltige Pilze wesentlich mehr als 1 % Psilocybin/Psilocin enthalten können. Im Durchschnitt enthalten *Psilocybe cubensis* jedoch Berichten zufolge zwischen 0,85 und 1,45 %.[1] (Manche Analysen weisen fast 5 % Psilocybin und Psilocin aus, auch wenn dies selten ist.)

Eine Mikrodosis, eine nicht psychedelische, nicht wahrnehmungsverändernde Dosis, liegt normalerweise bei einem Zehntel dieser Dosis. Mikrodosierung kann jedoch einen merklichen Effekt haben, z. B. die Stimmung aufhellen, Befangenheit reduzieren, die Konfrontationsfreude reduzieren oder weniger empfänglich für negative Ereignisse machen, eine Verbesserung der kognitiven Funktionen und vielleicht eine Verbesserung der Geschicklichkeit. Ich finde, Mikrodosierung verbessert meinen Sinn für Humor, das ist zumindest diskutabel.

Im Rahmen von zwei Studien, durchgeführt in den Jahren 2008 und 2011, stellte Roland Griffiths, MD, von der Johns Hopkins University, fest, dass 72 % der Teilnehmenden, die hohe Dosen Psilocybin in reiner Form zu sich genommen hatten, die Erfahrung »mystisch« und etwa ein Drittel stark Angst und Furcht auslösend fanden. »Bemerkenswerterweise betrachteten 61 % der Teilnehmenden die Psilocybinerfahrung während einer oder beider Sitzungen mit 20 und 30 mg/70 kg Körpergewicht als die spirituell signifikanteste Einzelerfahrung in ihrem Leben, und 83 % zählten sie zu den besten fünf.«[2]

Griffiths' Team interviewte die Teilnehmenden, ihre engsten Freunde und Familien 14 Monate später,

»Hüter des Sakraments« von Mark Hansen

und die Einschätzung verbesserte sich. Mehr als 90 % derjenigen, die von einer mystischen Erfahrung berichtet hatten, beschrieben sie nach wie vor als bedeutungsvoll. Der Akt der Erinnerung an die Erfahrung war nach Ansicht der betreuenden Psychiater selbst von therapeutischem Nutzen. Weniger als 39 % der Personen, die zunächst negative Erfahrungen hatten, spürten ein anhaltendes Trauma, während sie über die Erfahrung reflektierten. Es scheint, als ob es kein zusätzliches negatives verschlepptes Trauma gab, das der Erfahrung selbst nachträglich zugeschrieben werden konnte.[3] Es wäre interessant aufzudecken, was eine Langzeitstudie vier oder zehn Jahre später ergeben würde.

Diese beiden Studien haben andere Ärzte und die U.S. Food and Drug Administration (FDA) ermutigt, weitere klinische Studien zu Psilocybin zur Behandlung von verschiedenen psychischen Erkrankungen sowie von Abhängigkeit durchzuführen und zu befürworten. In den meisten dieser Studien (zum Zeitpunkt des Schreibens dieses Buches gibt es 250 bei clinicaltrials.gov registrierte Studien zu Psilocybin) wird jedoch synthetisches Psilocybin entsprechend den pharmazeutischen Ansprüchen verwendet; nur in einer Handvoll kommen psilocybinhaltige Pilze zum Einsatz. Leider muss noch eine klinische Parallelstudie durchgeführt werden, welche die Effekte von Psilocybinmolekülen im Verhältnis zu psilocybinhaltigen Pilzen in ihrer natürlichen Form vergleicht. Des Weiteren reflektieren Studien zur Mikrodosierung bis heute nicht die Verwendung in der realen Welt, die eine Mikrodosierung mehrmals pro Woche beinhaltet.

Der Pilz oder das reine Molekül

Was ist »besser«, der Pilz oder die chemisch reine Form? Die Wirkung der Psilocybinmoleküle in Reinform kann häufig schneller gespürt werden, da die Pilze erst Zeit brauchen, um verdaut zu werden. Da viele psilocybinhaltige Pilze weitere Tryptamine enthalten (Baeocystin, Norbaeocystin, Norpsilocin, Aerginascin), nimmt eine Person, die psilocybinhaltige Pilze isst, diese Bestandteile mit der Pilzmasse ebenfalls auf. Obwohl diese Tryptamine anders als Psilocin nicht direkt die Blut-Hirn-Schranke passieren, könnten Bestandteile in den Pilzen mit der körpereigenen Monoaminoxidase interagieren (Enzymsystem, das toxische Amine abbaut) und so die Fähigkeit der Enzyme reduzieren, andere Bestandteile, wie manche Tryptamine, teilweise abzubauen. Sollte dies der Fall sein, so könnte dieselbe berechnete Dosis, basierend auf den Analysen des Psilocybins in dem Pilz im Verhältnis zur reinen Form des Psilocybins, in ihren Auswirkungen unterschiedlich sein. Aufgrund der schnelleren Aufnahme könnte die Reinform zunächst wirksamer, aber von kürzerer Wirkdauer sein und schließlich weniger wirksam im Sinne der Auswirkungen auf das neuronale Netzwerk im Vergleich zum Pilz.

Psilocybin ist ein stabiles Molekül, das im Verdauungstrakt in Psilocin umgewandelt wird. Bei der oralen Einnahme werden etwa 50 % des Psilocins ins Blut aufgenommen. Nach der oralen Einnahme treten die höchsten Psilocinlevel im Plasma nach ein bis zwei Stunden auf und fallen dann schnell ab, bei einer Halbwertszeit von 1 bis 2 Stunden. Psilocin verteilt sich im Körper und kann in verschiedenartigem Gewebe wie dem Gehirn, den Nieren und der Leber festgestellt werden. Etwa 54 % des gesamten verstoffwechselten Psilocins wird als 4-HIAA (4-Hydroxyindol-3-Essigsäure) oder als Psilocin-O-Glucuronid ausgeschieden.

Ein Vergleich der Effekte von psilocybinhaltigen Pilzen und den reinen Verbindungen Psilocin/Psilocybin ist grundsätzlich schwierig. Sie sind möglicherweise nicht 1 : 1 vergleichbar. Beim Vergleich von vier Fallberichten von Menschen, die psilocybinhaltige Pilze und das reine Molekül eingenommen haben, wurde die Erfahrung mit dem Pilz im Allgemeinen vorgezogen. Ein Teilnehmender gab an, dass das Erlebnis mit dem Pilz lebendiger und lebhafter war, und ein anderer sagte, das Molekül fühle sich medizinischer und weniger spirituell an.[4] Welche Form führt nun zu einer höheren Neuroplastizität? Welche ist bei Depressionen besser? In meiner Voreingenommenheit sage ich, dass psilocybinhaltige Pilze besser sind als die reinen Moleküle, bis ich überzeugende Hinweise sehe, dass es anders ist.

Kann man andere Komponenten zu Psilocybin hinzufügen, um eine Wirkverbesserung zu erreichen?

Zum Beispiel die Zugabe von Kakao (oder Schokolade), eine dokumentierte Beigabe bei den Azteken, ist eine populäre aktuelle Vorgehensweise, die sicher zu sein scheint. Andere Beimischungen können allerdings gefährlich sein (siehe unten).

Eine kürzlich erschienene, prospektive Langzeitstudie, die primär von Forschenden der Johns Hopkins University School of Medicine durchgeführt wird, berichtete von Ergebnissen einer Umfrage mit 2833 Personen zwei Wochen vor, einen Tag vor, ein bis drei Tage nach, zwei bis vier Wochen nach und zwei bis drei Monate nach der Verwendung von psilocybinhaltigen Pilzen. Von allen Befragten füllten 1182 Teilnehmende die entsprechenden Fragebögen zwei bis vier Wochen nach der Verwendung aus. Im Durchschnitt nahmen die Befragten etwa 3 g zu sich und berichteten von einer statistisch signifikanten, anhaltenden Abnahme der Werte für Depression, Angst, Burn-out (Fatigue und Erschöp-

Bei der Beimischung von weiteren Stoffen ist Vorsicht geboten. Fragen Sie einen Arzt, bevor Sie experimentieren. Zum Beispiel erfordert die Kombination aus Antidepressiva und Psilocybin eine sorgfältige medizinische Rücksprache. Manche Antidepressiva sind Monoaminoxidase-Hemmer (MAOI).[5] Andere Antidepressiva, die häufiger verschrieben werden, sind selektive Serotoninwiederaufnahmehemmer (SSRI). Es gibt einen Trend im Untergrund, bei dem die Kombination aus psilocybinhaltigen Pilzen mit MAOI-Pflanzen wie der Steppenraute *(Peganum harmala)* verwendet wird, um die Effekte des Psilocybins zu verstärken. Die Steppenraute enthält Beta-Carbolin-Alkaloide, die als MAO-Hemmer fungieren. Ein kleiner Prozentsatz von Psilocin wird durch MAO zu 4-Hydroxyindol-3-Essigsäure (4-HIAA) umgewandelt, das zur Behandlung von Depressionen verwendet wird.[6] Dies mag in Anbetracht der weiteren beteiligten Variablen in der Praxis keinen Unterschied machen.

Das heißt, dass, aus der Sicht eines Chemikers, MAO-Hemmer die Wirkung von Psilocybin oder Psilocin durch eine Erhöhung der Aufnahme derselben über den Verdauungstrakt in die Blutbahn nicht wesentlich verstärken würden. Wenn Sie jedoch MAO-Hemmer oder einige Antidepressiva mit Lebensmitteln zusammen einnehmen, die Tyramine enthalten, können die Konsequenzen lebensbedrohlich sein. Die Sorge besteht darin, dass manche Pilze bedeutende Mengen an Tyraminen enthalten.[7] Ein mir bekannter Fallbericht hat zusätzliche Bedenken aufgeworfen. Ein 42-jähriger Mann nahm 1 Gramm getrockneter psilocybinhaltiger Pilze, eine Kombination von Dextroamphetaminen und Amphetaminen zur Behandlung der Aufmerksamkeitsdefizit-Hyperaktivitätsstörung (ADHS) und Tranylcypromin, einen MAO-Hemmer zur Behandlung von Depressionen, zu sich. Diese Kombination führte bei dem Patienten schon bald zu einem Herzinfarkt (Myokardinfarkt). Er wurde schnellstens in ein Krankenhaus gebracht, behandelt und am nächsten Tag entlassen.[8] Eine Kombination aus psilocybinhaltigen Pilzen mit MAO-Hemmern scheint eine potenziell gefährliche Kombination zu sein. Darüber hinaus könnten Verbindungen, die andernfalls durch MAO-Hemmer im Darm unschädlich gemacht werden, toxisch bleiben; wir wissen es einfach nicht. Ich rate davon ab, MAO-Hemmer zu nehmen, um die Psilocybinerfahrung zu verstärken oder psilocybinhaltige Pilze mit anderen verschreibungspflichtigen Medikamenten gleichzeitig zu nehmen, bis wir es besser wissen. Wir verstehen die komplexen Interaktionen zwischen psilocybinhaltigen Pilzen und anderen Pharmaka noch nicht. Bitte ziehen Sie einen Arzt zurate, der sich mit diesem Thema auskennt, bevor Sie Ihr Leben riskieren.

fung in Zusammenhang mit hohen Stresspegeln) und Alkoholkonsum und eine Verbesserung der kognitiven Flexibilität (der Fähigkeit, die Gedanken über emotionale Stimuli zu verändern).[9] 11 % der Teilnehmenden berichteten von anhaltend negativen Symptomen. Nun zur Frage: Sind psilocybinhaltige Pilze gleichwertig oder besser als das reine Molekül Psilocybin? Diese Studien deuten an, dass es vergleichbare Vorzüge gibt. Es müssen jedoch detailliertere vergleichende Studien durchgeführt werden, da eine Generalisierung zu stark vereinfachend ist.

Auch wenn María Sabina, die bekannte mazatekische sabia (Wissende), etwas von Albert Hofmanns synthetischem Psilocybin zu sich nahm und sie gegenüber Hofmann erklärte, dass seine Pillen den »Geist des Pilzes« enthielten, erfordert diese berichtete Aussage etwas Kontext. (Hofmann und seine Kollegen ließen den Prozess für synthetisches Psilocybin und Psilocin 1959 patentieren.[10,11]) María Sabina war tief in der mazatekischen Verwendung von psilocybinhaltigen Pilzen verwurzelt, einem Erbe, das über Jahrhunderte weitergegeben wurde. Die subjektiven Erfahrungen derjenigen, die aus einer ungebrochenen Linie von Jägern und Sammlern und der rituellen Verwendung von Psilocybin kommen, sind aus dem kulturellen Blickwinkel eines westlichen Wissenschaftlers, für den diese Erfahrungen neu sind, sehr unterschiedlich.[12] Ich vermute, dass María Sabinas angebliche Aussage unabhängig von den Vorzügen ihres kulturellen Kontexts gegeben worden und in der Übersetzung dieses verbalen Austauschs verloren gegangen sein könnte. Ich würde gern mehr Details über diese überlieferte Konversation kennen. Nichtsdestoweniger war diese Aussage einer Einzelnen eine spannende Bestätigung, dass Hofmann in seinem Schweizer Labor zum ersten Mal die molekulare Synthese von Psilocybin gelungen war.

In neuerer Zeit gibt es anekdotische Evidenz, dass psilocybinhaltige Pilze von Menschen bevorzugt werden, die sowohl das reine Molekül als auch die Pilze gleicher Stärke verwendet haben. Ein Patient berichtete, dass bei der Verwendung von reinem Psilocybin die Wirkung schnell einsetzt, gleich bleibt und dann schnell nachlässt. Bei psilocybinhaltigen Pilzen steigt die Wirkung allmählicher an und sinkt, nachdem sie auf einem Plateau verweilte, angenehmer und länger ab und gibt mehr Zeit, über die Erfahrung nachzudenken. Biologisch gesehen ergibt das Sinn, denn der Pilz muss zunächst verdaut werden, und der langsamere Abfall der Wirkung könnte die Begleitwirkung von anderen wechselwirkenden Tryptaminen sein, die in den Blutstrom aufgenommen werden und das Gehirn erreichen. Unsere Studien über Neurorezeptoren und Neuritenwachstum (Nervenzellenregeneration) zeigen, dass diese begleitenden Tryptamine eine wichtige Rolle bei der Neuronenaktivierung im Rezeptorökosystem spielen. Und es besteht wahrscheinlich eine gegenseitige Beeinflussung. Dies bedeutet, dass die Rezeptoraktivierung eine Kaskade von Effekten hat, die Einfluss aufeinander und auf andere Systeme nimmt.

Verschreibungspflichtige Medikamente müssen standardisiert sein, was bei allen natürlichen Produkten eine Herausforderung ist. Obwohl die Optimierung ein verständliches Ziel ist, gibt es doch aus praxisnaher Sicht eine große Bandbreite an Psilocybindosierungen, die Nutzen zeigen. Zum Beispiel eine Bandbreite von 25 bis 40 mg Psilocybin, was 2,5 bis 4 g getrockneten *Psilocybe cubensis* mit 1 % Psilocybingehalt entspricht, hat sich für die Behandlung von Depressionen als nützlich erwiesen.

Ich habe in zahlreichen Ausschüssen die Entscheidungsträger zu den relevanten Themen wie Entkriminalisierung von Psilocybin, Legalisierung auf US-Bundesebene für therapeutische Verwendung, Züchtungsmethoden und Besitz beraten. Ich bin für die Legalisierung von 100 g getrockneten psilocybinhaltigen Pilzen für den persönlichen, nicht kommerziellen Besitz eingetreten. In Anbetracht der Unterschiedlichkeit von psilocybinhaltigen Pilzen und der Tatsache, dass sie mit der Zeit an Wirkung verlieren, ist mein Vorschlag für den kommerziellen Verkauf, dass Rechtssachverständige einen Test zur Höchstwirksamkeit mit dem Datum der Analyse und einem Ablaufdatum auf dem Label in Betracht ziehen. Das Schlimmste, was passieren könnte, wäre eine Abnahme der Wirksamkeit. Weniger Psilocybin ist nicht gefährlicher. Diese Beschriftung mit der Höchstdosis bietet eine praktikable Lösung für die Schwierigkeiten bei der Standardisierung und Stabilität. Mehr noch, manche Menschen reagieren weniger sensibel auf dieselbe Psilocybindosis als andere, ob sie nun Psilocybin als Molekül oder als Pilz einnehmen.

Auf einem freien Markt, auf dem psilocybinhaltige Pilze legal verkauft werden dürfen, könnten Konsumenten dabei helfen, die besten Produkte zu bestimmen. Pilze für bestimmte medizinische Anwendungen erfordern höhere Standards als solche für eine allgemeinere Verwendung wie zur Förderung der Kreativität, Spiritualität oder des Wohlergehens. Ich möchte, dass wir einen Mittelweg finden zwischen den Vor- und Nachteilen von natürlichen psilocybinhaltigen Pilzen und synthetischem Psilocybin. Meine Sorge ist, dass wir bei einer strikten Befolgung pharmazeutischer Standards die Vorzüge von psilocybinhaltigen Pilzen einer Mehrheit der Menschen verwehren. Die Reinheit ist ein Hindernis für die Praktikabilität. Das Molekül ist teuer und für die meisten Menschen außer Reichweite, während Pilze eher zugänglich, einfach anzubauen und preiswert sind. Wie Montesquieu um 1726 schrieb: »Le mieux est le mortel ennemi du bien« [Das Beste ist der Todfeind des Guten]. Viel später machte Voltaire ein italienisches Sprichwort populär, das denselben Wortlaut hatte: »Il meglio è nemico del bene.« In heutige Sprache übersetzt: »Lass nicht den Perfektionismus den Feind des Guten sein.« Dies gilt auch für die Verwendung von psilocybinhaltigen Pilzen. Die Pilzart, ihr Phänotyp, die Absicht, die Rahmenbedingungen und das Umfeld (die eigene Einstellung und die physische und soziale Umgebung), zusammen mit Ihrer Individualität sind allesamt Faktoren, die das Ergebnis jeder Dosis beeinflussen können, egal wie sorgfältig sie verordnet wurde. Mir gibt das Wissen, einer von Millionen Menschen in einem jahrtausendealten historischen Kontinuum zu sein, den Trost und die Zuversicht, maximal von den Erfahrungen aus den psilocybinhaltigen Pilzen profitieren zu können.

Eine frische Ernte *Psilocybe cyanescens,* ein wirkstarker Zauberpilz, der viel Psilocybin und Psilocin enthält.

ALEX GREY

Kapitel 6

Die Dosierung

Die drei allgemeinen Kategorien für die Dosierung sind Mikrodosierung, Minidosierung und Makrodosierung. Die Mikrodosierung ist nicht psychotrop, wohingegen der subjektive Unterschied zwischen Minidosierung und Makrodosierung in der Intensität der Auswirkungen liegt.

Mikrodosierung

Bei der Mikrodosierung wird eine kleine Menge Psilocybin eingenommen, normalerweise ein Zehntel einer Schwellendosis oder etwa 0,05 bis 1 g (1/20 bis 1/10 g) getrocknete *Psilocybe cubensis*. Oft wird eine Mikrodosis als »subperzeptuell« definiert, d. h., die Dosis ist so niedrig, dass im Wachzustand keine Veränderung des normalen Wachbewusstseins zu spüren ist. Ich bevorzuge in diesem Kontext den Begriff *nicht berauschend*. Wenn ich eine Mikrodosis zu mir nehme, fühle ich mich besser. Die Farben sind leuchtender. Ich bin glücklicher und fühle mich wohler, da zu sein. Ich glaube, dass ich lustiger und kreativer bin. Ich fühle einen Unterschied in meiner Welt, aber ich bin nicht berauscht. Es hat nicht dieselben Effekte wie Cannabis oder Alkohol. Ich denke, dass die Mikrodosierung bei regelmäßiger Anwendung die neurologische Gesundheit verbessern kann, wohingegen eine sechsstündige Makrodosis-Sitzung lebensverändernd sein kann, wenn Sie zum Ziel haben, ein Trauma zu verarbeiten, eine Abhängigkeit zu überwinden und/oder das spirituelle Gleichgewicht zu finden. Die Moms on Mushrooms (momsonmushrooms.com), eine Online-Community für Mikrodosierung, haben Zehntausende begeisterter Anhänger.

Jeder hat seine eigene ideale Mikrodosis. Obwohl die meisten von uns bei 0,1 g *Psilocybe cubensis* keinerlei Berauschung spüren, fühlen manche Menschen einen Effekt. In Studien mit *Psilocybe cubensis* können die Wirksamkeitsschätzungen um den Faktor vier oder mehr danebenliegen, wenn die Pilze nicht kurz zuvor analysiert wurden. Abgesehen von einer solchen Schwankungsbreite zeigen die Anwender eine Schwankung in ihrer Sensibilität. Die Erfahrung eines jeden Einzelnen wird beeinflusst durch die Kombination von Faktoren wie der Genetik, der Ernährung, der Darmgesundheit, dem Mikrobiom, der Nahrungs- und der Medikamentenaufnahme und sicher noch von vielen weiteren Faktoren, die noch zu bestimmen sind. Jeder von uns sollte seine Dosierung herausfinden. Sobald Sie jedoch Ihre Basiswerte kennen, ist eine gleichmäßige Selbstdosierung unkompliziert.

Unser Forschungsteam hat mit der Online-Gesundheitsplattform Quantified Citizen an einer prospektiven Beobachtungsstudie zur Mikrodosierung unter Verwendung einer kostenfreien App auf microdose.me zusammengearbeitet. In unserem ersten Beitrag, der in der Zeitschrift *Scientific Reports* veröffentlicht wurde, befragten wir Menschen zu ihrer Motivation für die Mikrodosierung.[1] Überraschenderweise fanden wir eine fast

»Flesh of the Gods« von Alex Grey

ausbalancierte Kohorte von 4653 Nicht-Mikrodosierenden und 4050 Mikrodosierenden. Diejenigen, die Probleme mit der mentalen Gesundheit hatten, waren am motiviertesten, Mikrodosierungen zur Reduzierung von Ängsten und Depressionen zu verwenden. Diejenigen, die nach eigener Aussage keine mentalen Gesundheitsprobleme hatten, waren eher motiviert, ihre kognitive Leistung zu verbessern. Von allen Teilnehmenden verwendeten 88 % der Mikrodosierenden drei- bis fünfmal pro Woche zwischen 0,1 und 0,33 g Pilzen. 90 % verwendeten *Psilocybe cubensis.* Nach 30 Tagen berichtete eine bedeutende Mehrheit der Mikrodosierenden mit mentalen Gesundheitsproblemen von einem dramatischen Rückgang ihrer Depressionen und Ängste, während Nicht-Mikrodosierende dies nicht berichteten. Bedenken Sie, dass Nicht-Mikrodosierende, wenn überhaupt, zu Beginn vermutlich weniger Depressions- und Angstsymptome aufwiesen, sodass es weniger Symptome zu reduzieren galt.

Obwohl dies keine placebokontrollierte Studie war, ist dieser Vergleich von Crowd-Sourcing-Daten über Mikrodosierung zur Verbesserung von Gemütsstörungen relevant. Menschen sind motiviert, Mikrodosen zu sich zu nehmen, um ihre Gesundheit zu verbessern. Tatsächlich sind die Absicht und die Erwartung miteinander verflochten. Die Erwartung verbessert viele positive Effekte von vielen Medikamenten. Die Erwartung, also das Gefühl, sich in einer Gemeinschaft mit anderen Anwendern zu befinden und die Schritte zu unternehmen, um seine Gemütsverfassung zu verbessern, ist ein Faktor, der die medizinischen Vorzüge der Mikrodosierung verbessern könnte. Nichtsdestoweniger berichteten die Teilnehmenden in einer prospektiven Beobachtungsstudie zur Mikrodosierung mit psilocybinhaltigen Pilzen[2] einen signifikanten Rückgang der Depressionen und Ängste, zeigten aber keine Verbesserung der Kognition-Scores. Für diejenigen, die Linderung suchten, waren die Effekte real und die Mikrodosierung funktionierte. Mediziner mögen über Ursache und Wirkung debattieren, aber das Fazit ist, dass die Patientinnen und Patienten berichteten, dass sie sich tatsächlich besser fühlten. Dies zeigt, dass die Mikrodosierung mit psilocybinhaltigen Pilzen eine effektive Begleittherapie darstellt, um Depressionen und Ängste bei Menschen mit diesen mentalen Gesundheitsproblemen zu reduzieren.

Seltsamerweise veränderte die Erwartung, Psilocybin zu nehmen, das Ergebnis bei einer späteren Studie über die Behandlung von schweren, hauptsächlich depressiven Störungen bei einer moderat hohen Dosis an Psilocybin (25 mg) im Verhältnis zur therapeutisch akzeptierten Dosis von Escitalopram (einem üblichen Medikament bei Depressionen) nicht wesentlich.[3] Hier war die Erwartung folglich kein Faktor.[4] Es ist unklar, warum die Erwartung das Ergebnis bei niedrigen Dosen beeinflussen konnte, bei hohen Dosen jedoch nicht. Die Effekte von Vorsatz und Erwartung zu klären, ist kompliziert; trotzdem scheint Psilocybin Depressionen zu lindern.

Für Ärzte und Forscher aktualisieren wir folgende Webseite über weitere Publikationen und klinische Studien zu psilocybinhaltigen Pilzen und anderen Heilpilzen: mushroomreferences.com. Eine weitere frei zugängliche Online-Quelle ist clinicaltrials.gov, auf der registrierte klinische Versuche zu Psychedelika verfolgt werden.

Im Allgemeinen verfolgen Mikrodosierende einen intermittierenden Einnahmeplan: entweder ein Tag der Einnahme, gefolgt von zwei einnahmefreien Tagen (Fadiman-Protokoll), oder, weniger üblich, vier Tage der Einnahme gefolgt von zwei einnahmefreien Tagen (Stamets-Protokoll). Beide Einnahmeformen basieren auf der Auffassung, dass Serotoninrezeptoren und andere Neurorezeptoren, mit denen Tryptamine interagieren, ohne Psilocinstimulation regelmäßig ihre Basiswerte wiedererlangen müssen, sodass sie zurückgesetzt werden und erneut sensibilisiert werden können.

Serotoninrezeptoren kommen überall im Körper vor, wobei sich die meisten im Darm, im Hirnstamm und im präfrontalen Cortex des Gehirns befinden, der für die Wahrnehmung zuständig ist. Psilocin und andere Tryptamine binden an die Serotonin-Subrezeptoren

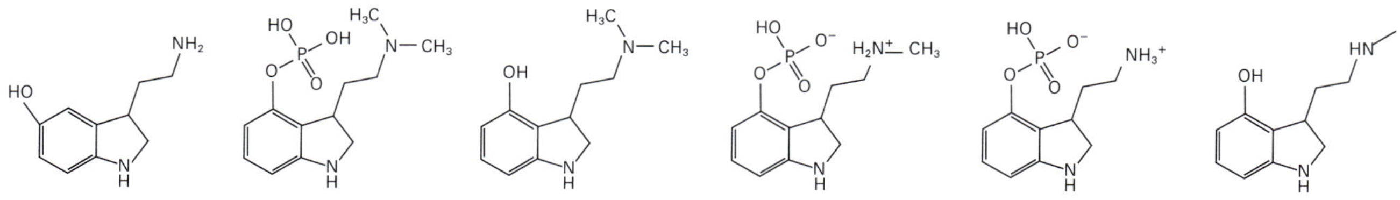

Serotonin — Psilocybin — Psilocin — Baeocystin — Norbaeocystin — Norpsilocin

$5HT2_A$ und in einem geringeren Maße an $5HT2_B$, die eine Kaskade von Neurostimulationen aktivieren können.[5] Psilocybinhaltige Pilze produzieren sowohl Psilocybin als auch Psilocin und einige eng verwandte Tryptamine. Bei der Verdauung wird Psilocybin durch die enzymatische Entfernung einer Phosphatgruppe in Psilocin umgewandelt. Dies geschieht im Verdauungstrakt, sodass die Chemikalie die Blut-Hirn-Schranke passiert und an Serotonin-5HT2-Rezeptoren bindet. Psilocin bindet als Ligand an Rezeptoren, was es der wasserlöslichen Verbindung ermöglicht, Signalwege innerhalb von Nervenzellen zu aktivieren. Dieses relativ kleine Molekül durchdringt die lipidreiche Membran der Nervenzellen und gelangt in ihr Inneres, was wiederum das Nervenwachstum und die Neuroplastizität stimuliert.[6,7]

Ich denke, die Mikrodosierung kann die neurologische Gesundheit verbessern, und zwar zum Teil aufgrund der Erkenntnisse, die ich in meiner fast 50-jährigen Erfahrung bei der Kultur von mykologischen Zelllinien gewonnen habe. Ähnlich wie die Muster von Myzel in einer Petrischale wachsen Neuriten (Fortsätze des Zellkörpers eines Neurons) in Netzwerken nach außen, bilden Querverbindungen und neue Oberflächenbereiche auf Axonen und Dendriten, in die hochsensible Rezeptoren eingebettet sind. Bei Myzel und

Zu den weiteren eng verwandten, jedoch weniger verstandenen Tryptaminderivaten, welche die Neurorezeptoren stimulieren, gehören Baeocystin, Norbaeocystin, Norpsilocin und Aeruginascin. Bis vor Kurzem waren sich Neurowissenschaftler uneins darüber, ob sich neue Gehirnzellen, auch *neue Neuronen* – nicht zu verwechseln mit *postnatalen Neuronen* –, bilden können. Es ist in der Neurowissenschaft lange ein Dogma gewesen, dass nach der Kindheit keine Neubildung von Neuronen stattfindet. Aber jetzt wissen wir, dass der Hippocampus neue Neuronen hervorbringen kann und dass Stammzellen sich zu Neuronen ausdifferenzieren können. Die Belege sind noch begrenzt, doch ist die Neurogenese sogar schon bei Menschen mit Demenz und im frühen Stadium von Alzheimer dokumentiert.[8] Was mich begeistert, ist, dass Psilocybin und neurochemisch verwandte Tryptamine bei der Bildung neuer Neuronen aus Stammzellen helfen können. Wir haben Belege dafür, dass sie die Nervenwachstumsfaktoren stimulieren, das sind vom Gehirn abgeleitete neurotrope Faktoren, die nicht nur neue Neuronen bilden, sondern auch das Neuritenwachstum und die Verknüpfungen erweitern, und sich dadurch existierende Neuronen regenerieren. Selbst wenn von diesen mit Psilocin und Psilocybin verwandten Verbindungen nachgewiesen wurde, dass sie die Neurogenese in einem geringeren Maße stimulieren als die Querverzweigungen der Neuronen (Neuroplastizität), könnte die Kombination der vorteilhaften Effekte auf das neuronale Netzwerk ein Gamechanger bei der Behandlung von einer Reihe an Neuropathien sein. Dieses Gebiet der Neurowissenschaften befindet sich noch in den Kinderschuhen.

Gewebe heißt dies Anastomose und bei Neuronen Synaptogenese. Beide bilden Netzwerke, die auf Resilienz und die Fähigkeit der netzübergreifenden Kommunikation angewiesen sind. Meine Hypothese lautet, dass, obwohl eine massive Tagesdosis Psilocybin die Serotonin-$5HT2_A$-Rezeptoren wahrscheinlich flutet, die neurologischen Vorteile nicht dieselben sind, wenn dieselbe Dosis über einen längeren Zeitraum verteilt eingenommen wird. Tatsächlich ist es immer populärer geworden, beides zu tun: die Einnahme einer Makrodosis an einem Tag gefolgt von der Einnahme von Mikrodosierungen. Die Zeit wird darüber Aufschluss geben, während die Wissenschaft fortschreitet.

Nach der Einnahme einer Makrodosis Psilocybin haben die meisten Menschen eine Erfahrung solcher Intensität für Monate, manchmal auch für Jahre, nicht wiederholen wollen. Nicht berauschende Mikrodosierung ist jedoch attraktiv. Die Theorie besagt, dass eine Mikrodosierung hilft, die neuen neurologischen Wege, die während der ersten Makrodosierung gebildet wurden, zu verstärken. Diese neuen Wege werden aufgebaut und Teil des neuen beständigen neuronalen Netzwerks. Die besten, stärksten Indikatoren werden nicht von gesundheitlich Normalen kommen, sondern zunächst von denjenigen, die unter schwierig zu behandelnden Gemütsstörungen leiden.

Mein Forschungsteam hat sich auf dieses Thema jahrelang fokussiert. Die Halbwertzeit von Psilocin beträgt nicht mehr als 1,8 Stunden. Dies bedeutet, dass nach 24 Stunden nur noch 0,000097 oder weniger als ein Zehntausendstel der ursprünglichen Dosis im Blutkreislauf vorhanden ist. Nach ein oder zwei Tagen ist das Plasma der Anwender wieder beim Ausgangswert angelangt. Dieser Stoffwechselreset gilt nicht für die vielen Ereignisse, die Psilocin in einer Nervenzelle herbeiführen kann, wie z. B. Rezeptorbelegung und Rezeptorinternalisierung, was zu erhöhter Toleranz führt und die Wirksamkeit von mehreren hohen Dosen reduziert. Aber es könnte erklären, warum ich am vierten Tag kaum einen Effekt gespürt habe, nachdem ich einmal vier Tage nacheinander eine hohe Dosis psilocybinhaltiger Pilze zu mir genommen hatte. Im Gegensatz zur Makrodosierung werden bei der Mikrodosierung weniger Rezeptoren überflutet.

Eine Studie zeigte, dass ungefähr 2 mg Psilocin nur eine Belegungsrate von 20 % der 5HTA-Rezeptoren aufwiesen, wohingegen bis zu 30 mg Psilocin eine Belegungsrate von 50 % hatten.[9] Dies bedeutet, dass mit einer Mikrodosierung im Vergleich zur Makrodosierung Latenzperioden reduziert werden könnten, und vielleicht besteht mit geringerer Belegung eine höhere Empfindlichkeit, weil die Rezeptoren nicht wie bei höheren Psilocybindosen überflutet werden. Durch das Titrieren von Psilocybin, Psilocin und anderen Tryptaminen über Monate hinweg kann die Mikrodosierung einen wiederholten Stimulus für die Neurogeneration auf niedrigem Pegel geben. Neuriten brauchen Zeit zum Wachsen, und die Modulation der neurogenen Eigenschaften von Psilocybintryptaminen könnte einen größeren Nutzen beim Nervenzellenausbau zeigen als eine einzelne hohe Dosis.

Im Jahr 2022 veröffentlichten wir unseren zweiten Beitrag für *Scientific Report* über die beobachteten Effekte von Mikrodosierungen.[10] Menschen, die Mikrodosen einnahmen, berichteten von einer Reduzierung von Ängsten und Depressionen im Vergleich zu Nicht-Mikrodosierenden. Eine weitere Zahl sprang ins Auge: Teilnehmende ab einem Alter von 55 Jahren, die psilocybinhaltige Pilze, Vitamin B_3 (Niacin) und das Igelstachelbartmyzel (eine Formel, die ich als Stamets Stack bezeichne) kombinierten, zeigten eine Verbesserung der psychomotorischen Fähigkeiten beim Tipp-Test, wie er von Ärzten eingesetzt wird, um die Erholung von traumatischen Gehirnverletzungen und den neurodegenerativen Konsequenzen von Alzheimer, Parkinson, Demenz und anderen Neuropathien zu messen. Es gibt zahlreiche Arten von Tipp-Tests. Bei dem von uns verwendeten wird gemessen, wie oft eine Person innerhalb von 10 Sekunden abwechselnd mit ihrem Zeige- und Mittelfinger einer Hand auf eine Oberfläche tippen kann. Die Grafik gegenüber zeigt zusammengefasst die Daten nach 30 Tagen Tipp-Test bei Teilnehmenden, die den Stamets Stack verwendeten, die nur mikrodosiertes Psilocybin oder die keine Mikrodosis einnahmen.

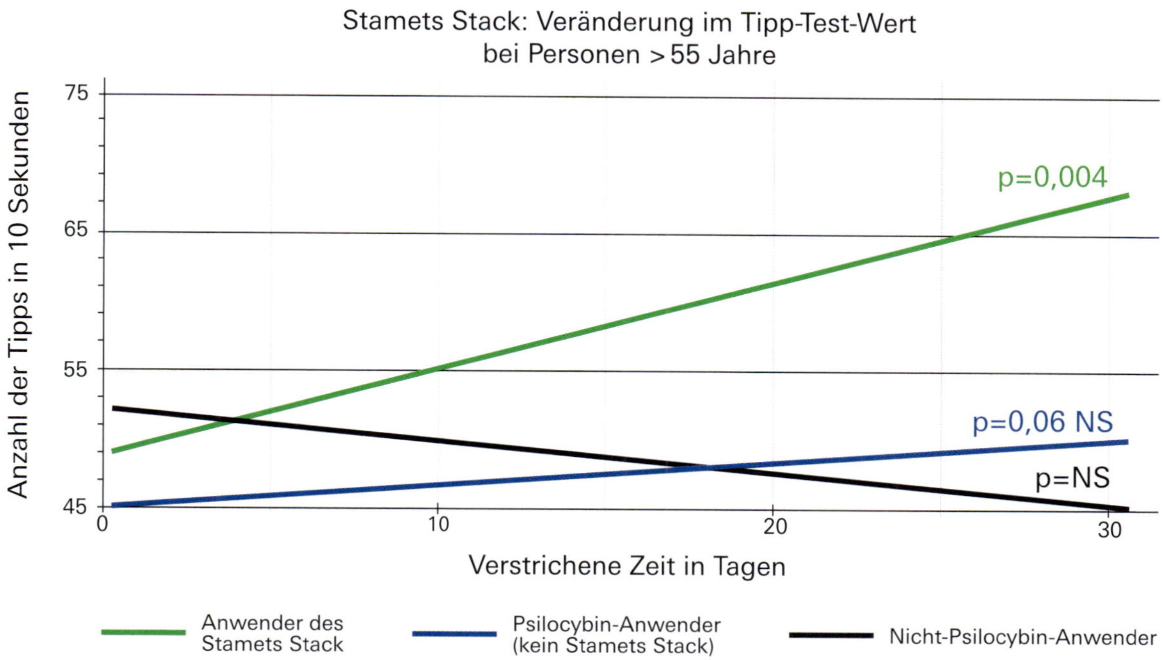

Teilnehmende von 55 Jahren und älter, die den Stamets Stack verwendeten, erhöhten ihre Tipp-Geschicklichkeit innerhalb von 30 Tagen von etwa 48 auf 68 Tipps pro 10 Sekunden ($p = 0{,}004$, d. h., es gibt eine Wahrscheinlichkeit von 1 aus 250, dass dieses Signal zufällig ist). Beachten Sie, dass Nicht-Mikrodosierende und Mikrodosierende, die psilocybinhaltige Pilze allein oder in jedweder anderen Beimischung in jedweder anderen Form zu sich nahmen, keine wesentliche Verbesserung der Tipp-Leistung zeigten. Diese Verbesserung der psychomotorischen Frequenz weist auf einen Effekt hin, der nicht durch Erwartung erklärt werden kann. Sich das Tippen vorzustellen, um den Tipp-Test physikalisch durchzuführen, bezieht mindestens sieben Regionen des Gehirns und des neuromuskulären Systems mit ein, was darauf hinweist, dass der Stamets Stack neurophysiologische Vorzüge unabhängig von der Erwartung der Person bietet. Ein Vorbehalt: Wir kennen aufgrund der Studiengröße die unabhängigen Auswirkungen von Niacin (B_3) und Igelstachelbart nicht. Hier ist eine weitere Forschung erforderlich.

Der Stamets Stack

Der Stamets Stack (Stamets' Stapel) ist ein Ansatz, den ich entwickelt habe, um die neurologischen Vorteile von Psilocybin zu maximieren, indem ich weitere Stoffe, in diesem Fall Igelstachelbartmyzel *(Hericium erianceus)* und Vitamin B_3 (Niacin oder Nicotinsäure), mit dem Pilzwirkstoff kombiniert habe. Ein spannender Aspekt bei der Einnahme von psilocybinhaltigen Pilzen ist ihr Potenzial für Neuroregeneration (erneutes Wachstum bestehender Neuronen), für eine erhöhte Neuroplastizität (erhöhte Verbindung zwischen Neuronen) und für Neurogenese (die Entwicklung neuer Neuronen). Dieser Prozess scheint durch die Kombination mit Igelstachelbartmyzel und Niacin verbessert zu werden. Unsere Forschung zeigt einen Synergismus zwischen diesen Komponenten, der nicht nur das Neuritenwachstum in vitro erhöht, sondern auch die Synaptogenese (Neubildung von Synapsen) und Neuroplastizität verbessert, indem die Nervenwachstumsfaktoren stimuliert werden, an Tropomyosinrezeptorkinase-B (TrkB)-Rezeptoren zu binden, was das Überleben und die Spezialisierung von Zellen, einschließlich von Neuronen, anregt. Es stellte sich heraus, dass Psilocin die Bindung von endogenen, vom Gehirn stammenden neurotrophischen Faktoren in den Synapsen zwischen den Neuronen stimulierte. Die Stimulation von TrkB-Rezeptoren wird als primärer Mechanismus von Antidepressiva betrachtet.[11,12]

In einer Studie wurde überraschenderweise berichtet, dass Psilocin über tausendmal stärker an TrkB-Rezeptoren bindet als viele Medikamente in ihrer therapeutischen Dosis. Wenn diese tausendfache Bindung nach der Einnahme hoher Dosen von Psilocybin auftritt, könnten Mikrodosen und Minidosen eine Stimulation der aus dem Gehirn stammenden neurotrophischen Faktoren, die an TrkB-Rezeptoren binden, bewirken, die sich als höher erweisen als die meisten von der FDA zugelassenen antidepressiv wirkenden Medikamente. Psilocybin ist im Begriff, ein neues antidepressiv wirkendes neuroregeneratives Medikament zu werden, das in Konkurrenz zu SSRI-Antidepressiva wie Escitalopram (Lexapro), Fluoxetin (Prozac), Paroxetin (Paxil, Pexeva) und Sertralin (Zoloft) stehen könnte.

Ich habe einige Menschen getroffen, die Antidepressiva abgesetzt und eine Mikrodosierung mit Psilocybin begonnen haben, und die teilweise die regelmäßige Mikrodosierung anschließend einstellten, um sie später auf »bedarfsbasierter« Basis wieder zu beginnen. Manche waren geradezu enthusiastisch, nachdem sie eine neue Lebensperspektive gefunden hatten. Sie überwanden ihre Anhedonie (Unfähigkeit, Freude zu empfinden) und konnten wieder Vergnügen haben. Es sind kontrollierte klinische Versuche erforderlich, um ein besseres Gefühl für diese Wirksamkeit zu erhalten.

Ich entschloss mich, psilocybinhaltige Pilze, Vitamin B_3 (Niacin) und Igelstachelbartmyzel zu kombinieren, denn ich dachte, durch die Zugabe von Niacin, einem Vasodilatator, könnte die Gefäßverengung durch Psilocybin ausgeglichen und sichergestellt werden, dass mehr Psilocybin über das Blut zum Nervensystem transportiert würde. Niacin ist auch als neuroregenerativ bekannt und passiert die Blut-Hirn-Schranke. Studien haben gezeigt, dass das Fortschreiten von neurodegenerativen Erkrankungen wie Alzheimer und Demenzerkrankungen verzögert werden kann, wenn die Patienten Niacin einnehmen.[13,14] Da Niacin auch die Umwandlung der Aminosäure Tryptophan in Serotonin unterstützt, könnte die Paarung von Niacin und Psilocybin, so dachte ich, die Vorteile von Psilocybin und Psilocin synergetisch verbessern. Ich denke, Niacin ist nicht nur für Psilocybin ein Potenziator, sondern wahrscheinlich ebenso für andere Tryptamine wie Baeocystin, Norbaeocystin, Norpsilocin, Aeruginascin und Dimethyltryptamine wie N,N-Dimethyltryptamin (DMT) und 5-Methoxy-N,N-Dimethyltryptamin (5-MeO-DMT). Niacin könnte bei der Verbesserung der Vorzüge von MDMA, LSD, Ketamin und anderen Psychedelika unterstützend wirken. Dies ist eine beachtenswerte spekulative Hypothese, die noch nicht bewiesen ist.

Der Igelstachelbart *(Hericium erinaceus)* ist ein essbarer Heilpilz, der seit Jahrhunderten von den Menschen verwendet wird. Im Allgemeinen findet man ihn auf alternden Hartholzbäumen in den USA, aber er ist immer seltener z. B. im Vereinigten Königreich vorzufinden. Sein Myzel und die Fruchtkörper enthalten komplexe wirksame Verbindungen in einer Konstellation um Erinacine und Hericenone. Wie zuerst von dem japanischen Forscher Hirokazu Kawagishi berichtet, sind die Erinacine des Igelstachelbartmyzels ein mutmaßlicher Verteidigungsmechanismus aus dem Kontakt mit Bakterien. Kawagishi extrapolierte, dass Erinacine bei der Nervengesundheit unterstützend wirken würden, und entdeckte, dass sie und verwandte Verbindungen tatsächlich die Nervenwachstumsfaktoren stimulieren[15,16], darunter auch, wie von vielen anderen Forschern bestätigt, Nervenwachstumsfaktoren im Gehirn. Die Extrakte aus Igelstachelbartmyzel veranlassen auch den Wiederaufbau der leitenden Myelinscheide, welche die Axone der Nerven bedeckt und die Neurotransmission beschleunigt. Einige, wenn auch kleine klinische Studien zeigen, dass Menschen mit leichten kognitiven Einschränkungen und Depressionen durch die Einnahme von Igelstachelbart profitieren.[17,18] Vorläufige Hinweise an nicht humanen Modellen legen ebenfalls nahe, dass er möglicherweise einen positiven Effekt bei der Behandlung von Parkinson hat.[19]

Durch die Kombination dieser Komponenten erkannte ich intuitiv einen positiven Effekt, welcher die Aktivität jeder Komponente über ihre einzelnen oder ihre additiven Effekte hinaus verbessert. Dies ist als Synergismus bekannt. Auf der folgenden Basis für den Stamets Stack könnte man weiter aufbauen, da es viele weitere potenzierende Verbindungen gibt. Ich nehme diesen Stack gern etwa eine Stunde vor einem Nachmittagsschläfchen oder am Abend, bevor ich zu Bett gehe. Ich habe nicht nur ein ausgeprägteres aktives Träumen bemerkt, sondern ich fühle mich beim Aufwachen auch ausgeruhter und erfrischter. Andere haben dasselbe berichtet. Dieses Vorgehen scheint neurologisch von Vorteil zu sein.

Sorgfältig dosierte Pilzschokoladentäfelchen zu essen, ist eine praktische und gängige Art der Mikrodosierung. Sie sollten sie lediglich von Kindern und nicht eingeweihten Erwachsenen fernhalten und mit der Aufschrift »Nicht essen!« versehen.

Die Stamets-Stack-Basisdosierung

Zutaten	Menge
Getrocknete psilocybinhaltige Pilze mit 1 % Psilocybin/Psilocin	50–100 mg (1/20 bis 1/10 g)
Igelstachelbartmyzel	100–500 mg (1/10 bis 1/2 g)
Vitamin B_3 (Niacin, Nicotinsäure)	25–50 mg (1/40 bis 1/20 g)

Mein ursprüngliches Rezept beinhaltete bis zu 200 mg Niacin. Die Effekte (Kribbeln, Erregung der Nervenenden, Hautrötungen durch die Gefäßerweiterung) waren einigen Personen jedoch unangenehm. Für viele sind 25 mg wesentlich besser zu vertragen. Auch kann bis zu einem Drittel Gramm (333 mg) getrockneter psilocybinhaltiger Pilze verwendet werden. Ich bin sehr sensibel, daher beträgt meine bevorzugte Dosierung ein Zwanzigstel davon. Viele Menschen haben mir gesagt, dass bei wiederholter Mikrodosierung von Psilocybin und Niacin die merklichen Effekte des Niacins weniger werden oder kaum noch bemerkbar sind. Manche Menschen spüren auch keinerlei Veränderung in der Wahrnehmung. Die Reaktionen sind also unterschiedlich.

Verabreichungsformen bei der Mikrodosierung

Ich kann den Geschmack vieler psilocybinhaltiger Pilze nicht leiden. Sobald ich sie schmecke, wird mir übel. Ich habe jedoch einen Freund, der ihren Geschmack liebt. Wir sind alle unterschiedlich, nicht nur in unseren Geschmacksvorlieben, sondern auch in unserer Biochemie, wenn wir uns mit dem Biom des psilocybinhaltigen Pilzes verbinden.

Dank der Azteken wissen wir, dass psilocybinhaltige Pilze und Schokolade gut zusammenpassen. Die Pilze sind wesentlich schmackhafter, wenn eine abgemessene Menge mit geschmolzener Schokolade zu einer Einzeldosis vermischt wird. Eine praktische Möglichkeit, um die tägliche Mikrodosis herzustellen, besteht darin, geschmolzene Schokolade in Pralinenformen (siehe Fotos oben) zu gießen, die eine abgemessene Menge an psilocybinhaltigen Pilzen und/oder anderen Zutaten wie Igelstachelbartmyzel und/oder Niacin enthalten. Beachten Sie, dass das Wiegen und Mischen der Zutaten vor dem Eingießen leichter ist.

Eine weitere exzellente Art und Weise, pulverisierte Pilze zu sich zu nehmen, besteht darin, sie in Tee mit Honig einzurühren. Zitronen-, Limetten-, Kurkuma-, Minz- und Gewürztees überdecken den unangenehmen Geschmack von psilocybinhaltigen Pilzen

Eine Warnung an diejenigen, die gern experimentieren: Menschen, die sich selbst als Schamanen und Heiler anpreisen, sind wahrscheinlich keine. Wahre Schamanen sind bescheiden und suchen nicht nach Kunden. Das aufkeimende Interesse und die Kommerzialisierung von Psychedelika inspiriert Unternehmer und Businesspläne, die sich keiner verantwortungsbewussten Vermittlung des Umgangs mit Pilzen verschreiben. Zu den erfolgreichen Modellen gehören andererseits legale Retreat-Zentren für psychedelische Erlebnisse auf Jamaica, in Costa Rica und den Niederlanden, die sich darauf spezialisiert haben, angenehme Rückzugsorte mit visueller und musikalischer Bereicherung zu schaffen. Leider müssen Konsumenten mit der wiederauflebenden Popularität von Psilocybin wachsam sein. Dieses neue psilocybinreiche Spielfeld der Psyche könnte zum Minenfeld für unerwünschte Konsequenzen werden. Es gibt hier jedoch eine übergeordnete Lösung: Psilocybinhaltige Pilze sollten für den persönlichen Bedarf legalisiert werden. Der Zugang zu Psilocybin sollte ein grundlegendes Bürgerrecht sein: die Freiheit des Bewusstseins. Wir brauchen einen Friedensvertrag für Psilocybin.

ziemlich gut. Wenn Sie eine Geschmacks- und Dosierungskombination gefunden haben, die für Sie passt, bleiben Sie dabei. Kulinarische Abenteuer mit psilocybinhaltigen Pilzen bergen Gefahren wie die zuvor mit MAO-Hemmern beschriebenen. Bitte stellen Sie sicher, dass Ihre Beimengungen keine MAO-hemmende Aktivität aufweisen.

Es ist wichtig, psilocybinhaltige Pilze außer Reichweite von Kindern oder nicht eingeweihten Erwachsenen aufzubewahren. Ihre Schokolade mit der Beschriftung »Abführmittel« zu versehen, kann potenzielle Nascher genauso abhalten wie die Aufbewahrung an einem sicheren Ort. Es kommt allzu häufig vor, dass psilocybinhaltige Schokolade versehentlich gegessen wird. Seien Sie bitte verantwortungsvoll.

Die Museumsdosis: Mini- oder Mediumdosierung

Die Minidosierung, auch bekannt als Mediumdosierung, bedeutet, eine niedrige, leicht berauschende Dosis Psilocybin einzunehmen. Aus meinen informellen Beobachtungen über die letzten Jahre hinweg besteht eine Minidosis aus 0,3 bis 1 g getrockneten *Psilocybe cubensis* oder einem Äquivalent, das 1 % Psilocybin (entspricht 3 bis 10 mg Psilocybin) enthält. Diese Dosis wird auch Museumsdosis oder Schwellendosis genannt, da es in manchen Kreisen populär ist, nach der Einnahme einer Minidosis Museen mit ihrer prächtigen, farbenfrohen, vielfältigen Kunst zu besuchen.

Museen sind freundliche Orte, an denen Menschen sich meist respektvoll distanziert und ruhig verhalten. Eine Museumsdosis wird oft mit Freunden genommen und trägt dazu bei, dass man tief in die Kunst, Archäologie, Paläontologie, Geschichte und kulturelle Vielfältigkeit eintaucht. Menschen auf einer Museumsdosis sind leicht zu erkennen. Vielleicht tragen sie in Innenräumen Sonnenbrillen und scheinen ungewöhnlich glücklich. Wenn man Psilocybin nimmt, sind die Pupillen der Augen manchmal so stark geweitet – unser Blickfeld ist heller –, dass die weiße Augenhaut (Sklera) nicht mehr zu sehen ist. Das Lachen in Gegenwart von Freunden zu unterdrücken, ist auch oft eine Herausforderung, insbesondere bei Einsteigern.

Für die Sportlicheren kann eine Museumsdosis zur Sportdosis werden, da ihre Anhänger sich eine verbesserte Psychomotorik versprechen: bessere Koordination, zeitliche Abstimmung, Teamarbeit und Leistung. Diese niedrigen Dosen sind wesentlich handhabbarer als hohe Dosen, die eine sorgfältige Planung und Vorbereitung erfordern. Während einer Minidosis fahre ich gern Mountainbike, während ich gute Musik höre. Ich finde, dass meine Koordination besser ist. Ich verfalle in einen zenartigen Flowzustand – nehme überdeutlich die schnell vorbeifließenden Bilder meines Sichtfelds wahr und fühle mich zugleich ungewöhnlich geschickt. (Hinweis an mich: Sei vorsichtig.)

Ich kenne auch Minidoser, die bemerkenswerte Leistungen in der Hand-Auge-Koordination erbracht haben, die stark auf eine gesteigerte psychomotorische Leistungsfähigkeit hindeuten – unter anderem im Baseball, Basketball, Fußball, Tennis, Bogenschießen, Kampfsport und in der Musik. Aber ebenso kenne ich Menschen, die unter dem Einfluss einer Minidosierung ihre Sicherheitsgrenzen überschritten und Opfer von Unfällen wurden. Es wird davon abgeraten, Verträge zu lesen, Rechtsdokumente zu unterschreiben oder sich auf unwissende oder unkooperative Nicht-Dosierende einzulassen. Am besten bleibt man mit erfahrenen und verantwortungsvollen Dosierenden zusammen und passt aufeinander auf.

Eher konservative Gemüter sehen die Minidosierung zur Verbesserung der Leistung kontrovers. Tatsache ist aber, dass viele Menschen auf Mediumdosierung setzen, um die Leistung und die Koordinierung von Sportmannschaften und anderen Teams zu verbessern. Eine Mediumdosierung wird ebenfalls von Musikgruppen genutzt, die damit angeblich besser spielen und sich mit den anderen Bandmitgliedern leichter abstimmen können.

Für mich liegt die untere Grenze der Mediumdosierung bei etwa 3 mg Psilocybin und die obere bei etwa 6 mg bzw. bei etwa einem Drittel bis zwei Drittel Gramm getrockneter Pilze. Aus meiner persönlichen Erfahrung verschieben 8 mg Psilocybin (z. B. 0,8 g *Psilocybe cubensis* mit 1 % Psilocybin) die äußeren Grenzen einer »mittleren« Dosis – sie ist so stark, dass sie mir hilft, mich nach innen zu fokussieren, aber ohne ein komplettes spirituelles kosmisches Abenteuer in die ozeanische Selbstentgrenzung zu erleben. Selbst bei dieser Dosierung möchte ich mich an einem sicheren Ort befinden, keine Verpflichtungen für andere zu haben, und ganz sicher nicht Auto fahren, eine Kettensäge bedienen oder eine sonstige für mich oder andere gefährliche Aktivität ausüben.

Bedenken Sie, dass eine mittlere Dosis schnell nicht mehr als solche wahrgenommen wird, wenn sie an mehreren aufeinander folgenden Tagen eingenommen wird. Eine am Montag eingenommene mittlere Dosis könnte am Mittwoch schon als Mikrodosis empfunden werden. Jede Person kann unterschiedlich reagieren.

Makrodosierung

Eine Makrodosierung kann Sie in die Tiefen Ihrer Seele katapultieren und Ihre Überzeugungen und Ihre Ansichten darüber, was real, wahr und bedeutsam ist, herausfordern und verändern. Nach einer Makrodosierung fühlen sich Menschen normalerweise zufriedener, kooperativer, weiser, demütig und in Frieden. Dinge, die vor der Makrodosierungsreise groß und wichtig erschienen, sind nun weniger dringend oder definieren ihr Leben nicht länger.

Die medizinische Makrodosierung, auch psilocybinassistierte Psychotherapie genannt, scheint effektiv ein Aha-Erlebnis auszulösen, das Patienten beim Verständnis unterstützt, dass sie nicht länger suchterzeugende Drogen zu konsumieren oder sich unsozial und selbstzerstörerisch zu verhalten brauchen. Um näher auf die seit Jahrzehnten kursierenden anekdotischen Behauptungen einzugehen: Neueren klinischen Studien zufolge kann eine psilocybinassistierte Therapie Abhängige dabei unterstützen, das Rauchen, den exzessiven Alkohol- oder Opioidkonsum einzustellen – in manchen Fällen innerhalb von ein oder zwei Tagen.[20]

Manche Menschen fragen sich, ob Psilocybin abhängig macht. Tatsächlich ist Psilocybin von Fachleuten als die »Anti-Abhängigkeits-Droge« beschrieben worden. Es zeigte den geringsten gesellschaftlichen Schaden unter den 20 gängigsten Drogen im Vereinigten Königreich (siehe Grafik auf Seite 108).

Makrodosen beginnen normalerweise bei einem Äquivalent von 2 bis 3 g *Psilocybe cubensis* mit 1 % Psilocybin/Psilocin und mehr, was entweder 20 bis 30 mg oder mehr reinem Psilocybin/Psilocin entspricht. Getrocknete *Psilocybe cubensis* und *Psilocybe cyanescens* können jedoch fast 4 % Psilocybin enthalten. In diesem Fall würden 2 oder 3 g Pilze 80 bis 120 mg reines Psilocybin/Psilocin enthalten. Diese Dosis entspricht unge-

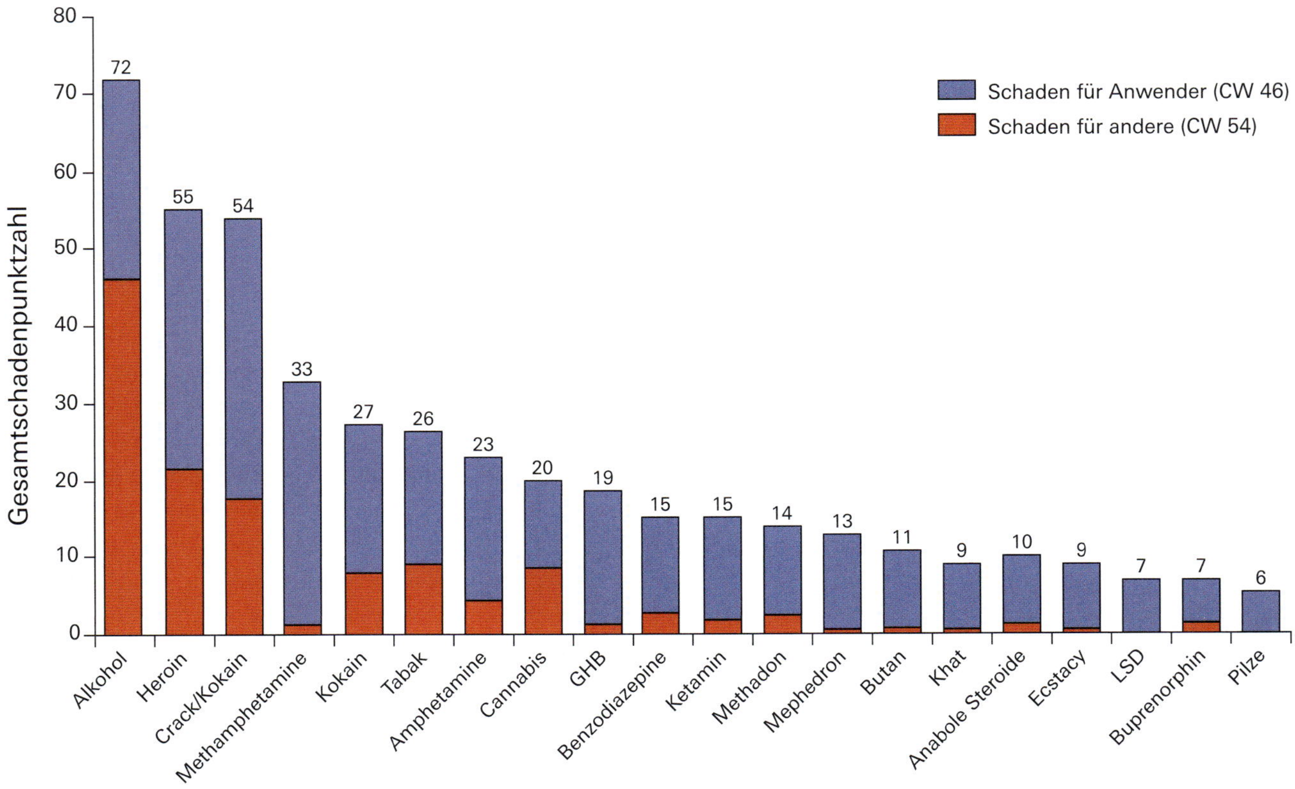

Vergleich von gängigen Drogen und ihre potenzielle Gefahr für den Anwender und andere. Bildnachweis: Nutt, D. J., King, L. A., Phillips, L. D. 2010. Drogenschäden im Vereinigten Königreich: Eine multikriterielle Analyse zur Entscheidungsfindung. *The Lancet* 376(9752): 1558–1565.

fähr dem 2,5- bis 5-Fachen einer therapeutischen Makrodosis, wie sie in vielen klinischen Studien mit reinem Psilocybin verwendet wird. Jede Dosis mit 25 mg oder mehr wird von den meisten erfahrenen Anwendern als Dosis für eine »Heldenreise« betrachtet. Makrodosen können bis zu 25 g Pilze umfassen, normalerweise führen mehr als 4 g dazu, dass der Konsumierende sich hinlegen muss. Es ist die gesamte Aufmerksamkeit erforderlich, um zu navigieren und die Stimuli zu verarbeiten, die kaskadenartig auf einen einströmen, sobald die Schleusentore der Sinne geöffnet sind. Ich erlebe bei 4 g Pilzmaterial, also etwa 40 mg Psilocybin, einen Zustand von ozeanischer Selbstentgrenzung. Natürlich reagiert jeder Mensch individuell unterschiedlich. Manche Menschen sind empfindlicher als andere. Das Erlebnis beginnt normalerweise innerhalb von 10 bis 20 Minuten und kann zwischen 4 und 6 Stunden andauern. Das ist eine lange Zeit, um über sein Leben nachzudenken. Obwohl Makrodosen mit Psilocybin bei den meisten Menschen die Koordination negativ beeinflussen, können manche auch auf solchen Dosen alles verblüffend gut koordinieren.

Wenn Sie unerfahren mit der Einnahme von psychedelischen Pilzen sind, hilft es wirklich, wenn Sie während der Reise einen erfahrenen empathischen therapeutischen Begleiter (einen Angehörigen eines Gesundheitsberufs, eine erfahrene Person oder einen zuverlässigen Freund) an Ihrer Seite haben. Dies ist insbesondere bei der Auseinandersetzung mit einem spontan aufkommenden vergangenen Trauma wesentlich. Ich rate davon ab, dass Erstkonsumenten Psilocybin ohne Aufsicht in größeren Mengen zu sich nehmen. Sich während einer Psilocybin-Makrodosis in einer sicheren Umgebung zu befinden und sich emotional vorzubereiten, ist der Schlüssel für die Maximierung des Positiven und Minimierung des Negativen. Eine

Die Reise nüchtern anzutreten, reduziert das Risiko negativer physischer Zwischenfälle. Es kann die Qualität und die Intensität der Erfahrung beeinflussen, wenn Sie vorher etwas essen. Indigene Völker und heutige Psychonauten halten sich an folgende Sicherheitsregel: Am Tag der Reise wenig essen – oder mindestens vier Stunden zuvor gänzlich auf Nahrung verzichten. Eine immer üblichere Praxis ist es, das Darmmikrobiom vorzubereiten, indem man für einige Tage vorher ein Nahrungsergänzungsmittel auf der Basis von Schmetterlingstrametenmyzel *(Trametes versicolor)* zu sich nimmt. Eine placebokontrollierte Doppelblindstudie zeigte, dass sich durch Ergänzungsmittel auf der Basis von Schmetterlingstrametenmyzel gute Bakterien vermehrten, während entzündungsfördernde Bakterien verdrängt werden.[21] Die Verbindung zwischen Mikrobiom und Psyche ist ein Thema wachsenden Interesses, durch das erklärt werden könnte, warum manche Menschen überempfindlich auf psilocybinhaltige Pilze reagieren und andere nicht.

Reise mit Psilocybin ist etwas Besonderes und könnte einer der bedeutendsten Meilensteine in Ihrem Leben sein. Ich empfehle Ihnen, vor der Reise einen Ratgeber wie *Manual for Psychedelic Guides* von Mark Haden, *Conscious Medicine: Indigenous Wisdom, Entheogens, and Expanded States of Consciousness for Healing and Growth* von Françoise Bourzat und *Have A Good Trip: Exploring The Magic Mushroom Experience* von Eugenia Bone zu lesen.

Makrodosierung, Mediumdosierung und Mikrodosierung: eine hybride Kur

Eine zunehmend populäre Dosierungsstrategie ist es, vereinzelt eine Makrodosis (2,5 bis über 5 g getrocknete *Psilocybe cubensis* mit 1 % Psilocybingehalt) gefolgt von regelmäßigen Mikrodosen (50 bis 100 mg desselben Pilzes) zu sich zu nehmen. Mit vereinzelt meine ich, ein- oder zweimal im Jahr eine Makrodosis und anschließend für mehrere Monate oder so lange wie erforderlich mehrmals wöchentlich eine Mikrodosis einzunehmen.

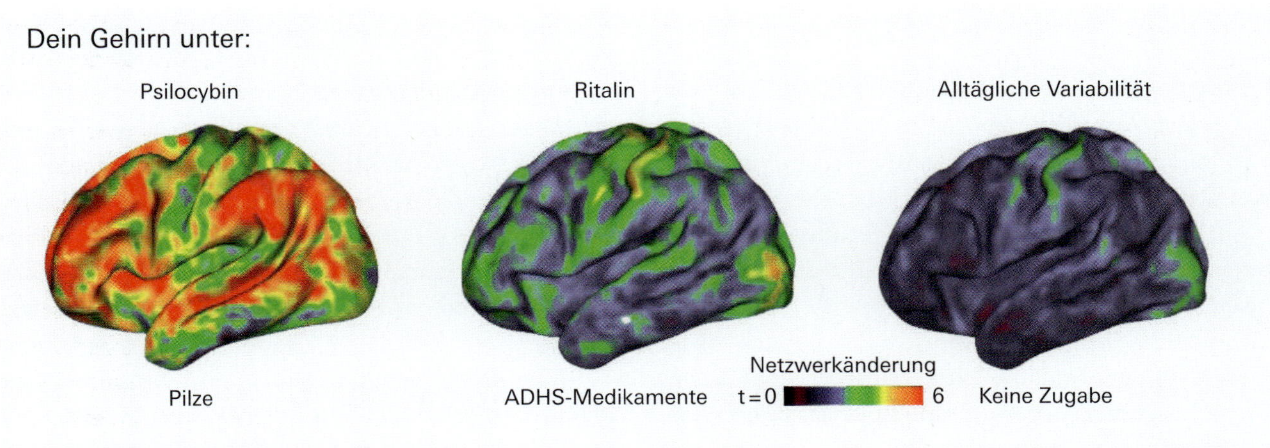

Psilocybin unterbrach massiv die funktionelle Konnektivität (FC) in Cortex und Subcortex und verursachte akut mehr als das Dreifache der Veränderungen als Methylphenidat (Siegel et al. 2024).[22] Methylphenidat, das üblicherweise u. a. unter den Namen Ritalin und Medikinet verkauft wird, stellt die positive Kontrolle dar. Diese Studie zeigte, dass Psilocybin neuronale Netzwerke desynchronisiert und Plastizität ermöglicht, die Bildung neuer Netzwerksignalübertragungen zwischen Synapsen. Dies ist ein neuroanatomischer Beweis, dass Psilocybin bei der Restrukturierung des Gehirns hilft. Psilocybin kann Ihre Psyche verändern.

Viele von uns kennen Menschen, die nach einer hohen Dosis Psilocybin eine sichtbare Persönlichkeitsveränderung aufwiesen. Gül Dölen demonstrierte in ihrem wissenschaftlichen Labor im Department of Neuroscience an der Johns Hopkins University School of Medicine, dass Psilocybin eine sogenannte kritische Phase (Zeitfenster, in dem das Gehirn besonders empfänglich und formbar ist) eröffnen und damit eine Verhaltensveränderung herbeiführen kann.[23] Dieser Effekt ist von einer Vielzahl Psychedelika bekannt, inklusive Psilocybin, obwohl in manchen Fällen die Wiedereröffnung dieser kritischen Phase von der 5HT2A-Bindung abhängig ist (Psilocybin, LSD), in anderen Fällen (MDMA, Ketamin, Ibogain) jedoch nicht. Die Forschenden zeigten, dass Psilocybin und andere Psychedelika die Lernfähigkeit der Synapsen wiederherstellen können (Metaplastizität), aber nicht die Art des pathologischen Lernens, das mit Abhängigkeit und Krebs assoziiert wird, herbeiführen (Hyperplastizität). Außerdem wird die extrazelluläre Matrix (Proteine und Zucker, die den Kleber zwischen den Synapsen bilden) während der Wiedereröffnung in der kritischen Phase durch die Psychedelika reorganisiert.

Forscher an der Washington University School of Medicine entdeckten im Hirn-MRT (Magnetresonanztomografie) nach der Verabreichung einer Makrodosis reinen Psilocybins etwas, was bei anderen Psychedelika nicht gesehen wurde: Das Psilocybin reduzierte die Verbindung zwischen dem vorderen Hippocampus im Cortex und dem Default Mode Network (Ruhezustandsnetzwerk), das für unser Gefühl für Raum, Zeit und das Selbst wesentlich ist. Psilocybin verursachte eine Desynchronisation zwischen dem Cortex und dem Subcortex. Diese Desynchronisation ermöglicht Neuroplastizität und die Bildung von neuen synaptischen Verbindungen. Im Grunde war das Ergebnis neuroanatomischer Natur. Psilocybin verändert physisch die Verbindungen zwischen Neuronetzwerken und gibt den Patienten die Möglichkeit, ihre Gehirne neu zu vernetzen, aus eingefahrenen Verhaltensweisen auszubrechen und als neue Person aus der Erfahrung hervorzugehen. Psilocybin kann wahrhaftig die Psyche verändern, wie auch Michael Pollan in seinem Buch *How to Change Your Mind* bemerkt.[24]

Eine weitere hybride Kur besteht darin, zunächst eine Makrodosis einzunehmen und dann alle paar Monate eine »auffrischende« Mediumdosis, die ein Viertel bis die Hälfte der ursprünglichen Makrodosis ausmacht.

Die Makrodosis liefert eine aufschlussreiche, therapeutische, intensive Erfahrung. Oft führen Makrodosen zu einem Durchbruch in Denk- und Verhaltensmustern, was vermutlich von der Bildung neuer Nervenbahnen begleitet wird. In Gül Dölens Labor wurde festgestellt, dass auf eine hohe Dosis ein kritischer Zeitraum folgt. Wenn auf die hohe Dosis Psilocybin Mikrodosen folgen, werden die neuen neuronalen Wege erneut genutzt. Dadurch haben sie die Möglichkeit, eine Dominanz (oder Beständigkeit) gegenüber den zuvor verankerten Hauptwegen auszuprägen. Über die Erfahrungsinhalte der Makrodosierung nachzudenken, kann eine Möglichkeit sein, diese neuen Wege in Ihrem Gehirn zu stärken.

Wie Kombinationen aus Mikro-, Mini- und Makrodosierung mit Psilocybin und psilocybinhaltigen Pilzarten und die Einnahmefrequenzen die neurologische Funktion verbessern, muss erst noch klinisch belegt werden.

Eine bahnbrechende Studie von Roland Griffiths Team an der Johns Hopkins University zeigte, dass Patienten, die mehr als ein Jahr nach einer hohen Dosis Psilocybin interviewt wurden, schon nur durch die Erinnerung an die Reise therapeutisch profitieren konnten. Selbst über die neurogene Stimulation von vom Gehirn abgeleiteten neurotrophen Faktoren und Nervenwachs-

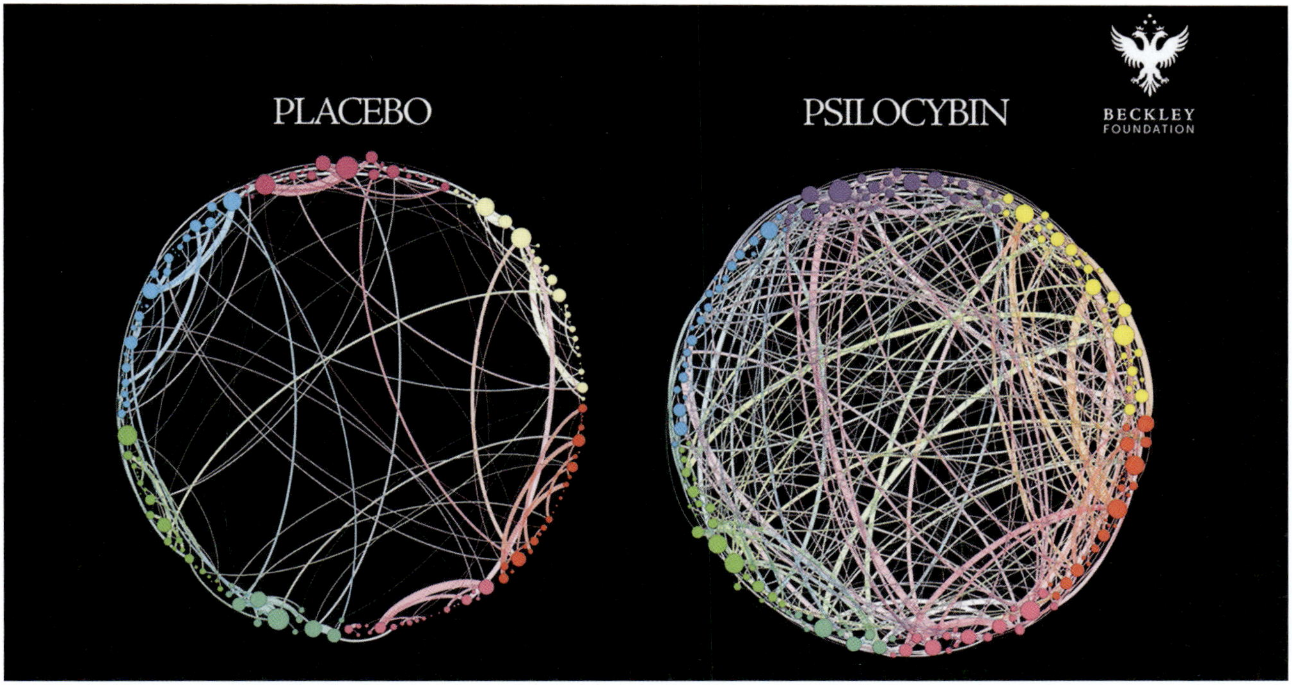

Das Gehirn auf Psilocybin. Eine vereinfachte Darstellung der Konnektivität zwischen Funktionsbereichen und Netzen im Gehirn während des Ruhezustands unter Placebo (links) und unter Psilocybin (rechts).[25]

tumsfaktoren hinaus kann eine durch Mikrodosierung induzierte Erinnerung an die Erlebnisse einer Makrodosis die neu gebildeten neuronalen Bahnen stabilisieren.

Diese Kur zeigt Vorzüge bei Abhängigkeiten, z. B. von Alkohol, Opiaten und Tabak. Die Möglichkeit, hohe Psilocybindosierungen im Rahmen einer Psychotherapie zur Behandlung von Depressionen und anderen Gemütsstörungen zu verwenden, wird auch durch mehrere klinische Versuche gestützt.

Bemerkenswerte klinische Studien zur Verwendung von Psilocybin

Psilocybin ist ein vielseitiges Medikament. Welche andere Arznei kann helfen, Depressionen, Ängste und Abhängigkeiten (Tabak, Alkohol, Opiate) zu mildern und Gewalttätigkeit, Kriminalität und Entzündungserkrankungen zu reduzieren, während sie gleichzeitig die Regeneration von Nerven stimuliert? Psilocybin kann Ihre neurologische Gesundheit grundlegend verbessern. Schließlich glaube ich, dass Psilocybin freundlichere, gesündere Menschen hervorbringt.

Viele Menschen ziehen es vor, sich eher auf den Pilz als nur auf das Psilocybinmolekül einzulassen. Die Einnahme von psilocybinhaltigen Pilzen verbindet sie mit der tiefgehenden Geschichte der Verwendung durch den Menschen, mit einem Sinn für Gemeinschaft, den sie mit anderen auf dieser Reise teilen. Aber ich kenne andere Personen, die das Gefühl von Sicherheit vorziehen, das sie mit der Einnahme eines pharmazeutisch reinen Psilocybinmoleküls in einer medizinischen Einrichtung und unter Aufsicht von ausgebildetem Personal verbinden. Dies lindert ihre Furcht, sollten sie eine herausfordernde Erfahrung machen.

Da Psilocybin für ein breites Spektrum an Konsumenten positiv sein könnte, besteht genügend Raum für beide Ansätze. Der Unterschied besteht darin, dass die psilocybinhaltigen Pilze Geschenke der Natur sind. Synthetisches Psilocybin ist eine pharmakologische Kopie von nur einem Molekül der organischen Matrix

»Also, ich schätze, wir sind in der Placebo-Gruppe.«

Ich liebe diesen Cartoon von Paul Noth, der die Zwecklosigkeit von einem Placebo in einem klinischen Versuch mit einer hohen Dosis Psilocybin unterstreicht.

von psilocybinhaltigen Pilzen. Sind sie grundsätzlich dieselben? Meiner Meinung nach gibt es wesentliche Unterschiede, welche die Verfügbarkeit, die Erschwinglichkeit und das Ergebnis beeinflussen. Psilocybinhaltige Pilze können für etwa einen Dollar pro frischem Pfund gezüchtet werden, nur ein Zwanzigstel davon ist für eine hohe therapeutische Dosis erforderlich, während pharmakologisches Psilocybin aktuell preislich weit außer Reichweite bleibt, da dieselbe Dosis mehrere Tausend Dollar kostet.

Während ich dies schreibe, sind 235 klinische Versuche bei clinicaltrials.gov registriert, bei denen Psilocybin als Prüfpräparat (IND) so verwendet wird wie von der FDA durch die National Institutes of Health vorgeschrieben. Zweifellos werden viele mehr in dem Maße hinzukommen, wie das therapeutische Potenzial von Psilocybin weiter erforscht wird. Durch Untersuchungen und Studien dürften die potenziellen Vorzüge von Psilocybin weiterentwickelt und erweitert werden. Angesichts der erforderlichen Auswahlkriterien für die Teilnahme an klinischen Versuchen könnten viele Patientinnen und Patienten, die davon profitieren könnten, von den Vorzügen ausgeschlossen werden, wenn sie disqualifizierende Voraussetzungen mitbringen. Gemäß den Vorschriften für klinische Versuche ist oft eine Untergruppe von Patienten erforderlich, die von der allgemeinen Bevölkerung abweicht. Die therapeutische Verwendung von Psilocybin und psilocybinhaltigen Pilzen wird als personalisierte Medizin ausgedehnt und weiterentwickelt und von erfahrenen medizinischen Fachleuten an die bedürftigen Einzelpersonen angepasst.

Placebokontrollierte Doppelblindstudien werden für die pharmakologische Prüfung neuer Medikamente als Goldstandard erachtet. Die Voraussetzung ist, dass Patientinnen und Patienten den Unterschied zwischen dem Medikament und dem Placebo nicht benennen können sollten. Für Studien im Bereich der psychischen Gesundheit ist die Wahl eines Medikaments und eines Placebos, das von Patienten nicht leicht erkannt werden kann, eine Herausforderung, insbesondere bei der Makrodosierung mit Psychedelika wie Psilocybin. Nach 20 Minuten fühlen die meisten Menschen eine anwachsende Welle der Berauschung vom Psilocybin, eine Stunde nach der Einnahme ist das Erleben sehr auffällig.

Ein weiterer Störfaktor bei klinischen Studien ist die krankenhausähnliche Umgebung. Manche Patienten und Testpersonen empfinden allein dieses Umfeld als angstverstärkend. Patientinnen und Patienten, die eine Arztpraxis betreten, haben einen höheren Blutdruck als normal. Dieselben Dosen Psilocybin gemütlich zu Hause einzunehmen, in der gewohnten Umgebung und in Sicherheit und Privatsphäre sowie mit erfahrenen Freunden oder unter Anleitung, könnte positive Ergebnisse im Vergleich zur Einnahme in einem institutionellen Umfeld verstärken.[26]

In klinischen Studien ist der Einfluss der Umgebung immer ein starker Faktor gewesen. Bei der Behandlung von Affektstörungen oder psychischen Gesundheitsstörungen kann die Palette der Variablen die Ergebnisse verzerren. Wir brauchen sehr erfahrene Therapeuten, die selbst Psilocybinerfahrungen gemacht haben, damit sie die Patienten bestens durch die Studien leiten können. Ärzte ohne diese Erfahrung sind im Nachteil, was das Verständnis der Erlebnisse angeht, durch die ihre Patienten navigieren müssen. Auch die Sympathie oder Antipathie für einen Arzt kann die Ergebnisse beeinflussen. Dahingegen sind Ärzte mit Psilocybinerfahrung nicht nur informierter, sondern können auch empathischer und zuverlässiger sein. Als der großartige, verstorbene Roland Griffiths, MD, von der Johns Hopkins University, der viele kontrollierte klinische Studien mit Psilocybin in einer sorgfältig kontrollierten Krankenhausumgebung durchgeführt hat, nach der idealen Situation für die persönliche Verwendung von Psilocybin gefragt wurde, sagte er: »Draußen, unter den Sternen mit einer Gruppe von drei oder vier Freunden.«

Prospektive Beobachtungsstudien eröffnen nützliche Einblicke, die zu klinischen Studien führen können. Wenn eine Person nach ein oder zwei Sitzungen mit einer hohen Dosis Psilocybin aufhört, zu rauchen, zu trinken oder Opiate zu nehmen, brauchen wir dann wirklich ein Placebo, um zu zeigen, dass Psilocybin die Abhängigkeit reduzieren kann? Einige der abgeschlossenen und laufenden klinischen Studien mit Psilocybin wurden zunächst von retrospektiven Beobachtungsstudien geprägt.

Ärzte verwenden oft die Extremergebnisse und Metaanalysen, um zu untersuchen, ob es einen Kausalzusammenhang zwischen einem neuen Medikament und der Behandlung einer Erkrankung gibt. In dem Maße, in dem mehr Menschen auf mobilen Apps wie microdose.me von ihren Erlebnissen berichten, hoffe ich, dass es künftig mehr Daten für die Förderung von Tests geben wird, mit denen überprüft werden kann, ob diese Hinweise mehr als zufällige Ereignisse sind – dass tatsächlich ein kausaler Zusammenhang besteht. Nachfolgend finden Sie Informationen zu einigen der Psilocybinstudien auf clinicaltrials.gov, die ich besonders interessant finde und die eine weitere Forschung wert sind.

RAUCHERENTWÖHNUNG

In einer offenen Studie an der Johns Hopkins University mit einer kleinen Kohorte von 15 Rauchern, denen zwei Dosen (20 und 30 mg) Psilocybin verabreicht wurden, gefolgt von einer Gesprächstherapie, waren zwölf Monate später zehn Personen (67 % der Teilnehmenden) rauchabstinent.[27] Nikotin ist eine der Drogen mit dem stärksten Abhängigkeitspotenzial, die den einzelnen Rauchern schadet und das Gesundheitssystem belastet. Psilocybin könnte ein Gegenmittel für Nikotinabhängigkeit sein. Aktuell laufen mehrere klinische Studien, in denen untersucht wird, wie die Psilocybinbehandlung bei der Verringerung der Nikotinabhängigkeit unterstützen kann. Sie sind auf clinicaltrials.gov aufgelistet.

ALKOHOLKONSUMSTÖRUNG

Bei einer Studie zur Testung der Wirksamkeit von Psilocybin zur Behandlung von Alkoholkonsumstörungen wurden 93 Teilnehmende in eine randomisierte klinische Studie eingeschrieben. Es wurden zwei Behandlungen mit Psilocybin (25 bis 40 mg) gegenüber zwei Behandlungen mit Diphenhydramin als Placebokontrolle verglichen. Beide Gruppen erhielten auch eine Therapie. Zweiunddreißig Wochen später war das Niveau des starken Alkoholkonsums in der Psilocybingruppe deutlich gesunken. Der Prozentsatz von Tagen mit starkem Alkoholkonsum lag im Doppelblindzeitraum in der Psilocybingruppe bei 9,7 % und in der Placebogruppe (Diphenhydramin)bei 23,6 %.[28] Aktuell gibt es 17 Studien auf clinicaltrials.gov, die erforschen, wie mit Psilocybintherapien Alkoholkonsumstörungen behandelt werden können.

DEPRESSIONEN UND ANGSTERKRANKUNGEN

Im Jahr 2019 bezeichnete die FDA Psilocybin als bahnbrechende Therapie zur Behandlung von schweren Depressionen.[29] Die Benennung als bahnbrechende Therapie ist ein »Prozess zur Beschleunigung der Entwicklung und der Überprüfung von Medikamenten, die dazu gedacht sind, einen ernsten Zustand zu behandeln, und für die es vorausgehende klinische Hinweise gibt, dass dieses Medikament wesentliche Verbesserung gegenüber den verfügbaren Therapien zeigen könnte«. Zurzeit gibt es 96 bedeutende Studien für die Behandlung von Depressionen und Ängsten mit Psilocybin auf clinicaltrials.gov.

Roland Griffiths und andere publizierten eine randomisierte, placebokontrollierte Doppelblindstudie mit

51 Krebspatienten mit Ängsten und Depressionen, die sechs Monate nach einer Behandlung mit zwei Dosen von je 22 und 30 mg Psilocybin eine anhaltende Reduzierung ihrer Symptome zeigten.[30] In einem gemeinsamen Forschungsprojekt registrierten Sandeep Nayak, Brandon Weiss und ihre Kollegen insgesamt 59 Patienten und Patientinnen, von denen 30 der Gruppe zugeordnet wurden, die eine Psilocybinbehandlung (25 mg) erhielten, und 29 der Gruppe, die sechs Wochen lang Escitalopram einnahmen (Escitalopram ist ein verbreitetes SSRI-Medikament, das von der FDA für die Behandlung von Depressionen zugelassen ist). Mehreren Depressionsskalen zufolge zeigte die mit Psilocybin behandelte Gruppe eine Verbesserung bei der Überwindung von vielen ihrer depressionsbezogenen Symptome mit Ergebnissen, die »sicherlich nicht unter« denen der Escitalopram-Gruppe lagen.[31] Weiss und andere notierten ebenfalls, dass »die Persönlichkeitsveränderungen nach Escitalopram durch die positive Erwartung an Escitalopram vor der Studie bedeutend gebremst waren, wohingegen die Erwartung das Ansprechen auf eine PT [Psilocybintherapie] nicht abgemildert hat«.[32] Der Einfluss der Erwartung auf die psilocybinassistierte Therapie ist heiß debattiert worden, insbesondere in Bezug auf die Mikrodosierung. Diese Studie legt nahe, dass die Erwartung einen vernachlässigbaren Einfluss auf die Ergebnisse hatte. Wenn die Erwartung bei einer Makrodosis kein Faktor gewesen ist, warum sollte dann die Erwartung einen Einfluss auf den Ausgang einer Mikrodosiskur haben? Selbst wenn die Erwartung ein Faktor bei der Mikrodosierung gewesen sein sollte, könnte es sich um eine positive Begleiterscheinung handeln. Ich frage mich, ob diese Unterschiede Störsignale bei unserer Suche nach einer engeren Interpretation von Ursache und Wirkung sind. Dabei zählen alle Mediziner darauf, dass die Erwartung die Wirkung der Medikamente bei ihren Patienten verbessert. Mediziner, die um ihre Patienten bemüht sind, unterstützen bewährte Praktiken in psychedelischer Medizin.

Natalie Gukasyan und Kollegen führten eine klinische Studie über schwere depressive Störungen durch (die Art Depression, unter der viele Menschen leiden), in deren Rahmen 24 Patientinnen und Patienten die Psilocybineinnahme nach einem Jahr beendeten. Dabei zeigten 50 % eine signifikante dauerhafte Verbesserung der Depression im Vergleich zur Placebogruppe.[33]

Psilocybin ist jedoch kein Allheilmittel zur Behandlung aller Arten von Depressionen. Manche Patienten reagieren nicht so gut darauf wie andere. Für Patientinnen und Patienten, die an einer behandlungsresistenten Depression leiden, haben Goodwin und andere eine Phase-II-Studie mit insgesamt 233 Teilnehmenden in einer 25-mg-Psilocybingruppe, 75 in einer 10-mg-Gruppe und 79 in einer 1-mg-Gruppe (Kontrolle) registriert. Sie berichteten, dass negative Ereignisse bei 179 der 233 Teilnehmenden (77 %) [in der 25-mg-Gruppe] auftraten und Kopfschmerzen, Übelkeit und Benommenheit umfassten. Suizidgedanken oder suizidales Verhalten oder Selbstverletzung traten in allen Dosisgruppen auf. Die Verminderung der Depression war vergleichsweise mäßig, obwohl diese Patientengruppe im Vergleich zu denjenigen in anderen Studien schwerwiegender erkrankt und entsprechend schwieriger zu behandeln war.[34] Diese Erkenntnisse unterstreichen, dass manche Patienten, die unter einer behandlungsresistenten Depression leiden, nicht so sehr profitieren wie diejenigen mit der weniger schweren Diagnose einer schweren depressiven Störung, wenn sie mit synthetischem Psilocybin behandelt werden. Im Allgemeinen scheint Psilocybin bei der Verringerung von depressiven Symptomen unterstützend zu wirken.

Für Menschen, die unter ernsthaften Depressionen leiden, ist eine zusätzliche, an ihre Bedürfnisse angepasste therapeutische Unterstützung wesentlich, um die positiven Ergebnisse zu maximieren. Nach einer Sitzung mit einer Makrodosis ist eine Gesprächstherapie mit einer klinisch geschulten Fachkraft erforderlich, um die Vorteile zu optimieren und den Schaden für Patienten zu minimieren. Diejenigen, die nicht chronisch depressiv gestört sind, scheinen im Allgemeinen von Psilocybin zu profitieren, wobei eine Reflexion über die Erfahrungen mit Freunden und Familie die positiven Effekte von Psilocybin zu festigen hilft.

Retrospektive Beobachtungsstudien zu Psilocybin

Retrospektive Beobachtungsstudien sind weder randomisiert noch interventionell, es werden eher Trends in der Bevölkerung beobachtet. Die häufigsten dieser Studien sind Umfragen. Zum Beispiel finden manche Beobachtungsstudien mit Patienten in Krankenhäusern oder mit Häftlingen statt. Dies sind keine kontrollierten Studien, sondern eher dazu geeignet, »Signale aus dem Rauschen« herauszufiltern.

Die folgenden fünf Untersuchungen finde ich faszinierend, und sie könnten zu weiteren kontrollierten klinischen Studien führen. Manche wären naturgemäß ziemlich teuer, da mit ihnen das Verhalten über viele Jahre untersucht werden müsste. Zweifellos wird es künftig mehr solcher Studien geben.

Naturverbundenheit: Ein gängiges Thema bei der Psilocybinerfahrung ist eine Zunahme der »Naturverbundenheit«. Die meisten Psilocybin-Psychonauten werden in Bezug auf die mittlerweile gefährdeten Ökosysteme, die Bedeutung des Menschen als Bewahrer der Biodiversität und die Dringlichkeit, die uns versorgende Umwelt zu schützen, sensibler. So werden wir zu Verbündeten der psilocybinhaltigen Pilze und unterstützen ihr Überleben dadurch, dass wir sie anbauen und verwenden.[35]

Matthias Forstmann und andere befragten 3817 Menschen zu ihrer Verwendung von unterschiedlichen Psychedelika und ihren Einstellungen zu Umweltthemen, um die Korrelation zwischen der Verwendung von Psychedelika und Naturverbundenheit einzuschätzen.[36] Beim Vergleich von Psilocybin, LSD, Meskalin, *Salvia divinorum,* Ketamin und Ibogain entdeckten sie, dass der einzige klar verlässliche Indikator für eine engere Naturverbundenheit die Einnahme von psilocybinhaltigen Pilzen war. Dies entspricht den Erfahrungen von vielen Psilocybinanwendern, die ich kenne: Wir engagieren uns mehr für den Schutz der Ökosysteme, die uns versorgen und die Biodiversität fördern. Was macht Psilocybin hier so einzigartig? Ist es nur das Molekül? Oder sind es das Molekül und die Pilze, die uns mit der langen Geschichte der Verwendung verbinden und die dieses Psychedelikum herausstechen lässt? Wenn ich eine hohe Dosis psilocybinhaltiger Pilze nehme, spüre ich, dass ich mich in die Linie der Wissenshüter einreihe und in einen einheitlichen Bereich des geteilten Bewusstseins eintrete. Ich fühle mich nicht mehr allein. Ich fühle mich eins mit der Natur und dem Universum.

Kriminalität: Basierend auf den Antworten von mehr als 480 000 Erwachsenen in den USA im Rahmen des National Survey on Drug Use and Health (2002-2014), wurde die Verwendung von Psychedelika, insbesondere durch den positiven Einfluss von Psilocybin, mit einer bevölkerungsweiten Reduzierung an kriminellen Handlungen assoziiert; es wurden 12 % weniger Fälle von Körperverletzung im Vorjahr, 22 % weniger Festnahmen wegen Eigentumsdelikten, 27 % weniger Diebstähle und 18 % weniger Festnahmen wegen eines Gewaltverbrechens verzeichnet.[37]

Häusliche Gewalt: In einer Befragung von 1266 Mitgliedern einer Gemeinschaft im Alter von 16 bis 70 Jahren kam es bei Männern mit vorangegangener Psilocybin- oder LSD-Erfahrung zu etwa 50 % weniger Gewalttaten in der Partnerschaft. Die männlichen Anwender von Psychedelika berichteten auch von einer besseren Emotionsregulation im Vergleich zu Männern ohne Anwendung von Psychedelika.[38] Auch aus meiner persönlichen Erfahrung heraus kann ich sagen, dass diejenigen, die Psilocybin genommen haben, tendenziell netter, geduldiger, bessere Zuhörer und weniger geneigt sind, negativ auf Provokationen zu reagieren.

OPIOID-KONSUMSTÖRUNG

In einer Metaanalyse von Antworten von 214 505 Teilnehmenden am National Survey on Drug Use and Health (2015–2019) wurde nur die vorangegangene Nutzung von Psilocybin – keinem anderen Psychedelikum – mit der Linderung von Opioid-Konsumstörungen in Zusammenhang gebracht.[39] Insbesondere acht klinische Studien zur Behandlung der Opiatabhängigkeit laufen zurzeit, aber die Ergebnisse liegen noch nicht vor.

Viele weitere klinische Studien sind in Vorbereitung. Der Umfang und die Kosten variieren stark. Eine Phase-I-Studie, in der primär die Sicherheit und eine erste Wirksamkeit getestet werden, hat manchmal nur 20 Teilnehmende und kostet etwa eine Million Dollar. An einer Phase-III-Studie nehmen möglicherweise Tausende von Patienten teil, und sie beläuft sich auf mehrere Hundert Millionen Dollar. Ohne einen Profitanreiz werden viele Studien zu Psychedelika nie in Phase I oder II kommen. Phase-III-Studien mit positiven Ergebnissen, die einer Peer-Review unterzogen wurden, sind für jedes neue Medikament vor der Markteinführung erforderlich. Erfolgreiche klinische Studien mit Psilocybin (und verwandten Tryptaminen) könnten den Aufsichtsbehörden und der medizinischen Fachwelt beweisen, dass eine Zulassung zur Unterstützung von Menschen, die an vielen Erkrankungen leiden, möglich ist. Es mutet paradox an, dass so viele Anwender von psilocybinhaltigen Pilzen profitiert haben und weiterhin profitieren, ohne dass die Aufsichtsbehörden die Verwendung sanktionieren. Dies kennzeichnet den langen Weg der Zulassung von Medikamenten aus Naturprodukten.

Patente auf psychedelische Produkte hören sich für manche Anwender problematisch an. Sie haben Sorge, dass die Pharmaindustrie ihnen das Recht nehmen könnte, eigenmächtig zu dosieren. Psilocybinhaltige Pilze können von den meisten Menschen leicht gezüchtet werden, und Patente können die persönliche Verwendung nicht verhindern. Die Verwendung durch die indigene Bevölkerung ist und sollte, meiner Meinung nach, immer ausgenommen sein, ebenso wie die religiöse Verwendung durch alle Menschen. Viele, die Patente ablehnen, verstehen ihren endgültigen Wert für die Gesellschaft nicht vollständig. Patente sind kommerzielle Instrumente in einer Welt, in der Kapital einen unabdingbaren Teil der Geschichte darstellt. Patente adressieren grundsätzlich ein kritisches Thema: Wenn die Behörden nicht ihre Bemühungen verstärken, Psilocybin allgemein zugänglich zu machen, dann, so glaube ich, müssen wir den Zugang zu Psilocybin durch regulierte Unternehmen verbessern.

Den medizinischen und gesellschaftlichen Nutzen von Psilocybin und Psychedelika in großem Umfang nachzuweisen, erfordert teure Forschung, die von weitsichtigen Investoren finanziert werden kann. Die meisten von ihnen würden nicht ihr Geld riskieren, wenn es nicht bereits Patente gäbe, um das geistige Eigentum zu schützen. Schließlich bereichern Patente die Allgemeinheit, nachdem sie zeitweilig diejenigen belohnen, die neue Ideen einbringen und die das Investitionsrisiko auf sich nehmen. Sobald die Patente auslaufen, und das tun sie alle irgendwann, sind die Entdeckungen von Forschern und Erfindern frei und können von allen Menschen zur Erzielung von Gewinn gemeinfrei genutzt werden.

Meiner Meinung nach sollten die Behörden Studien finanzieren und für den Nutzen der Gesundheit und das Glück allen Bürgern freien und kostenlosen Zugang zu Psilocybin in all seinen Formen bieten. Durch die Verbesserungen bei Depressionen, Abhängigkeiten, Kriminalität und möglicherweise auch Demenz und anderen neurodegenerativen Erkrankungen könnten mehrere Hundert Milliarden Dollar eingespart und die Gesellschaft auf eine höhere Ebene der Existenz gehoben werden. So offensichtlich, wie dies ist, scheint es doch unwahrscheinlich, dass wir uns in Anbetracht unserer langen Geschichte der Dysfunktionalität darauf verlassen können, dass die Behörden solche mutigen, vernünftigen Schritte gehen. Nichtsdestoweniger können Regierungen helfen, den Zugang zu Psilocybin zu gewährleisten, indem sie durchdachte Regulatorien und Richtlinien für die Kommerzialisierung einsetzen.

Eine Handvoll wirkstarker *Psilocybe cyanescens,* Blauender Kahlkopf.

Teil 2

Bestimmungs-führer für psilocybin-haltige Pilze

Kapitel 7

Die Vorgaukler

Diese zweite Hälfte des Buches ist ein Feldführer über die wahrscheinlich am häufigsten von Ihnen angetroffenen psilocybinhaltigen Pilze sowie ihre engen Doppelgänger, die ich die »Vorgaukler« nenne. Ich liste die *giftigen* Doppelgänger zuerst auf, gefolgt von den ungiftigen. Ich empfehle Ihnen, sich mit diesen wichtigen Arten vertraut zu machen, bevor Sie sich den psilocybinhaltigen Arten in Kapitel 8 zuwenden. Nachdem Sie sich diese Doppelgänger angesehen und gelernt haben, welche von ihnen nicht psilocybinhaltig und eher *giftig* sind, werden Sie besser darauf vorbereitet sein, die psilocybinhaltigen Arten zu erkennen.

Wenn ich psilocybinhaltige Pilze suche, begegnen mir, wie vielen von Ihnen, viele Pilzarten, von denen einige den psilocybinhaltigen Arten verlockend ähnlich sehen. Ich habe die folgende Liste basierend auf der Häufigkeit meiner Begegnungen mit diesen Arten zusammengestellt, aber natürlich begegnen denjenigen, die nicht in meiner Bioregion leben, möglicherweise ganz einzigartige Arten. Das heißt, die meisten dieser Vorgaukler sind sehr häufig. Man findet sie in weiten Teilen der Erde.

Viele von ihnen sind auch Indikatorarten, d. h., sie wachsen oft in der Nähe von psilocybinhaltigen Pilzen. Da die Menschen wahrscheinlich weiterhin Waldgebiete zu Vorstädten und Grasland umwandeln werden, habe ich hier sowohl die Vorgauklerarten der Waldgebiete als auch diejenigen des Graslands aufgelistet. Diese können in beiden Lebensräumen auftreten, insbesondere in Vorstadtbereichen, wo Holzschnitzel zur Landschaftsgestaltung eingesetzt werden, die mit gepflegten Rasenflächen eng verbunden sind.

Die wesentliche Schwierigkeit für Sie ist, dass Sie sowohl giftige als auch psilocybinhaltige Pilze erkennen können müssen. Wenn Sie die giftigen Arten nicht kennen, bringt das Sie, Ihre Freunde und Ihre Familie in Gefahr. Fehler bei der Bestimmung von Pilzen sind häufig – einige können tödlich sein. Denken Sie daran, einen Pilz immer erst dann zu essen, wenn Sie ihn sicher identifiziert haben! Und seien Sie vorsichtig beim Verzehr von Pilzen, die jemand anders gepflückt hat, wenn unterschiedliche Arten nicht unterscheidbar sind, insbesondere wenn sie in Pulverform vorliegen. Letztendlich sind Sie für Ihre eigene Gesundheit und Sicherheit verantwortlich. Das Sprichwort »When in doubt, throw it out« (Im Zweifelsfall wegwerfen) hat viele versehentliche Vergiftungen verhindert; behalten Sie dies also im Kopf. Oder wie Bürgerwissenschaftler dieses Sprichwort verwenden: »When in doubt, find out« (Im Zweifelsfall weiter untersuchen).

Willkommen zu den Wunderwerken der Mykologie. Es gibt so viele fantastische und lustige Arten zu entdecken. Fangen wir also an.

Viele Pilzarten ähneln psilocybinhaltigen Arten. Diese Vorgaukler, *Entoloma (Leptonia) serrulata* (oben links), *Mycena amicta* (oben rechts) und *Hypholoma dispersum* (unten) ähneln einigen *Psilocybe*-Pilzen, sind jedoch nicht psilocybinhaltig. Sie führen Neulinge oft in die Irre.

Die giftigen Vorgaukler

Galerina marginata, der Gift-Häubling. Dieser Pilz mit rostbraunen Sporen ist TÖDLICH. In vielen Büchern ist diese Art als *Galerina autumnalis,* ein Synonym, aufgeführt.

Galerina marginata. Er enthält die TÖDLICHEN Cyclopeptide (alpha-Amanitine) der Todesengel *Amanita phalloides, Amanita bisporigera* und *Amanita virosa.* Er wächst auf toten oder absterbenden Bäumen, auf Stämmen und auf Holzschnitzeln.

Der *Galerina castaneipes* mit rostbraunen Sporen. Ein weiterer TÖDLICHER *Galerina,* der oft mit *Galerina marginata* verwechselt wird. Beide können jedoch bei Verzehr einer ausreichenden Menge tödlich sein. Er wächst auf toten oder absterbenden Bäumen, auf Stämmen und auf Holzschnitzeln.

Der *Omphalotus-olivascens*-Komplex ist TOXISCH. Er enthält eine Sesquiterpenverbindung, bekannt als Illudin S, die auch kanzerogen ist. Dieser Pilz mit rostbraunen Sporen wird häufig Jack O'Lantern genannt, weil er im Dunkeln leuchtet. Früher wurde diese Art in Handbüchern als *Omphalotus illudens* bzw. *Omphalotus olearius* aufgeführt. Diese Arten können mit *Gymnopilus*- oder, wenn klein, *mit Galerina*-Arten verwechselt werden. Über manche Varietäten von *Gymnopilus junonius* ist berichtet worden, dass sie neurotoxische Oligoisoprenoide enthalten. Sie alle wachsen am Fuß von toten oder absterbenden Bäumen, auf Stämmen und auf Holzschnitzeln.

Pholiotina rugosa (= *Pholiotina filaris*) ist ein TÖDLICHER Pilz mit rostbraunen Sporen und einem charakteristischen, aber sehr fragilen häutigen Annulus, der sich meist in mittlerer Höhe des Stiels bildet. Durch Regen, Wind oder Berührung kann sich dieser charakteristische Ring leicht ablösen. Der Pilz kann in Gras oder in mit Holzschnitzeln gemulchten Bereichen wachsen. Ich habe ihn in einem Blumentopf mit einer Douglasie fruktifizieren gesehen (siehe Seite 73).

Hypholoma fasciculare, der Grünblättrige Schwefelkopf, ist ein sehr häufig vorkommender GIFTPILZ. Er wächst auf toten oder absterbenden Bäumen, auf Stämmen und auf Holzschnitzeln.

Die ungiftigen, nicht psilocybinhaltigen Vorgaukler

Die Gruppe *Conocybe tenera* mit rostbraunen Sporen ist ein sehr häufig auftretender ungiftiger Pilz, der in grasbewachsenen Bereichen wächst.

Deconica coprophila ist eine häufige Art mit purpur-braunen bis schwarzen Sporen, die auf Dung von vielen wilden und domestizierten Tieren wächst. Er enthält kein Psilocybin. Typisch für ihn ist der halbkugelige Hut.

Ich habe *Deconica angustispora* mit purpur-braunen Sporen auf Hirsch- und Elchdung gefunden. Psilocybin ist in dieser Art *noch* nicht festgestellt worden. Ich finde das überraschend, da er vielen psilocybinhaltigen, dungbewohnenden Arten sehr ähnelt, obwohl die DNS-Analyse ihn unter *Deconica* einordnet.

Deconica montana ist ein Pilz mit purpur-braunen Sporen, der üblicherweise in Gesellschaft mit Moosen wächst. Er enthält kein Psilocybin.

Hypholoma capnoides ist ein essbarer Pilz mit purpur-braunen Sporen, der eng verwandt mit dem giftigen *Hypholoma fasciculare* ist (siehe Seite 123). Er wächst auf toten oder absterbenden Bäumen, auf Stämmen und auf Holzschnitzeln.

Hypholoma dispersum ist ein normalerweise stumpfkegeliger Pilz mit purpur-braunen Sporen, der kein Psilocybin enthält. Diese Art ist den kegelförmigen *Psilocybe*-Arten wie *Psilocybe pelliculosa* sehr ähnlich. Ihr fehlt jedoch die abtrennbare gallertartige Haut. Sie wächst in Holzschnitzeln.

Hypholoma ericaeum ist ein ungiftiger Pilz mit purpur-braunen Sporen, der auf Holzschnitzeln oder feuchten, mit Holzresten angereicherten Böden wächst.

Leratiomyces ceres ist ein nicht so gut essbarer Pilz mit purpurbraunen Sporen. Er wächst auf Holzschnitzeln.

Panaeolus rickenii (rechts; = *Panaeolus acuminatus*) produziert dunkel leicht purpur-braune bis schwarze Sporen und wächst in grasbewachsenen Bereichen, insbesondere auf mit Dung angereicherten Weiden. Er ist nicht als giftig bekannt. Die anderen Pilze sind klassische *Panaeolus papilionaceus* (links; Syn. *Panaeolus sphinctrinus* und *Panaeolus campanulatus*), die auch nicht giftig sind.

Panaeolus antillarum ist ein weißlicher Pilz mit leicht purpurschwarzen Sporen, der auf Pferdemist und weniger gut auf dem Dung anderer Tiere wächst. Er ist nicht als giftig bekannt und produziert kein Psilocybin.

Panaeolus foenisecii mit dunkelbraunen (*nicht* purpur-braunen) Sporen, ein Heudüngerling, gedeiht auf Wiesen, Feldern und Grasland. Er tritt sehr häufig auf, und es ist nicht bekannt, ob er giftig oder psilocybinhaltig ist. Siehe auch psilocybinhaltiger *Panaeolus cinctulus* (Seite 205).

Panaeolus foenisecii verblasst beim Trocknen. Dieses Merkmal nennt sich Hygrophanität. Kein Psilocybinbildner.

Panaeolus papilionaceus ist eine dungliebende Art mit leicht purpur-schwarzen bis schwarzen Sporen, die viele Namen hat, wie z. B. *Panaeolus sphinctrinus* und *Panaeolus campanulatus.* Es ist nicht bekannt, ob er giftig ist; kein Psilocybinbildner. Beachten Sie, dass die fein gezähnten dreieckigen Velumreste am Hutrand kaum sichtbar sind. Diese verschwinden oft durch Regen oder Wind. Siehe auch Seite 39.

Panaeolus semiovatus ist eine majestätische, statueske Art, die auf Dung, insbesondere auf Pferdemist, wächst. Er hat leicht purpurschwarze Sporen und es ist nicht bekannt, ob er giftig ist. Kein Psilocybinbildner.

Protostropharia dorsipora ist *Protostropharia semiglobata* und *Protostropharia luteonitens* sehr ähnlich, die alle auf Dung oder in mit Mist angereicherten Böden wachsen. Alle haben gelbe bis gelblich-braun getönte Hüte und leicht purpur-schwarze Sporen. Kein Psilocybinbildner.

Protostropharia luteonitens wächst auf Dung. Kein Psilocybinbildner.

Protostropharia semiglobata wächst auf Dung. Kein Psilocybinbildner.

Protostropharia semiglobata (links, kein Psilocybinbildner) und *Psilocybe semilanceata* (rechts, psilocybinhaltig) wachsen beide auf mit Dung angereichertem Grasland. *Protostropharia semiglobata* ist eine Indikatorart für psilocybinhaltige Pilze wie den psilocybinhaltigen *Psilocybe semilanceata* (Spitzkegeliger Kahlkopf), der oft in direkter Nähe gedeiht. *Protostropharia semiglobata* ist mit einer schmierigen Hülle bedeckt, was ihn glitschig und schwierig zu pflücken macht, wenn er feucht ist. Er ist nicht giftig. Beide haben leicht purpur-braune bis schwarze Sporen.

Protostropharia semigloboides hat leicht purpur-braune bis leicht purpur-schwarze Sporen und wächst aus mit Koniferenholz angereicherten Böden. Ich habe diese Exemplare auf einem Pfad in einem Douglasien-Primärwald gefunden, die mit einem schmierigen Velum bedeckt waren, was die Pilze durch die Glitschigkeit schwierig zu pflücken macht. Dieses Merkmal teilen sie mit dem dungliebenden *Protostropharia semiglobata.* Von beiden ist weder bekannt, ob sie giftig sind, noch, ob sie Psilocybin enthalten.

Die Gruppe um die Spezies *Psathyrella longipes* hat schwärzliche Sporen und wächst normalerweise in sehr nassen Niederungen und durchtränkten Böden, die mit Holzresten angereichert sind. Es ist nicht bekannt, ob er giftig ist. Kein Psilocybinbildner.

Psathyrella piluliformis und ähnliche Arten aus der Gruppe der *Psathyrella hydrophila* wachsen in durchnässten Lebensräumen, die reich an Blatt- und Holzabfällen sind. Es ist nicht bekannt, ob er giftig ist. Kein Psilocybinbildner.

Psilocybe atrobrunnea (= *Psilocybe turficola*) wächst in moorigen Bereichen zusammen mit saftigen Torfmoosen. Es ist nicht bekannt, ob er giftig ist. Es wurde bisher noch nicht herausgefunden, ob er Psilocybin enthält – daher seine Platzierung hier. Nach der Genomanalyse würde die Art jedoch in einer psilocybinhaltigen Klade platziert sein. Ich beschreibe diese Art auch in Kapitel 8, denn, obwohl die bisher analysierten Varietäten kein Psilocybin enthalten, wäre es nicht überraschend, wenn man welche fände, die es doch tun. (Siehe auch *Hypholoma ericaeum, Psilocybe pelliculosa und Psilocybe silvatica* auf den Seiten 125, 180 und 187.)

Kapitel 8

Die psilocybinhaltigen Arten

Nachdem Sie nun in einige der gefährlichen Doppelgänger eingeführt worden sind, lassen Sie uns in die psilocybinhaltigen Arten eintauchen. Die Psilocybinwissenschaft auf der Welt erfährt einen Neubeginn, der viele weitere Entdeckungen verspricht. Mehr als 220 Arten psilocybinhaltiger Pilze sind bekannt, wobei jedes Jahr etliche weitere Arten hinzukommen. Nicht alle sind analysiert worden, aber Wissenschaftler prüfen ihren Psilocybingehalt.[1] Als Laienforscherinnen und -wissenschaftler können wir alle bedeutende Beiträge zur Erweiterung des Wissensgebiets leisten.

Die meisten psilocybinhaltigen Pilze haben schwarze über leicht purpur-braune bis zu braune Sporen. Keine bekannten psilocybinhaltigen Arten bilden grünliche, gelbliche oder weißliche Sporen. Diese Tatsache finde ich ziemlich bemerkenswert. Es scheint, dass der horizontale Gentransfer über Bakterien zu diesen letzteren Gattungen übergegangen wäre und die Mechanismen zur Bildung des Psilocybin-Gens mit sich gebracht hat. Vielleicht gibt es dort draußen psilocybinhaltige Pilze mit grünlichen, gelblichen oder weißlichen Sporen, aber wir müssen sie erst noch finden. Bedenken Sie, dass wir erst etwa 10 % der geschätzten Pilzarten, die Fruchtkörper bilden, identifiziert haben. Viele mehr sind vielleicht noch vor unseren Blicken versteckt.

Ich habe die Pilze mit purpur-braunen bis schwarzen Sporen aus den Gattungen *Psilocybe* und *Panaeolus* zuerst aufgeführt, gefolgt von den braunsporigen Pilzen aus den Gattungen *Conocybula, Gymnopilus, Inocybe* und den *Pluteus*-Arten mit blassrosa bis lachsfarbenbraunen Sporen. Wie ich schon wiederholt betont habe, kann man Pilze mit purpur-braunen bis schwarzen Sporen sicherer erforschen. Diejenigen, die rostbraune bis zimtbraune Sporen bilden, sind grundsätzlich problematisch, da es hier eine Mischung von psilocybinhaltigen und giftigen Pilzen innerhalb derselben Gattungen gibt.

Mehr psilocybinhaltige Arten als in jeder anderen Gattung sind in der Gattung *Psilocybe* vertreten, gefolgt von *Panaeolus. Psilocybe*-Arten haben normalerweise leicht purpur-braune bis violett-braune Sporen, wohingegen *Panaeolus* meist schwarzsporige Pilzarten umfasst. Wenn viele Sporen in Masse abgegeben werden, wird der Sporenabdruck sichtbar dunkler, sodass der Unterschied zwischen Dunkelpurpur-braun und Schwarz haarfein sein kann. In diesem Fall ist der Unterschied zwischen einem Sporenabdruck, der schwarz, und einem, der leicht purpur-braun aussieht, im Allgemeinen folgenlos.

In den Gattungen *Gymnopilus, Pholiotina* (sensu lato) und *Inocybe* mit braunen Sporen gibt es sowohl psilocybinhaltige *als auch* giftige Arten. Die psilocybinhaltigen Arten mit braunen Sporen gehören zu den Gattungen *Conocybula* (eine neue Art, die von *Pholiotina* abgespalten ist), *Gymnopilus, Inocybe* und *Pluteus.* In der Gattung *Pholiotina* befindet sich jedoch *Pholiotina rugosa,* auch bekannt als *Pholiotina filaris* (siehe

Dieser psilocybinhaltige *Psilocybe hoogshagenii* ist ein klassischer *Psilocybe.*

Foto auf Seite 123), eine tödliche Art, in der ähnliche Amatoxine enthalten sind wie im Todesengel *Amanita phalloides* mit weißen Sporen und der Herbst-Galerina, *Galerina marginata,* mit braunen Sporen, die auch als *Galerina autumnalis* bezeichnet wird. Noch eine interessante Tatsache: Es wurde *bisher* keine psilocybinhaltige Pilzart gefunden, die sowohl Psilocybin als auch diese tödlichen Amatoxine bildet. Es gibt eine *Galerina*-Art, die bekanntermaßen Psilocybin enthält, *Galerina steglichii.*[2] Aus einer Vielzahl von Vorsichtsmaßnahmen habe ich diese außergewöhnlich seltene *Galerina*-Art jedoch nicht beschrieben, denn es besteht ein sehr hohes Risiko der Fehlbestimmung. Da es viel Raum für Verwechslung gibt, lege ich nahe, im Allgemeinen nur mit Arten mit purpur-braunen Sporen zu experimentieren. Die Arten mit purpur-braunen bis schwarzen Sporen sind wesentlich sicherer.

Ein Fehler in der Bestimmung kann tödlich sein – und ist es auch schon gewesen. Seien Sie besonders vorsichtig, bevor Sie irgendeinen Pilz zu sich nehmen. Seien Sie sich sicher, dass Sie *keine* giftige Art verzehren und, wenn Sie sich entschließen, einen psilocybinhaltigen Pilz zu essen, tun Sie es mit Sicherheitsmaßnahmen und mit Respekt, damit Sie eine positive Erfahrung ohne Gesundheitsrisiko machen. Bitte verinnerlichen Sie die giftigen Arten und experimentieren Sie nicht mit den Gattungen mit heller-braunen (z. B. nicht purpurbraunen, nicht schwarzen) Sporen. Dies ist der Grund, warum ich auf den Seiten 74–75 den Sporenabdruck genau beschrieben habe. Ich gebe Informationen zu diesen Arten aus wissenschaftlichen Gründen an und empfehle Amateuren aufgrund des Risikos der Fehlbestimmung, keine psilocybinhaltigen Pilzarten zu verzehren, die braune Sporen haben. Und schließlich noch eine offensichtliche, jedoch notwendige Warnung: Sollten Sie eine Farbsehschwäche oder Schwierigkeiten haben, Braunschattierungen zu unterscheiden, könnte die Bestimmung von wilden psilocybinhaltigen Pilzarten ein gefährliches Unterfangen sein!

In den folgenden Einträgen sind von jeder Art zunächst der **Hut**, die **Lamellen** und der **Stiel** des Pilzes beschrieben; gefolgt von den **mikroskopischen Merkmalen** wie Sporengröße, Form, Farbe und die Form und Größe der Zystiden. Da die größte Mehrheit der Arten

Der klassische Spitzkegelige Kahlkopf *(Psilocybe semilanceata),* eine häufige, wirkungsvolle, normalerweise sich nicht blau verfärbende psilocybinhaltige Graslandart mit purpur-braunen Sporen.

4-sporige Basidien hat, vermerke ich dies nicht extra, es sei denn, sie sind 2- oder 3-sporig. Ich führe auch **Habitus**, **Lebensraum** und **Verbreitung** auf, obwohl die Verbreitung mancher Arten sich durch Mykonauten ausdehnt. Die Klimaveränderung ist ebenfalls ein Faktor. In den **Kommentaren** diskutiere ich die Wirksamkeit und Taxonomie und gebe weitere Informationen.

Die Gattung *Psilocybe*

Die Gattung *Psilocybe* mit der Bedeutung »Glattkopf« oder »Kahlkopf« ist charakterisiert durch saprobische terrestrische Pilze mit leicht purpur-braunen Sporen, angehefteten Lamellen und kleiner bis mittlerer Größe. (Leicht purpur-braune Sporen können fast schwarz aussehen, wenn sie in einem Sporenabdruck starke Ansammlungen bilden.) An einem Ende haben ihre glatten Sporen Keimporen.[3] Die Gattung umfasst zahlreiche psilocybinhaltige Arten, von denen sich viele durch Verletzungen (durch Berührung), natürliches Wachstum oder Wetter bläulich verfärben.

Die Linie der *Psilocybe* kann bis zu 65 bis 67 Millionen Jahre zurückverfolgt werden und diversifizierte sich vor 57 Millionen Jahren in zwei Kladen mit unterschiedlichen Anordnungen der Gene. Basierend auf Mutationsraten (z.B. Technik der molekularen Uhr) glauben Bradshaw und andere, dass die Psilocybinsynthese vor 40 bis 9 Millionen Jahren wahrscheinlich über horizontalen Gentransfer auf andere Pilze überging.[4] Bemerkenswert hierbei ist, dass die *Psilocybe*-Pilze weit vor der Zeit von uns Hominiden lag, die vor 7 bis 6 Millionen Jahren auf der Bildfläche erschienen. Moderne Menschen entwickelten sich wesentlich später. Die frühesten Hinweise datieren von vor 360 000 Jahren und spätere von vor etwa 160 000 Jahren. Pilze haben ihre Formen schon wesentlich länger als wir, *Homo sapiens*. Sie sind uralte Organismen. Wir stammen erst aus jüngster Zeit.

Im Laufe der Jahre hat die Gattung *Psilocybe* durch Mykologen viele Berichtigungen in der Interpretation erfahren. Elias Fries verwendete den Namen *Psilocybe* zuerst 1821 für eine Gruppe von Arten innerhalb der großen Gattung *Agaricus*.[5] Im Jahr 1871 wurde der Name von Paul Kummer verwendet, um eine Gattung zu beschreiben, die viele Arten umfasst, die nach aktueller Definition nicht mehr als zu den *Psilocybe* gehörig betrachtet werden.

Im Jahr 1946 etablierten Rolf Singer und Alexander H. Smith die Familie der Strophariaceae, welche die *Psilocybe* zusammen mit anderen Gattungen beinhaltete, die ebenfalls zahlreichen Berichtigungen unterzogen wurde. Zu einem Zeitpunkt enthielt die Familie 18 Gattungen.[6] Zum Beispiel beschrieb Franklin Sumner Earle zuerst die Art *Stropharia cubensis* aus Kuba 1906.[7] Im Jahr 1949 übertrug Rolf Singer diese Art zu *Psilocybe,* gab ihr den neuen Namen *Psilocybe cubensis* (Earle) Singer und wirkte später an einer Monografie über *Psilocybe* mit, die in der Zeitschrift *Mycologia* publiziert wurde.[8] 1984 publizierte Gastón Guzmán eine Monografe über die weltweit bekannten Arten mit dem Titel *The Genus Psilocybe,*[9] in der er viele Arten hinzufügte und kombinierte, im Jahr 1995 ergänzte er sie mit einer Aktualisierung. Im selben Jahr ordnete Machiel Noordeloos viele der nicht psilocybinhaltigen Arten der Gattung *Stropharia* den *Psilocybe* zu, gefolgt von einer ausgedehnten Definition von Singer und Smith.[10] Ich folgte dieser Definition, als ich das Buch *Psilocybin Mushrooms of the World* (*Psilocybinpilze der Welt*) schrieb.

Die Gattung *Psilocybe sensu lato* (im weitesten Sinne) enthielt zwei Hauptgruppen von Arten: eine, die psilocybinhaltig und umstritten in der separaten Familie Hymenogastraceae klassifiziert wurde, und eine weitere nicht psilocybinhaltige Gruppe, die in der Familie Strophariaceae klassifiziert wurde. Vor der molekülbasierten Taxonomie gehörten zu den Strophariaceae normalerweise *Hypholoma* (ehemals *Naematoloma*),

Stropharia, Deconica and *Pholiota.*[11,12] Im Jahr 2007 bemerkten Forscher jedoch, dass sich die traditionellen *Psilocybe*-Arten auf natürliche Art in zwei Gruppen unterteilen und daher in zwei Gattungen aufgeteilt werden sollten, die psilocybinhaltigen und die nicht psilocybinhaltigen Arten.[13] Zu den Arten, die neu in der Gattung *Deconica* klassifiziert wurden, gehörten *Psilocybe montana,* die von manchen Autoren ehemals als Typusart (eine Art, welche die meisten der am engsten verbundenen Pilzarten repräsentiert) der Gattung *Psilocybe* bezeichnet wurde, die nicht psilocybinhaltige *Psilocybe merdaria,* die von anderen Autoren als die Typusart betrachtet wurde, und *Psilocybe coprophila,* eine von mehreren gleichfalls nicht psilocybinhaltigen Arten. Die neue Typusart der Gattung *Deconica* ist *Deconica montana. Deconica*-Arten sind oft kleine, gedrungene Pilze mit klar an den Stielen angewachsenen Lamellen (adnat) und ohne Psilocybingehalt. Sie treten oft mit psilocybinhaltigen Arten zusammen auf (siehe Seite 125).

Die aktuelle repräsentative oder »konservierte« Typusart der Gattung *Psilocybe* ist *Psilocybe semilanceata.* Die vereinten Anstrengungen von vielen Mykologen, unter anderem bei den DNS-basierten Molekularanalysen, gefolgt von nomenklatorischer Erhaltung zum Schutz des Namens *Psilocybe,* haben mehr Klarheit geschaffen, welche Arten als *Psilocybe* benannt werden können, so wie es auf dem International Botanical Congress 2011 ratifiziert wurde.[14] Jetzt umfasst die Gattung *Psilocybe* alle psilocybinhaltigen Pilzarten – mit einer bemerkenswerten Ausnahme: *Psilocybe atrobrunnea* (=*Psilocybe fuscofulva*), in der trotz DNS-Hinweisen noch kein Psilocybin nachgewiesen werden konnte, wurde in eine Klade mit psilocybinhaltigen Arten gestellt. Borovička und andere bemerkten, dass die »Biosynthese dieser Alkaloide bei *Psilocybe atrobrunnea* verlorenging«.[15] Ich führe diese Art hier als einen *möglichen* psilocybinhaltigen Pilz auf, denn es sind mehr Analysen erforderlich und manche Phänotypen dieser Art *könnten* Psilocybin bilden.

So folge ich dieser neuen Definition von *Psilocybe sensu stricto* (im engsten Sinne) in der modernen Definition der Strophariaceae- und Hymenogastraceae-Familien. In meinem vorangegangenen Buch, *Psilocybin Mushrooms of the World,* folgte ich der Interpretation der Gattung *Psilocybe* im weitesten Sinne, *sensu lato.* So waren dort viele nicht psilocybinhaltige Arten enthalten, die über mehrere Gattungen verteilt waren, insbesondere diejenigen, die gelegentlich in der Gattung *Stropharia* bekannt waren. Mit modernen DNS-Werkzeugen haben wir nun ein wesentlich klareres Bild von ihrem evolutionären Erbe. Taxonomie ist eine Wissenschaft, die ständig im Fluss und in der Verbesserung begriffen ist.

Aktuell sind von den bisher etwa 220 identifizierten psilocybinhaltigen Arten 168 Arten als *Psilocybe*-Arten anerkannt worden. Die Anzahl der Spezies verändert sich jedoch, denn viele Namen werden synonym verwendet, während neue Arten entdeckt werden. Die Arbeit von Alexander Bradshaw, Bryn Dentinger und ihren Teams[16] hat dabei geholfen, die Kladen (natürliche Gruppen) innerhalb der Gattung *Psilocybe* zu identifizieren und phylogenetische Bäume der Zuordnung basierend auf der DNS zu klären.

Es folgen Beschreibungen der *Psilocybe* und der psilocybinhaltigen *Panaeolus*-Arten, anschließend weitere psilocybinhaltige Pilze, die sich auf mehrere Gattungen mit braunen Sporen verteilen. Psilocybinhaltige Arten gedeihen auf allen Kontinenten, außer in der Antarktis. Beachten Sie bei den folgenden Beschreibungen, dass die genaue Länge des Stiels, der Hutdurchmesser und andere untergeordnete Merkmale weitgehend von Umweltbedingungen beeinflusst sind. Diese Maße sind hier für die meisten der Phänotypen, die Sie wahrscheinlich antreffen werden, verallgemeinert. Erwarten Sie also nicht, dass diese Bandbreite strikt auf Ihr Exemplar zutrifft. Auch für die mikroskopischen Merkmale habe ich die größte berichtete Bandbreite verwendet.

Psilocybe allenii ist ein wirkungsvoller psilocybinhaltiger Pilz, der ursprünglich aus der Bay Area, um Oakland und San Francisco, stammt, aber sich schnell verbreitet. Die allermeisten psilocybinhaltigen Pilze wachsen sehr schnell und reifen innerhalb einer Woche. Dies sind heranwachsende Formen, ein relativ junges Beet mit *Psilocybe allenii,* die wahrscheinlich 3 bis 4 Tage zuvor als Primordien sichtbar wurden.

Psilocybe allenii BOROVIČKA, ROCKEFELLER & P. G. WERNER

HUT: 1,5–7(9) cm im Durchmesser, halbkugelig, konvex bis breit konvex, sich ausbreitend zu flach. In der Hutmitte ungebuckelt. Rand gleichmäßig, jung nach innen gebogen, aufgewölbt im Alter, oft mit erodierten Kanten, manchmal wellig. Hutrand durchscheinend-streifig, wenn feucht. Oberfläche glatt, viskos, wenn feucht, oft mit einer abtrennbaren gallertartigen Haut, hygrophan, leicht orange-braun bis karamellfarben, wenn feucht, verblasst bei Licht zu gelblich-braun während des Trocknens. Fleisch verfärbt sich auf natürliche Weise bläulich oder mit bläulichen Bereichen aufgrund von Umweltbelastungen. **LAMELLEN:** Angewachsen, adnat bis sinuat, cremefarben bis blasshellbraun, wenn jung, mit der Reife nachdunkelnd durch leicht purpur-braune Sporen, schließlich dunkelpurpurn bei vollständiger Reife. Lamellenschneiden weißlich ausgefranst durch Cheilozystiden. **STIEL:** 40–90 mm lang und 2–7 mm dick, glatt, hohl, knorpelig, nach oben zur Spitze hin bereift, an der Basis verdickt, mit dicken weißlichen Rhizomorphen. Oberfläche kahl bis fibrillär, weißlich, wenn jung, verfärbt bei Druck stark bläulich. Bei Reife mit gelblichen Tönen überlaufen und mit sich bläulich verfärbenden Druckstellen. **MIKROSKOPISCHE MERKMALE:** Sporen ellipsoid mit einer Keimpore und relativ dickwandig (0,8–1 µm), bräunlich mit gelblichen Tönen in 5 % KOH, 12–13 mal 6,5–7,5 µm. Cheilozystiden reichlich, variabel, vermindert zu keulenförmig-stachelspitzig, flaschenförmig, selten gegabelt, vereinzelt spindelförmig bis spindelförmig, hyalin, dünnwandig. Pleurozystiden häufig, schmal bis breit keulenförmig-stachelspitzig, hyalin, dünnwandig, meist 25–35 µm × 9–14 µm. Zystiden können am Scheitel überkrustet sein.

Psilocybe allenii kann im Garten leicht naturalisiert werden. Dies ist ein Erlen-Holzschnitzelbeet im Freien mit *Psilocybe allenii,* der sechs Monate nach der Beimpfung fruktifiziert, danach jedoch normalerweise nur noch für ein oder zwei Jahre. Die meisten Beete wie dieses profitieren von einer jährlichen Erneuerung mit frischen Hartholzschnitzeln.

Psilocybe allenii bildet reichlich ausstrahlende Rhizomorphen an der Stielbasis. Wenn der Stiel abgetrennt wird, kann die Basis für neue Beete im Freiland verwendet werden.

HABITUS, LEBENSRAUM UND VERBREITUNG: Tritt in Gruppen oder Clustern, manchmal in großer Zahl von September bis Dezember auf. Eine normalerweise im Westen Nordamerikas zwischen Los Angeles und Seattle an der Küste bis zu 160 km im Inland auftretende Art. Wächst meist gregär in für die Landschaftsgärtnerei verwendeten Holzschnitzeln, manchmal rasig, auf Holzabfällen, normalerweise auf Holzschnitzeln (Monterey-Kiefer, Monterey-Zypresse, Eukalyptus, Douglasie). Primärer Saprobiont, temporär vorhanden, während er Holzschnitzel zersetzt, und verschwindend, wenn die Holzschnitzel nicht alle paar Jahre erneuert werden. Diese Art migriert zurzeit in andere Regionen der Welt.

KOMMENTAR: *Psilocybe allenii* ist eine Art mit mäßigem Wirkstoffgehalt und aufgrund ihrer starken Blauverfärbung eng mit *Psilocybe azurescens, Psilocybe cyanescens, Psilocybe ovoideocystidiata* und *Psilocybe subaeruginosa* verwandt, die alle in Holzschnitzeln und Mulch gedeihen, die für die Landschaftspflege und in Baumschulen zwischen Rosen, Rhododendren und anderen Holzgewächsen verwendet werden. In den frühen 1980ern fand ich diese Art am Oakland Museum kurz vor einem Vortrag bei der Mycological Society of San Francisco. Vor und nach meinem Vortrag sammelten Dutzende von Mykonauten Exemplare und verbreiteten danach diese Art an neuen Orten. In den darauffolgenden Jahren waren zahlreiche Berichte zu ihrem Auftreten an der Tagesordnung, und zwar mindestens so häufig wie bei *Psilocybe cyanescens,* mit der sie in Konkurrenz steht. Sie hat normalerweise einen gleichmäßigen Hutrand und wächst gregär, was sie *Psilocybe cyanescens* optisch höchst ähnlich macht. Sie hat jedoch nicht die klassischen sinuskurvenartig gewellten Ränder. Beim Klonen von Exemplaren war ich überrascht, dass eine Kultur in Spiralwellen herauswuchs. (Siehe in *Das große Netz: Wie Pilze die Welt retten können,* Seite 8, Abb. 8.) Viele Menschen kultivieren diese Art jetzt, so vergrößert sich ihr ökogeografisches Verbreitungsgebiet schnell. Diese Art ist zu Ehren von John W. Allen für sein Lebenswerk in der Forschung an psilocybinhaltigen Pilzen benannt worden.

Wie viele psilocybinhaltige Pilze, verfärbt sich *Psilocybe alenii* nach Frost blau.

Psilocybe atrobrunnea ist möglicherweise eine psilocybinhaltige Art. Aufgrund der DNS-Analyse ist sie direkt in Cluster von Arten eingeordnet, die als psilocybinhaltig bekannt sind. Die Bildung von Psilocybin könnte bei dieser Art intermittierend oder vom Stamm abhängig sein. Wir wissen es nicht.

Psilocybe atrobrunnea (LASCH) GILLET
= *Psilocybe turficola* J. FAVRE
= *Psilocybe fuscofulva* PECK

Gebräuchliche Namen: Rettichkahlkopf, Torfkahlkopf

HUT: 2–4(6) cm im Durchmesser. Stumpf kegelig, sich zu glockig und zu konvex ausbreitend, im Alter breit konvex bis fast flach. Rötlich braun, im Alter nachdunkelnd und mit der Sporenreife stark hygrophan, verblasst während des Trocknens zu blassrötlich braun. Oberfläche glatt, in Randnähe durchscheinend-streifig, viskos, wenn nass, mit einer abtrennbaren gallertartigen Haut. Rand zunächst nach innen gebogen, bald ausgebreitet, und geringelt mit Büscheln an weißlichen Velumresten. **LAMELLEN:** Anhaftung adnat bis adnex, matt-zimtbraun bis dunkelpurpur-braun bei Reife und weißlichen, ausgefransten Lamellenschneiden. **STIEL:** 80–180 mm lang und 3–5(6) mm dick. Gleichmäßig, fest, manchmal geschlängelt, zur Basis hin ausgetrocknet und erweitert; die Basis ist oft mit Büscheln von weißlichem Myzel besetzt, manchmal mit blassbläulichen Tönen. Rötlich bis schwärzlich unterhalb von Umhüllungen aus angedrückten weißlichen, fibrillären Flecken, aber tendenziell zur Spitze hin bereift. **MIKROSKOPISCHE MERKMALE:** Sporen dunkelpurpur-braun im Abdruck, subellipsoid, 9–12 (14) × 15–7 (9) µm. Keine Pleurozystiden. Cheilozystiden flaschenförmig oder spindelförmig aufgeblasen mit einem zugespitzten Hals, 18–36 × 4–7 µm und 1,5–2,5 µm im Scheitel.

HABITUS, LEBENSRAUM UND VERBREITUNG: Zahlreich bis verstreut, üblicherweise in Kombination mit Torfmoosen, in Sumpfgebieten sowohl in Koniferen- als auch in laubabwerfenden Waldgebieten. Fruktifiziert von August bis einschließlich November. Berichte aus den nördlichen USA, West- und Südkanada und aus Europa und Russland. Möglicherweise weiter verbreitet.

KOMMENTAR: Die Bezeichnungen *Psilocybe atrobrunnea* (Lasch: Fr.) Gillet, *Psilocybe turficola* J. Favre[17] und *Psilocybe fuscofulva* Peck sind Synonyme.[18] Dieser Pilz ist ein klassischer *Psilocybe,* im Erscheinungsbild ähnlich den psilocybinhaltigen Arten *Psilocybe pelliculosa, Psilocybe silvatica* und *Psilocybe medullosa.* Obwohl in den wenigen Analysen von *Psilocybe atrobrunnea* noch kein Psilocybin festgestellt worden ist, legt seine enge genetische Verbindung mit anderen psilocybinhaltigen Arten stark nahe, dass diese Art, wenn auch auf niedrigem Niveau oder intermittierend, aktiv sein könnte. Ich wäre nicht überrascht, wenn manche Stämme psilocybinhaltig wären und andere nicht. Dentinger behauptet, dass dies eine der *Psilocybe*-Arten ist, die am frühesten divergierten, was sie zum Vorläufer vieler Arten macht, die psilocybinhaltig sind. Sie hat ihren Ursprung vor vielen Millionen Jahren. [19] Warum die Art heute inaktiv oder periodisch aktiv ist, ist ein Mysterium. Eine Sammlung aus Vancouver, British Columbia, zeigte leicht bläuliche Töne an der Stielbasis.[20] Siehe auch *Hypholoma dispersum* und *Hypholoma ericaeum.*

Psilocybe aztecorum R. HEIM = *Psilocybe quebecensis* OLA'H & R. HEIM

Gebräuchliche Namen: Aztekischer Kahlkopf, Niños, Los Niñitos auf Spanisch, Apipltzin (= kleine Kinder) in Nahuatl

HUT: 1,5–3,5 cm im Durchmesser. Stumpf kegelig, bald konvex, sich ausbreitend zu breit konvex, flach bei Reife. Oberfläche viskos, wenn feucht, glatt, durchscheinend-streifig entlang des Rands. Golden bis karamellbraun, wenn jung, nachdunkelnd bis dunkel-kastanienbraun im Alter, manchmal dunkelgrau-braun mit einem Grünstich, stark hygrophan, trocknend bis strohgelb und schnell bläulich verfärbend. Hutrand ist normalerweise gleichmäßig. **LAMELLEN:** Angeheftet adnat bis adnex, hellpurpur-grau bis dunkel leichtpurpur-braun, weißlich ausgefranst an den Schneiden. **STIEL:** 25–95 mm lang und 3–4 mm dick. Gleichmäßig, sich zur Basis und nach oben verdickend, gerade bis geschlängelt, oben bereift und unten seidig-fibrillär. Von der Stielbasis gehen weiße Rhizomorphen strahlenförmig aus. Weißlich bis gräulich, schnell bläulich

Formen in reifem Zustand von *Psilocybe aztecorum,* ein wirkstarker Pilz aus Südmexiko und Quebec, Kanada.

Die Lamellen von *Psilocybe aztecorum* werden mit der Sporenbildung gräulich-schwarz.

Die Hüte von reifen Exemplaren des *Psilocybe aztecorum* sind oft dunkler als die von jüngeren Pilzen. Die purpur-braunen Sporen reifen in den unter dem Hut liegenden Lamellen parallel. Die Veränderungen während der Reife ist für viele *Psilocybe*-Arten typisch. Beachten Sie die Rhizomorphen an der Stielbasis. Diese Pilzstümpfe können in andere Beete übertragen werden, um Satellitenkolonien zu bilden.

verfärbend. Spinnenwebartiges Teilvelum, weiß, bald verschwindend und manchmal eine Ringzone im oberen Bereich des Stiels hinterlassend. **MIKROSKOPISCHE MERKMALE:** Sporen dunkelpurpur-braun bis violett-schwarz, 10,5–14 × 7–9 µm, ellipsoid. Basidien mit 1-, 2-, 3- oder 4-sporig. Wenige verstreute Pleurozystiden, genauso wie Cheilozystiden. Cheilozystiden 20–45 × 5–8 µm, spindelförmig, mit einem langen dünnen Hals 6–11 × 1,5–2,5 µm.

HABITUS, LEBENSRAUM UND VERBREITUNG: Man findet ihn in holzreichen Böden, selten auf Kiefernzapfen, in lichten Wäldern aus *Pinus hartwegii, Pinus montezumae* und Tannen sowie aus *Abies religiosa* durchsetzt mit Gräsern. Fruktifiziert von August bis durch den Oktober hindurch im Hochgebirge von Zentralmexiko auf 2000–4000 m. ü. M. Ebenso bekannt aus den White Mountains in Arizona, Vermont, möglicherweise Montana und Quebec sowie Neuschottland. Möglicherweise weiter verbreitet.

KOMMENTAR: Diese Waldgebietsart teilt viele Charakteristika mit den eher in temperierten Zonen wachsenden *Psilocybe*-Arten wie *Psilocybe cyanescens, Psilocybe ovoideocystidiata* und weiteren kastanienbraunen bis gelblich-braunen bis karamellfarbenen Arten, insbesondere bei jungen Exemplaren. *Psilocybe quebecensis* ist ein Synonym. In Anbetracht der zahlreichen Rhizomorphen an der Stielbasis ist dieser ein erstklassiger Kandidat für die Anlage eines naturalisierten Pilzbeets durch die Übertragung von Pilzstümpfen.

Psilocybe azurescens STAMETS & GARTZ

Gebräuchliche Namen: Azurblauer Kahlkopf, Azurblauverfärbender Kahlkopf, Stattlicher Kahlkopf

HUT: 3–10 cm im Durchmesser. Stumpf kegelig, zu breit konvex reifend, schließlich flacher werdend mit zunehmender Reife. Oberfläche glatt, viskos, wenn feucht, mit einer gallertartigen Haut bedeckt, die oft nicht abtrennbar ist. Hutränder charakteristisch gleichmäßig, nicht gewellt, mit durchscheinenden gefurchten Linien. Während der Reife können sich Azurblautöne unter das Braun des Huts mischen. Stumpfer breiter Buckel, der umso deutlicher wird, je mehr der Hut sich ausbreitet. Tief kastanien- bis karamellfarben, oft mit dunkelblauen oder bläulich-schwarzen Bereichen, insbesondere dort, wo sich Verletzungen oder Druckstellen befinden. Hüte hygrophan, während des Trocknens verblasst das Braun zu Strohgelb oder hellem Schmutzig braun, wobei die Blauverfärbung deutlicher hervortritt. Hüte normalerweise dunkelbraun, wenn vollständig getrocknet. Verfärbung von tiefblau bis blauschwarz bei Verletzung. Hutdicke (Fleisch) mittig 1–10 mm im Querschnitt, baumwollartig und weißlich an der Stiel-Hut-Verbindung. Das Fleisch unter dem Buckel ist weißlich bis blassbraun, wird jedoch zum Hutrand hin dünner, bald azurblau, dann dunkler werdend zu indigo und schwarz bei Verletzungen oder im Alter. **LAMELLEN:** Anheftung aufstrebend, sinuat bis adnat, mittelbraun bei jungen Exemplaren, dunkler werdend mit Sporenreife, mit zwei Reihen kurzen zwischenliegenden Lamellen. Lamellen gefleckt in veränderlichen Bereichen durch Sporenreife. Die Lamellenschneiden haben weißliche Fransen. Die Sporenabdrücke sind dunkel leicht purpur-braun bis leicht purpur-schwarz in Masse. **STIEL:** 50–200 mm lang und 2–6 mm dick, seidenweiß, oft azurblau gefleckt, aber schmutzig braun von der Basis her oder im Alter. Bei Reife hohl, aber umgeben von längs gerichteten, gedrehten, zähfaserigen Gewebesträngen. Der Stiel verdickt sich zur Basis hin, oft gebogen, geziert mit oberirdischen flaumigen weißen Büscheln aus Myzel, aus denen weiße Rhizomorphen entspringen. Mit diesen Rhizomorphen werden die Stiele fest an Holzschnitzel oder Stroh geheftet. Das Teilvelum ist weiß, spinnwebartig, gut ausgebildet

Der karamellfarbene *Psilocybe azurescens,* der Azurblaue Kahlkopf, in der Nähe von Sebastopol, Kalifornien, naturalisiert und auf Eichenholzschnitzeln fruktifizierend. Dieser Pilz hat einen hohen Psilocybingehalt und wird in hohen Dosen auch bei manchen Menschen mit anfallartigen temporären Lähmungserscheinungen und Verlust der Muskelkontrolle sowie der Koordination in Verbindung gebracht. Welche Inhaltsstoffe hierfür verantwortlich sind, ist noch ein Mysterium.

und hinterlässt häufig einen häutigen Ring im oberen Bereich des Stiels. Der Ring wird mit den leicht purpurbraunen Sporen bepudert. **MIKROSKOPISCHE MERKMALE:** Die Sporen sind dunkel leicht purpur- bis dunkellila-braun im Sporenabdruck, 12–13,5 × 6,5–8 µm, ellipsoid, unter dem Mikroskop braun. Pleurozystiden reichlich, spindelförmig aufgeblasen, zugespitzt zu einem engen, aber kurzen Hals, sehr deutlich papillös, 23–35 × 9–10 µm. Cheilozystiden fast identisch zu Pleurozystiden, 23–28 × 6,5–8 µm.

HABITUS, LEBENSRAUM UND VERBREITUNG: Der Azurblaue Kahlkopf wächst in Büscheln bis Clustern, gelegentlich einzeln, auf Holzschnitzeln und/oder in sandigen holzreichen Böden mit Gräsern. Diese Art wächst natürlich nur nördlich und südlich des Columbia River entlang der Küste von Nord-Oregon bei Astoria und bis zu wenige Kilometer nordwärts in den Südwesten von Washington hinein. *Psilocybe azurescens* bevorzugt den wenige Kilometer breiten Küstenstreifen. Diese Art wird mit Dünengras, insbesondere *Ammophila arenaria* und *Ammophila breviligulata,* in Verbindung gebracht, welches das U.S. Army Corps of Engineers entlang der Küste gegen Erosion dort gepflanzt hat, wo der Columbia River in den Pazifik mündet. In den folgenden Jahrzehnten entstanden mehrere Tausend Hektar neuer Lebensräume im Sand, die mit Küstenkiefern, Sitka-Fichten und Dünengräsern durchsetzt sind. *Psilocybe azurescens* breitet sich in diesem neu gebildeten Lebensraum stark aus.

Wo liegt der Ursprung dieser Art? Sie könnte den Columbia River in Stämmen und Holzresten heruntergetrieben sein – möglicherweise von einem gebrochenen Biberdamm. Oder sie könnte diese Region von weit entfernt über die mit Myzel durchwachsenen Bretter der mehr als tausend Schiffe besiedelt haben, die bei dem Versuch auseinandergebrochen sind, durch die Untiefen des Columbia River Bar zu navigieren.

Psilocybe azurescens ist ein vergleichsweise großer und wirkstarker *Psilocybe.* Er ist in den Ufergebieten in der Nähe der Mündung des Columbia Rivers in den Pazifischen Ozean zwischen Oregon und Washington endemisch. Er gedeiht in sandigen Böden und zersetzt dabei eine Mischung aus Heu, das reichlich mit abgebrochenen Tannen- und Erlenästen versehen ist.

Wir werden es vielleicht nie erfahren. Dadurch, dass Tausende von Menschen diese Pilzart sammeln und ihr Myzel übertragen, werden neue natürliche Lebensräume geschaffen. Obwohl diese Art in Kanada und Europa nicht heimisch ist, wurden dort Beete im Freiland angelegt, die für sie Ausgangspunkte für die Ausbreitung und Akklimatisierung in diesen Regionen werden könnten.

Seien Sie vorgewarnt: Schilder mit der Aufschrift »No Mushroom Picking« (Pilze pflücken verboten) sind in mehreren State Parks (natur- oder denkmalgeschützte Gebiete) in Oregon und Washington sichtbar aufgestellt, und die Gesetzeshüter setzen dieses Verbot energisch durch. Strafen für das Pflücken von Pilzen sind eine Einkommensquelle für die örtlichen Stadtverwaltungen. Es ist eine Art Katz-und-Maus-Spiel im Gange. Die Pilze zu fotografieren ist legal, solange sie nicht gepflückt werden. Dies könnte allerdings Aufmerksamkeit erregen (siehe Seite 60).

Psilocybe azurescens färbt das von ihm besiedelte Holz durch seine ausgedehnte, dichte und zähe seilartige Myzelmatte weiß. Fruchtkörper bilden sich im Oktober bis lange nach dem ersten Frost. Die Fruchtkörperbildung hat im späten Oktober und den November hindurch ihren Höhepunkt und lässt Anfang Januar nach. Diese Art lässt sich leicht in eingerichteten Beeten im Freien naturalisieren, wenn die Temperaturen

Psilocybe azurescens, mit Fruchtbildung auf Erlenholzspänen, ist für seine Größe, den abgestumpften Buckel, das Kastanienbraun und den weißlichen, stark blau verfärbenden Stiel bekannt.

im Herbst gelegentlich um den Gefrierpunkt liegen. Kurze Kälte löst die Fruktifizierung aus. Dies ist anders als bei seinem Cousin *Psilocybe cyanescens,* dessen Fruktifizierungsfenster mehrere Wochen früher liegt und der durch Frost geschädigt wird. Beide Arten können in demselben Lebensraum auftreten, obwohl *Psilocybe cyanescens* weiter verbreitet ist als der ursprünglich auf eine geografisch natürliche Ökozone beschränktere *Psilocybe azurescens. Psilocybe azurescens* ist *Psilocybe subaeruginosa,* einer der wirksamsten, dominanten *Psilocybe*-Arten Australiens, genetisch sowie vom Aussehen sehr ähnlich.

KOMMENTAR: *Psilocybe azurescens* ist eine gegen niedrige Temperaturen tolerante Art. Mit konstant mehr als 2 % Psilocybin und Psilocin ist sie eine der wirkstärksten Arten der Welt.[21] Die Analyse wurde sechs Monate nach der Ernte durchgeführt, wobei die Exemplare nach der Trocknung in einem erhitzten Dörrgerät bei Zimmertemperatur gelagert wurden, das heißt, dass die Wirksamkeit der frisch geernteten Pilze wahrscheinlich wesentlich höher liegt. Die hohen Werte an Psilocybin, Psilocin und Baeocystin führen bei dieser Art zu den stärksten Blauverfärbungen, die ich je gesehen habe. Das Fleisch kann indigofarben bis schwarz werden, wenn es verletzt wird oder einen Frostschaden erleidet. Der seidenweiße Stiel, der karamellfarbene Hut, die relativ große Statur, die gleichmäßigen Hutränder und der breite ausgeprägte Buckel setzen ihn von anderen Pilzen ab.

Bei hoher Dosierung wird von zeitweiligem Mangel an Koordination berichtet, insbesondere dem Verlust der Muskelkontrolle und der motorischen Fähigkeiten. Unvorbereitet kann dies für arglose Konsumenten alarmierend sein. Manche beschreiben diesen Zustand als zeitweilige Lähmung. Das Syndrom wird »Wood lover's paralysis« oder auch »Wood-chip mushroom paralysis« (Lähmungserscheinungen nach dem Konsum von auf Holz wachsenden Pilzen) genannt. Die Betroffenen erholen sich im Allgemeinen innerhalb eines Tages wieder. Die größten Sorgen, die ich habe, sind die Begleitrisiken während einer intensiven Reise: Unterkühlung, die Unfähigkeit, Gefahren zu meiden, Inkoordination, Angst und Panik.

Ich habe diese Art in einer medizinischen Einrichtung in Seattle auf Endotoxine von Bakterien analysieren lassen, da ich dachte, dass die schwarzen nekrotischen Läsionen schädliche giftige Bakterien beherbergen könnten. Es wurden keine pathogenen Bakterien gefunden. Vielleicht ist ein potenziell neues Toxin oder Analgetikum vorhanden. Diese Art könnte Aeruginascin enthalten. Sherwood und andere fanden heraus, dass Aeruginascin, ein mit Psilocybin verwandtes Tryptamin unbekannter Toxizität, in Bufotenin umgewandelt werden könnte, ein psychoaktives Tryptamin (5-Hydroxy-N,N-Dimethyltryptamin), das auch in Krötengift gefunden wurde.[22] Chadeayne berichtete, dass Aeruginascin an dieselben $5HT2_A/_B$-Rezeptoren binden kann wie Psilocybin, ebenso wie an 5HT3-Rezeptoren, und dass Aeruginascin wahrscheinlich eine ähnliche Hydrolyse wie Psilocybin durchläuft, wenn es in Psilocin umgewandelt wird.[23] Jochen Gartz beschrieb als Erster, dass Aeruginascin eine Euphorie auslösen kann, erwähnte jedoch keine Lähmungserscheinungen. Auch Jensen und andere Forschende berichteten davon.[24,25] Der Verlust der Muskelkontrolle bleibt ein Rätsel. Ich erlebe beim Konsum von *Psilocybe cyanescens,* anders als bei *Psilocybe azurescens,* keine Lähmungserscheinungen, obwohl dies bei manchen Menschen vorkommt. In jedem Fall verspüre ich unter einer hohen Dosierung bei beiden Pilzen keinen großen Bewegungsdrang.

Jetzt vermeide ich den Verzehr dieser Art, bis ihre Chemie besser verstanden wird. Wenn ich sie in der Vergangenheit zu mir genommen habe, litt ich unter einem Verlust der Koordination und einer Schwäche in den Gliedmaßen, nicht unter einer Lähmung. Ich zog es vor, mich hinzulegen, es auszuhalten und nachzudenken, und ich hatte keine Motivation, mich zu bewegen. Die Erfahrung war eher physisch als geistig und ich hatte keine visuellen Sensationen, die ich oft faszinierend und fesselnd fand. Ich fühlte mich innen wie flüssig, ozeanisch, angezogen von den Gezeiten des Universums. Bemerkenswert ist, dass manche Menschen nicht von diesen Symptomen berichten, was dosisabhängig oder idiosynkratisch sein könnte.

Psilocybe baeocystis ist ein wirkstarker psilocybinhaltiger Pilz. Beachten Sie die Blauverfärbung, die direkt nach der Ernte aufgetreten ist. Auch die dunkle Hutfarbe bei frischen Pilzen und die eingerollten Ränder sind typisch.

Psilocybe baeocystis SINGER & A.H. SMITH

Gebräuchliche Namen: Glockenkahlkopf, Olivenkahlkopf, Olivenkappe

HUT: 1,5–5,5 cm im Durchmesser. Stumpf kegelig bis konvex, nicht immer und nur in extrem hohem Alter sich ausbreitend bis zu fast flach und dann mit unregelmäßigem Hutrand. Ränder zunächst nach innen gebogen und deutlich gewellt, wenn konvex; durchscheinend streifig und oft grünlich gefärbt. Dunkeloliv-braun bis gelb-braun (gelegentlich stahlblau), während des Trocknens kupferbraun werdend, stark hygrophan, verblassend zu fahl-weiß, Druckstellen verfärben sich schnell zu bläulich-grün. Oberfläche viskos, wenn feucht, durch eine gallertartige Haut, die normalerweise abtrennbar ist. **LAMELLEN:** Anheftung adnat bis uncinat, eng stehend. Farbe gräulich bis dunkelzimtbraun mit blasseren Lamellenschneiden. **STIEL:** 50–70 mm lang und 2–3 mm dick. Gleichmäßig bis fast gleichmäßig. Fahle bis bräunliche Oberfläche, manchmal bedeckt mit feinen weißlichen Fibrillen, nach oben hin oft gelblicher. Zerbrechlich, gefüllt mit losen Fasern. Rhizomorphen um die Stielbasis deutlich vorhanden. Teilvelum fein spinnwebartig, schnell unscheinbar wer-

Psilocybe baeocystis ist oft dunkelbräunlich gefärbt, wenn feucht. Wenn er austrocknet, wird er hell-strohfarben mit bläulichen Tönen. Er kann sehr schwer zu entdecken sein!

dend. **MIKROSKOPISCHE MERKMALE:** Sporen leicht purpur-braun, mangoförmig, 10–12 × 6–7 µm. Keine Pleurozystiden. Cheilozystiden 20–30(40) × 4,5–6(9) µm, spindelförmig mit engem Hals.

HABITUS, LEBENSRAUM UND VERBREITUNG: Auf sich zersetzendem Koniferenmulch, in Holzschnitzeln oder auf Rasenflächen mit hohem Holzanteil einzeln stehend oder gregär bis hin zu fast rasig wachsend. Wächst gelegentlich auf heruntergefallenen Douglasienzapfen. Man findet ihn vom Herbst bis in den frühen Winter und selten im Frühjahr. (Ich habe ihn einmal am 20. Juni gefunden.) Zunächst Berichte über Funde in Oregon. Wurde ebenfalls in Washington, British Columbia und Südwest-Alaska gefunden. Wahrscheinlich ist er entlang der Küstenregionen des Pazifischen Nordwestens von Nordamerika weiter verbreitet. Der ursprüngliche Lebensraum außerhalb von Holzschnitzelmulch ist noch nicht bekannt. Ich kenne keine Berichte von Funden von *Psilocybe baeocystis* in einem natürlichen Wald. Ich habe ihn nur in Verbindung mit menschlichen Aktivitäten gefunden, insbesondere in Holzschnitzeln, die als Mulch in Gärten, Rosenbeeten und unter Rhododendren verwendet werden.

KOMMENTAR: Moderat aktiv, verliert wesentlich an Wirksamkeit, wenn er trocknet, oder bei Verletzungen. Bei Pilzen, die korrekt als *Psilocybe baeocystis* identifiziert wurden, lag der Psilocybingehalt bei 0,15 bis 0,85 % Psilocybin und bis zu 0,59 % Psilocin.[26,27] Diese frühen Berichte über die Wirksamkeit spiegeln wahrscheinlich die wahre Wirksamkeit der Art nicht wider, die ich für wesentlich höher halte, insbesondere den Psilocingehalt.

Aus meiner Erfahrung heraus ist diese Art weniger häufig zu finden als vor Jahrzehnten. Ich vermute, sie besetzt eine enge Nische mit Douglasien. Obwohl Kolonien rar sind, können sie groß sein, manchmal sind die Pilze in Hülle und Fülle vorhanden, wo Holzschnitzel und Rinde (insbesondere von Douglasien) zur Landschaftspflege eingesetzt worden sind. Ich finde *Psilocybe baeocystis* oft zwischen Efeu, das sich über kultivierte Landschaften in der Nähe von Neubauten in Washington und Oregon ausbreitet. Im Gegensatz zu anderen habe ich diese Art noch nicht in British Columbia gefunden. Ihre dunkel-stahlgraue bis graublaue Farbe macht es oft schwierig, sie vor dem Hintergrund der Holzschnitzel zu erkennen. Die dunklen Hüte tarnen sie, bis sie heller oder weißer werden, wenn sie trocknen oder der Sonne ausgesetzt sind. Sie wird oft goldgelb mit schönen bläulichen Tönen durchsetzt.

In den von mir besuchten Rhododendrongärten wuchsen *Psilocybe baeocystis, Psilocybe pelliculosa* und *Psilocybe cyanofibrillosa* oft nahe beieinander, manchmal sogar nebeneinander. Der nach innen gebogene, manchmal eingerollte Hutrand und seine unregelmäßige Form sind ein wichtiges Merkmal von *Psilocybe baeocystis.* In den späten 1960ern und in den 1970ern wurde diese Art oft falsch als *Psilocybe cyanescens* bestimmt und umgekehrt, was zu unrichtig bestimmten Herbarieneinträgen führte. Taxonomisch sind *Psilocybe baeocystis* und *Psilocybe aztecorum* enge Verwandte, der synonym zu *Psilocybe quebecensis* ist. Das Myzel ist zart und fein und schwierig unter den Pilzen auszumachen. In Kultur wächst das Myzel als dünnes Netz, was in starkem Kontrast zu dem kräftigen, weißen und dichten Myzel von anderen lignikolen *Psilocybe*-Arten wie *Psilocybe allenii, Psilocybe azurescens* und *Psilocybe cyanescens* steht.

Siehe auch *Psilocybe azurescens, Psilocybe aztecorum, Psilocybe caerulescens, Psilocybe caerulipes* und *Psilocybe cyanescens.*

Psilocybe caeruleoannulata SINGER ex GUZMÁN

HUT: 1–2,2 cm im Durchmesser. Spitz kegelig bis kegelig bis konvex und breit konvex, papillös, behält normalerweise einen Buckel, rötlich braun bis braun, hygrophan, verblassend zu hellerem Braun, gelblich und beige. Durchscheinend-streifig entlang des Hutrands, wenn feucht, bedeckt mit einem abtrennbaren gallertartigen Häutchen. **LAMELLEN:** Anheftung, aufstrebend, sinuat bis adnat, gräulich-violett, nachdunkelnd mit Sporenreife zu dunkelbraun bis leicht purpur-braun mit weißlichen Lamellenschneiden. **STIEL:** 5–45 mm lang und 1–2 mm dick. Weißlich bis hellbraun, bläulich verfärbend bei Verletzungen. Der Stiel ist ver-

Psilocybe caeruleoannulata hat oft einen häutigen Ring, der bläulich gefärbt und mit purpur-braunen Sporen bedeckt ist. Moderat aktiv. Er weist makroskopische Ähnlichkeiten zu *Psilocybe stuntzii* und zu einem geringeren Grad zu *Psilocybe fimetaria* auf.

ziert mit einem im oberen Bereich des Stiels angesetzten, weißen membranösen Annulus, dessen Oberseite bei Reife von den Sporen dunkler eingefärbt wird und oft bläulich gefärbt ist. Fleisch weißlich, bei Druckstellen bläulich verfärbend. **MIKROSKOPISCHE MERKMALE:** Spores 8,8–12 × 6–7,1 × 5,5–6 µm. Keine Pleurozystiden. Cheilozystiden 17–20 × 5–6 µm, flaschenförmig bis vesikelartig aufgeblasen, zum Hals hin schmaler, 5–8,5 × 1–2 µm.

HABITUS, LEBENSRAUM UND VERBREITUNG: Solitär bis gregär, auf Weiden, auf Dung, in grasbewachsenen und moosigen dungangereicherten Böden. Gefunden in Südwestkolumbien auf etwa 2100 m Höhe und Berichte aus Chile und Uruguay. Wahrscheinlich in Südamerika weit verbreitet.

KOMMENTAR: Ich finde diese Art besonders faszinierend, da sie ein ähnliches Aussehen wie die Graslandform von *Psilocybe stuntzii* hat. Beide zeigen bläuliche membranöse Annuli im oberen Bereich. Mir ist nicht bekannt, dass sie auf Psilocybin untersucht wurde, aber ich erwarte einen Gehalt von etwa 0,5–1 %, und aufgrund der deutlichen Blauverfärbung des Annulus und des Fleisches dürfte sie auch etwas Psilocin enthalten.

Psilocybe caeruleorhiza CANAN, OSTUNI, ROCKEFELLER & BIRKEBAK

HUT: 1,8–6 cm im Durchmesser. Konvex bis breit konvex, in der Jugend halbkugelig oft mit nach innen gebogenen Rändern, sich ausbreitend und einen stumpfen Buckel bildend, während sich die Hüte mit zunehmender Reife ausbreiten. Muskatfarben, wenn jung, bald rostorange über kupferfarben bis orangebraun oder hygrophan, mit dem Alter vom Rand her verblassend zu hellerem gelblichen Braun, bei Berührung bläuliche Verfärbung, glatt, runzelig im Alter. Ränder manchmal mit einem dünnen Band aus weißlichen Velumresten verziert, das im Alter bald verloren geht. Trama weiß, bläulich verfärbend. **LAMELLEN:** Angewachsen, adnat bis sinuat, aufgeblasen, glatt, ungleichmäßig, manchmal mit einem herablaufenden Zahn, mit drei Reihen untergemischten Lamellen. Während der Jugend fahl, mit der Sporenreife lila bis leicht purpur-braun getönt. Fleisch weiß bis ockerfarben. Teilvelum dünn und Cortina-artig, flüchtig. **STIEL:** 30–120 mm lang und 2–4 mm dick. mittig, gleichmäßig, weißlich bis mattweiß, ver-

Psilocybe caeruleorhiza bildet an der Stielbasis reichlich weißliche bis bläuliche Rhizomorphen.

Psilocybe caeruleorhiza kann in dekorativem Holzmulch stark fruktifizieren.

färbt sich bei Berührung blau, Oberfläche bereift oder mit fibrillären aufwärts gerichteten Schuppen und nach oben hin oft lohfarben, zur Basis hin verjüngt, manchmal im Alter abschälend, faserig, weißlich bis ockerfarben mit seidigem Glanz, kahl. Ohne Annulus. Stielbasis verziert mit weißen ausstrahlenden Rhizomorphen. **MIKROSKOPISCHE MERKMALE:** Die Sporen sind im Abdruck purpur-braun, leicht ellipsoid, dickwandig, mit einer Keimpore, 10–15 × 5,5–7,9 µm. Keine Pleurozystiden. Cheilozystiden 18,2–41,9 × 6,2–13,2 µm, aufgeblasen-geschnäbelt bis flaschenförmig oder leicht ampullenförmig, ohne apikale Vorwölbung.

HABITUS, LEBENSRAUM UND VERBREITUNG: Gregär bis in Clustern, collyboid, auf Holzmulch. Gefunden wurde dieser Pilz in Ohio, Indiana, Michigan, Pennsylvania und Iowa im November und Dezember. Verbreitungsgebiet und Saisonfenster sind wahrscheinlich ausgedehnter als aktuell bekannt.

KOMMENTAR: Diese neue Art sieht von oben auffallend wie eine Gruppe *Agrocybe* aus, bis man sie genauer untersucht, wobei der Unterschied darin liegt, dass *Psilocybe caeruleorhiza* eher leicht purpur-braune statt braunen Sporen aufweist und sich bei Druck bläulich verfärbt.[28] Siehe auch *Psilocybe ovoideocystidiata*, aber *Psilocybe caeruleorhiza* kann leicht von ihm unterschieden werden, da *Psilocybe ovoideocystidiata* einen deutlichen membranösen Annulus besitzt, während *Psilocybe caeruleorhiza* ringlos ist. Siehe auch *Psilocybe caerulipes*, ein wesentlich schlankerer Pilz, *Psilocybe aztecorum* und *Psilocybe serbica.* Die reichlich vorhandenen, weißen, dicken, ausstrahlenden Rhizomorphen, welche die Holzschnitzel umschließen, sind ein starker Indikator dafür, dass diese Art mithilfe von Pilzstümpfen oder über Linsen aus rhizomorphem Myzel in neu vorbereitete Beete mit frischen Holzschnitzeln übertragen werden kann. In der Kultur können die ausstrahlenden Rhizomorphen auf sterilisiertem Nährmedium bläulich werden, daher auch der Name des Pilzes.

Psilocybe caerulescens MURRILL

Gebräuchliche Namen: Derrumbe (spanisch, Bergsturzpilz), Landside Mushroom

HUT: 2–9 cm im Durchmesser. Stumpf glockenförmig bis konvex mit einem zunächst abwärts gekrümmten Rand, dann konvex, selten ausgebreitet in extremem Alter und oft entweder mit einem kleinen Buckel oder leicht vertieft in der Mitte. Rand oft bläulich, durchscheinend-streifig bis halbwegs zur Mitte des Huts und behangen mit fragilen weißlichen Velumresten. Junge Exemplare dunkeloliv-braun bis sehr dunkelbraun, dunkelbraun werdend, manchmal mit schwärzlichen Tönen, stark hygrophan, verblassend im Alter zu dunkelrötlich braun, kastanienbraun in der Nähe des Hutzentrums und dunkler bleibend und durchscheinend-streifig zum Rand hin, wenn noch feucht. Ränder nach innen gebogen und oft eingerollt bei jungen Exemplaren, mit der Reife ausgebreitet und gleichmäßig. Oberfläche glatt und leicht viskos bis ölig, leicht rutschig, wenn feucht, Häutchen dünn gallertartig, manchmal nicht abtrennbar. Fleisch weißlich bis schmutzig braun, moderat dick und bläulich-grün verfärbend. **LAMELLEN:** Angewachsen sinuat bis adnat, eng stehend und breit. Farbe gräulich bis rußig braun mit weißlichen Lamellenschneiden. **STIEL:** 40–120 mm lang und 2–10 mm dick. Meist gleichmäßig, aber oft schmaler werdend zu einer langen Pseudorhiza. Zunächst

Psilocybe caerulescens wächst im Südosten der USA, Südmexiko und im Süden bis Nordwesten von Südamerika. Sein Erscheinen wird oft mit Bergrutschen in Verbindung gebracht.

mit einer nicht permanenten weißlichen Schicht Fibrillen bedeckt, die eine schäbiger braune glatte Oberfläche darunter überdeckt. Die oberen Bereiche des Stiels sind charakteristisch mit weißlichen fibrillären Flecken geziert. Teilvelum (Cortina) zunächst weißlich und reichlich, aber bald verschwindend. Fleisch ausgestopft und faserig; bläulich grün verfärbend, weißliche Rhizomorphen (bläulich bei Störung) an der Stielbasis.
MIKROSKOPISCHE MERKMALE: Sporen dunkel leicht purpur-braun, leicht rhomboid bis leicht ellipsoid, 6–8 × 4–6 µm. Basidien 4-sporig, gelegentlich 2-sporig. Pleurozystiden verstreut bis keine. Cheilozystiden 15–22 × 4,5–6 µm, flaschenförmig mit einem 1–2,5 µm breiten geschlängelten Hals.

HABITUS, LEBENSRAUM UND VERBREITUNG: Gregär bis rasig, selten solitär, im späten Frühjahr und Sommer auf gestörten oder kultivierten Böden, oft ohne krautartige Pflanzen. Bevorzugt schlammige orangestichig-braune Böden. Zunächst Berichte von Franklin Sumner Earle im Jahr 1923 aus der Nähe von Montgomery, Alabama, auf Zuckerrohrmulch.[29] Vor Kurzem wurde diese Art im Westen von Louisiana und nördlich bis in North Carolina gefunden. Wahrscheinlich ist er noch weiter verbreitet. *Psilocybe caerulescens* ist in den zentralen Regionen von Mexiko und südlich bis nach Venezuela weit verbreitet.

KOMMENTAR: Eine wirkstarke Art; bei seiner ersten Sitzung mit María Sabina, der berühmten mazatekischen Heilerin, hat R. Gordon Wasson eine sehr hohe Dosis (etwa 13 Paare dieser Pilze) zu sich genommen. Heim und Wasson berichteten, dass 0,2 % Psilocybin und 0 % Psilocin von Albert Hofmann angegeben wurden.[30] Diese Analyse untertreibt den Gehalt an Psilocybin und Psilocin von frischen getrockneten Exemplaren erheblich. Siehe auch *Psilocybe weilii,* mit der diese Art sehr eng verwandt ist. *Psilocybe weilii* weist reich-

Psilocybe caerulescens kann, während er reift, eine große Bandbreite an Formen annehmen. Der Hut und die Lamellen dunkeln nach, während die Sporenbildung zunimmt. Beachten Sie die Sporen auf den Pilzhüten oben rechts.

lich Pleurozystiden auf, wohingegen *Psilocybe caerulescens* ursprünglichen Berichten zufolge keine besitzt. Bei einer erneuten Überprüfung durch Alan Rockefeller fanden sich jedoch einige Pleurozystiden in der Typsammlung von *Psilocybe caerulescens.* Nichtsdestoweniger stellten Bradshaw und andere in der DNS-Analyse zwischen diesen beiden Taxa Unterschiede fest.[31] Sie könnten bei weiterer Überprüfung separate Arten bleiben oder auch nicht. Auf jeden Fall sind sie sehr eng verwandt.

Psilocybe caerulipes (PECK) SACCARDO

Gebräuchliche Namen: Blaustielkahlkopf

HUT: 0,5–5 cm im Durchmesser. Stumpf kegelig, wird kegelig-glockig zu breit konvex bis hin zu flach im Alter und kann einen leichten Buckel aufweisen. Hutrand zunächst nach innen gebogen, manchmal grünlichblau getönt, unregelmäßig, eng durchscheinend-streifig, wenn feucht, und zunächst geziert mit fibrillären Velumresten. Zimtbraun bis schmutzig braun, hygrophan, verblassend zu blass ockerfarben-gelbbraun. Oberfläche viskos, wenn feucht, durch ein gallertartiges Häutchen, aber schon bald trocken und glänzend. Fleisch dünn, biegsam und blau auf Druck verfärbend. **LAMELLEN:** Angewachsen adnat bis sinuat und uncinat, eng bis gedrängt, schmal, Lamellenschneiden bleiben weißlich. Farbe zunächst schäbig-braun, später rostig-zimtfarben. **STIEL:** 20–60 mm lang und 2–4 mm dick. Gleichmäßig bis leicht verdickt zur Basis hin. Zunächst weiß bis gelbbraun-lederfarben, wobei die unteren Regionen bei Reife schmutzig-braun sind, blau verfärbende Druckstellen. Oberfläche zur Stielspitze hin bepudert und bedeckt mit weißlichen bis gräulichen Fibrillen zur Basis hin. Fleisch markgefüllt und zunächst fest, bald schon hohl. Teilvelum dünn, Cortina, bildet, wenn überhaupt, eine fragile, flüchtige fibrilläre Ringzone im oberen Bereich des Stiels. **MIKROSKOPISCHE MERKMALE:** Die Sporen sind dunkel leicht

Psilocybe caerulipes, der Blaustielkahlkopf, ist über einen großen Teil des nordamerikanischen Nordostens verbreitet.

purpur-braun im Abdruck, ellipsoid, 7–10 × 4–5 µm aus 4-sporigen Basidien. Sporen aus 2-sporigen Basidien sind größer. Keine Pleurozystiden. Cheilozystiden 18–35 × 4,5–7,5 µm, flaschenförmig, mit einem dünnen Hals, manchmal gegabelt, 1–2,5 µm breit an den Spitzen.

HABITUS, LEBENSRAUM UND VERBREITUNG: Solitär bis in Clustern auf Hartholzschnitzen und -resten und auf oder um zersetzende Hartholzstämme, besonders Birke, Buche und Ahorn, hauptsächlich entlang von Flusssystemen. Wächst im Sommer bis in den Herbst hinein nach warmen Regenfällen. Weit verbreitet östlich der Great Plains über den Mittleren Westen und den Osten der USA und in Buchenwäldern (*Fagus* spp.) in Mexiko, im Staat Hidalgo und in den südlichsten Verbreitungsgebieten des Buchenwachstums in Nordamerika.

KOMMENTAR: Moderat aktiv, keine Analysen veröffentlicht. Die Blauverfärbung variiert und ist beim Trocknen offensichtlicher. Obwohl *Psilocybe caerulipes* weit verbreitet ist, wird er nicht so häufig gefunden wie *Psilocybe ovoideocystidiata.* Auch wenn beide im selben Lebensraum auftreten können, sind sie doch normalerweise jahreszeitlich getrennt. *Psilocybe caerulipes* gedeiht im Herbst, während *Psilocybe ovoideocystidiata* das Frühjahr bevorzugt. Kürzlich durchgeführte Molekularanalysen zeigen, dass *Psilocybe caerulipes* eine der älteren Ahnenarten ist. Man schätzt, dass sie vor 25 Millionen Jahren erschienen ist.[32] Siehe auch *Psilocybe aztecorum, Psilocybe cyanescens* und *Psilocybe ovoideocystidiata.*

Psilocybe callosa (FRIES ex FRIES) QUELET

GEBRÄUCHLICHE NAMEN: Callosa-Kahlkopf

HUT: 0,5–3,0 cm im Durchmesser. Zunächst kegelig, sich ausbreitend zu konvex, glockig und schließlich breit konvex und normalerweise nicht scharf gebuckelt. Oberfläche glatt, in Randnähe durchscheinend-streifig, viskos, wenn nass, durch eine abtrennbare gallertartige Haut. Dunkelgräulich-braun bis zimtbraun, mit der Trocknung verblassend zu stroh- oder hellgelb. Fleisch verfärbt sich manchmal bläulich bei Verletzungen, jedoch nicht konsequent. **LAMELLEN:** Angewachsen adnat, manchmal subdecurrent herablaufend und sich während des Trocknens vom Stiel lösend. Die Lamellen sind bei Reife schokoladenbraun mit weißlichen Schneiden. **STIEL:** 40–70 (130) mm lang und 2–3 mm dick. Weiß bis gelb bis zu gelblich-braun. Gleichmäßig,

Psilocybe callosa ist eine Graslandart, von der manche dachten, sie sei synonym zu *Psilocybe strictipes.* Diese Art verfärbt sich bei Druck nicht bläulich, da ihr Psilocin fehlt. Es wird geschätzt, dass sie eine bescheidene Menge an Psilocybin enthält, aber wesentlich weniger als die ihr ähnliche Art *Psilocybe semilanceata* (Spitzkegeliger Kahlkopf). *Psilocybe callosa* fehlt die scharf abgezeichnete Warze (Buckel), die für *Psilocybe semilanceata* charakteristisch ist. *Psilocybe callosa* wächst normalerweise gregär, jedoch verstreut, selten in Clustern.

Psilocybe callosa ist stark hygrophan und verblasst schon bald im sonnenbeschienenen Grasland, in dem er häufig vorkommt.

Psilocybe callosa hat eine gallertartige Haut – die nur abtrennbar ist, wenn sie nass ist –, durch die er sich leicht von vielen anderen kleinen braunen Nicht-*Psilocybe*-Pilzen unterscheiden lässt, die im Grasland wachsen.

gerade bis geschlängelt, normalerweise zäh, knorpelig, verziert mit fibrillären Flecken der Velumreste und Basalmyzel, das sich bläulich verfärben kann. Teilvelum spinnwebartig, dünn, fragil und selten eine ringartige Zone auf den oberen Bereichen des Stiels hinterlassend. **MIKROSKOPISCHE MERKMALE:** Die Sporen sind im Abdruck dunkelpurpur-braun, leicht ellipsoid bis leicht rechteckig, 10–12 × 5,5–8 µm. Keine Pleurozystiden. Cheilozystiden 21–45 × 7–10 µm, flaschenförmig mit einem verlängerten Hals, 2–3,5 µm dick.

HABITUS, LEBENSRAUM UND VERBREITUNG: Fruktifiziert im Spätsommer bis Herbst im Pazifischen Nordwesten Nordamerikas, in England, Nordeuropa (Frankreich, Holland, Schweden, Deutschland, Tschechien, Slowakei), Sibirien, Chile und angeblich in Südafrika. Normalerweise findet man ihn in reichhaltigen, grasbewachsenen Bereichen wie auf Rasenflächen, entlang von Straßen und in Feldern. In der Regel findet man ihn nicht auf Dung, obwohl häufig auf Feldern mit und ohne Mistdüngung.

KOMMENTAR: *Psilocybe callosa* ist den meisten Sammlern von psilocybinhaltigen Pilzen weniger bekannt. Ein Grund hierfür könnte das Fehlen von deutlichen Merkmalen sein. Diese Art ist für die meisten Experten schwierig zu erkennen. Er verfärbt sich nicht bläulich, hat keinen Buckel und sieht im Vergleich zu anderen Arten, wie dem üblicherweise mit einer Warze versehenen *Psilocybe semilanceata,* mit dem er gemeinsam auftreten kann, unauffällig aus. *Psilocybe callosa* und *Psilocybe semilanceata* sind eng verwandt bis zu dem Punkt, dass sie zwei unterschiedliche Formen in derselben allgemeinen Artengruppe sein könnten.

Ein weiterer eng verwandter Pilzname, der hier synonym verwendet worden ist, ist *Psilocybe strictipes,* eine geheimnisvolle, wenn nicht gar mythische Art, deren taxonomischer Ursprung durch einen Mangel an neueren Sammlungen kompliziert bleibt. Manche Herbarexemplare könnten eine Vermischung mit *Psilocybe semilanceata* darstellen. Gastón Guzmán versuchte die Verwirrung um *Psilocybe callosa* aufzuklären, indem er anregte, sie zu derselben Art wie *Psilocybe strictipes* zu zählen, die zuerst als koniferenliebender Pilz von Singer and Smith publiziert wurde, aber die DNS-Analyse legt nahe, dass *Psilocybe strictipes* zu *Phaeonematoloma* gehört.[33, 34] Ich bezweifele ebenfalls, dass *Psilocybe strictipes* eine gesicherte Art ist. Es herrscht eine erhebliche Konfusion zwischen diesen Taxa, die noch ausgeräumt werden muss.

Für die meisten Pilzsammler ist *Psilocybe callosa* in seiner Morphologie dem weidelandliebenden *Psilocybe semilanceata* und weniger *Psilocybe liniformans* ähnlicher. Das Fehlen des sich scharf abzeichnenden Buckels ist das einzige mir bekannte makroskopische Merkmal, das diese Art präzise von seinem engsten Verbündeten, *Psilocybe semilanceata,* abgrenzen kann, mit dem sie oft verwechselt wird. Mikroskopisch gesehen hat *Psilocybe callosa* kleinere und schmalere Sporen als *Psilocybe semilanceata,* ist aber ansonsten sehr ähnlich. Sie könnten in der Tat zwei Varianten derselben Art sein. Auch die Stiellänge ist keine gute Leitlinie, da sie üblicherweise durch die Höhe der Grasbüschel beeinflusst wird, aus denen die Pilze wachsen. Die Stielbasis von *Psilocybe callosa* ist typischerweise fest mit toten Gräsern verbunden. Die Bezeichnung *callosa* bezieht sich auf die zähe oder verhärtete Textur des Pilzes, insbesondere des Stiels, wenn dieser trocknet.

Eine Varietät von *Psilocybe callosa* wächst im Willamette Valley in West- bis Zentral-Oregon im Korridor zwischen Portland und Eugene in enger Verbindung mit Rotem Straußgras *(Agrostis tenuis)* üppig. Dort sind Tausende von Hektar für die kommerzielle Zucht von Grassamen bestimmt, einen Hauptindustriezweig dieser Region. Die zahlreiche Fruktifizierung von *Psilocybe callosa* in diesem Grasland und die nachfolgende Verbreitung von sporenbestäubten Samen stellen eine riesige Ausgangsplattform für die Beimpfung von weit entfernten Rasenflächen und zum Beispiel von Golfplätzen dar. Die potenzielle Verbreitung dieser Art durch den kommerziellen Versand von Rasensamen ist verblüffend. Diese Art ist wahrscheinlich wesentlich verbreiteter, als man aktuell glaubt. Überprüfen Sie die Pilze, die Sie pflücken, auf purpur-braune Sporen, da viele rostbraun-sporige Pilze wie *Galerina*- und *Pholiotina*-Arten dasselbe Ökosystem bewohnen.

Psilocybe cubensis (EARLE) SINGER = *Stropharia cubensis* EARLE

Gebräuchliche Namen: Kubanischer Kahlkopf, San Isidro, Cubies

HUT: 1,5–8,0 cm im Durchmesser. Kegelig-glockig, oft zunächst mit einem Buckel, sich ausbreitend zu konvex und breit konvex und schließlich im Alter zu flach mit oder ohne einen stumpfen oder spitzen Buckel. Junge Fruchtkörper sind rötlich zimtbraun, werden mit dem Alter heller zu golden-braun, verblassend zu blassgelb oder weiß am Hutrand. Der Buckel oder der mittlere Bereich bleiben dunkler und zimtbraun. Oberfläche viskos bis glatt, wenn feucht, aber schon bald trocken; das Velum universale hinterlässt punktartige weiße Reste auf dem Hut, der bald im Ganzen glatt wird. Fleisch weißlich, bei Druck schon bald bläulich verfärbend. **LAMELLEN:** Angewachsen adnat bis angeheftet adnex, bald abgetrennt, eng, schmal bis mittig leicht verdickt. Fahl bis gräulich bei jungen Fruchtkörpern, in reifem Zustand tief-leicht purpur-grau bis fast

Psilocybe cubensis, der Kubanische Kahlkopf, ist eine majestätische Art, die viele Formen aufweist. Ihre satte goldene Farbe, das dicke membranöse Teilvelum und der Ring (geziert mit Velumresten auf den Hüten) werden schon bald von Regen und Wind abgetragen oder verblassen in der Sonne. Beachten Sie die Blauverfärbung an der Stielbasis. Diese emblematische Art scheint im Mittelpunkt einer Konstellation von Arten mit derselben Gesamtmorphologie zu stehen. Siehe auch *Psilocybe ochraceocentrata* auf Seite 178.

Die Lamellen des Kuhdung liebenden *Psilocybe cubensis* dunkeln mit der Sporenreife nach. Die Sporen sammeln sich auf der Oberseite des membranösen Annulus. Beachten Sie die durch Berührung entstandene Blauverfärbung am Stiel.

schwarz, oft marmoriert. **STIEL:** 40–150 mm lang und 5–15 mm dick. Zur Basis hin verdickt und oft gebogen. Insgesamt weißlich, aber könnte sich zu gelblich verfärben, bei Verletzung bläulich-grün verfärbend. Oberfläche glatt bis streifig an der Spitze und trocken. Teilvelum typischerweise dick membranös, häufig am Velum-Hut-Übergang bläulich getönt. Wenn es sich löst und abfällt, hinterlässt es einen gut entwickelten weißen, beständigen membranösen Ring, der sich oft bei Druck bläulich verfärbt und schon bald von leicht purpur-braunen Sporen eingefärbt wird. **MIKROSKOPISCHE MERKMALE:** Sporen dunkel leicht purpur-braun bis veilchenblau-braun, leicht ellipsoid, doppelwandig, 11,5–17 mal 8–11 µm. Basidien 2- bis 3-sporig, aber normalerweise 4-sporig. Pleurozystiden leicht birnenförmig, manchmal stachelspitzig, an der Spitze verdickt, 18–30 × 6–13 µm. Cheilozystiden spindelförmig aufgeblasen mit einer stumpfen oder leicht gekeulten Spitze, manchmal leicht flaschenförmig, 17–32 × 6–10 µm, wobei die engen Hälse 3–5 µm breit sind.

HABITUS, LEBENSRAUM UND VERBREITUNG: Verstreut bis gregär auf Kuhdung oder gut gedüngten Böden im Frühjahr, Sommer und Herbst. Diese Art wird wahrscheinlich mit dem Dung vieler Huftiere in Verbindung gebracht. Noch keine Berichte über Vorkommen auf Büffel- oder Bisondung. Der Mykologe Gary Lincoff fand diese Artengruppe auf Elefantendung in Indien, was nahelegt, dass *Psilocybe cubensis* auf einer weiteren Bandbreite als nur Huftierdung wächst und seine Linie bis auf viele Megafauna-Pflanzenfresser zurückgeht, deren Erscheinen zum Teil vor dem Erscheinen von Rindern liegt.

Psilocybe cubensis wächst weitverbreitet in den tropischen und subtropischen Regionen der Erde. Man findet ihn im Südosten der USA, in Mexiko, Kuba, Mittelamerika, im Norden von Südamerika und in Fernost wie Indien, Thailand, Vietnam und Kambodscha sowie in manchen Regionen Australiens (Queensland). Überraschenderweise fehlen Sammlungen von wissenschaftlichen Mykologen in Afrika, obwohl eine

Psilocybe cubensis kann leicht auf einer großen Vielzahl an sterilisiertem Getreide gezüchtet werden. Hier sehen Sie eine Fruktifizierung eines meiner Exemplare auf Roggenkörnern. Auch Reis, Weizen, Hirse, Sonnenblumen, Sorghumhirse, Mais und viele andere Körner unterstützen die Fruktifizierung, obwohl manche Reis oder eine Reis-Hirse-Sonnenblumen-Mischung vorziehen. Auch kommerzielle Vogelfuttermischungen werden häufig verwendet.

ähnliche, neu benannte Art, *Psilocybe ochraceocentrata*, bekannt ist, jedoch bislang nur aus Südafrika. Diese Arten hängen eng miteinander zusammen, ebenso wie *Psilocybe aquamarina. Psilocybe jaliscana* ist ein Synonym für *Psilocybe cubensis.*

Typischerweise liegen die reichhaltigsten Fruktifizierungen dieser Art in den beiden Monaten vor der heißesten Zeit des Jahres. Während extrem hoher Temperaturen trifft man diese Art weniger häufig an. Ihre Obergrenze scheint bei etwa 32 °C Bodentemperatur zu liegen. Im Südosten der USA sind die besten Sammelmonate Mai und Juni, obwohl man die Art bis Januar finden kann. Als hoch anpassungsfähige Art hat sich *Psilocybe cubensis* in den wärmeren, feuchteren Regionen der Welt ausgebreitet und steht in enger Verbindung mit Reihern. Diese Vögel leben oft in einer symbiotischen Beziehung zu Rindern, denen sie stechende Insekten wie Flöhe, Fliegen und Zecken vom Leib halten. Reiher profitieren auch von den Grashüpfern, die sich niederlassen, während die Rinder weiterziehen. Dies bringt die Vögel in engen Kontakt mit sporulierenden Fruchtkörpern dieser Pilzart. Reiher können auch über Kontinente hinwegziehen. Es ist von vielen Vogelarten bekannt, dass sie Pilzsporen verbreiten. Die Sporenverbreitung über die Vögel ist eine Form der Rinder-Insekten-Vogel-Pilz-Brücke, ein weiterer geschickter Weg, mit dem Pilze ihr Überleben sichern.

Mit der weitverbreiteten Zucht von *Psilocybe cubensis* ist der Pilz in einer guten Position, um weiter zu migrieren, und das selbst in gemäßigte Zonen. Seine nördlichsten Naturalisierungen in Nordamerika, von denen ich weiß, befinden sich im Staat Arkansas. Im Rahmen der Klimaerwärmung ist es wahrscheinlich, dass er sich, wie viele andere Arten, weiter nordwärts ausbreiten wird.

KOMMENTAR: Diese majestätische Art, da sind sich die meisten Experten einig, wurde wahrscheinlich mit den ersten spanischen Kolonisten und Missionaren und ihren Rindern Ende des 15. und im 16. Jh. nach Amerika eingeführt. Dies hat sich dann mehrfach wiederholt. Interessanterweise kennen wir den Ursprung dieser Art in Afrika noch nicht. Dieser Pilz wurde bei der indigenen Bevölkerung in Mesoamerika als San Isidro bekannt, benannt nach dem katholischen Schutzheiligen der Bauern. Zunächst wurde *Psilocybe cubensis* von den indigenen Völkern geringgeschätzt und die heimischen psilocybinhaltigen Arten vorgezogen, jetzt wird er immer mehr in ihren Ritualen verwendet, da er nachhaltig in Innenräumen gezüchtet werden kann und so das ganze Jahr über verfügbar ist.

Psilocybe cubensis ist heute der meistkultivierte und -verwendete psilocybinhaltige Pilz der Welt. Er kann bis zu 5 % Psilocybin und Psilocin in getrocknetem Zustand enthalten. Eine vor Kurzem durchgeführte Analyse von

Psilocybe cubensis, eine Kultur im Reagenzglas zeigt die klassischen Rhizomorphen.

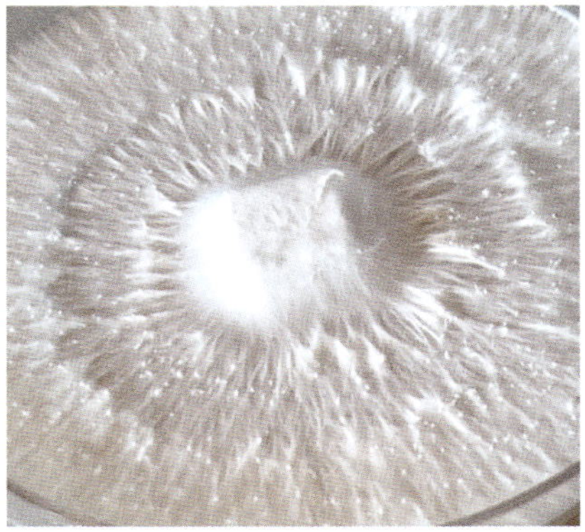

Psilocybe cubensis bildet in einer mit Nährlösung gefüllten Petrischale Primordien.

Psilocybe cubensis, Pilze reifen in einer mit Nährlösung gefüllten Petrischale. Beachten Sie die Blauverfärbung und den Sporenabdruck.

kultivierten Stämmen ergab jedoch einen kombinierten Psilocybin- und Psilocingehalt von 0,85–1,45 %.[35]

Ich wäre nicht überrascht, wenn manche Phänotypen einen kombinierten Gehalt von Psilocybin und Psilocin von mehr als 5 % aufweisen würden. Luftgetrocknete Exemplare können innerhalb eines Jahres 20 bis 40 % ihrer Wirksamkeit verlieren. Der Verlust der Wirksamkeit ist durch zahlreiche Faktoren bedingt wie den Stammtypus, die Substrate und die Trocken- und Lagerungsbedingungen. Die meisten Exemplare von *Psilocybe cubensis* weisen etwa 1 bis 2 % Psilocybin/Psilocin auf oder 10 bis 20 mg Psilocybin/Psilocin pro getrocknetem Gramm Pilze. Seltsamerweise habe ich festgestellt, dass der Psilocybingehalt der Art, wenn sie an einem kühlen und trockenen Platz bei 4 bis 18 °C gelagert wird, nach zwei Jahren bei fast 2 % lag. Eine kühle und trockene Lagerung in Lebensmittelbeuteln im Vakuum scheint besser zu sein, als die Pilze einzufrieren oder sie gefrierzutrocknen. Meine Erfahrung deckt sich mit einer Studie von Gotvaldová und anderen, die überraschenderweise auch herausfanden, dass bei Raumtemperatur gelagerte *Psilocybe cubensis* eine wesentlich höhere Wirksamkeit aufwiesen als tiefgefrorene (-80 °C) oder gefriergetrocknete Exemplare.[36] Nicht überraschend ist, dass verschiedene Stämme ebenfalls bedeutend in ihrem Psilocybingehalt schwanken, und zwar unabhängig vom Substrat oder von den Lagerbedingungen. Es gibt sogar Stämme von *Psilocybe cubensis,* die bei einer Analyse des frischen Fruchtkörpers keinen nachweisbaren Psilocybingehalt zeigten. Dies ist jedoch außergewöhnlich selten. Bitte seien Sie wie immer bei psilocybinhaltigen Pilzen vorsichtig, und bleiben Sie im Zweifel auf der sicheren Seite, wenn Sie Pilze verzehren, sodass Sie nicht mehr als die maximale vorhersehbare Dosis zu sich nehmen. Die Wirksamkeit hängt von vielen Faktoren ab. Hierzu gehören Genetik, Substrat, Pilzmasse, Trockenmethode, Licht- und Sauerstoffexposition, Temperaturen und zu guter Letzt die Lagerungsdauer.

Im Vergleich zu den meisten anderen psilocybinhaltigen Arten ist *Psilocybe cubensis* am einfachsten in Innenräumen kultivierbar. Das Myzel ist aggressiv, bildet charakteristisch weiße, rhizomorphe Kulturen und fruktifiziert auf einer großen Bandbreite an Substraten. Diese Art fruktifiziert üppig auf Getreide (Reis, Roggen, Weizen, Mais, Hirse, Sorghumhirse, Hafer und Sonnenblumenkernen) und macht sie mit diesen Vorteilen für Konsumenten einzigartig, die sie leicht zu Hause züchten können und nicht die Möglichkeit zum Kompostieren haben. Mit Schnellkochtöpfen, etwas grundlegender Laborausstattung und den folgenden Techniken, die in guten Anbauhandbüchern beschrieben sind (einschließlich *The Mushroom Cultivator*[37] oder *Growing Gourmet and Medicinal Mushrooms*[38]), hat man das ganze Jahr über verlässlich Zugang zu kultivierten *Psilocybe cubensis.* Der Anbau ist preisgünstig und stellt eine enge Verbindung zwischen dem Anbauer und seinem rituellen Objekt her. Des Weiteren mündet die Anzahl der Stämme aus der Natur, die isoliert und getestet wurden, in einem bizarren, vielfältigen Angebot an Phänotypen, von kurz- und dickstieligen, sphäroidischen Stämmen bis zu riesigen »Golden Teachers«. (Beachten Sie, dass diese allgemeinen Namen oft aus Marketinggründen verwendet werden und keinen Stamm bezeichnen.) Während Tausende von Anbauern weiterhin Innovationen einbringen, bin ich gespannt, welche neuen Stämme und Techniken aus den Versuchen von Bürgerwissenschaftlern hervorgehen, die sich mit psilocybinhaltigen Pilzen beschäftigen. Es ist nicht überraschend, dass die Vielfalt der wilden Stämme dieser Art wesentlich größer ist als diejenige aus Züchtungen.[39]

Manche Menschen sind allergisch gegen Sporen von *Psilocybe cubensis.* In einer Studie mit asthmakranken Kindern reagierten 100 % von ihnen negativ auf Sporen dieser Art. Dies macht sein Potenzial als Allergen deutlich.[40] Die Sporen, die kein Psilocybin enthalten, bilden sich aus dem psilocybinhaltigen Fleisch. Je mehr Sporen vorhanden sind, umso weniger wirkungsvoll sind die Pilze vermutlich geworden. Des Weiteren verrotten die Pilze nach der Sporulation tendenziell schnell. Dies geschieht manchmal durch Mikroorganismen oder Bakterien, die durch die von der Sporenfreigabe angelockten Fliegen eingetragen werden. Aufgrund dieser drei Gründe ist der beste Zeitpunkt für die Ernte von *Psilocybe cubensis,* wenn das Teilvelum noch intakt ist (siehe Foto auf Seite 90). Es ist wie bei vielen anderen Arten auch besser, jüngere als ältere Pilze zu verzehren.

Siehe auch *Psilocybe ochraceocentrata.* Diese Art ist *Psilocybe cubensis* makroskopisch sehr ähnlich und ein enger Verwandter. Sie wurde erstmals nach Exemplaren aus Südafrika beschrieben.

Psilocybe cyanescens WAKEFIELD

Gebräuchliche Namen: Blauender Kahlkopf, Blaufärbender Kahlkopf, Cyans, Wavy Caps

HUT: 1–4 (7) cm im Durchmesser. Zunächst stumpf kegelig bis kegelig konvex mit nach innen gebogenem unregelmäßigem Rand, bald sich ausbreitend zu breit konvex bis fast flach im Alter mit einem ausgesprochen welligen Rand, der sich mit der Reife aufwölbt und bei Nässe normalerweise durchscheinend streifig ist. Junge Exemplare können dunkelkastanienbraun sein, werden im Alter karamellfarben, hygrophan, vergilben unterschiedlich, während sie trocknen. Oberfläche glatt und viskos, wenn feucht, durch eine gallertartige Haut, die manchmal abtrennbar ist. Trama fast farbgleich zu Hut, außer in dem Bereich, wo der Stiel am Hut angewachsen ist. Dort ist weißes markiges Myzel sichtbar. Der Hut verfärbt sich bläulich-grün bei Beschädigung, im Alter und nach Gefrieren und Auftauen. **LAMELLEN:** Angewachsen adnat bis subdecurrent, eng bis entfernt stehend, breit, mit zwei Reihen untergemischten Lamellen. Farbe hellbraun, nachdunkelnd bis zimtbraun, dunkelrauchbraun mit blasseren Schneiden. **STIEL:** 20–110 mm lang und 2,0–7,0 mm dick. Oft gebogen und an der Basis verdickt und zäh. Ins-

Klassischer Phänotyp von *Psilocybe cyanescens,* dem Blauenden Kahlkopf. Er zeigt einen charakteristisch welligen Hutrand.

Psilocybe cyanescens fruktifiziert oft in Clustern und kann auf ungeschützten Holzschnitzeln kurze Stiele haben.

gesamt weißlich, sogleich bläulich verfärbend. Oberfläche seidig, bedeckt mit feinen Fibrillen und oft mit langen weißlichen Rhizomorphen an der Stielbasis, die tendenziell von der Farbe her dunkler sind. Teilvelum stark spinnwebartig, weiß, sich dehnend, reißend und rasch verfallend zu einer unklaren Ringzone, die bald verschwindet. Purpur-braune Sporen verzieren oft die verstreuten Fibrillen auf dem Stiel. Ringzonen normalerweise nicht vorhanden. **MIKROSKOPISCHE MERKMALE:** Sporen dunkel leicht purpur-braun im Abdruck, länglich-ellipsoid, 9–12 mal 5–8 (9) µm. Obwohl nach Singer und Smiths Untersuchung der Sammlung von 1946, die Wakefield in Kew Gardens nahe London hinterlegt hat, von wenigen Pleurozystiden berichtet wurde, weisen die Exemplare, die ich im Pazifischen Nordwesten von Nordamerika gesammelt habe, reichlich Pleurozystiden auf. Sie sind 17–33 mal 5,0–8,8 µm groß, spindelförmig-aufgeblasen bis leicht birnenförmig, stachelspitzig, dichter an den Lamellenschneiden. Cheilozystiden (12)16–27(30) × (5)6,6–8,8 µm, leicht flaschenförmig bis spindelförmig-aufgeblasen, zylindrisch an der Basis, mit einem verlängerten einfachen oder gespaltenen Hals 6 × 1,5–3,5 µm.

HABITUS, LEBENSRAUM UND VERBREITUNG: Verstreut bis gregär in Holzbruch, zwischen Blättern und Zweigen, in Holzschnitzeln oder Sägemehl oder in Trümmerfeldern, die reich an sich zersetzendem Laubholz sind. Diese Art liebt Gärten und ist oft dort vorzufinden, wo gemulcht wurde: entlang Rasenkanten mit angrenzenden Holzschnitzelstreifen, Wegen mit Holzschnitzeln und in stark gemulchten Rhododendren- und Rosengärten. Ich denke, diese Art könnte ein Endophyt sein, der in Erlen *(Alnus)* lebt. Ich habe diese Art nie in einem natürlichen Waldgebiet gefunden, aber sie sprießt spontan auf wilden Erlen, die gehäckselt und für die Landschaftsgestaltung genutzt worden sind. Vorzufinden vom Herbst bis zum frühen Winter. Es gibt Berichte aus den westlichen Küstengebieten von Nordamerika (von San Francisco bis Südalaska) und jetzt auch weitverbreitet im Vereinigten Königreich und in einem Großteil der gemäßigten Zonen Europas, von Italien über Deutschland bis nach Spanien und Norwegen. Diese Art macht eine Weltreise!

KOMMENTAR: Wirkstark. Unsere Sammlung dieser Art, berichtet von Beug und Bigwood,[41] wies 1,68 % Psilocybin und 0,28 % Psilocin auf. Jochen Gartz[42] fand 0,30 % Psilocybin, 0,51 % Psilocin und 0,02 % Baeocystin. Stijve and Kuyper[43] berichteten von 0,85 % Psilocybin, 0,36 % Psilocin und 0,03 % Baeocystin. Bradshaw und andere stellten einen Psilocybingehalt zwischen 0,3 und 1,56 % und einen Psilocingehalt zwischen 0,02 und 0,52 % fest. Eine kürzlich von mir durchgeführte Analyse zeigte fast 3 % Psilocybin und Psilocin in zweijährigen, bei Raumtemperatur gelagerten Exemplaren. Überraschenderweise verfügte *Psilocybe cyanescens,* der fast 50 Jahre in einem Herbarium gelagert worden war, noch über einige Mikrogramm/Milligramm Wirkstoffe. Dies ist bemerkenswert, da Psilocin im Vergleich zum stabileren Psilocybin instabil ist. Andere Exemplare mit einem Alter von weniger als 20 Jahren enthielten kein nachweisbares Psilocybin bzw. Psilocin. Diese große Schwankungsbreite unterstreicht, dass viele Faktoren die Wirksamkeit beeinflussen. Bei keiner der oben genannten Analysen wurde zwischen den Stadien der Fruchtkörper unterschieden. Neben dem Phänotyp und den Wachstumsbedingungen hat die Reife des getesteten Fruchtkörpers einen wesentlichen Einfluss auf die Analyse. Jung geerntete Pilze vor einer starken Sporulation und vor einer Blauverfärbung werden wahrscheinlich eine höhere Wirksamkeit aufweisen als stark sporulierende, reifere Exemplare. Die Lufttrocknung vor einem Ventilator bei hohem Luftdurchsatz, aber ohne Hitze ist meine bevorzugte Trockenmethode für diese und viele andere Arten.

Viele Mykologen vermuten, dass *Psilocybe cyanescens* Europa wahrscheinlich durch die Sammlungen von wilden sowie domestizierten Pflanzen wie Rhododendren, die aus dem Pazifischen Nordwes-

Psilocybe cyanescens kann kurze Stiele haben, wenn er auf ungeschützten Holzschnitzeln wächst.

ten nach Kew Gardens verschickt wurden, einem der wesentlichen Knotenpunkte für den Import von ausländischen Pflanzen, kolonisiert wurde. Botanische Gärten sind wahrscheinlich Knotenpunkte für die Verbreitung vieler nicht heimischer Arten geworden. Tatsächlich haben Singer und Smith in ihrer Monografie bemerkt, dass »es nicht unmöglich ist, dass diese Art mit exotischem Pflanzenmaterial in Europa eingeführt wurde«.[44]

Interessanterweise scheinen Nacktschnecken diese wirkungsvolle psilocybinhaltige Art nicht zu mögen. Selbst wenn Nacktschnecken direkt auf einen *Psilocybe cyanescens* gesetzt werden, kriechen sie bald fort. Wenn sie jedoch auf einen Riesenträuschling *(Stropharia rugoso-annulata)* gesetzt werden, fressen sie ihn auf. Als ich einen Auswahltest machte, indem ich zehn Nacktschnecken in eine Kiste mit diesen zwei Arten an entgegengesetzten Seiten setzte, krochen die Schnecken zum Riesenträuschling. Diese Beobachtung unterstützt die Hypothese, dass Psilocybin sich entwickelt haben könnte, um eine Parasitierung durch Schnecken und Nacktschnecken zu verhindern.

Psilocybe cyanofibrillosa GUZMÁN & STAMETS

Gebräuchliche Namen: Schwarzblauender Kahlkopf, Blauhaariger Psilocybe, Rhododendron-Psilocybe

HUT: 1,4–3,5 cm im Durchmesser. Kegelig über konvex zu breit konvex, im Alter schließlich flach. Farbe tiefkastanienbraun bis karamellbraun, hygrophan, während des Trocknens verblassend zu einem blassen Hellbraun bis gelblichen Braun oder sogar einem schmutzig gräulichen Weiß. Oberfläche viskos, wenn feucht, durch eine abtrennbare gallertartige Haut. **LAMELLEN:** Angewachsen adnat bis adnex bis zu leicht subdecurrent im Alter, hellgräulich in der Jugend, leicht purpurbraun mit der Reife, mit weißlichen Lamellenschneiden. **STIEL:** 30–70 mm lang und 2–4 mm dick, gerade

Die Hüte von *Psilocybe cyanofibrillosa* sind entlang der Ränder gleichmäßig, insbesondere, wenn sie jung sind.

Psilocybe cyanofibrillosa ist nach den bläulich getönten Haaren benannt, die man am Stiel erkennen kann.

bis geschlängelt, gleichmäßig bis verdickt in der Nähe der Basis, in Längsrichtung streifig und verziert mit feinen Fibrillen, die sich bei der Berührung der Pilze bläulich verfärben. Gelbbraun bis hell-lohfarben darunter. Teilvelum weiß, Cortina, reichlich, wenn jung, im Alter verdünnend, hinterlässt fragile fibrilläre Velumreste als Ringzone in den oberen Bereichen. Fleisch bräunlich, bei Druckstellen bläulich verfärbend. **MIKROSKOPISCHE MERKMALE:** Sporen leicht purpur-braun im Abdruck, leicht ellipsoid, 9–12 × 5–7 µm. Basidien 4-sporig, selten 2-sporig. Keine Pleurozystiden. Cheilozystiden spindelförmig bis lanzettlich, 22–33 × 5,5–7 µm, mit einem verlängerten Hals, 1–1,5 µm an der Spitze.

HABITUS, LEBENSRAUM UND VERBREITUNG: Wächst gregär bis verstreut und primär an der Küste von Kalifornien (Eureka/Arcata) entlang bis nach British Columbia, Kanada. Wird mit Strauchlupinen in Verbindung gebracht, insbesondere häufig in Überschwemmungsgebieten von Flussarmen, die in den Pazifischen Ozean münden. Wird auch nicht selten in Rhododendrongärten und -schulen an der Küste gefunden oder dort, wo Koniferenholzschnitzel zur Landschaftsgestaltung verwendet worden sind. Eine gemeinnützige Stiftung zum Erhalt der Rhododendronarten, die von einem namhaften Unternehmen aus der Holzwirtschaft finanziert wird, legte einen mehr als 4000 m² großen Rhododendronpark an, der mit Massen an Koniferenholzschnitzeln gemulcht wurde und einen idealen Lebensraum für diese Art bietet. *Psilocybe cyanescens* und *Psilocybe baeocystis* gediehen hier ebenfalls viele Jahre lang.

KOMMENTAR: Die Art ist leicht aktiv und enthält wahrscheinlich pro Gramm mehr als 0,05 mg Psilocybin und 1,4 mg Psilocin, wie zuerst von mir und anderen berichtet.[45] Obwohl diese Art aufgrund ihres vergleichsweise hohen Psilocingehalts eine ziemlich starke Blauverfärbung aufweist, verliert sie doch viel ihrer Wirksamkeit durch die Handhabung und beim Trocknen. Von *Psilocybe cyanofibrillosa* liegen nur Berichte über Vorkommen in der pazifischen Küstenregion Nordamerikas vor. Siehe auch unter *Psilocybe pelliculosa,* einer ihrer engsten Verwandten. Siehe außerdem unter *Psilocybe allenii, Psilocybe azurescens* und *Psilocybe cyanescens,* die reichlich Pleurozystiden aufweisen, wohingegen *Psilocybe cyanofibrillosa* dies nicht tut. Diese Arten treten auf, wenn der Holzmulch eine Mischung aus Harthölzern und Koniferen beinhaltet. Ich habe *Psilocybe cyanofibrillosa* nur in Koniferensägemehl gefunden, was nahelegt, dass der Pilz ein Endophyt sein könnte, der in Douglasien verborgen lebt und post mortem fruktifiziert.

Psilocybe fimetaria (P.D. ORTON) WATLING

Gebräuchliche Namen: Blaufuß-Kahlkopf

HUT: 0,5–3,6 cm breit. Kegelig bis konvex, später dann leicht glockig, breitet sich zu breit konvex aus, oft mit einem stumpfen Buckel. Oberfläche glatt, in Randnähe durchscheinend-streifig, viskos, wenn nass, durch eine dicke abtrennbare gallertartige Haut. Blassrötlich braun bis zu honig- und ockerfarben, hygrophan, verblasst beim Trocknen zu ockerfarben-gelbbraun, gelblich-olivfarben und zu gelblich. Fleisch weißlich bis honigfarben, inkonsistent bläulich verfärbend bei Verletzung. **LAMELLEN:** Angewachsen adnat, manchmal ausgebuchtet uncinat, zunächst tönern-weißlich, später dunkel leicht purpur-braun bei Reife mit weißlichen Schneiden. **STIEL:** 20–90 mm lang und 1–4 mm dick. Gleichmäßig bis leicht verdickt an der Basis. Farbe zunächst weißlich, bald rötlich braun oder honigfarben und manchmal mit gräulichen bis bläulich-grünen Tönen. Oberfläche bedeckt mit weißlichen fibrillären Flecken bis hin zu unregelmäßigen dichten fibrillären Zonen im oberen Bereich, die sich aus einem bei jungen Exemplaren vorhandenen dicken Teilvelum, Cortina, entwickeln. **MIKROSKOPISCHE MERKMALE:** Sporen dunkel leicht purpur-braun, leicht ellipsoid oder ellipsoid, 9,5–16 × 6,5–9,5 µm. Keine Pleurozystiden.

Psilocybe fimetaria kann auf Pferdemist gregär wachsen.

Psilocybe fimetaria ist ein klassischer auf Dung lebender, psilocybinhaltiger *Psilocybe,* der sich jedoch normalerweise nicht bläulich verfärbt. Wenn er sich bläulich verfärbt, sind die Blautöne im Myzel an der Stielbasis am offensichtlichsten.

Psilocybe fimetaria kann halbkugelige bis kegelige Hüte haben, manchmal mit einem stumpfen Buckel. Beachten Sie die purpurbraunen Sporen auf den fibrillären Resten des Teilvelums in den oberen Bereichen des Stiels.

Cheilozystiden 20–32 × 4–8 µm, aufgeblasen-spindelförmig oder flaschenförmig mit engem Hals, oft geschlängelt, 4–15 × 0,5–1,5 µm, gelegentlich verzweigt.

HABITUS, LEBENSRAUM UND VERBREITUNG: *Psilocybe fimetaria* wächst einzeln oder gregär auf Pferdemist, in grasbedeckten Bereichen oder reichhaltigen Böden und fruktifiziert oft in großen Kreisen. Die Art ist bekannt aus Großbritannien und Europa (Finnland, Norwegen, Frankreich, Spanien, Tschechische Republik). Es wurde auch von Sammlungen aus Kanada (British Columbia, New Brunswick) und dem Nordwesten der USA (Washington, Oregon, Idaho) berichtet. Im Allgemeinen findet man die Pilze im Oktober und November. In Chile ist dieser Pilz im August gepflückt worden. Seine Fruktifizierungsbandbreite ist wahrscheinlich viel größer als bisher berichtet.

KOMMENTAR: Moderat aktiv bis inaktiv.[46] Auf den ersten Blick teilt diese Art das Aussehen mit den halbkugelförmigen *Deconica coprophila* und *Psilocybe liniformans,* der eine abziehbare Lamellenschneide hat. *Psilocybe fimetaria* kann manchmal einen kegeligen Hut haben, der aber nicht so ausgeprägt spitzkegelig ist, wie es für *Psilocybe semilanceata* typisch ist. *Psilocybe semilanceata* bevorzugt normalerweise Kuh- und Schafweiden und wächst nicht auf Pferdemist, den *Psilocybe fimetaria* bevorzugt. Beide können oben gelegene fibrilläre Ringzonen aufweisen, die bei Pilzreife mit leicht purpur-braunen Sporen eingestäubt sind. *Psilocybe hispanica* könnte synonym zu *Psilocybe fimetaria* sein. *Psilocybe subfimetaria* könnte nur eine Varietät von *Psilocybe fimetaria* sein, so wie *Psilocybe hispanica,* die gleichermaßen auf Pferdemist wächst.

Psilocybe hispanica GUZMÁN

Gebräuchliche Namen: Spanischer Kahlkopf

HUT: 0,25–1 cm im Durchmesser. Kegelig bis konvex, manchmal mit einem leichten Buckel. Braun bis haselnussfarben, glatt, hygrophan, verblasst beim Trocknen zu gelblich-braun. **LAMELLEN:** Angewachsen adnat, veilchenblau-braun bei Sporenreife, mit weißlichen Schneiden. **STIEL:** 16–25 mm lang und 0,5–1 mm dick, gleichmäßig und leicht verdickt an der Basis. Fleisch verfärbt sich grünlich-blau. **MIKROSKOPISCHE MERKMALE:** Sporen dunkel leicht purpur-braun, ellipsoid, 12–14,5 × 6,5–8 µm. Keine Pleurozystiden. Cheilozystiden vorhanden.

HABITUS, LEBENSRAUM UND VERBREITUNG: *Psilocybe hispanica* wächst in Nordspanien und Südwestfrankreich in Pferdemist im Grasland der Pyrenäen auf einer Höhe von 1700–2300 m. Diese Art ist wahrscheinlich weiter verbreitet als bisher berichtet.

KOMMENTAR: Diese Art wurde zuerst von Gastón Guzmán im Jahr 2000[47] und danach von Roberto Fernández-Sasia im Jahr 2006 beschrieben.[48] Im Jahr 2011 schlugen Brian Akers und andere vor, dass die grob 6000 Jahre alte Höhlenkunst von Selva Pascuala im spa-

Psilocybe hispanica wächst im Hochland von Spanien und ist *Psilocybe fimetaria* sehr ähnlich, wenn nicht gar konspezifisch (artgleich).

Psilocybe hispanica fruktifiziert auf Pferdemist.

nischen Mittelmeerraum klassische psilocybinhaltige Pilze darstellt, was ein Hinweis darauf ist, dass *Psilocybe hispanica* oder ein anderer psilocybinhaltiger Pilz ritualisiert verwendet wurde (siehe Seite 27).[49] Das Kunstwerk zeigt jedoch Rinder mit langen Hörnern, unter denen Pilze wachsen, wohingegen *Psilocybe hispanica* Pferdemist bevorzugt. Ich habe *Psilocybe semilanceata* häufig gesammelt und diese Art oft auf Weiden gefunden, auf denen Pferde und Kühe gemeinsam weiden. In beiden Fällen ist die spitze Form der in der Höhlenkunst dargestellten Pilze *Psilocybe*-artig, im Gegensatz zu den oft dargestellten halbkugeligen, nicht mit einem Buckel versehenen und beringten *Agaricus*- (Portobello) oder *Amanita*-Formen, die für viele Pilze charakteristisch sind, die keine *Psilocybe* sind. Kunst ohne mykologische Proben zu interpretieren ist mit Schwierigkeiten verbunden, aber die Umstände hier sind eine Überlegung wert.

Deconica coprophila (ehemals *Psilocybe coprophila*) kann gleichzeitig mit *Psilocybe hispanica* auftreten, aber verfärbt sich nicht bläulich und ist kein Psilocybinbildner. *Psilocybe hispanica* finde ich besonders faszinierend, da sie eine der drei *Psilocybe*-Arten ist, von denen bekannt ist, dass sie auf Pferdemist wachsen, sich bläulich verfärben können und in den gemäßigten Zonen Europas vorkommen. Eine weitere Art, die man auf Pferdemist findet, ist der sich blau verfärbende und psilocybinhaltige *Psilocybe fimetaria,* mit dem *Psilocybe hispanica* eng verwandt ist. Die Ähnlichkeit dieser beiden Arten verdient weitere Recherchen. Sie könnten in der Tat dieselbe Art sein. Dies würde bedeuten, dass das Taxon *Psilocybe fimetaria* Vorrang hätte und *Psilocybe hispanica* taxonomisch als Synonym untergeordnet würde. Auch der psilocybinhaltige *Psilocybe liniformans* und *Panaeolus cinctulus* können als Konkurrenz im selben Lebensraum wachsen: in Pferdemist oder in mit sich zersetzendem Pferdemist angereicherten Gräsern.

Psilocybe hoogshagenii HEIM *sensu lato*

Gebräuchliche Namen: Papillenkahlkopf, Pajaritos de Monte (Kleine Vögel der Wälder)

HUT: 0,7–3 cm im Durchmesser. Kegelig über glockig zu konvex mit einer spitzen, längeren Warze (bis zu 4 mm lang). Oberfläche bei Nässe leicht viskos, glatt, oft bis auf halbem Weg zur Mitte gefurcht. Rötlich braun über orangestichig-braun zu gelblich, hygrophan, verblasst beim Trocknen zu strohfarben und verfärbt sich blau oder blauschwarz. **LAMELLEN:** Angewachsen adnat bis adnex, blassbraun bis kaffeefarben, schließlich leicht purpur-schwarz bei Reife. **STIEL:** 30–110 mm lang und 1–3 mm dick. Gleichmäßig bis leicht verdickt in der Nähe der Basis, geschlängelt, manchmal gedreht. Weißlich bis bräunlich-rot an der Basis, verfärbt sich schnell bläulich bis bläulich-schwarz. Teilschleier dünn spinnwebartig, fragil, verschwindet schon bald. **MIKROSKOPISCHE MERKMALE:** Sporen bei Abgabe dunkel leicht purpur-braun, rautenförmig bis leicht rautenförmig, 5–9,6 × 4–5,6 µm. Basidien 4-sporig, selten 2-sporig. Pleurozystiden 16–36 × 8–12 µm, aufgeblasen bis keulenförmig, oft ungleichmäßig. Cheilozystiden (15)19–

Psilocybe hoogshagenii ist eine wirkungsvolle psilocybinhaltige Art, die sich durch eine sehr ausgeprägte Warze unterscheidet. Diese Art ist häufig in gestörten Böden zu finden, die bei der Bewirtschaftung von Kaffeeplantagen und Wäldern entstehen.

35 × 4,4–6,6 µm, flaschenförmig, verengt zu einem langen Hals, 1–3 µm, entweder spitz oder kopfförmig im Scheitel.

HABITUS, LEBENSRAUM UND VERBREITUNG: Solitär oder gregär in schlammigen Lehmböden in subtropischen Kaffeeplantagen. Von März bis durch den November hindurch findet man diese Art in Mexiko (Puebla, Oaxaca, Chiapas), Costa Rica und im Februar in Argentinien. In Costa Rica ist sie entlang von Wegen auf 1440 bis 1900 m Höhe in Eichen- und Zedernwäldern und in Kaffeeplantagen häufig. *Psilocybe hoogshagenii* ist vermutlich wesentlich weiter verbreitet, als aktuell berichtet wird.

KOMMENTAR: Dieser Pilz ist einer der ungewöhnlichsten der bisher entdeckten *Psilocybe.* Er ist ziemlich wirkstark, trotz des von Heim und Hofmann angegebenen mäßigen Gehalts an Psilocybin von 0,6 % und an Psilocin von 0,1 % in alten Exemplaren. Ich bin beeindruckt davon, dass *Psilocybe hoogshagenii, Psilocybe stametsii* und noch unbenannte Arten (siehe Seite 227) »tanzende Warzen« haben. Mich verwirrt, wozu dieses Merkmal evolutionär sinnvoll sein könnte. Könnten Insekten diese Art Sitzstange bevorzugen? Ist dies nur ein zufälliges Artefakt der Evolution?

Gastón Guzmán (1984) berichtete, dass dieser Pilz zwischen 1000 und 1800 m Höhe wächst.[50] Häufig berichten Kaffeeanbauer von Sichtungen von *Psilocybe hoogshagenii,* die während massiver Fluten gleichzeitig auftreten und dann wieder verschwinden.

Psilocybe hopii GUZMÁN & J. GREEN

HUT: 1–3 cm im Durchmesser. Konvex bis leicht gebuckelt, im Alter flach mit einem welligen Rand, viskos, wenn feucht. Oberfläche glatt. Bedeckt mit einer dicken gallertartigen Haut, zeitweise abtrennbar. Durchscheinend-streifig entlang des Randes, der manchmal mit dünnen Velumresten behangen ist. Dunkelkaramellfarben in der Jugend, später gelblich-braun werdend, hygrophan, entfärbt sich zu gelblich oder weißlich. **LAMELLEN:** Aufstrebend, sinuat, gelblich-braun bis leicht purpur-braun bei Sporenreife, Schneiden weißlich gefranst. **STIEL:** 40–100 mm lang und 2–5 mm dick, zylindrisch, gerade oder geschlängelt oder verdreht, nach oben hin dicker werdend, weiß, seidig, bedeckt mit weißen Fibrillen, die sich bei Druck bläulich verfärben, massiv bis hohl oder faserig, vergrößert an der Basis mit vielen ausstrahlenden weißen Rhizomorphen, die sich bläulich verfärben. Velum spinnwebartig, weiß, bildet beim Zerreißen eine fragile Ringzone, die bei Reife im oberen Bereich mit den leicht purpur-braunen Sporen eingestäubt ist. Die Ringzone verschwindet schon bald, wenn sie sich überhaupt bildet. Fleisch weiß, bei Druckstellen bläulich verfärbend. Geruch und Geschmack mehlig, manchmal bitter. **MIKROSKOPISCHE MERKMALE:** Sporenabdruck veilchenblau-dunkelbraun. Sporen 9–13 mal 6–8 µm, fast ellipsoid, dickwandig, Wand 1 µm dick, gelblich-braun, mit einer breiten Keimpore und kurzen Warzen an den

Psilocybe hopii verändert mit der Reife dramatisch die Farbe, während sich die purpur-braunen Sporen bilden.

Enden. Keulenförmig-aufgeblasen, oft in der Mitte verengt, hyalin. Pleurozystiden 17–33 × 4,5–11 µm, reichlich, hyalin, aufgeblasen-geschnäbelt, manchmal flaschenförmig. Cheilozystiden hyalin, 17–34 × 5–9 µm, ähnlich wie Pleurozystiden 5,5–10 µm, flaschenförmig oder leicht flaschenförmig mit einem langen, zylindrischen, kurvenreichen, einfachen oder verzweigten Hals, manchmal unregelmäßig perlschnurförmig oder gedreht. Beide Typen der Cheilozystiden sind meist mit einer glasigen gallertartigen Schicht ummantelt.

HABITUS, LEBENSRAUM UND VERBREITUNG: Die Art wurde zuerst in der Region San Francisco Peaks in Nordmittelarizona, Coconino County, direkt nördlich von Flagstaff gesammelt. Es wird vermutet, dass sie jetzt weit über dieses Plateau verbreitet ist. Man findet sie im August und September. Sie wächst verstreut bis gregär auf schwarzem Boden mit hohem Gehalt an organischem Material, in einem Espenwald *(Populus tremuloides),* mit Douglasien *(Pseudotsuga menziesii)* und Kalifornischen Kiefern *(Pinus flexilis),* auf offenen Flächen gesprenkelt mit Adlerfarn *(Pteridium aquilinum)* in Höhen von etwa 2400–3000 m. In Anbetracht der großen Verbreitungsgebiete dieser Baumarten vermute ich, dass die Verbreitung von *Psilocybe hopii* und die Höhe, in der die Art gefunden wird, wesentlich umfangreicher sind, als aktuell berichtet wird.

KOMMENTAR: Diese Art ist zu Ehren der Hopi der Hochebenregion in Nordmittelarizona benannt. *Psilocybe hopii* bevorzugt Kiefernwälder, einschließlich derer, die sich von verheerenden Feuern Jahrzehnte zuvor erholen.[51] Der Phänotyp hat eine starke Ähnlichkeit mit *Psilocybe cyanescens,* einer Art, die in niedrigen Höhen beheimatet ist. Erfahrene Mykonauten spekulieren, dass Biber diese beiden Arten fördern, da sie

Bäume für ihre Dämme und Baue fällen und die für beide Arten nahrhaften Holzschnitzel produzieren. Wenn diese Dämme brechen, verteilt sich mit Myzel durchwachsenes Holz flussabwärts. Ich halte diese Hypothese für sehr glaubwürdig. Ich frage mich, wie viele andere *Psilocybe*-Arten mit Bibern und anderen holzzerkleinernden Nagetieren in Verbindung stehen.

Psilocybe ingeli B. VAN DER MERWE, A. ROCKEFELLER & K. JACOBS

Gebräuchliche Namen: Ingeli-Kahlkopf

HUT: 1–3 cm im Durchmesser. Konvex bis halbkugelig, breit gebuckelt, mit nach innen bis abwärts gekrümmtem Rand, gleichmäßig, bis zur Hälfte durchscheinend streifig. Bedeckt mit einer abtrennbaren gallertartigen Haut, wenn frisch. Karamellbraun, wenn feucht und frisch, hygrophan, verblasst beim Trocknen zu grau, verfärbt sich bläulich insbesondere entlang des Rands. **LAMELLEN:** Sinuat, zunächst hellgrau, dunkelbraun bei Sporenreife, mit weißlichen Rändern. **STIEL:** 30–70 mm lang und 2–6 mm dick, bereift bis bedeckt mit verstreuten fibrillären Flecken. Braun, geziert mit weißlichem Basalmyzel, bläulich verfärbend. **MIKROSKOPISCHE MERKMALE:** Sporen dunkelpurpur-braun, $7{,}5–9 \times 5–7{,}5$ µm, ovoid bis ellipsoid. Cheilozystiden $11–21 \times 4–8$ µm, leicht flaschen- bis leicht keulenförmig, verjüngt sich schnauzenartig an den Spitzen. Pleurozystiden verstreut, $12–25 \times 5–9$ µm, keulenförmig bis leicht flaschenförmig, verjüngt sich zu den Enden hin.

HABITUS, LEBENSRAUM UND VERBREITUNG: Wächst verstreut in Südafrika während der Regensaison im Spätsommer auf Rinderdung auf gedüngten Weiden.

KOMMENTAR: Eine seltene Art, Veröffentlichung basierend auf einem einzigen Exemplar.[52] Ich schließe diese Art hier mit ein, so werden vielleicht mehr Sammlungen gefunden und die Art kann erhalten werden. Die Blauverfärbung des Pilzes legt stark nahe, dass er psilocybinhaltig ist. Die Morphologie dieser Art stimmt mit vielen auf Weideland wachsenden ähnlichen Psilocybin-Arten überein.

Psilocybe ingeli ist eine seltene Art, die in Südafrika auf Weideland wächst.

Psilocybe ingeli ist stark hygrophan und verfärbt sich bläulich durch die Handhabung oder auf natürlichem Wege, wenn er trocknet.

Psilocybe liniformans GUZMÁN & BAS = *Psilocybe liniformans* var. *americana* (GUZMÁN & BAS) STAMETS

Gebräuchliche Namen: Schlieren-Kahlkopf

HUT: 1,0–2,5 cm im Durchmesser. Konvex bis breit konvex, manchmal breit gebuckelt, aber nicht spitz papillös. Oberfläche glatt, viskos, wenn feucht, durch eine abtrennbare gallertartige Haut. Matt-gräulich-ockerbraun oder leicht oliv, hygrophan, verblasst beim Trocknen von der Mitte her zu strohbraun, manchmal bläulich-grün getönt. **LAMELLEN:** Angeheftet adnex, eng bis weit stehend, dunkel-schokoladenbraun bis leicht purpur-braun, mit einer gallertartigen und entfernbaren elastischen Kante. **STIEL:** 14–30 mm lang und 1–2 mm dick. Gleichmäßig bis verdickt zur Basis hin. Weißlich bis blassbräunlich, unten dunkler, verfärbt sich bläulich bei Verletzungen, insbesondere nahe der Basis und der Spitze. Oberfläche oben bereift und fein fibrillär in den unteren Bereichen. Teilvelum dünn, schon bald verschwindend. **MIKROSKOPISCHE MERKMALE:** Sporen dunkelgräulich-purpur-braun im Abdruck, ellipsoid an beiden Seiten und Ansichten, 12–14,5 × 7,5–10 µm. Keine Pleurozystiden. Cheilozystiden 22–33 × 5,5–9 µm, flaschenförmig mit einem verlängerten Hals mit mehr als 6 µm Länge und 1,5–2,5 µm Dicke.

Der Stiel von *Psilocybe liniformans* verfärbt sich schon bald nach Berührung bläulich.

Mit einer Nadel lassen sich die gallertartigen Lamellenkanten von *Psilocybe liniformans* abtrennen.

Psilocybe liniformans findet man am häufigsten auf Pferdeweiden.

HABITUS, LEBENSRAUM UND VERBREITUNG: Verstreut bis gregär auf Pferdemist oder auf mit Mist angereicherten Böden von Wiesen und Weiden. Wächst im Spätsommer bis in den Herbst. Die europäische Form ist nur aus den Niederlanden bekannt. *Psilocybe liniformans* var. *americana* ist in Washington, Oregon, und Michigan gesammelt worden, und es gibt auch Berichte aus Chile.[53] Wahrscheinlich ist dieser Pilz weiter auf mit Mist angereichertem Grasland verbreitet als bekannt, aber wird nicht so häufig wie *Psilocybe semilanceata* gefunden.

KOMMENTAR: Die individuelle Art *Psilocybe liniformans* wird aus unbekannten Gründen immer seltener. So wie bei ihrer Varietät, *Psilocybe liniformans* var. *americana,* können die weißlichen Lamellenkanten manchmal, aber nicht immer abgepellt werden, insbesondere, wenn die Pilze frisch und nass sind. Diese Variante, *Psilocybe liniformans* var. *americana,*[54] könnte jedoch mit *Psilocybe semilanceata,* einem ihrer engsten phylogenetischen Verwandten, noch enger verwandt und sogar konspezifisch sein. Der Phänotyp aus meinen Sammlungen weist einen robusteren Fruchtkörper und einen dickeren Stiel ohne die charakteristische spitze Papille auf, die man bei *Psilocybe semilanceata* sieht. Schwach bis mäßig aktiv. Stijve und Kuyper fanden in der europäischen Varietät maximal 0,16 % Psilocybin, 0 % Psilocin und 0,005 % Baeocystin.[55] Beug und Bigwood berichteten von 0,59–089 % Psilocybin und 0 % Psilocin in der amerikanischen Form.[56] Beide Analysen basierten jedoch auf einmaligen Sammlungen, und es fehlten Details zu den Trocken- und Lagerbedingungen. Die wahre Wirksamkeit der Art wird daher wahrscheinlich unterschätzt. Siehe auch *Psilocybe callosa, Psilocybe hispanica, Psilocybe fimetaria* und *Psilocybe semilanceata.*

Psilocybe mairei SINGER

HUT: 1,5–3,5 cm im Durchmesser. Konvex, glockig bis kegelig-glockig, sich ausbreitend im Alter, aber nicht gebuckelt. Oberfläche viskos, wenn feucht, aufgrund einer manchmal abtrennbaren gallertartigen Haut. Orangestichig-braun, später mit Olivtönen, hygrophan, verblasst während des Trocknens zu gelblichweiß. Fleisch bernsteinfarben, bei Verletzung bläulich verfärbend. **LAMELLEN:** Angewachsen adnat, zunächst blass, schon bald nachdunkelnd bis zu leicht purpurbraun, wobei die Lamellenschneiden weißlich ausgefranst bleiben. **STIEL:** 25–75 mm lang und 2–5 mm dick. Gleichmäßig bis leicht verdickt zur Basis hin. Weißlich bis gelblich-weiß, verfärbt sich bläulich bei Verletzung. Oberfläche oben bereift und fein fibrillär unten. Mit seidigem Mark ausgestopft. Stielbasis verziert mit ausstrahlenden dicken, weißen Rhizomorphen. Teilvelum spinnwebartig, weiß, manchmal hinterlässt es fibrilläre Reste am Stiel, die mit purpur-brauen Sporen eingestäubt sind. **MIKROSKOPISCHE MERKMALE:** Sporen dunkel leicht purpur-braun im Abdruck, länglich-ellipsoid, 10–12 (13,5) × 5,5–7 µm. Keine Pleurozystiden oder in der Nähe der Lamellenschneiden. Cheilozystiden 30–40 × 6–8 µm. In der Form variabel: flaschenförmig, spindelförmig oder ampullenförmig.

HABITUS, LEBENSRAUM UND VERBREITUNG: Bekannt nur aus Marokko und Algerien in Nordafrika von Oktober bis Dezember. Die Art wächst gregär auf Boden, der reich an Holzresten ist, in Mischwäldern mit Strand-Kiefern *(Pinus pinaster),* Spanischen Tannen *(Abies pin-*

Psilocybe mairei ist wirksam psilocybinhaltig. Beachten Sie die bläulichen Töne des Huts des rechten oberen Exemplars.

Psilocybe mairei könnte dieselbe psilocybinhaltige Pilzart sein wie die in der in Südalgerien gefundenen 7000 Jahre alten Höhlenmalerei des Bienen-Pilz-Mannes in Tassili dargestellte (siehe Seite 25).

sapo) und Pyrenäen-Eichen *(Quercus pyrenaica)*. Einige Sammlungen wurden vor Kurzem in einer Höhe von ungefähr 1300 Metern gefunden.

KOMMENTAR: Nach der Blauverfärbung und den Fallberichten zu urteilen wirkstark, obwohl mir keine veröffentlichten Analysen bekannt sind. Dies ist der einzige holzzersetzende, sich blau verfärbende *Psilocybe,* der mir aus Nordafrika bekannt ist. Vor der Ausdehnung der Sahara herrschte in Nordafrika ein feuchteres Klima und es wuchsen dort zweifellos viel mehr Pilze, als heute bekannt ist. *Psilocybe mairei* kam möglicherweise wesentlich häufiger vor, bevor das Klima in dieser Region sich dramatisch veränderte. Angesichts der Tatsache, dass die Art in diesem Ökosystem wahrscheinlich für Jahrtausende überlebte, frage ich mich, ob den indigenen Völkern dieser Region diese Art vor langer Zeit schon bekannt war. Heute ist sie es. Nach dem rhizomorphen Myzel an der Stielbasis zu schließen, scheint diese Art ein guter Kandidat für die Bildung von Satellitenkolonien zu sein.

Psilocybe makarorae P.R. JOHNSTON & P.K. BUCHANAN

Gebräuchliche Namen: Makarora-Kahlkopf

HUT: 1,5–3,5 cm im Durchmesser. Kegelig bis glockig, breitet sich aus zu breit konvex, in der Regel mit einem ausgeprägten stumpfen Buckel. Oberfläche klebrig bis trocken. Gelblich-braun bis orangestichig-braun, verblassend beim Trocknen, heller in Richtung Hutrand, der bei Feuchtigkeit streifig ist. Fleisch weißlich, verfärbt sich bei Verletzung grünlich-blau. **LAMELLEN:** Angeheftet adnex, blassgräulich-braun mit gleichmäßig gefärbten Schneiden. **STIEL:** 30–60 mm lang und 2–4 mm dick, gleichmäßig, Oberfläche geziert mit Flecken seidenartiger Fibrillen, schnell blau verfärbend, weiß bis bräunlich an der Basis, mit ausstrahlenden weißen Rhizomorphen. Teilvelum, Cortina, hinterlässt, wenn der Pilz jung ist, entlang des Hutrands fibrilläre Velumreste, die schon bald verschwinden, aber keinen Ring am Stiel bilden. **MIKROSKOPISCHE MERKMALE:** Sporen dunkel leicht purpur-braun im Abdruck, seitlich gesehen ellipsoid, von vorn gesehen ovoid bis leicht rhomboid, 6,5–10 × 4,5–6,5 µm. Pleurozystiden ähnlich den Cheilozystiden, aufgeblasen-geschnäbelt bis stachelspitzig, 4–8 µm dick, mit einem einfachen Hals, 2,5–4 µm lang. Cheilozystiden 18–26 × 6–9 µm, aufgeblasen-geschnäbelt bis stachelspitzig mit einem kurzen, einfachen Hals, 3–5 µm lang.

HABITUS, LEBENSRAUM UND VERBREITUNG: Im Herbst in Neuseeland auf der Nord- und Südinsel in der Nähe von Seen und Picknickstellen in der Gegend von Makarora (Otago Lakes, Franz-Josef-Gletscher) verstreut bis gregär auf verrottendem Holz und Zweigen von Südbuchen *(Nothofagus)* vorgefunden. Möglicherweise weiter verbreitet.

Psilocybe makarorae ist ein wirkungsvoller psilocybinhaltiger Pilz aus Neuseeland.

Psilocybe makarorae zeigt bei Berührung oder Verletzung eine starke bläuliche Verfärbung.

KOMMENTAR: Die Wirkstärke ist unbekannt, aber in Anbetracht der Blauverfärbung möglicherweise mäßig aktiv. Diese Art ähnelt *Psilocybe subaeruginosa*, ist jedoch gekennzeichnet durch ihr dunkleres Braun, ihre kleineren Sporen und kürzeren Pleurozystiden. Die von der verdickten Stielbasis ausstrahlenden Rhizomorphen machen diese Art zu einem guten Kandidaten für die Bildung von Satellitenkolonien mit den Pilzstümpfen als Impfmittel.

Psilocybe maluti B. VAN DER MERWE, A. ROCKEFELLER & K. JACOBS

Gebräuchliche Namen: Koae-ea-lekhoaba

HUT: 0,5–2 cm breit und 2–4 cm lang. Sekotioide Form, mit Buckel oder Papille mit nach innen bis nach unten gebogenem Rand, unregelmäßig gewellt, manchmal streifig bis zur Hälfte, oft behangen mit weißlichen Resten des Teilvelums. In der Jugend gold- bis karamellfarben, im Alter heller werdend, aber dunkelgräulich in den unteren Bereichen, während die Sporen reifen. **LAMELLEN:** Adnat, zunächst hellbraun, mit der Reife nachdunkelnd bis dunkelpurpurn mit cremeweißen Schneiden. **STIEL:** 40–80 mm lang und 2–4 mm dick, zylindrisch, Oberfläche fibrillär, zunächst weißlich, später karamellfarben bis braun im Alter, bläulich verfärbend. **MIKROSKOPISCHE MERKMALE:** Sporen dunkelpurpur-braun, braun bis dunkelbraun in Masse, 13–15,5 × 8,5–10,5 µm, ovoid bis ellipsoid. Cheilozystiden keulenförmig, stachelspitzig, 19–31 × 7–11 µm. Keine Pleurozystiden.

HABITUS, LEBENSRAUM UND VERBREITUNG: Verstreut, koprophil, wächst von November bis Februar auf dem Dung von Pflanzenfressern wie Rindern und Pferden im Hochland von Lesotho und Südafrika.

KOMMENTAR: Als gerade erst beschriebene Art hat dieser *Psilocybe* einen sekotioiden Hut. Dies bedeutet, dass der Hut normalerweise geschlossen bleibt, sodass die Verbreitung über die Luft begrenzt ist, obwohl sich sporenbildende Lamellen bilden. Den Theorien mancher Fachleute zufolge ziehen diese sekotioiden *Psilocybe* Vögel an, da ihre Morphologie Früchte imitieren

Psilocybe maluti wächst in südlichen Regionen Afrikas auf Dung.

Psilocybe maluti ist eine psilocybinhaltige und sekotioide Art, d. h., die Lamellen sind umhüllt.

Psilocybe maluti ist ein sekotioider Pilz, dessen Hut sich nicht ausbreitet, sodass die Abgabe der Sporen in die Luft eingeschränkt ist. Es wurde beobachtet, dass Vögel diese Pilze fressen. Eine Theorie besteht darin, dass die Pilze Früchte imitieren, um Vögel anzulocken, die sie anpicken. Ihre Schnäbel tragen dann zahlreiche Sporen mit sich und ermöglichen so ihre Verschmelzung, während sie in weit entfernte neue Lebensräume getragen werden.

könnten. Krähen und andere Vögel sind von der indigenen Bevölkerung dabei beobachtet worden, wie sie diese Pilze angepickt haben. Wie mündliche Überlieferungen nahelegen, ist dieser psilocybinhaltige Pilz den indigenen Basotho im Königreich Lesotho traditionell bekannt und schon lange vor seiner kürzlichen Identifizierung durch die Wissenschaft in spirituellen Ritualen verwendet worden. Die Basotho verwendeten diese Pilze für seherische Zwecke. Es ist sehr wahrscheinlich, dass die Verwendung dieser neu benannten Art sehr weit zurückreicht, aber da es sich hier um mündlich überlieferte Traditionen handelt, ist es nicht möglich, die Dauer seiner historischen Verwendung zu dokumentieren. Dass Pilzforscher von diesem Taxon nichts wussten, legt nahe, dass seine historische und ursprüngliche Verwendung sehr lange zurückliegt und unabhängig von fremden Einflüssen sein muss. Zwei weitere sekotioide Arten sind *Psilocybe weraroa* und *Psilocybe gandalfiana* nom. prov. Weitere Informationen finden Sie auf den Seiten 198 und 226.

Psilocybe medullosa (BRESADOLA) BOROVIČKA

HUT: 1–2 cm im Durchmesser. Kegelig bis glockig, oft mit einem flachen Buckel, breitet sich im Alter zu breit konvex aus. Orangestichig-braun zu gelblich-braun bis braun, mittig dunkler, entlang des Rands heller, hygrophan, verblasst zu blassgelblich-braun oder gräulichbraun. Oberfläche glatt, durchscheinend-streifig und viskos, wenn feucht, durch eine abtrennbare gallertar-

Psilocybe medullosa wächst in Gruppen und ist mäßig psilocybinhaltig.

Psilocybe medullosa ist ein klassischer *Psilocybe* der Waldgebiete: kegelig, mit einem durchscheinend-streifigen Hut, wenn feucht und jung.

Galerina-Arten (links) können tödlich sein und haben rostbraune Lamellen und Sporen, wohingegen *Psilocybe*-Arten, wie z. B. *Psilocybe medullosa* (rechts), dunkelbraune Lamellen und purpur-braune Sporen haben können.

Von oben gesehen sieht *Psilocybe medullosa* selbst für Spezialisten wie eine *Galerina*-Art aus. Wenn die Lamellen und Sporen betrachtet werden, können diese Pilze voneinander unterschieden werden. Ein Fehler bei der Bestimmung kann tödlich sein.

tige Haut. **LAMELLEN:** Angewachsen adnat bis adnex, eng bis entfernt stehend, mäßig breit, mit gefransten Schneiden mit weißlichen Kanten. Mattbraun bis rostbraun bei Reife. **STIEL:** 40–70 mm lang und 2–3 mm dick. Gleichmäßig bis leicht verdickt an der Basis, spröde, hohl und etwas geschlängelt, an der Basis oft mit Büscheln weißlichen Myzels. Hutoberfläche bedeckt mit weißen fibrillären Flecken, darunter bräunlich. Teilvelum weißlich, dünn, Cortina, oft schon bald undeutlich. **MIKROSKOPISCHE MERKMALE:** Sporen dunkel leicht purpur-braun im Abdruck, 7–9 × 4–5 µm. Basidien keulenförmig, 20–25 × 6–7 µm. Keine Pleurozystiden. Cheilozystiden 20–40 × 4–7 µm, spindelförmig-aufgeblasen bis flaschenförmig zur Spitze hin, verjüngt sich zu einem geschlängelten Hals, 1–2 µm dick.

HABITUS, LEBENSRAUM UND VERBREITUNG: Verstreut bis gregär auf Holzresten von Koniferen entlang Wegen und Straßen in Europa. Wahrscheinlich weiter verbreitet als aktuell verzeichnet.

KOMMENTAR: Diese europäische Art ist zwar geografisch weit entfernt, aber genetisch sehr eng mit der in Nordamerika vorherrschenden Art *Psilocybe silvatica* verwandt. Ihr Psilocybingehalt ist sehr gering. Sie könnten synonym verwendet werden und teilen dasselbe allgemeine Erscheinungsbild, schlank und groß, wobei die Stiele der meisten Fruchtkörper länger sind als ihre Hüte breit. Die Hüte von *Psilocybe medullosa* breiten sich tendenziell zu breit konvex bis fast flach aus, wohingegen die Hüte von *Psilocybe silvatica,* die ich gesammelt habe, eher kegelig bis konvex geblieben sind, aber nicht flach ausgebreitet waren. *Psilocybe medullosa* ist eine relativ seltene Art. Sie kann bläuliche Töne an der Stielbasis oder im Basalmyzel zeigen. Die Art ist auch *Psilocybe atrobrunnea* und *Psilocybe pelliculosa* ähnlich, die ebenfalls schwach psilocybinhaltig sind.[57]

Psilocybe mescaleroensis GUZMÁN, WALSTAD, E. GÁNDARA & RAM.-GUILL.

HUT: 2–6 cm im Durchmesser. Konvex bis breit konvex, manchmal mit einem niedrigen, breiten Buckel. Gelblich-braun, hygrophan, bei Feuchtigkeit mit einem durchscheinend-streifigen Rand, der oft gewellt ist. Gallertartige Haut abtrennbar, wenn nass. Fleisch bei Verletzung bläulich verfärbend. **LAMELLEN:** Angewachsen adnat bis adnex. In der Jugend cremefarben, nachdunkelnd bis zu schokoladenbraun bei Sporenreife. **STIEL:** 5–10 cm lang und 5–20 mm dick, weiß, manchmal geziert mit blassen rötlich gelbbraunen fibrillären Flecken, gleichmäßig, faserig, oft zur Spitze hin vergrößert. Annulus weißlich, bläulich verfärbend, zunächst dünn membranös, zart, hinterlässt oft mit der Reife eine

Psilocybe mescaleroensis ist ein wirkungsvoller psilocybinhaltiger Pilz, der häufig auf den Wiesen zwischen den Kiefernwäldern von New Mexico in den USA wächst.

fibrilläre Ringzone mit dunkelbraunen Sporen. Stielbasis verziert mit weißen ausstrahlenden Rhizomorphen. Fleisch und Fibrillen bei Beschädigung bläulich verfärbend. **MIKROSKOPISCHE MERKMALE:** Sporen dunkelschokoladenbraun, leicht rhomboid bis leicht ovoid, dickwandig, 9–13 × 6–8 µm. Keine Pleurozystiden. Cheilozystiden 20–30 × 6 µm, spindelförmig oder aufgeblasen-geschnäbelt, manchmal gegabelt.

HABITUS, LEBENSRAUM UND VERBREITUNG: Wächst im Sommer und Herbst verstreut auf grasbewachsenen Böden in wiesendurchsetzten Gelbkiefernwäldern *(Pinus ponderosa)* mit reichlich vergrabenen Holzresten. Man findet ihn auch in den subalpinen Fichten- und Tannenwäldern der Sierra Mescalero im mittleren Süden von New Mexico in der Nähe des Lincoln National Forest in Lincoln und Otero Counties. Er wurde in Colorado gesammelt und es gab eine Sichtung in Kansas. Diese Art tritt oft in der Nähe von Löchern der Taschenratten auf, manchmal wächst sie direkt aus ihnen heraus. Diese Art ist wahrscheinlich wesentlich verbreiteter als bisher berichtet.

KOMMENTAR: *Psilocybe mescaleroensis* soll ein wirkungsvoller *Psilocybe* sein, der den Mescalero-Apachen zu Ehren so benannt wurde.[58] Diese Art ist am engsten mit *Psilocybe hopii* verwandt, und es könnte in Zukunft herausgefunden werden, dass diese beiden Taxa zu derselben Art gehören. Diese Art ähnelt im Allgemeinen auch *Psilocybe cyanescens* und *Psilocybe azurescens,* die beide auch in enger Verbindung mit Nagetier- und manchmal mit Biberaktivitäten wachsen. iNaturalist führt zahlreiche Sammlungen dieser Art seit ihrer ersten Veröffentlichung im Jahr 2007 auf. In Anbetracht der reichlich vorhandenen Rhizomorphen an der Stielbasis glaube ich, dass diese Art leicht mithilfe von Pilzstumpf-Beimpfung, wie auf Seite 78 beschrieben, übertragen werden kann.

Psilocybe mexicana HEIM

Gebräuchliche Namen: Mexikanischer Kahlkopf, Nize (Mazatekisch), Pajaritos (spanisch, Vögelchen)

HUT: 0,5–3,0 cm im Durchmesser. Kegelig, glockig bis leicht buckelig, mit zunehmender Reife konvex, oft mit einem kleinen Buckel. Oberfläche viskos bis glatt, wenn feucht, durchscheinend-streifig von den Rändern bis zum halben Weg zur Mitte. Rand manchmal geziert mit feinen Fibrillen. Bräunlich bis tief orangestichig-braun, hygrophan, verblasst während des Trocknens zu gelblich, opak, oft mit bläulichen Tönen vom Alter oder bei Verletzungen. **LAMELLEN:** Angewachsen, adnat bis adnex, manchmal sinuat, blassgrau bis dunkel leicht purpur-braun mit Sporenreife, typischerweise mit weißlichen Lamellenschneiden. **STIEL:** 40–125 mm lang und 1–3 mm dick, gleichmäßig bis verengt zur Basis hin, glatt und hohl. Strohgelb bis bräunlich, im Alter oder bei Verletzungen nachdunkelnd. Teilvelum dünn fibrillär, weißlich, hinterlässt fibrilläre Velumreste in der oberen Region des Stiels. Fleisch rötlich braun, bei Verletzung bläulich verfärbend. **MIKROSKOPISCHE MERKMALE:** Schwärzlich-purpur-braune Sporen, dunkel leicht purpur-braun im Abdruck, seitlich gesehen ellipsoid bis leicht ellipsoid, von vorn gesehen leicht rhomboid, 8–12 mal 5,5–8 µm. Keine Pleurozystiden oder ähnlich den Cheilozystiden, wenn sie sich in der Nähe der Lamellenränder befinden. Cheilozystiden 13–34 × 4,4–8,8 µm, spindel-ampullenförmig, leicht flaschenförmig mit verkürzten Spitzen, 1,5–3,3 µm, gelegentlich gegabelt.

Psilocybe mexicana ist eine Graslandart, die von den indigenen Völkern der Hochlandwiesen in Mexiko und Guatemala verehrt wird. Sie ist eine der wenigen Arten, die Psilocybin enthaltende Sklerotien bilden, der Gehalt ist jedoch geringer als in den Fruchtkörpern. Sklerotien bilden sich normalerweise unterirdisch. Aus ihnen können Pilze sprießen. Sklerotien sind leicht in Dunkelheit aus Myzel zu züchten. Licht hemmt jedoch ihre Bildung.

HABITUS, LEBENSRAUM UND VERBREITUNG: Einzeln bis gregär auf Wiesen, oft auf Pferdeweiden, auf Böden reich an Mist, entlang Übergang zwischen Feld und Laubwald, häufigste Vorkommen in 1000–1800 m Höhe. Man findet die Art von Juni bis einschließlich September im subtropischen Mexiko (Michoacán, Morelos, Jalisco Oaxaca, Puebla, im Westen von Xalapa, Veracruz) bis Guatemala. Der Baumbestand um die Wiesen mit dieser Art enthält den Amerikanischen Amberbaum *(Liquidambar styraciflua),* Eichen (*Quercus* spp.), Erlen (*Alnus* spp.) sowie weitere Bäume. Man findet sie auch entlang von Flusstälern auf Weideland, das manchmal von Mexikanischen Platanen *(Platanus lindeniana)* gesäumt ist.

KOMMENTAR: Mäßig wirkstark. Heim und Hofmann stellten zunächst 0,25 % Psilocybin und 0,15 % Psilocin fest. Frische Exemplare sind zweifelsohne wirkstärker. Dieser Pilz bildet in Kultur Sklerotien, die weniger Psilocybin als die Fruchtkörper enthalten. Die Sklerotien können in den Boden gepflanzt werden und fruktifizieren (siehe Seiten 66–67).[59] Ich bezeichne *Psilocybe mexicana* gern als den Spitzkegeligen Kahlkopf von Mexiko – in dem Sinne, dass die beiden Arten eine Affinität für bestimmte Lebensräume teilen (gedüngtes Grasland), ihre Buckel oft dieselben Formen zeigen, sie groß und schlank sind und sie tief gerillte durchscheinendstreifige Ränder aufweisen, wenn sie feucht sind. Beide Arten verfügen über wesentlich mehr Psilocybin als Psilocin und verfärben sich normalerweise nicht bläulich. Und falls sie es selten doch tun, ist dies im Myzel an der Stielbasis offensichtlicher. Siehe auch *Psilocybe tampanensis,* der sich als konspezifisch herausstellen könnte. Es sind weitere Analysen erforderlich, um diese eng verwandten Taxa zu vereindeutigen.

Psilocybe muliercula SINGER & A.H. SMITH

Gebräuchliche Namen: Little Women, Wassons Psilocybe

HUT: 0,5–5 cm im Durchmesser. Stumpf kegelig bis kegelig-glockig, dann konvex, breitet sich aus zu breit konvex und fast flach, oft mit einem gleichmäßigen bis welligen, aufgewölbten Rand. Oberfläche glatt, bald durchscheinend-streifig entlang des Rands. Orangestichig-braun bis rötlich braun und weinrot-braun, hygrophan, sich aufhellend zu einem blassen orangestichigen Hellbraun, oft dunkler mit bläulichen Streifen. Fleisch weiß, bei Verletzung sich sogleich bläulich verfärbend. **LAMELLEN:** Angeheftet adnex, aufstrebend sinuat, eng stehend, braun, mit Sporenreife nachdunkelnd zu dunkelbraun mit weißlichen gefransten Lamellenschneiden. **STIEL:** 20–100 mm lang und 2–7 mm dick. Gleichmäßig bis leicht verdickt zur Basis hin, bedeckt mit feinen fibrillären Flecken in den unteren zwei Dritteln und normalerweise oberhalb glatt. Blassweiß bis gräulich-braun, sogleich bläulich verfärbend bei Verletzungen vom Hantieren. Fleisch blassrosa-braun bis blassweiß. **MIKROSKOPISCHE MERKMALE:** Sporen dunkelveilchenblau-braun, leicht ellipsoid bis ellipsoid-ovoid, 6–9,9 mal 3,8–4 µm. Keine Pleurozystiden. Cheilozystiden 16–24 mal 3,5–6 µm, leicht flaschenförmig, sich verjüngend zu einem verlängerten Hals, 1,5–3 µm dick, manchmal gegabelt und stachelspitzig.

Psilocybe muliercula ist ein klassischer, wirkungsvoller *Psilocybe* mit karamellfarbenem Hut aus Mexiko. Sein Verbreitungsgebiet ist wahrscheinlich größer, als aktuell berichtet wird.

HABITUS, LEBENSRAUM UND VERBREITUNG: Gregär bis rasig, in sumpfigen Böden, oft auf Erdbänken entlang von Strömen, Schluchten und Straßen in Tannen *(Abies)*- und Kiefern*(Pinus)*-Waldgebieten in einer Höhe von 2100–3500 m, Juli bis einschließlich September. Dr. Gastón Guzmán sammelte diese an den Hängen von Nevado de Toluca, ungefähr 80 km westlich von Mexico City. Alan Rockefeller fand diesen *Psilocybe* entlang einer Straße in der Nähe von Puebla, Mexiko. Diese Art ist in gestörten Böden, insbesondere entlang von Straßen und Wegen durch Waldgebiete, wahrscheinlich verbreiteter als berichtet.

KOMMENTAR: Diese Art wurde von Roger Heim zu Ehren von R. Gordon Wasson als *Psilocybe wassonii* beschrieben, der mit Heim über mexikanische psilocybinhaltige Pilze forschte. Allerdings veröffentlichten Rolf Singer und Alexander H. Smith den Namen *Psilocybe muliercula* wenige Wochen früher und mit einer lateinischen Beschreibung, daher hatte der von ihnen gewählte Name Priorität. Diese beiden Fraktionen standen akademisch in harter Konkurrenz und einander kritisch gegenüber. In der Mitte der 1950er-Jahre trugen beide Gruppen beachtlich zum wissenschaftlichen Verständnis dieser Art bei, indem sie getrocknete Proben erforschten, die sie von den Matlazinca, einem indigenen Volk, nahe Tenango del Valle westlich von Mexico City, erhalten hatten.

Psilocybe natalensis GARTZ, REID, A.H. SMITH & EICKER

HUT: 1,4–6 cm im Durchmesser. Stumpf kegelig, breitet sich im Alter zu halbkugelig und konvex und bei Reife bis hin zu breit konvex aus, gelegentlich mit einem kleinen Buckel. Golden bis gelblich zur Mitte hin, manchmal vollständig weißlich, nicht hygrophan und oft entlang des Rands bläulich getönt, der streifig sein kann. Oberfläche glatt bis stellenweise unregelmäßig. **LAMELLEN:** Angewachsen adnat bis subdecurrent im Alter. Zunächst gelbbraun, dann dunkel leicht purpur-braun mit weißlichen Rändern. **STIEL:** 40–120 mm lang und 2–10 mm dick. Oberfläche glatt, seidig weiß, gerade bis gebogen und zur Basis hin verdickt. Verfärbt sich bläulich-grün bei Verletzung, insbesondere an der Basis. Teilvelum weiß, bläulich verfärbend, membranös, flüchtig, manchmal nicht vorhanden und hinterlässt fibrilläre Velumreste, die oft mit leicht purpur-braunen Sporen geziert sind. **MIKROSKOPISCHE MERKMALE:** Sporen tief violett im Abdruck, breit ellipsoid in der Seitenansicht und ovoid von vorne, 10–15 × 7–9,4 µm. Basidien 4-sporig, obwohl auch 1-, 2- und 3-sporige Basidien beobachtet wurden. Pleurozystiden verstreut bis zahlreich, keulenförmig bis lanzettlich, manchmal stachelspitzig, 18–40 × 10–15 µm. Cheilozystiden flaschenförmig, 16–22 µm lang und 5,5–8 µm breit an der Basis, verengt sich zu einem Hals, 3,5–6 µm lang und hin zum Scheitel anschwellend.

Psilocybe natalensis wächst auf Weideland und ist eine recht wirkstarke psilocybinhaltige Art. Dieses Foto hat Jochen Gartz von der Typsammlung gemacht.

HABITUS, LEBENSRAUM UND VERBREITUNG: Verstreut bis büschelig auf Kuhdung oder auf mit Mist angereicherten Weiden. Es ist wahrscheinlich, dass man die Art auch auf Dung anderer Megafauna-Pflanzenfresser findet. Funde im Dezember bis Anfang März und ursprünglich Berichte aus Natal, Südafrika,[60] in 1500 m Höhe. Es gibt auch Berichte über Vorkommen aus dem Gebiet östlich von Pretoria bis zu den Küstenregionen. In Afrika wahrscheinlich verbreiteter.

KOMMENTAR: *Psilocybe natalensis* kann eng verwandten *Psilocybe* ähnlich sehen und makroskopisch schwierig abzugrenzen sein. Sie haben sich wahrscheinlich alle aus einem gemeinsamen Vorfahren entwickelt. Diese Art ist mäßig bis hoch wirkstark. Jochen Gartz schätzte den Psilocybin- und Psilocingehalt genauso hoch ein wie den von *Psilocybe cubensis.*[61] Manchmal wird ein weißer Phänotyp mit einem bläulichen membranösen Annulus gepflückt. Diese Art kann auch leicht kultiviert werden.

Psilocybe niveotropicalis OSTUNI, ROCKEFELLER, JACOBS & BIRKEBAK

HUT: 0,9–6 cm im Durchmesser. Konvex, breitet sich zu breit konvex und zu flach bei Reife aus. Blassweiß über hellgelb bis zu einem mittleren Dunkelbraun, gelegentlich mit olivgrünlichen Tönen, hygrophan, grau bis gräulich-weiß, wenn frisch, goldgelber über orangefarbener bis brauner oder weißer Buckel, verfärbt sich bläulich. Junge Exemplare sind dunkler braun. Die Fruchtkörper dunkeln beim Trocknen nach, manchmal bis zu bläulich-schwarz. Oberfläche glatt bis leicht viskos, kahl, durchscheinend-streifig am Rand, wenn feucht, Rand zunächst abwärts gekrümmt, selbst im Alter. Hut mit breitem Buckel, kann aber in der Jugend auch spitz buckelig sein, bei Reife wird der Rand rissig und unregelmäßig. Teilvelum häutig, weiß, bedeckt in der Jugend die Lamellen. **LAMELLEN:** Eng stehend, angeheftet, adnex bis entfernt stehend, mit zwei Reihen Lamelletten. Weißlich in der Jugend, schon bald hellbraun bis dunkel leicht purpur-braun bei Sporenreife. **STIEL:** 15–55 mm lang und 1–9 mm dick, mittig, glatt, fibrillär-streifig, zylindrisch, gleichmäßig, ganz leicht bauchig, Basis manchmal hypogäisch, weißlich bis rotfuchsfarben, massiv oder hohl, mit weißem Myzel an der Basis. Geziert mit einem weißlichen membranösen Annulus, schon bald bedeckt mit leicht purpur-braunen Sporen, selten nicht vorhanden. **MIKROSKOPISCHE MERKMALE:** Sporen dunkel leicht purpur-braun in Masse, 7,8–9,8 mal 6,8–8,6 µm, von vorne gesehen rhomboid oder subrhomboid, dickwandig. Basidien 22–30 × 6–10 µm, 2- oder 4-sporig, selten 3-sporig, hyalin, dünnwandig, zylindrisch-vesikelartig bis leicht keulenförmig. Pleurozystiden 17–33 × 7,8–12,6 µm, hyalin, dünnwandig, leicht aufgeblasen, spindelförmig-aufgeblasen, verstreut, aber häufiger an der Kante, gelegentlich mit Doppelspitze, leicht gallertartige Aussonderung an der Spitze. Cheilozystiden 9,3–26,2 × 5,8-11,4 µm, hyalin, dünnwandig, leicht aufgeblasen, spindelförmig-aufgeblasen, manchmal leicht birnenförmig, mit spitzer oder stumpfer Spitze, normalerweise in Gruppen, aber manchmal verstreut, manchmal leicht gallertartige Aussonderung an der Spitze.

HABITUS, LEBENSRAUM UND VERBREITUNG: Einzeln stehend, gregär bis rasig-überlappend von Januar bis Juni, dann Mitte September, auf Beeten mit Holzschnitzelmulch in gut gepflegten Landschaftsgärten typischerweise im Schatten kleiner Sträucher. Bekannt nur aus Palm Beach County, Florida. Wahrscheinlich ist er verbreiteter.

KOMMENTAR: Mäßig wirkstark, schätzungsweise 1–2 % der Trockenmasse. Diese kürzlich entdeckte, sich blau verfärbende, holzliebende Art ist aufgrund ihrer hellen Farbe, des membranösen Rings und ihrer Vorliebe für Holzschnitzel zur Landschaftspflege bemerkenswert.[62] Auf den ersten Blick ähnelt *Psilocybe niveotropicalis* morphologisch dem dungliebenden *Psilocybe cubensis,* er hat jedoch kleinere Sporen und unterscheidet sich ökologisch, da er auf Holzschnitzelmulch wächst und nicht auf Dung. Dass diese Art in dekorativen Holzschnitzeln auftritt, legt nahe, dass sie zukünftig häufi-

Psilocybe niveotropicalis wächst im Süden Floridas. Beachten Sie den stark hygrophanen Hut.

Psilocybe niveotropicalis hat schätzungsweise eine mäßige Wirksamkeit, was seinen Psilocybingehalt angeht. Beachten Sie die Blauverfärbung der Exemplare unten rechts.

ger in Wohngebieten mit Landschaftsgärten auftauchen wird. Ihr natürlicher Ursprung ist noch nicht bestimmt worden. Wie viele *Psilocybe*-Arten, die auf Holzmulch auftreten, könnte das Myzel von *Psilocybe niveotropicalis* in Wirtsbäumen leben und ganz wie *Psilocybe cyanescens* nur dann auftauchen, wenn Holzabfall oder Holzschnitzel hergestellt werden.

Psilocybe ochraceocentrata C. SHARP & A. BRADSHAW

HUT: 65–75 mm im Durchmesser, konvex, im Alter breitet er sich zu flach aus, oft mit gewelltem Rand, der in der Jugend nach unten gebogen ist und mit der Reife entlang des Randes oft einreißt. Cremefarben in der Jugend, dann weinfarben-grau, zur Mitte hin mehr ockerfarben bis rötlich gelbbraun werdend, verblassend zu blassgelb in der Nähe des Randes. Oberfläche strahlig seidig und mit einem matten Glanz. Fleisch hellcremefarben, stark bläulich-grün verfärbend. **LAMELLEN:** Adnat, weit bis gedrängt, zunächst blass, bald gräulich-sepiafarben bis braun-weinrot und sehr dunkelsepia von den Sporen und fast schwarz zum Rand hin. Lamellenoberfläche unterschiedlich gefleckt, bis zu 12 mm tief, dünn, papieren und fragil mit glatten oder fein gewellten Schneiden. **STIEL:** 20–95 mm lang und 9–10 mm dick, zylindrisch, hohl, manchmal längs gedreht, angeschwollen an der Spitze und mit weißen filzigen Myzelpuscheln an der Basis. Cremefarben, sogleich bläulich verfärbend. Teilvelum dünn-membranös, fragil, streifig, bildet einen flüchtigen membranösen Ring, Oberfläche oft verziert mit leicht purpurbraunen Sporen, Ring bald auflösend zu einer dunklen fibrillären Ringzone, die oft im Alter verschwindet. **MIKROSKOPISCHE MERKMALE:** Sporen ellipsoid bis linsenförmig, dunkel-weinrot-grau-braun, Größe variabel, 9–13 × 8,5 µm, dickwandig, glatt mit einer Keimpore im Scheitel. Cheilozystiden vorhanden. Pleurozystiden in der Typsammlung nicht beobachtet.

HABITUS, LEBENSRAUM UND VERBREITUNG: Wächst oft in Gruppen, aus granitartigem Sand in Waldgebieten mit Miombo (Trockenwald) und Mischlaubwald, häufig mit anhaftendem Laubstreu. Es wurde auch von Pilzen auf Dung von einigen Megafauna-Pflanzenfressern berichtet, z. B. Pferden, Rhinozerossen und Zebras. Gruppen können bis zu 105 mm groß werden. Funde in Südafrika (Kosi Bay, Kwazulu-Natal bis Port Alfred in der Provinz Ostkap), in der Provinz Harare, in Zimbabwe und wahrscheinlich Vorkommen in Angola, Botswana, Burundi, Demokratische Republik Kongo, Malawi, Mosambik, Namibia, Tansania und Sambia. Ich vermute, dass diese Art unvollkommen erfasst und wahrscheinlich wesentlich verbreiteter ist.

Psilocybe ochraceocentrata sieht *Psilocybe cubensis* sehr ähnlich und ist eng mit ihm verwandt.

KOMMENTAR: Diese neu benannte Art, die von der Form her oft stabil ist, ähnelt *Psilocybe cubensis* und wächst auf Kuh-, Pferde-, Büffel- und Rhinozerosdung, ist aber auch in mit Mist angereicherten Böden, sandigen Böden, in Waldgebieten und auf sich zersetzenden Waldabfällen gefunden worden. *Psilocybe ochraceocentrata* könnte ein Vorfahre von *Psilocybe cubensis* sein. Kürzliche Analysen zur Evolution von *Psilocybe* in dieser Klade legen nahe, dass die Vorläufer von *Psilocybe ochraceocentrata* und *Psilocybe cubensis* ihren Ursprung in Waldgebietsökosystemen gehabt haben könnten und in jüngerer Zeit, d. h. in den letzten paar Millionen Jahren, sowie im Fall von *Psilocybe cubensis* zu Dung übersprangen.[63] Eine Analyse zeigte einen kombinierten Wert von Psilocybin und Psilocin von etwa 0,5 %, dieser ist aber wahrscheinlich wesentlich höher.

Psilocybe ovoideocystidiata GUZMÁN & GAINES

Gebräuchliche Namen: Eizystiden Kahlkopf

HUT: 1–8 cm im Durchmesser. Konvex bis breit konvex, breitet sich im Alter aus bis hin zu fast flach, oft mit einem niedrigen, breiten Buckel, mit einem gleichmäßigen, manchmal leicht welligen Rand. Dunkelkastanienbraun in der Jugend, später mehr orangestichig-braun bis gelblich-braun, hygrophan, verblasst zu beige-cremefarben. Fleisch verfärbt sich bläulich zu bläulich-grün. Ältere Exemplare können fast schwarz werden. Durchscheinend-streifig entlang des Rands, wenn feucht. **LAMELLEN:** Angewachsen adnat bis adnex, mit zwei Reihen Zwischenlamellen. Fahl, wenn jung, mit der Sporenreife bräunlich werdend, Schneiden weißlich ausgefranst. **STIEL:** 15–130 mm lang und 2–20 mm dick, gleichmäßig, hohl, Basis im oberen Bereich kahl und normalerweise mit einem fragilen, flüchtigen membranösen Ring geziert, der schon bald in einen dauerhaften fibrillären Ring im mittleren Bereich verwittert, bildet fibrilläre Flecken, weißlich bis unregelmäßig gelblich, bräunlich gefärbt, mit oder ohne bläuliche Töne. **MIKROSKOPISCHE MERKMALE:** Sporen dunkel leicht purpur-braun im Abdruck, 7–12 × 5,5–8,5 µm, von vorn gesehen rhomboid bis

Psilocybe ovoideocystidiata ist ein wirkstarker psilocybinhaltiger Pilz, der typischerweise natürlich im Osten der USA in Symbiose mit Eschenahorn wächst. Diese Art ist eine der wenigen lignikolen Arten, die im Frühjahr fruktifizieren. Die meisten Holzschnitzel liebenden psilocybinhaltigen Pilze in tief liegenden, temperierten Regionen wachsen im Herbst.

leicht rhomboid, seitlich gesehen leicht ellipsoid, dickwandig, 0,8 bis 1,5 µm dick. Pleurozystiden kugelig-birnenförmig, an der Basis und der Spitze verengt, 20–40 × 12–16 µm. Cheilozystiden vorhanden, flaschenförmig.

HABITUS, LEBENSRAUM UND VERBREITUNG: Fruktifiziert im Frühjahr, von April bis Juni. Oft gregär, immer verbreiteter, da Jäger und Sammler diese Art verteilen, die sich schnell an neue Lebensräume anpasst. Erste Funde und häufig in Montgomery County im Westen von Pennsylvania im Ohio River Valley, bevorzugt feuchte ländliche Flussniederungen, insbesondere in der Nähe von totem oder absterbendem Eschenahorn *(Acer negundo)*, wird aber auch mit dem invasiven japanischen Spitzblättrigen Knöterich *(Reynoutria japonica)* in Verbindung gebracht. Gedeiht auf holzangereicherten gestörten Böden, insbesondere dort, wo Auswaschungen von Flüssen nach einer Überflutung und dem darauffolgenden Rückzug entstehen. Wächst in angelegten Holzmulchbeeten und dort, wo Holzschnitzel für die Landschaftsgestaltung eingesetzt werden. Es

Psilocybe ovoideocystidiata kann große Kolonien bilden und ist leicht zu naturalisieren, sodass sich erhebliche Fruktifizierungen, wie diese hier, bilden können.

gibt nun Berichte über *Psilocybe ovoideocystidiata* nördlich bis New England, südlich bis Mississippi und von Washington State bis Südkalifornien. Außerdem wird von dem Pilz aus Deutschland und der Schweiz berichtet. Diese Art verbreitet sich schnell, was wahrscheinlich durch eifrige Anbauer beschleunigt wird, die Satellitenbeete einrichten.

KOMMENTAR: Diese Art wurde als erste von Richard Gaines im Ohio River Valley entdeckt, der ursprünglich den Namen *Psilocybe vernalis* nom. prov. vorschlug. Diese lignikole Art ist dahin gehend einzigartig, dass sie lieber im Frühjahr fruktifiziert. Die meisten Holzschnitzel liebenden *Psilocybe*-Arten fruktifizieren im Herbst. Diese Art lässt sich leicht durch die Übertragung von Pilzstümpfen oder Myzellinsen in Bereiche reich an Laubwaldabfällen kultivieren. Die Fruktifizierungen können ausgedehnt sein und viele Hundert Exemplare umfassen. Der Name *ovoideocystidiata* bezieht sich auf seine dicken Pleurozystiden.

Psilocybe pelliculosa (A.H. SMITH) SINGER & A.H. SMITH

HUT: 0,5–2 (3) cm im Durchmesser. Kegelig und kegelig-glockig werdend im Alter, breitet sich selten weiter aus, ohne Risse im Hutrand zu bilden, der bei Feuchtigkeit durchscheinend-streifig ist. Dunkelkastanienbraun bis braun, wenn feucht, hygrophan, verblasst beim Trocknen zu dunklem schmutzig gelb bis blassgelb mit hellbläulich-grünen Tönen. Oberfläche glatt, wenn nass, viskos von einer dicken, leicht abtrennbaren gallertartigen Haut. Fleisch sehr dünn, der Hutfarbe ähnlich. **LAMELLEN:** Angewachsen, aufstrebend, aber adnat bis adnex, schließlich im Alter fast abgespalten, eng stehend, schmal bis mäßig breit. Farbe matt-dunkel-zimtbraun. **STIEL:** 30–80 mm lang und 1–2,5 mm dick. Oben gleichmäßig, angeschwollen an der Basis. Oberfläche geziert mit feinen gräulichen Fibrillen, oft bepudert in Apexnähe. Schmutzig bis grau, zur Stielbasis hin dunkler werdend zu bräunlich, verfärbt sich ungleichmäßig

Psilocybe pelliculosa hat einen niedrigen Psilocybingehalt, kann aber in großen Gruppen stehen, insbesondere dort, wo im Pazifischen Nordwesten von Nordamerika Wege und Straßen durch Koniferen-Waldgebiete gebaut werden.

Psilocybe pelliculosa fruktifiziert eher spät im Herbst an kälteren Tagen bei Temperaturen nahe dem Gefrierpunkt. Ich finde diese Art im späten Oktober bis in den Dezember in Oregon, Washington, Idaho und British Columbia. Manchmal verfärbt sie sich an der Stielbasis bläulich, aber häufiger verfärbt sich das Basalmyzel.

Psilocybe pelliculosa trägt ihren Namen aufgrund ihrer leicht abziehbaren, gallertartigen Haut. Beachten Sie, dass die Haut nicht abziehbar ist, wenn die Pilze austrocknen. Dieses Merkmal ist weder für alle psilocybinhaltigen Pilzarten exklusiv noch für die Gattung *Psilocybe*.

zu einem schwachen Blaugrün. Beim Trocknen werden die Pilze dunkler. Teilvelum undeutlich oder nicht vorhanden. **MIKROSKOPISCHE MERKMALE:** Sporen dunkelpurpur-braun im Abdruck 9–13 × 5–7 µm. Keine Pleurozystiden. Cheilozystiden 17–36 × 4–7,5 µm, fusiform, verringert zu einem langen Hals, 15–2 µm.

HABITUS, LEBENSRAUM UND VERBREITUNG: In Gruppen, manchmal verstreut, auf gut verrottetem Koniferenmulch. Häufigste Vorkommen entlang von Wegen in Douglasienwäldern *(Pseudotsuga menziesii)* und von verlassenen Straßen. Als primäre Kaltwetterart finde ich sie im mittleren bis späten Herbst bis zum frühen Winter. Vorkommen im Pazifischen Nordwesten, südlich bis San Francisco, Kalifornien, nördlich bis in den Norden von British Columbia, Kanada, und östlich bis nach Coeur d'Alene, Idaho.

KOMMENTAR: Sehr niedriger Psilocybingehalt. Ich bin immer begeistert, wenn ich diese Art finde. Ich habe Tausende von ihnen entlang selten verwendeter Straßen durch den Wald gesehen. Diese Art folgt den Wegen. Einmal habe ich *Psilocybe pelliculosa* tief in einem Primärwald direkt am Fuße einer mehrere Hundert Jahre alten Douglasie gefunden, weit entfernt von jeglichem menschlichen Einfluss. Das ist die einzige Sichtung dieser Art, von der ich weiß. Das Myzel dieser Art ist wahrscheinlich in Douglasienwäldern weit verbreitet und sie fruktifiziert in gestörten Böden, die reich an Holzresten sind. Der kegelige Hut, die gregären Kolonien, die verstreuten fibrillären Stellen am Stiel und die inkonsistente Blauverfärbung an der Stielbasis sind einige der ausgeprägtesten Unterscheidungsmerkmale dieser Art. *Psilocybe pelliculosa* ist fast identisch mit *Psilocybe silvatica* und in einem geringeren Grad mit *Psilocybe medullosa.* Im Allgemeinen ähnelt sie den kegelhütigen *Hypholoma*-Arten sehr, insbesondere *Hypholoma dispersum* (= *Naematoloma dispersum*) und *Hypholoma ericaeum,* die sich aber nie bläulich verfärben und denen die abtrennbare gallertartige Haut fehlt, die für *Psilocybe pelliculosa* charakteristisch ist.

Psilocybe samuiensis GUZMÁN, BANDALA & J.W. ALLEN

HUT: 0,7–1,5 cm im Durchmesser. Konvex bis kegelig-konvex und glockig, oft mit einer kleinen Papille gebuckelt. Oberfläche in Randnähe der Lamellen durchscheinend-streifig, viskos, wenn feucht, durch eine abtrennbare gallertartige Haut. Kastanien- bis rötlich braun bis zu strohfarben in der Jugend, stark hygrophan, verblasst beim Trocknen zu strohfarben oder bräunlich-tonfarben. **LAMELLEN:** Angewachsen adnat, tonfarben, dann veilchenblau-braun bis schokoladenbraun-violett mit weißlichen Rändern. **STIEL:** 40–65 mm lang und 1–2 mm dick. Weißlich bis gelblich und bedeckt mit fibrillären Schuppen aus Velumresten. Gleichmäßig bis leicht verdickt zur Basis hin. Gleichmäßig gefärbt wie Hut, bläulich verfärbend bei Verletzungen. Teilvelum, Cortina, hinterlässt eine fibrilläre Ringzone im oberen Bereich, die bald verschwindet. **MIKROSKOPISCHE MERKMALE:** Sporen leicht purpurbraun im Abdruck, rautenförmig bis leicht rautenförmig, 10–13 × 6,5–8 µm. Pleurozystiden verstreut, zur Basis hin aufgeblasen, leicht flaschenförmig zur Spitze hin, 16–20 × 5–6,4 µm. Cheilozystiden an der Basis aufgeblasen, flaschenförmig, verengt sich zu einem dünneren Hals, oft gegabelt, 18,5–28 (30) × 5–7 (8) µm.

HABITUS, LEBENSRAUM UND VERBREITUNG: Wächst auf gut gedüngten, tonartigen Böden von Weiden, Wiesen oder Reisfeldern. Erste Berichte über *Psilocybe samuiensis* von John W. Allen von der Insel Koh Samui vor Thailand, jetzt auch aus anderen Regionen von Thailand, Indien, Malaysia, Borneo, Java, Indonesien, Bali, Vietnam und möglicherweise China. Dieser Pilz ist im Sommer gesammelt worden. *Psilocybe samuiensis* könnte in der chinesischen Meerregion weit verbreitet sein.

KOMMENTAR: *Psilocybe samuiensis* ist ein schlanker Pilz mit einer allgemeinen morphologischen Ähnlichkeit mit den vielen Graslandarten, die so aussehen wie *Psilocybe semilanceata* und *Psilocybe mexicana*. *Psilocybe samuiensis* bevorzugt denselben Lebensraum wie *Psilocybe cubensis* und die Gruppen der koprophilen *Copeland*-Arten um *Panaeolus cyanescens* herum. Er ist aktiv durch Psilocybin (bis zu 0,73 %), Psilocin (bis zu 0,52 %) und Baeocystin (bis zu 0,05 %).[64] Stijve und andere berichteten von bis zu 0,075 % Psilocybin und 0,60 % Psilocin.[65,66]

Erste Berichte über *Psilocybe samuiensis* stammen aus Thailand. Es ist bekannt, dass er in Asien weit verbreitet ist.

Psilocybe samuiensis ist ein klassischer *Psilocybe* des Graslands. Auf stärkeren Druck reagiert das Fleisch mit bläulicher Verfärbung.

Psilocybe semilanceata (FRIES) KUMMER

Gebräuchliche Namen: Spitzkegeliger Kahlkopf, Liberty Cap

HUT: 0,5–2,5 cm im Durchmesser. Kegelig, stumpf kegelig, kegelig-glockig bis zu glockig, normalerweise mit einem geraden stumpfen oder spitzen Buckel. Manche Exemplare haben keinen Buckel. Die Hüte bleiben kegelig, breiten sich selten zu konvex aus, niemals zu flach. Rand durchscheinend-streifig, wenn feucht, nach innen gebogen und manchmal bei jungen Fruchtkörpern gefaltet-wellig, oft durch Sporen entlang des Randes dunkler. Farbe variabel, extrem hygrophan. Wenn feucht, normalerweise dunkel kastanienbraun, trocknet schon bald zu helllohfarben oder gelblich und zeigt gelegentlich einen Olivton. Oberfläche viskos, wenn feucht, durch eine durchscheinende, abtrennbare gallertartige Haut. **LAMELLEN:** Anheftung meist adnex, aufstrebend, eng bis gedrängt, schmal. Farbe zunächst fahl, dann schnell bräunlich und schließlich leicht purpur-braun, wobei die Schneiden fahl bleiben. **STIEL:** 30–100 mm lang und 0,75–2 (3) mm dick. (Der Stiel ist in der Länge höchst variabel und in höherem Gras oft länger.) Schlank, gleichmäßig, geschlängelt, biegsam. Fahl bis zu bräunlich in Richtung der Basis. Oberfläche überall glatt. Mit fibrösem Mark ausgestopft. Teilvelum zart spinnwebartig, schnell verwitternd, manchmal eine fragile Ringzone aus Fibrillen hinterlassend, normalerweise dunkler durch leicht purpur-braune bis schwarze Sporen. **MIKROSKOPISCHE MERKMALE:** Sporen dunkel leicht purpur-braun im Abdruck, ellipsoid, 12–14 × 7–8 µm. Pleurozystiden wenige bis keine. Cheilozystiden 18– 35 × 4,5–8 µm, flaschenförmig mit einem verlängerten und geschlängelten Hals, oft gegabelt.

HABITUS, LEBENSRAUM UND VERBREITUNG: Im Herbst verstreut bis gregär auf Weiden, Feldern, Rasenflächen und anderen grasbewachsenen Bereichen wachsend, insbesondere auf reichhaltigem Grasland, das von Schafen und Kühen abgeweidet wird, doch manchmal auch auf Pferdeweiden. Das Pilzmyzel umschlingt die Basis der Gräser fest. Es wird vermutet,

Psilocybe semilanceata, der Spitzkegelige Kahlkopf, ist auf Grasland der gemäßigten Klimate der Welt weit verbreitet. Gelegentlich kann das an der Stielbasis anheftende Myzel eine Blauverfärbung zeigen. Diese wirkstarke Art mit einem hohen Psilocybin- und einen niedrigen Psilocingehalt lässt sich im Vergleich zu vielen anderen Arten gut lagern.

Psilocybe semilanceata kann kurz- oder langstielig sein, was größtenteils durch die Höhe des Grases beeinflusst ist, in dem der Pilz wächst. Die Hüte weisen wahlweise spitze oder stumpfe Warzen auf.

dass es ein Endosymbiont ist.[67] Es wächst besonders reich in oder auf Grasbüscheln und Riedgras in feuchteren Bereichen von Feldern, besonders in der Nähe von Teichen oder Sumpfbereichen, die zum Teil bei starkem Regen überschwemmt werden. Funde im Pazifischen Nordwesten von Nordamerika, Neufundland im Osten Kanadas, Europa (Italien bis Schweiz und Holland, Norwegen bis Frankreich), im Grasland Südafrikas, Chiles und Nordindiens. Obwohl Berichte begrenzt und schwierig zu dokumentieren sind, wächst diese Art wahrscheinlich in vielen gemäßigten Graslandregionen der Welt sowie den gemäßigten Weideregionen von China und Russland. Ihre starke Verbindung zu domestizierten Rindern und Schafen legt nahe, dass diese Art sich durch diese Tiere und die Futtergräser, mit denen sie importiert wurden, verbreitet hat. Ob *Psilocybe semilanceata* nun in Nordamerika schon vor Ankunft der Europäer heimisch war, ist nicht zu beantworten, da einige Schafarten in Nordamerika heimisch sind.

KOMMENTAR: Diese wirkstarke Psilocybin-Art auf Weideland ist relativ leicht zu identifizieren, obwohl sie sich bei Verletzungen normalerweise nicht bläulich verfärbt. Die einzigartige Warze auf dem kegeligen Hut des Spitzkegeligen Kahlkopfs und ihr sehr langer Stiel sind zwei herausstechende Merkmale dieser Art. Dieser Art wurde ihr gebräuchlicher Name Liberty Cap im späten 17. Jh. gegeben, da sie dem Emblem ähnelt, das während der Französischen Revolution ein Symbol für die Freiheit war. Die Druiden Großbritanniens verwenden diese Art heutzutage für religiöse Zwecke und viele glauben, dass diese Pilze lange Zeit zu ihren spirituellen Praktiken gehört haben (siehe Seiten 29–30). *Psilocybe semilanceata* wächst sehr zahlreich um Stonehenge in Salisbury, England, herum, das von den Druiden als Kultstätte erbaut wurde.

Obwohl *Psilocybe semilanceata* ziemlich klein ist, ist er einer der wirkstärkeren psilocybinhaltigen Pilze. Normalerweise werden 10 bis 40 Exemplare des Pilzes gegessen. Diese Bandbreite ist sehr von Faktoren abhängig, welche die Wirksamkeit beeinflussen. Der hohe Psilocybin- und der niedrige Psilocingehalt tragen zu einer langen Haltbarkeit dieser Art bei. Bradshaw und andere berichteten von einem Psilocybingehalt zwischen 3,33 und 15,77 mg/g (= 0,33 bis 1,57 % im Trockengewicht) und von einem Psilocingehalt zwischen 0,1 und 3,88 mg/g (0,1 bis 0,38 % im Trockengewicht).[68] Jochen Gartz berichtete von einem Durchschnitt von 1 % Psilocybin bei einer Bandbreite von 0,2 bis 2,37 %. In separaten Studien gab Gartz bis zu 0,98 % Psilocybin an[69] und Stijve und Kuyper fanden eine hohe Psilocybinkonzentration (in einem Exemplar) von 1,70 % und einen relativ hohen Baeocystingehalt (0,36 %).[70] Christiansen und andere fanden heraus, dass der Psilocybingehalt von getrockneten Exemplaren zwischen 0,17 und 1,96 % liegt, wobei die jüngsten Exemplare auf der Basis des Trockengewichts die wirkstärksten waren.[71] Gartz berichtete auch, dass der Psilocybingehalt beim Trocknungsprozess nicht nachteilig beeinflusst wurde. Ohenoja und andere fanden 0,87 % Psilocybin in kürzlich getrockneten Exemplaren.[72] Herbarienexemplare, die elf Jahre zuvor gesammelt worden waren, enthielten 0,84 % Psilocybin, während die 33 Jahre zuvor gesammelten 0,67 % enthielten.[73] *Psilocybe semilanceata* behält seinen Psilocybingehalt besser als die meisten anderen psilocybinhaltigen Arten. Im Vergleich zu Psilocin ist Psilocybin ein stabiles Molekül. Die geringe Größe dieses Pilzes und sein dünnes Fleisch sorgen für eine schnelle Trocknung, was auch zu einem langen Erhalt seines Psilocybingehalts beitragen könnte.

Da *Psilocybe semilanceata* einen hohen Psilocybin-, aber einen niedrigen Psilocingehalt aufweist, verfär-

Psilocybe semilanceata wächst typischerweise verstreut auf Rinder- und Schafsweiden und wesentlich seltener auf Weiden, auf denen nur Pferde grasen. Ich habe die Pilze auch in grasbewachsenen Bereichen ohne Düngung gefunden, aber gedüngtes Weideland unterstützt eindeutig eine stärkere Fruktifizierung.

ben sich die Pilze nur selten bläulich. Wenn sie sich verfärben, so ist die Blauverfärbung am ehesten im Basalmyzel sichtbar. Bisweilen haben die trocknenden Hüte bläulich-grüne Streifen. Dies ist jedoch normalerweise nicht der Fall.

In einem Sammlerleben können einem verschiedene Varietäten von *Psilocybe semilanceata* begegnen. Der archetypische *Psilocybe semilanceata* ist makroskopisch leicht zu erkennen. Seine vielen Formen können allerdings verwirrend sein. Die meisten Formen haben kegelige bis glockige Hüte mit einem stumpfen oder spitzen Buckel. Bei manchen Exemplaren fehlt dieser Buckel. Ich habe niemals Exemplare gefunden, die sich zu breit konvex ausbreiten, ohne dass die Hutränder vom Stress einreißen.

Insbesondere holzzersetzende und terrestrische *Galerina*-Arten können in demselben Lebensraum wie Grasland-*Psilocybe*-Arten koexistieren, vor allem wenn ein holzreiches Gebiet kurz zuvor zu Rasenflächen, Weiden oder Grasland umgestaltet wurde. Ich habe *Psilocybe*-Arten aus Waldgebieten noch viele Jahre, nachdem sie zu Rasenflächen umgestaltet wurden, auf Soccer- und Fußballfeldern gesammelt, auch wenn die Fruktifizierung mit der Zeit abnahm und schließlich komplett abebbte, wenn nicht mit Rinder- und Schafdung oder anderen Düngern gedüngt wurde.

Psilocybe callosa und *Psilocybe liniformans* sind ähnliche Arten. Ihnen fehlt jedoch der für *Psilocybe semilanceata* typische, unverkennbare Buckel. *Psilocybe liniformans* var. *americana* könnte mit *Psilocybe semilanceata* enger verwandt sein als mit *Psilocybe liniformans. Psilocybe semilanceata* ist für das Grasland in gemäßigten Breiten, was *Psilocybe mexicana* für das subtropische Grasland ist. Eine interessante ökologische Studie von Keay und Brown illustrierte die enge Verbindung von *Psilocybe semilanceata* mit den Rhizomen von Gräsern.[74]

Einige Sammlungen von sekotioiden Pilzen, von denen man dachte, sie seien anomale Formen von *Psilocybe semilanceata,* könnten neue noch zu benennende Arten sein. Die koprophile Gruppe *Protostropharia semigloboides* beinhaltet mehrere Indikatorarten, die oft nahe beieinander wachsen.

Psilocybe serbica MOSER & HORAK

Gebräuchliche Namen: Serbischer Kahlkopf

HUT: 1–4 cm im Durchmesser. Stumpf kegelig, breitet sich im Alter zu glockig oder konvex aus, zu breit konvex und flach bei vollständiger Reife, typischerweise behält der Hut einen breiten Buckel. Oberfläche viskos, wenn feucht, aber die Haut ist normalerweise nicht abtrennbar. Rand bei Feuchtigkeit durchscheinend-streifig, opak beim Trocknen, gleichmäßig, kann sich im Alter nach oben biegen, wenn, dann jedoch unregelmäßig. Stark hygrophan. Oberfläche braun über karamellfarben zu schmutzig orangestichig-braun und blassstrohgelb, wird hellgelb bis weißlich während des Trocknens, oft mit bläulichen Streifen. Fleisch weißlich bis cremefarben, verfärbt sich bei Verletzungen normalerweise blau. **LAMELLEN:** Anheftung aufstrebend, adnat oder adnex bis subdecurrent, in der Jugend hellbraun, nachdunkelnd bis zu leicht purpur-braun bei Sporenreife. **STIEL:** 20–80 mm lang und 1,5–8 mm dick, gleichmäßig, verdickt in Richtung Basis. Oberfläche bedeckt mit seidigen grauen fibrillären Flecken, manchmal bläulich getönt. Teilvelum weiß, feine Cortina, wenn überhaupt vorhanden, verschwindet mit der Reife. Weißliche Rhizomorphen sind an der Stielbasis angeheftet. **MIKROSKOPISCHE MERKMALE:** Sporen dunkel leicht purpur-braun im Abdruck, ellipsoid, 10–13 × 5.5–7 µm.

Psilocybe serbica ist eine in Europa häufige Art und potenziell psilocybinhaltig. Beachten Sie die schwache Blauverfärbung an den Stielen. Der Pilz oben rechts ist KEIN *Psilocybe serbica*.

Psilocybe serbica ist in weiten Teilen Europas produktiv.

Pleurozystiden keine oder wenige. Cheilozystiden 20–36 × 6–11 µm, flaschenförmig mit verlängerten, zugespitzten Hälsen, 1,5–2,5 µm dick.

HABITUS, LEBENSRAUM UND VERBREITUNG: Wächst oft gregär, in Mischwäldern, in Gruppen auf Böden, angereichert mit sich zersetzenden Ästen, Blättern und Holzresten von Laubbäumen und Koniferen, oft in Gesellschaft von Brennnesseln *(Urtica)* und Brombeeren *(Rubus)*. Man findet den Pilz entlang von Wegen, unbefestigten Straßen und in Schluchten und an Bächen, oft im Zusammenhang mit Buchen *(Fagus sylvatica)*. Manchmal fand ich Fruktifizierungen aus Ästen. Fruktifiziert von Mitte September bis in den Dezember von Marokko bis Spanien und in Zentraleuropa bis Griechenland. Zudem gibt es einen Bericht aus Russland.

KOMMENTAR: Dies ist ein klassisch geformter und wirkstarker *Psilocybe* mit einem kombinierten Psilocybin- und Psilocingehalt von fast 2 % in Exemplaren, die an der frischen Luft getrocknet wurden.[75] Der stark hygrophane Hut zeigt sogleich eine Blauverfärbung bei Verletzung oder beim Trocknen. Diese Art scheint eine lange Verbindung mit den heimischen Waldgebieten zu haben und könnte von der indigenen Bevölkerung der Region aufgrund ihres charakteristischen Erscheinungsbilds, ihrer starken Verbreitung, ihrer leicht zu

Eine Kolonie *Psilocybe serbica* zeigt frische Pilze mit dunkleren Farben und trocknende mit helleren (hygrophan) Farben.

erkennenden Blauverfärbung und ihres Standorts entlang der Reiserouten von Menschen, lange verwendet worden sein. Von der Art, von der früher unregelmäßig berichtet wurde, werden nun immer häufiger Sammlungen von erfahrenen Mykonauten auf iNaturalist veröffentlicht. So, wie es bei vielen *Psilocybe*-Arten der Fall ist, wird *Psilocybe serbica* vom Menschen in neue Lebensräume getragen, sobald sie entdeckt und geerntet wird. Ich vermute, dass diese Art immer häufiger werden wird. Obwohl sie selten in den zum Beispiel von *Psilocybe cyanescens* bevorzugten Holzschnitzeln gefunden wird, denke ich, dass sie wahrscheinlich aufgrund menschlichen Zutuns und der Versuche, die Art durch die Übertragung von Pilzstümpfen zu naturalisieren, den Sprung von Waldböden zu Landschaftsmulch mit Laubstreu schaffen wird. Es ist jetzt von mehreren anderen Arten bekannt, dass sie synonym zu *Psilocybe serbica* sind, so wie *Psilocybe bohemica, Psilocybe arcana, Psilocybe moravica* und möglicherweise *Psilocybe mairei,* von der es Berichte aus Marokko gibt.

Psilocybe silvatica (PECK) SINGER & A.H. SMITH

Gebräuchliche Namen: Wald-Kahlkopf

HUT: 0,8–2,5 cm im Durchmesser. Stumpf kegelig bis glockig und oft mit einem spitzen Buckel. Rötlich gelbbraun-dunkelbraun, wenn feucht, verblassend zu blassgelblich-braun oder gräulich-braun. Oberfläche glatt, bei Feuchtigkeit viskos, durch eine dünne gallertartige Haut klebrig, die, wenn überhaupt, nur schwer abziehbar ist. **LAMELLEN:** Anheftung adnat bis adnex, eng bis entfernt stehend, schmal bis mäßig breit. Matt-rostbraun bei Reife. **STIEL:** 20–80 mm lang und 1–3 mm dick. Gleichmäßig bis leicht verdickt an der Basis, spröde, hohl und etwas geschlängelt. Fahl bis bräunlich unter einer weißlichen fibrillären Abdeckung. Teilvelum schlecht entwickelt, Cortina, dünn bis undeutlich und bald verschwindend. **MIKROSKOPISCHE MERKMALE:** Sporen dunkel leicht purpur-braun im Abdruck, 6–9,5 × 4–5,5 µm. Basidien 4-sporig sowie manchmal ebenfalls 2-sporig. Keine Pleurozystiden. Cheilozysti-

Psilocybe silvatica ist schwach psilocybinhaltig und ähnelt *Psilocybe pelliculosa* sehr. Sie hat nur kleinere Sporen und der Hut zeigt tendenziell ein helleres Braun.

den 20–40 × 4,4–7 (8,8) µm. Spindelförmig-aufgeblasen bis flaschenförmig hin zum Apex, sich verengend zu einem langen geschlängelten Hals, 1,6–2,2 µm dick.

HABITUS, LEBENSRAUM UND VERBREITUNG: Im Herbst gregär, jedoch nicht rasig, auf Holzresten, Holzschnitzeln oder auf Böden mit gut zersetzten Koniferenresten wachsend, meistens entlang selten genutzten Straßen oder Wegen. Bekannt aus dem Osten der USA von Michigan bis New York und Ontario, Kanada, und aus dem Pazifischen Nordwesten von Nordamerika. Es sind Berichte aus Nordeuropa bekannt.

KOMMENTAR: Enthält geringe Mengen von Psilocybin und/oder Psilocin. Wird selten in ausreichender Menge für eine Psilocybinreise gefunden. Unterscheidet sich von *Psilocybe pelliculosa* durch die Länge der Sporen und Cheilozystiden. Die Kolonien von *Psilocybe silvatica,* die ich gefunden habe, zeigen in den Hüten gelblichere Töne im Vergleich zu den fast identischen Formen von *Psilocybe pelliculosa.* Die europäischen *Psilocybe medullosa* und *Psilocybe atrobrunnea* (= *Psilocybe turficola*) haben ebenfalls das gleiche Erscheinungsbild. Siehe auch *Psilocybe cyanofibrillosa.*

Psilocybe stametsii DENTINGER & FURCI

HUT: 1–1,5 cm im Durchmesser. Kegelig bis glockig, eindeutiger und ausgesprochen spitzer Buckel, Rand mit Reife wellig. Braun bis dunkelgelblich-ockerfarben. Oberfläche glatt, viskos, wenn nass, mit einem tiefreichenden durchscheinend-streifigen Rand. **LAMELLEN:** Entfernt stehend, aufstrebend, adnex bis sinuat, zunächst bräunlich-cremefarben, mit der Alterung hellbraun, mit zwei Sets Zwischenlamellen. **STIEL:** 30–40 mm lang und 1–2 mm dick, gleichmäßig bis geschlängelt, hohl im Alter, bereift, dunkelbraun, dunkler werdend bis fast schwarz an der Basis, hell bis rot bis blassorange hin zur Spitze, bläulich verfärbend, insbesondere offensichtlich an der Stielbasis. **MIKROSKOPISCHE MERKMALE:** Sporen glatt, klein, subrhomboid bis rhomboid mit leicht verdickten Zellwänden, mit einer Keimpore an der Spitze, unter dem Mikroskop durchscheinend braun, 5,2–5,5 × 3,8–4,4 µm. Zystiden vorhanden, flaschenförmig bis utriform (lederflaschenförmig), Zellwände nicht verdickt, hyalin in 5 % KOH.

Psilocybe stametsii ist ein seltener, mit einer bemerkenswerten Warze versehener, sich blau verfärbender *Psilocybe,* der in den Höhen des Nebelwaldes in Ecuador gefunden wurde.

HABITUS, LEBENSRAUM UND VERBREITUNG: Wächst einzeln stehend auf Böden zwischen sich zersetzenden Blättern entlang eines Pfads im ecuadorianischen Nebelwald von Choco Andino im Los Cedros Biological Reserve in einer Höhe von etwa 1400 m. Funde im Oktober und Januar.

KOMMENTAR: Die Art ist einzigartig geformt mit einer ausgeprägten wippenden Warze auf dem Hut. Sie ist selten anzutreffen – bisher wurden nur zwei einzelne Exemplare gefunden. Bryn Dentinger und Giuliana Furci nannten diese Art mir zu Ehren *Psilocybe stametsii.* Durch eine DNS-Analyse stellte sich heraus, dass sie mit *Psilocybe yungensis* am nächsten verwandt ist. Die Form ihres Huts mit der ausgeprägten Warze ähnelt auch der von *Psilocybe hoogshagenii.* Ich hoffe, dass mehr dieser Pilze gefunden und Kulturen angelegt werden, um diese Art zu erhalten und ihre wechselseitige Beziehung zu anderen Arten im ecuadorianischen Nebelwald besser zu verstehen.

Psilocybe stuntzii GUZMÁN UND OTT

Gebräuchliche Namen: Natternstieliger Kahlkopf, Beflockter Kahlkopf, Blaue Beine

HUT: 1,5–4 (5) cm im Durchmesser. Hut zuerst stumpf kegelig, bald ausgebreitet zu konvex und breit konvexbuckelig bis fast flach oder eben mit nach oben gebogenem Rand bei sehr reifen Fruchtkörpern. Rand durchscheinend-streifig vom Rand bis zum halben Weg zur Mitte, wenn feucht, abwärts gekrümmt, dann gerade und schließlich hochgebogen, wellig und in extremem Alter oft erodiert. Dunkelkastanienbraun, zum Rand hin heller, der oft olivgrünlich ist, hygrophan, verblassend zu einem mehr gelblichen Braun oder Blassgelb beim Trocknen. Manche Varietäten tendieren mehr zu olivgelblich-braun und sind weniger hygrophan. Trama relativ dünn, wässrig-braun oder fast farbgleich mit Hut. Oberfläche viskos, wenn feucht, durch eine abtrennbare gallertartige Haut. **LAMELLEN:** Anheftung adnat bis adnex, eng bis entfernt stehend, mäßig breit, mit drei Reihen untergemischten Lamellen. Junge

Psilocybe stuntzii ist ein einfach zu identifizierender *Psilocybe,* der häufig in Koniferenrinde vorkommt, die zur Landschaftspflege eingesetzt wird. Im Jugendalter hat er ein weißliches, häutiges Teilvelum.

Das Teilvelum von *Psilocybe stuntzii* reißt während der Reife des Pilzes vom Hutrand ab und hinterlässt in den oberen zwei Dritteln des Stiels einen fragilen membranösen Annulus, der sich normalerweise blau verfärbt.

Fruchtkörper sind fahl, werden schon bald bräunlicher und später mit der Sporenreife sehr dunkelbraun. **STIEL:** 3–6 mm lang und 2–4 mm dick. Fast gleichmäßig, im Apex leicht vergrößert und an der Basis oft gebogen und aufgebläht. (Bei manchen Exemplaren ist der Stiel extrem gedreht wie ein Schweineschwanz.) Schmutzig gelb bis blass gelblich-braun. Oberfläche trocken, bedeckt mit fahlen, an den Annulus angedrückten Fibrillen, oberhalb glatt. Trama ausgestopft mit faserigem weißlichem Mark. Teilvelum fein membranös, normalerweise bläulich durchzogen, hinterlässt einen fragilen membranösen Annulus, wenn der Hut sich aufspannt. Es bildet sich eine recht beständige Ringzone, die durch Sporen dunkler wird. Stiel oft mit Rhizomorphen bestückt, die aus der Stielbasis hervorragen. **MIKROSKOPISCHE MERKMALE:** Sporen dunkel leicht purpur-braun bis zu dunkelviolett-braun im Abdruck, Frontalansicht rhomboid bis leicht rhomboid, Seitenansicht ellipsoid, 8–13,5 × 5,5–7,5 µm. Cheilozystiden flaschenförmig, spindelförmig-ampullenförmig, spindelförmig-lanzettlich, 22–30 × 4,4–6,6 µm mit einem verlängerten und geschlängelten Hals, 1,2–2 µm. Keine Pleurozystiden.

HABITUS, LEBENSRAUM UND VERBREITUNG: Er wächst gregär oder in Clustern auf Holzschnitzeln oder in zerfallenem Koniferensubstrat, auch auf Rasenflächen und Feldern, im Herbst bis zum frühen Winter und im Frühjahr. Es gibt Berichte von Vorkommen im Westen Oregons, in Washington und in British Columbia. In Fülle in der Gegend des Puget Sound in Washington State. Dieser Pilz ist in urbanen und suburbanen Bereichen um Institutionen, Geschäftsgebäude und Wohngebäude herum sehr häufig.

KOMMENTAR: *Psilocybe stuntzii* ist einer der schwächeren blauenden *Psilocybe.* Diese Art wächst oft in großen Kolonien in Koniferenrinde, die für den Landschaftsbau verwendet wird. *Galerina marginata* (= *Galerina autumnalis*), ein tödlicher Giftpilz, kann mit *Psilo-*

Dieser Cluster *Psilocybe stuntzii* zeigt keine Blauverfärbung am Ring, der normalerweise mit dunkel leicht purpur-braunen Sporen eingestäubt ist, während die Pilze reifen.

cybe stuntzii auftreten und hat für den Laien dasselbe Erscheinungsbild, außer, dass er tendenziell orangestichiger-braun ist und rostbraune Sporen aufweist (siehe Seite 13). Eine weitere Variante wächst auf Feldern und ist von der Form her dünner. Die Gruppe *Psilocybe stuntzii* umfasst eine große Vielzahl von Formen, die in vielfältigen Lebensräumen wächst. Sie ist zu Ehren von Dr. Daniel Stuntz benannt, der die Typsammlung mit Jonathan Ott an der University of Washington, Seattle, anlegte. Ich persönlich trug Isotypen bei.

Psilocybe subaeruginascens HÖHNEL = *Psilocybe aerugineomaculans* (HÖHNEL) SINGER & A.H. SMITH

HUT: 1,0–5,8 cm im Durchmesser. Kegelig bis konvex oder glockig bis buckelig mit leichtem breitem Buckel, aber nicht papillös, schließlich breit konvex bis zu flach ausgebreitet und im Alter nach oben gebogen. Oberfläche viskos, wenn feucht, durchscheinend-streifig entlang des Rands, bald trocknend. Orangestichig-braun, dann olivbraun und graugrünlich-braun, hygrophan, während des Trocknens verblassend zu matt-gelborange und strohfarben. Fleisch weiß bis fast farbgleich mit Hut, bei Verletzungen schnell bläulich verfärbend. **LAMELLEN:** Anheftung breit adnat bis adnex, manchmal decurrent, gedrängt, manchmal gegabelt. Gräulich-braun bis gelblich-braun und schließlich mit Sporenreife dunkelbraun, oft leicht meliert. Lamellenschneiden gleichmäßig gefärbt, verfärben sich bei Druck bläulich. **STIEL:** 30–60 mm lang und 1,5–3,0 mm dick. Weiß, verfärbt sich bläulich, gleichmäßig bis leicht verdickt in der Nähe der Basis, die oft mit ausstrahlenden weißen, sich bei Verletzung bläulich verfärbenden Rhizomorphen verziert ist. Oberfläche und Fleisch weißlich bis fast farbgleich mit Hut, bei Verletzungen schnell bläulich verfärbend. Teilvelum membranös, gut entwickelt, hinterlässt einen dauerhaften membranösen Annulus im mittleren bis oberen Bereich des Stiels, weiß, bis er gequetscht wird, dann bläulich, normalerweise mit leicht purpur-braunen Sporen eingestäubt. Im Alter aufgerissen und fragil. **MIKROSKOPISCHE MERKMALE:** Sporen dunkel leicht purpur-braun bis zu dunkelviolett-braun im Abdruck, in Frontalansicht rhomboid bis leicht rhomboid, in Seitenansicht fast ellipsoid, 7,7–12 × 6,6–8,5 µm. Basidien 4-sporig, selten 1-, 2- oder 3-sporig. Pleurozystiden spindelförmig aufgeblasen mit einem abgestumpften Ende, 2,2–3,3 µm dick. Cheilozystiden spindelförmig aufgeblasen bis leicht flaschenförmig, 16–33 × 4,4–5,9 µm, mit einem Hals, 2,5–4 µm dick.

HABITUS, LEBENSRAUM UND VERBREITUNG: Er wächst gregär bis rasig auf Böden, die mit Holzresten angereichert sind, in Holzschnitzeln und in einer Mischung aus

Psilocybe subaeruginascens ist ein wirkstarke psilocybinhaltige Art, die in Asien weit verbreitet ist.

Holzschnitzeln und Pferdemist. Ist häufig entlang von Wegen oder Straßen gefunden worden, die an einen Laubwald angrenzen. Er fruktifiziert in den gemäßigten Regionen von Südkorea, Japan, Malaysia, Indonesien und Südafrika von April bis Juli. Diese Art ist möglicherweise weiter verbreitet als aktuell berichtet.

KOMMENTAR: Dieser bemerkenswerte, mit einem membranösen Ring bekleidete *Psilocybe* sieht einzigartig anders aus als die meisten lignikolen Taxa in dieser Gattung. Die blauenden Stellen auf den weißen Stielen treten oft hervor. Dies ist eine Reaktion auf stärkere Berührungen. Die weißlichen Rhizomorphen an der Stielbasis sind dergestalt, dass man die Pilze an andere Stellen übertragen kann, d. h., die Stümpfe dieses Pilzes können verwendet werden, um neue Kolonien in weiteren Holzschnitzel-Beeten anzulegen. Dieser gedrungene und rüblingsartige *Psilocybe* mit dem membranös beringten Stiel ist in Asien einzigartig und nicht aus anderen Regionen bekannt. Diese Art steht wahrscheinlich im Mittelpunkt einer Konstellation neuer Arten, die noch untersucht werden müssen. Siehe auch *Psilocybe niveotropicalis* und *Psilocybe ovoideocystidiata,* die sich im Allgemeinen im makroskopischen Erscheinungsbild ähneln, aber vom Genom her unterscheiden.

Psilocybe subaeruginosa CLELAND

HUT: 1–5 cm im Durchmesser. Kegelig bis stumpf kegelig, bis zu konvex, breitet sich zu breit konvex aus, oft mit einem stumpfen Buckel. Braun über ockerfarben zu karamellbraun, stark hygrophan, verblasst während des Trocknens zu strohgelb, weißlich-gelb oder schmutzig gräulich-weiß, oft mit Blautönen verfärbt. Oberfläche glatt, durchscheinend-streifig in Randnähe, wenn feucht. Weißliche Velumreste befinden sich manchmal am äußeren Rand der Hüte, wenn sie noch unreif sind. **LAMELLEN:** Anheftung adnat bis adnex, aufstrebend, fahl, wenn jung, bald nachdunkelnd mit der Sporenreife von rauchbraun bis zu leicht purpur-braun und dunkel-schokoladenbraun mit weißlichen Fransen entlang des Rands. **STIEL:** 50–125 mm lang und 2–5 mm dick, hohl, knorpelig, an der Basis verdickt und oft gebogen, die charakteristischerweise mit dicken, ausstrahlenden Rhizomorphen geziert ist, gleichmäßig, dann zum Apex hin schmaler. Oberfläche fibrillär, oft in Flecken, weißlich bis gräulich-braun, oft mit blauenden Streifen, stark bläulich verfärbend bei Verletzungen. Teilvelum, üppige Cortina, weiß, fragil, verschwindet während der Reife oder hinterlässt feine fibrilläre Zonen im oberen Bereich, neigt zur Blauverfärbung und kann mit dunkel leicht purpur-braunen Sporen eingestäubt sein. **MIKROSKOPISCHE MERKMALE:** Sporen leicht purpur-braun im Abdruck, ellipsoid bis leicht ellipsoid, 13–15 × 6,6–7,7 µm. Basidien primär 4-sporig, gelegentlich 2-sporig. Pleurozystiden 22–47 × 6–16 µm, spindelförmig aufgeblasen, stachelspitzig mit einem verlängerten Hals, der sich zu 2–4,5 µm Dicke verjüngt. Cheilozystiden spindelförmig aufgeblasen, 17–29 × 5,5–11 µm.

HABITUS, LEBENSRAUM UND VERBREITUNG: Solitär bis gregär, manchmal büschelig, auf Böden angereichert mit Holzresten, sandigen Böden, Gärten, Holzschnitzeln, in Eukalyptus- und Kiefernmischwäldern und Holzschnitzeln aus denselben. Die Art wächst von April bis November primär im Südosten Australiens (Berichte über verstreute Vorkommen aus Westaustralien) und aus ganz Neuseeland.

KOMMENTAR: Dies ist ein sehr wirkstarker psilocybinhaltiger Pilz, der sowohl einen hohen Psilocybin- als auch Psilocingehalt aufweist, wenngleich die veröffentlichten Berichte den tatsächlichen Gehalt durch Trocknung und Lagerung vor den Analysen wahrscheinlich zu niedrig ausweisen. Stark blauend. Die auseinanderstrebenden Rhizomorphen an der Basis des Stiels ermöglichen mit den Techniken, die für *Psilocybe cyanescens* beschrieben sind (siehe Seite 78), eine direkte Übertragung in neue Holzschnitzelbeete. *Psilocybe subaeruginosa* scheint im Mittelpunkt einer Gruppe von Arten zu stehen, die mit *Psilocybe cyanescens* und *Psilocybe azurescens* verwandt sind und die auch *Psilocybe eucalypta* umfasst.

Psilocybe subaeruginosa ist ein sehr wirkstarker Pilz, der in hohen Dosen manchmal temporäre Paralysen verursachen kann. Die verursachenden Bestandteile sind unbekannt. Nach zwei Tagen bilden sich diese Erscheinungen normalerweise vollständig zurück, die Berichten zufolge einen Mangel an Koordinationsfähigkeit verursachen. Stark blauend.

Psilocybe subtropicalis GUZMÁN

HUT: 2–3 cm im Durchmesser. Stumpf kegelig, breitet sich zu leicht konvex und leicht glockig sowie konvex aus, manchmal mit breitem Buckel, kahl, am Rand durchscheinend-streifig, wenn feucht, rötlich braun bis braun, hygrophan, verblassend zu strohfarben, verfärbt sich zu dunkelblau und bläulich-schwarz, dunkelt während des Trocknens insbesondere entlang des Rands nach. **LAMELLEN:** Adnat oder adnex, blassbraun bis zimtbraun oder schwärzlich-violett, Schneiden weißlich gefranst. **STIEL:** 40–80 mm lang und 1–3 mm dick, gleichmäßig, weißlich bis gleichfarbig mit Hutfleisch, hohl, bläulich verfärbend, bedeckt mit angedrückten Flecken weißer Fibrillen in den unteren zwei Dritteln und darüber spärlich, an der Basis angeschwollen. Teilvelum dünn Cortina-artig bis fehlend. Fleisch weißlich, bläulich verfärbend. **MIKROSKOPISCHE MERKMALE:** Sporen dunkelpurpur-braun im Abdruck, 5,5–8 × 4–5,5 µm, subrhomboid in der Frontansicht, subellipsoid in der Seitenansicht, dickwandig, bräunlich-gelb. Basidia 17,5–26,5 × 5,5–8 µµm, keulenförmig oder subzylindrisch, hyalin. Pleurozystidenia 12–22,5 × 4–7 µm, aufgeblasen, verengt zum Apex, leicht spitz oder hyalin, häufig. Cheilozystiden 16–42 × 5–7 µm, reichlich, aufgeblasen oder subzylindrisch, apikal Gabelungen, hyalin.

Psilocybe subtropicalis ist eine terrestrische Art, die in den subtropischen Wäldern von Mexiko und Guatemala gedeiht. Es wird geschätzt, dass sie mäßig wirkstark ist.

HABITUS, LEBENSRAUM UND VERBREITUNG: Verstreut bis gregär auf Böden der Tropenwälder. Berichte aus Guatemala und Ostmexiko. Diese Art ist wahrscheinlich weiter verbreitet als bisher berichtet. Sie wird selten gefunden. Sie taucht oft in gestörten Böden in subtropischen Wäldern auf.

KOMMENTAR: Guzmán notierte, dass diese Art *Psilocybe herrerae* ähnelt und ebenfalls an den Schnittstellen zwischen Wald- und Graslandlebensräumen wächst, wo man auch *Psilocybe mexicana* findet.[76]

Psilocybe tampanensis GUZMÁN & POLLOCK

HUT: 1–2,4 cm im Durchmesser. Stumpf kegelig bis konvex, breitet sich aus zu breit konvex bis flach oder genabelt. Oberfläche glatt, leicht viskos, wenn feucht, schon bald trocken, nicht durchscheinend-streifig, ohne abtrennbare gallertartige Haut. Ockerbraun bis strohbraun, hygrophan, verblasst während des Trocknens zu strohgelb bis gelblich-grau, außer in der Mitte, die oft dunkel gefärbt ist. Fleisch oft mit bläulichen Untertönen. **LAMELLEN:** Anheftung aufstrebend, adnex, fahl, wenn jung, bald bräunlich bis dunkelviolett-braun, wenn ausgereift, behält matt-weißliche Kanten. **STIEL:** 20–60 mm lang und 1–2 mm dick. Gleichmäßig, zur Basis hin verdickt, in der Nähe der Spitze geziert mit feinen Flecken aus Fibrillen und an der Basis Gruppen mit weißlichem Myzel, das bald nach der Ernte oft bläuliche Töne aufweist. Gelblich braun bis rötlich braun. Weißlich bis gelblich, verfärbt sich bei Verletzung bläulich. Teilvelum, feine Cortina, zart, verschwindet schon bald und hinterlässt keine Ringzone. **MIKROSKOPISCHE MERKMALE:** Sporen leicht purpurbraun im Abdruck, leicht ellipsoid bis leicht rhomboid, 8–12 × 6–8,8 µm. Keine Pleurozystiden. Cheilozystiden 16–22 × 4–9 µm, flaschenförmig mit einem geschlängelten, verlängerten Hals 2–3 µm dick, selten, unregelmäßig gegabelt.

Psilocybe tampanensis ist eine mäßig wirkstarke Graslandart, die charakteristischerweise bei Druck keine starke Blauverfärbung zeigt.

Das Myzel von *Psilocybe tampanensis* bildet Sklerotien aus, die, wenn sie von Erde umgeben sind, viele kleine Pilze bilden können.

HABITUS, LEBENSRAUM UND VERBREITUNG: Solitär bis verstreut stehend, in grasbewachsenen, sandigen Böden, erster Fund in einer Sanddüne bei Tampa, Florida, und später in sandigen Böden in einem Laubwald in Pearl River County, Mississippi. Weitere Berichte von Mykonauten aus Louisiana, Alabama und South Carolina sind auf iNaturalist dokumentiert, obwohl diese Listungen noch nicht geprüft worden sind.

KOMMENTAR: Dies ist ein kleiner, unauffälliger *Psilocybe,* der in sandigen, grasbewachsenen Böden einzeln stehend bis zu verstreut wächst. Kultivierte Fruchtkörper können sehr produktiv sein, eine Analyse zeigt mit 0,68 % Psilocybin und 3,2 % Psilocin eine mäßige Wirksamkeit.[77] Die Sklerotien, die im Allgemeinen weniger wirkstark als die Fruchtkörper sind, weisen mit jeweils 0,19 % bis 0,03 %, weniger Gehalt auf.[78]

Die Kultivierung der Sklerotien von *Psilocybe tampanensis* sind mehrere Jahrzehnte weit verbreitet gewesen. Hierbei wurden die Methoden verwendet, die Steven Pollock, MD, entwickelte, der die Art als Erster mit Gary Lincoff in der Nähe von Tampa pflückte. Die Methoden für ihre Kultivierung wurden weiter verfeinert und in dem Buch *The Mushroom Cultivator* beschrieben, von dem ich Mitautor bin. Diese Art findet man in den Niederlanden im Handel, wo Käufer von einer Gesetzeslücke profitieren. Das Gesetz verbietet zwar Fruchtkörper von psilocybinhaltigen Pilzen, aber keine Sklerotien, da Sklerotien technisch gesehen nicht dasselbe sind. Die Sklerotien bestehen aus gehärtetem Myzelgewebe, das sich bei Dunkelheit bildet, im Unterschied zum phototropischen Pilzfruchtkörper. Unter geeigneten Bedingungen können manchmal Jahre später aus den gehärteten Sklerotien Pilze sprießen. *Psilocybe mexicana* ist eine ähnliche Graslandart, die ebenfalls Sklerotien bildet. Beide Arten bilden auf Roggenkörnern, Hirse und Reis stark Sklerotien, die mehrere Wochen im Dunkeln gelagert werden. Diese beiden Taxa könnten konspezifisch sein.

Die große Bandbreite der Wirkstärke ist den Substraten zuzuschreiben, auf denen *Psilocybe tampanensis* wächst, sowie den Umweltbedingungen, den Trockenmethoden, der Lagerung und der Zeitspanne zwischen Ernte und Analyse. Die Sklerotienbildung wird durch Licht behindert, wohingegen Licht die Fruchtkörperbildung direkt aus den Sklerotien stimuliert. Dr. Gastón

Guzmán sammelte diese Art 1996 im Süden von Mississippi erneut. Seitdem zeigen zahlreiche Berichte auf iNaturalist, dass diese Art im Südosten der USA weit verbreitet ist. Der untrainierte Beobachter könnte *Psilocybe tampanensis* fälschlicherweise als einen Grasland-*Panaeolus* identifizieren. Siehe auch *Panaeolus rickenii* (= *Panaeolus acuminatus*), *Panaeolus foenisecii* und *Panaeolus olivaceus* (= *Panaeolus castaneifolius*).

Psilocybe tasmaniana GUZMÁN & WATLING

HUT: 1–1,3 cm im Durchmesser. Stumpf kegelig bis konvex, breitet sich aus zu breit konvex bis leicht glockig. Kastanienbraun, heller bei Reife bis zu rötlich gelbbraun oder orangestichig-braun, stark hygrophan, während des Trocknens Farbveränderung zu mattgelblich bis schmutzig gelb. Oberfläche glatt, viskos, wenn nass, tiefe durchscheinende Streifen vom Rand bis zu zwei Dritteln zur Hutmitte. Während der Jugend Rand oft behangen mit weißlichen Velumresten. **LAMELLEN:** Angewachsen adnat, werden leicht purpur-braun, wenn die Sporen reifen, mit weißlichen Schneiden, die oft bläulich getönt sind. **STIEL:** 25–46 mm lang und 1–2,5 mm dick. Weißlich, oft bedeckt mit seidigen Fibrillen. Bläuliche Verfärbungen, oft schwach, insbesondere in Richtung Stielbasis. Teilvelum, feine Cortina, verschwindet schon bald, wenn der Hut sich aufspannt. **MIKROSKOPISCHE MERKMALE:** Sporen dunkel leicht purpur-braun im Abdruck, in Seitenansicht subellipsoid, von vorn gesehen subovoid, 10–17 × 7–9 µm. Wenige Pleurozystiden, 17,5–30 × 4,6–10 µm, spindelförmig-aufgeblasen, verengt sich zu einer kurzen Spitze 1,6–2,7 µm breit. Cheilozystiden spindelförmig-aufgeblasen bis leicht flaschenförmig, mit einem herausragenden, sich verengenden Hals, oft am Ende zwei- oder dreimal gegabelt, transparent, 22,5–36 (44) × 5–10 µm.

HABITUS, LEBENSRAUM UND VERBREITUNG: Solitär bis gregär, in gemischtem Grasland angereichert mit Dung und Holzresten *(Eukalyptus)*, von April bis Dezember von Tasmanien über Neuseeland bis Australien.

Psilocybe tasmaniana ist in Neuseeland, Tasmanien und Australien eine häufige Art. Es gibt mehrere Formen, die als »tasmaniana« bezeichnet werden. Die Exemplare einer bestimmten Form weisen eine besondere Warze auf und könnten eine neue Art darstellen.

Psilocybe tasmaniana wächst normalerweise in Clustern oder in Gruppen.

KOMMENTAR: Die Art wird sehr oft mit *Psilocybe alutacea* verwechselt, zu der sie synonym sein könnte und die 2006 von Y. S. Chang und A. Mills veröffentlicht wurde.[79] Das Taxon *Psilocybe tasmaniana* wurde im Jahr 1978 von Guzmán und Watling publiziert und hatte daher die Priorität.[80] Diese Art erfordert wesentlich mehr Analysen, um die vielen Phänotypen, die diesem Taxon zugeordnet sind und in unterschiedlichen Lebensräumen wachsen, zu vereindeutigen.

Psilocybe weilii GUZMÁN, STAMETS & F. TAPIA

Gebräuchliche Namen: Weils Psilocybe

HUT: 2–6 cm im Durchmesser. Glockig bis stumpf kegelig, mit einem eingerollten Rand, wenn jung, dann nach innen gebogener, unregelmäßiger Rand, breitet sich aus zu konvex, dann breit konvex zu fast eben und im Alter nach oben gebogen. Dunkelkastanienbraun bis tief olivenartig-braun, typischerweise mit einer schwärzlichen bis dunkelbraunen Zone in Richtung der Mitte. Fleisch in der Mitte 1–5 mm dick, weißlich, verfärbt sich bläulich. Stark hygrophan, verblasst während des Trocknens zu fahl- bis hellbraun. Oberfläche viskos, wenn feucht, aufgrund einer manchmal abtrennbaren gallertartigen Haut, entlang des Rands durchscheinend-streifig. **LAMELLEN:** Anheftung adnat bis sinuat mit zwei Reihen zwischenliegender Lamellen, eng stehend, gleichmäßig, breit, durchweg hellbraun mit fahlen, beflockten Schneiden, bei Reife werden sie dunkel-schokoladenbraun. **STIEL:** 25–70 mm lang und 4–8 mm dick. Gleichmäßig, verdickt sich zur Basis hin, aus der weiße Rhizomorphen hervortreten. Weiß bis schmutzig braun, im Alter verfärbt er sich insgesamt bläulich oder vom Trocknen, am unteren Ende mit Umhüllungen aus weißen fibrillären Flecken bedeckt und bereift in den oberen Bereichen. Knorpelig, hohl, ausgestopft mit weißlichem Mark. Teilvelum weißlich, Cortina, hinterlässt eine fibrilläre Ringzone, oft eingestäubt mit leicht purpur-braunen Sporen. **MIKROSKOPISCHE MERKMALE:** Sporen dunkelviolett-braun bis gräulich schwarz im Abdruck, subellipsoid, subrhomboid bis subellipsoid in Frontalansicht, 5,5–6,5 × 4–5 µm in Seitenansicht. Pleurozystiden zahlreich, leicht spindelförmig oder aufgeblasen-geschnäbelt mit kurzer Spitze oder leicht flaschenförmig, 10,5–21,5 (24) × 5–9,5 (10,5) µm. Cheilozystiden flaschenförmig mit einfachen oder gegabelten Spitzen, 20–37,5 × 5–6,5 µm.

Psilocybe weilii ist ein wirkstarker psilocybinhaltiger Pilz und *Psilocybe caerulescens* ähnlich. Manche Spezialisten glauben, dass sie konspezifisch sind.

Psilocybe weilii wurde als Erstes in Kiefernholzschnitzeln für die Landschaftspflege in der Nähe von Atlanta, Georgia, gefunden. Er ist aus zahlreichen Orten im Südosten der USA bekannt.

HABITUS, LEBENSRAUM UND VERBREITUNG: Gregär bis in Clustern, gelegentlich verstreut, auf mit Ton und Holz angereicherten Böden, unter Weihrauchkiefer *(Pinus taeda)* und Amberbaum *(Liquidambar styraciflua)* und in gestörten Böden sowie in landschaftlich gepflegtem Bereich unter Mischwald in Parks und in Vorstädten. Diese Art fruktifiziert von Anfang September bis in den November im Norden von Georgia, ist jedoch wahrscheinlich weiter verbreitet als bisher berichtet.

KOMMENTAR: *Psilocybe weilii* ist nach einer kürzlich durchgeführten phylogenetischen Analyse sehr eng mit *Psilocybe caerulescens* verwandt, aber genetisch different.[81] Beide Arten leben terrestrisch und wachsen auf Kiefernholzresten. *Psilocybe weilii* ist mit 0,61 % Psilocybin, 0,27 % Psilocin und 0,05 % Baeocystin wirkstark.[82] Diese Art ist dem Lebenswerk von Dr. Andrew Weil zu Ehren benannt, der die Studien von psilocybinhaltigen Pilzen und anderen psychoaktiven Substanzen trotz starker Kritik von Gegnern während vieler Jahrzehnte mutig unterstützte.

Psilocybe weraroa BOROVIČKA, OBORNÍK & NORDELOOS

HUT: 3–5 cm lang und 1,5–3 cm weit. Rundlich, eiförmig oder länglich, verengt sich zur Basis hin und ist auf halbem Weg angeschwollen. Weißlich bis blassbläulich grau und olivgrün, verfärbt sich bläulich, trocknet zu gelb und bis zu schmutzig braun. Der Hut ist sackförmig und umhüllt die Lamellen, der Rand ist nach innen gebogen, gefaltet, streckt sich zum Stiel hin. Oberfläche glatt bis klebrig. **LAMELLEN:** Die dicht stehenden Sporen bildenden Lamellen sind sepiabraun bis schokoladenbraun bei Sporenreife, grob geformt, oft länglich, gewellt, manchmal gekammert. **STIEL:** 10–40 mm lang und 6 mm dick, schlank, gleichmäßig, weißlich bis grau, bei Verletzung blau oder grünlich verfärbend, gelblich braun an der Basis, zunächst bedeckt mit Fibrillen, wird schon bald mit der Reife glatt, knorpelig im Alter, geschwollen und an der Basis gebogen, hohl, Fleisch gelblich orange, nach oben hin verdickt. **MIKROSKOPISCHE MERKMALE:** Sporen sepia-braun bis purpur-braun, 11–17 × 5–8 µm, glatt, ovoid ellipsoid bis subellipsoid, an einem Ende abgerundet mit einer dünnen Keimpore.

HABITUS, LEBENSRAUM UND VERBREITUNG: Solitär bis gregär, oft vergraben unter Waldabfällen oder Māhoe, Weißholz *(Melicytus ramiflorus)*, einem kleinen Baum, der im Tiefland wächst und oft spontan Lebensräume besiedelt, die sich von Störungen durch Fällungen oder anderem zerstörerischem Vorgehen erholen.

Psilocybe weraroa wächst auf Holzresten und auf mit Holz angereicherten Böden.

Psilocybe weraroa ist ein sekotioides Mitglied der Gattung und leicht wirkstark. Es wächst in Neuseeland. Weitere sekotioide *Psilocybe*-Arten sind anderswo entdeckt worden. Siehe Seiten 169, 170 und 226. Manche Mykologen haben die Theorie aufgestellt, dass diese sekotioiden Pilze Früchte nachbilden und so Vögel anlocken, die die Sporen zu weit entfernten Orten tragen; ihre Sporen können nicht leicht in die Luft ausgeworfen werden, weil die Lamellen umhüllt sind.

Psilocybe weraroa steht im Zentrum einer einzigartigen Linie von beutelförmigen psilocybinhaltigen Pilzen. Beachten Sie die blassen Blautöne, die durch seinen Psilocingehalt entstehen.

Nur bekannt aus Neuseeland. Zu weiteren Lebensräumen gehört die enge Verbindung zu Mulch aus der in Neuseeland häufig in Parks, Gärten und entlang von Straßen gepflanzten *Cordyline australis* (den die Māori *tī kōuka* nennen), der Keulenlilie. In bewaldeteren Lebensräumen taucht *Psilocybe weraroa* auch in den Holzresten darunter auf, die von Waldfarnen überhangen sind (*Cyathea* spp.). Manchmal in gemischten Tieflandregenwäldern in der Nähe von Auckland und Wellington in Fülle. Die Pilze sind schwierig zu finden, da sie oft unter den oberen Schichten aus verrottendem Waldabfall versteckt sind.

KOMMENTAR: Dies ist eine von einer Anzahl an seltsamerweise unterschiedlichen, erst vor Kurzem beschriebenen psilocybinhaltigen Arten, die im Vergleich zu der riesigen Mehrheit an Arten der Gattung *Psilocybe* morphologisch einzigartig sind. Aufgrund einer phylogenetischen Analyse wurde diese psilocybinhaltige Art in der nächsten Nähe zum Komplex von *Psilocybe cyanescens* platziert. *Psilocybe weraroa* ist ein sekotioider Pilz. Dieser ist ein evolutionäres Zwischenstadium zwischen gasteroiden Pilzen (Boviste, Trüffel) und Lamellenpilzen wie den klassischen Champignonverwandten und den typischen *Psilocybe*-Arten.

Die gekammerten sporenbildenden Schichten sind von einer Art Beutel umhüllt und daher werden die Sporen nicht sogleich in die Luft abgegeben. Einige Mykologen spekulieren, dass diese sekotioiden Arten zwar Lamellen entwickeln, aber noch nicht die Form, um die Sporen aus den eingehüllten Lamellenscheiben in die Luft abzugeben. So sind Insekten und Vögel wahrscheinlich Sporenverbreiter. Über diese Art wurde berichtet, dass sie die Wood Lover's Paralysis verursachte (siehe Seite 142), über die auch bei *Psilocybe azurescens, Psilocybe cyanescens* und *Psilocybe subaeruginosa* berichtet wird.[83] Eine weitere eigentümliche Art, die eingehüllte unausgereifte Lamellen aufweist und psilocybinhaltig ist, jedoch noch nicht benannt wurde, wurde in der Nähe des Tahoesees gefunden. Sie gehört möglicherweise zur Gattung *Galeropsis* (siehe Seite 226). Siehe auch unter *Psilocybe maluti*. Diese Graslandart aus Afrika ist ebenfalls sekotioid. Ich erwarte, dass wir weitere dieser sekotioiden und gastroidähnlichen Arten finden werden.

Diese sich blau verfärbende Art, die oft vor Blicken versteckt ist, kann mit einer weiteren sekotioiden Art verwechselt werden, dem Blauen Beutelpilz *Clavogaster virescens,* der auch eine blassblaue Tönung haben kann, von dem jedoch weder ein Psilocybingehalt berichtet wurde noch, dass er bei Druck eine bläuliche Verfärbung aufweist. *Clavogaster virescens* hat keine Lamellen. Stattdessen werden die Sporen dieser Art in Glebakammern gebildet, wohingegen *Psilocybe weraroa* noch eindeutige, aber oft verwinkelte, gleichmäßig gekammerte Lamellen besitzt und von einem beutelähnlichen Fruchtkörper umhüllt ist.

Psilocybe yungensis SINGER & A.H. SMITH = *Psilocybe acutissima* HEIM

Gebräuchliche Namen: Hongo Adivinador (Prophezeiungs-Pilz), Hongo Genio (Genie-Pilz)

HUT: 0,5–2,5 cm im Durchmesser. Spitz kegelig bis kegelig und glockig bei Reife, oft mit einem spitzen Buckel. Oberfläche glatt, viskos und den Großteil der Strecke zur Hutmitte durchscheinend-streifig, wenn feucht, Haut nicht abtrennbar. Rostbraun über orangestichig-braun zu dunkelrötlich braun, hygrophan, verblasst beim Trocknen zu matt-gelblich braun oder schmutzig strohfarben. Verfärbt sich bei Verletzung bläulich und dann während des Trocknens oft zu dunkel-schwärzlich mit bläulichen Tönen. **LAMELLEN:** Anheftung adnat bis adnex, eng bis gedrängt, zunächst mattgrau, braun, dann leicht purpur-braun mit Sporenreife. Lamellenschneiden weißlich bis zu blass. **STIEL:** 25–60 mm lang und 1,5–3 mm dick, gleichmäßig bis verdickt in Richtung Basis. Oberfläche bedeckt mit einer Umhüllung aus dichten weißlichen Fibrillen, blassbräunlich oben und rötlich braun bis rötlich braun-schwarz in der Nähe der Basis. Fleisch verfärbt sich bläulich, hohl und recht brüchig. Teilvelum, Cortina, bald während der Reife verschwindend, hinterlässt weißliche Fibrillen entlang des Hutrands und spärliche Reste in den oberen Bereichen des Stiels. **MIKROSKOPISCHE MERKMALE:** Sporen dunkel leicht purpur-braun im Abdruck, rhomboid bis subrhomboid bis subellipsoid, 4,4–7 × 4–6 µm. Pleurozystiden 14–25 × 4,4–10,5 µm, unten aufgeblasen und an der Spitze stachelspitzig. Cheilozystiden 14–33 × 4,4–7,7 µm, variabel, aufgeblasen über keulenförmig bis abgeschnürt.

HABITUS, LEBENSRAUM UND VERBREITUNG: Man findet die Art in Clustern oder gregär auf verrottendem Holz, manchmal an der Basis von Baumstümpfen, in Kaffeeplantagen und/oder subtropischen Wäldern, primär von März bis Oktober. Funde im Nordosten und Südosten von Mexiko sowie Zentralmexiko, Bolivien,

Psilocybe yungensis findet man in einem großen Bereich von Mexiko über Brasilien bis in die Karibik.

Psilocybe yungensis ist wirkstark psilocybinhaltig.

Kolumbien, Ecuador, Brasilien sowie Berichte von der karibischen Insel Martinique. Wahrscheinlich weiter verbreitet als aktuell berichtet.

KOMMENTAR: Diese Art, deren spanischer Name »Genie-Pilz« bedeutet, wurde von den Mazateken, einem indigenen Volk Mexikos, früher verwendet. Der ausgesprochen spitze Buckel dieser Art ist eines von mehreren Merkmalen, die sie leicht identifizierbar macht. Dieser Pilz unterscheidet sich durch seine Neigung, in großer Zahl auf verrottenden Baumstümpfen oder Holzresten zu wachsen, seine orangestichige Farbe und seine bis zur vollständigen Reife kegelig bleibenden Hüte. Siehe auch unter *Psilocybe hoogshagenii,* der eine noch ausgeprägtere Warze besitzt, und dem selteneren, kleineren *Psilocybe stametsii,* der ebenfalls in Ecuador wächst, jedoch kleinere Sporen aufweist.

Psilocybe zapotecorum HEIM emend GUZMÁN

Gebräuchliche Namen: Badao Zoo (Zapotekisch) oder Hongo Borracho (spanisch: Betrunkener Pilz), Bi-neechi (Zapotekisch: Dornenkronenpilz)

HUT: 1–3 × 7–11 cm, in der Form sehr variabel, konisch bis konvex bis glockenförmig, zuweilen subumbonat oder stumpf umbonat, im Alter gewunden. Oberfläche glatt, nahe dem Rand bei Feuchtigkeit durchscheinend-gestreift. Rötlich braun bis organisch braun, hygrophan, während des Trocknens verblassend zu Beige, orangerosa bis strohfarben, an Stellen, die verletzt werden, oder im Alter, schnell blau bis grün bis schwärzlich verfärbend. **LAMELLEN:** Anheftung sinuat oder adnat, blassbraun, leicht purpur-braun bis purpurviolett, farbgleiche Kanten zu den Lamellenseiten oder etwas blasser. **STIEL:** (40) 100–200 mm lang und

(3) 5–10 (12) mm dick, gleichmäßig bis zu leicht ausgedehnt an der Basis, manchmal mit einer Pseudorhiza, gelegentlich geschlängelt, unregelmäßige Dicke. Weiß bis gräulich zu veränderlich rötlich braun oder weinrot, Blauverfärbung mit schwärzlich-violetten Tönen bei Berührung oder Verletzung. Oberfläche bedeckt mit weißlichen fibrillären Flecken, manchmal stark schuppig-gestreift nahe der Basis. **MIKROSKOPISCHE MERKMALE:** Sporen leicht purpurn, violett-braun im Abdruck, länglich-ellipsoid, (5,5) 6,6–7,0 (8,8) × 3,8–4,4 (5,5) µm. Pleurozystiden 20–38 × 55,5–14 µm, Form variiert, spindelförmig-keulenförmig, aufgeblasen bis zu leicht stachelspitzig, manchmal mit unregelmäßig geteilten Spitzen. Cheilozystiden 13–27 × 3,5–6 µm, aufgeblasen bis spindelförmig, birnen- bis flaschenförmig, mit einem verlängerten Hals 1,5–2,2 µm dick.

HABITUS, LEBENSRAUM UND VERBREITUNG: Rasig bis gregär, selten verstreut, auf sumpfigem oder schlammigem Boden, humusreich mit Blättern und Holzresten, sandig, morastige Laubwälder und Kaffeeplantagen. Man findet ihn häufig an den Wänden von Schluchten mit offen liegenden Böden. In Südmexiko gibt es Funde in 600 m Höhe und im subtropischen Südamerika. Gesammelt in Kolumbien, Peru, Brasilien, Uruguay und Argentinien.

Psilocybe zapotecorum in seiner ursprünglichen Form. Die Pilze verfärben sich stark bläulich bei Berührung oder Verletzung.

KOMMENTAR: *Psilocybe zapotecorum* ist ein wirkstarker Pilz mit einer starken Blauverfärbung an Druckstellen. Er ist vergleichsweise groß und kann manchmal mit Sand bedeckt sein, während er sich seinen Weg durch den Boden nach oben bahnt. Es ist nicht überraschend, dass Heim and Wasson (1958) von 0,05 % Psilocybin und 0 % Psilocin basierend auf Albert Hofmanns Analyse in zwei Jahre alten Exemplaren berichten.[84] Dieser Pilz ist die eigentümlichste Art der Gattung *Psilocybe,* da er typischerweise einen asymmetrischen Hut hat, der oft von gebogener Form ist. Er wird von den indigenen Mazateken und Zapoteken aus dem Staat Oaxaca, Mexiko, hoch geschätzt. Guzmán berichtete in seiner Monografie von 1984, dass man diesen Pilz manchmal in den Lehmhäusern der Zapoteken findet, die vielleicht von den Pilzen abstammen, die sie mit in ihre Behausungen gebracht haben.[85] Diese Art scheint ein hervorragender Kandidat für die Einrichtung eines naturalisierten Beets durch Pilzstumpf-Beimpfungen zu sein.

Die Gattung *Panaeolus*

Die Gattung *Panaeolus* gehört zur Familie der Bolbitaceae und beherbergt einige psilocybinhaltige Pilze. *Panaeolus* ist das griechische Wort für »gefleckt«. Diese Gattung ist aufgrund ihrer unverwechselbar schattierten Lamellen mit unterschiedlichen Bereichen an Basidien so benannt, die mit der Reife schwarze Sporen bilden. Diese verleihen den Lamellen ein belebtes und geflecktes Aussehen. Die Hüte der Pilze dieser Gattung haben normalerweise eine Kutikula aus rundlichen Zellen zusammen mit schwärzlichen Sporen (mit wenigen Ausnahmen wie *Panaeolus foenisecii,* der dunkelbraune Sporen aufweist). Im Gegensatz hierzu besteht die Kutikula der Hüte der *Psilocybe*-Arten aus verflochtenen Filamenten, die normalerweise leicht purpurbraune Sporen aufweisen.

Der leicht blauende *Panaeolus cinctulus* ist schwach psilocybinhaltig. Der stark blauende und wirkstarke *Panaeolus cyanescens* steht im Mittelpunkt einer Konstellation von ähnlich aussehenden Arten, die auch in die Gattung *Copelandia* eingeordnet worden sind. Die normalerweise auf Weiden wachsenden psilocybinhaltigen *Panaeolus*-Arten wachsen meist auf Dung, in gut gedüngten Böden und in Grasland und gelegentlich auf kompostierendem Stroh. Sie wachsen normalerweise nicht auf Holzresten. Strauss und andere veröffentlichten einen guten Übersichtsartikel aus 20 weltweiten Berichten über die angeblich psilocybinhaltigen Arten unter den etwa 50 nicht aktiven Arten von *Panaeolus.*[86]

Panaeolus africanus OLA'H

Gebräuchliche Namen: Afrikanischer Düngerling, Elephant Dung Panaeolus

HUT: 1,5–2,0 cm im Durchmesser. Stumpf kegelig, halbkugelig und breit konvex im Alter. Oberfläche glatt, bei Nässe viskos, insbesondere bei jungen Exemplaren, entlang des Hutrands netzartig. Cremeweiß bis gräulich, manchmal zur Mitte hin rötlich braun, wird im Alter gräulich braun. Rand in der Jugend nach innen gebogen, oft unregelmäßig und nicht durchscheinend. Fleisch gräulich weiß, bläulich verfärbend. **LAMELLEN:** Anheftung adnat bis adnex, manchmal sinuat, selten leicht herablaufend, weit stehend, unregelmäßig, zuerst gräulich, schon bald gräulich schwarz, bis zu schwärzlich im Alter und fleckig, während die Sporen reifen. **STIEL:** 30–50 mm lang und 4–6 mm dick, gleichmäßig, fest, zum Hut hin bereift. Weißlich bis weiß mit blassen Rosatönen, im Allgemeinen heller als der Hut, ohne Velumreste. **MIKROSKOPISCHE MERKMALE:** Sporen fast schwarz im Abdruck, 11,5–14,5 × 7,9–10 µm, zitronenförmig, oft veränderlich. Basidien 2- und 4-sporig. Pleurozystiden vorhanden, mit verlängerten scharfen Spitzen, 25–50 (60) × 10–17 (20) µm. Cheilozystiden keulenförmig, 17–24 × 7,4–12 µm.

HABITUS, LEBENSRAUM UND VERBREITUNG: Berichte aus Zentralafrika bis in die südlichen Regionen des Sudan, Tschad, der Zentralafrikanischen Republik, von Indien und Mexiko. Vermutlich in Mittelamerika weiter verbreitet als aktuell bekannt. Man findet diese Art im Frühjahr oder während der Regenzeit auf Flusspferd- und Elefantendung, auch in Zoos, der ein Knotenpunkt

Panaeolus africanus ist eine hell gefärbte psilocybinhaltige Art, die sich bläulich verfärbt und die man auf Rinder-, Elefanten- und Flusspferddung findet.

für die weitere Verbreitung in andere Regionen der Welt werden kann, von wo Tiere verteilt werden.

KOMMENTAR: Manche Aufsammlungen von *Panaeolus africanus* können für Exemplare dieser Gattung relativ robust sein, da sie einen vergleichsweise dicken Stiel und viskosen Hut aufweisen, wenn dieser nass ist. Enthält laut Ola'h Psilocybin und Psilocin,[87] wenn auch in veränderlichen Mengen. Vor Jahren fand ich diese Art auf Elefantendung des Seattle Zoos. Ich nehme an, dass der Import von exotischen Tieren in Zoos und der darauffolgende Verkauf ihres Dungs an Gärtner ein Vektor ist, durch den sich diese Art aus dem Kernland des afrikanischen Kontinents in andere Regionen der Welt verbreitet.

Panaeolus cinctulus (BOLTON) SACCARDO = *Panaeolus subbalteatus* BERKELEY & BROOME

Gebräuchliche Namen: Dunkelrandiger Düngerling, Gegürtelter Düngerling

HUT: 2–6 cm im Durchmesser. Konvex bis glockig, dann breit konvex, schließlich fast flach mit einem breiten Buckel. Zimtbraun bis orangestichig-zimtbraun, verblasst während des Trocknens zu hellbraun mit einer umlaufenden dunkelbraunen Zone entlang des Rands. **LAMELLEN:** Anheftung adnat bis uncinat, eng stehend, leicht geschwollen zur Mitte hin, mit drei Reihen zwischenliegenden Lamellen. Bräunlich und fleckig,

Panaeolus cinctulus ist eine leicht psilocybinhaltige Art, die auf Pferdemist gedeiht. Man findet sie oft auf Pferdekoppeln oder Pferderennbahnen.

Panaeolus cinctulus wächst auf kompostierendem Stroh. Fruktifizierungen werden durch die Gabe von Pferdemist verbessert.

schwärzlich, wenn ausgereift, oft ausgefranst mit weißlichen Kanten. **STIEL:** 50–60 mm lang und 2–4 mm dick, spröde, hohl, faserig, bricht in Längsstreifen auseinander. Rötlich unter den winzigen weißlichen Fibrillen, zur Basis hin dunkler werdend. Oft an der Basis blauend, am offensichtlichsten im Basalmyzel. **MIKROSKOPISCHE MERKMALE:** Sporen im Abdruck schwarz, in Seitenansicht zitronenförmig, in Frontalansicht subellipsoid, 11,5–14,0 × 7,5–9,5 µm. Basidien 2- und 4-sporig. Keine Pleurozystiden. Cheilozystiden variieren in Form, meist birnenförmig, 14–21 × 3–7 µm.

HABITUS, LEBENSRAUM UND VERBREITUNG: Diese Art wächst im Frühjahr, Sommer und frühen Herbst rasig bis gregär auf Dung oder auf gut gedüngtem Boden. Manchmal findet man sie auf alten kompostierenden Strohballen. Auf der Welt weit verbreitet. Es gibt Berichte aus Nordamerika, Südamerika, Europa, Russland, Asien, Afrika, Australien, Neuseeland und vom hawaiianischen Archipel. Wie auch *Panaeolus cyanescens* gehört diese Art zu den am weitesten verbreiteten psilocybinhaltigen Pilzen der Welt.

KOMMENTAR: Der auch in Handbüchern im Allgemeinen als *Panaeolus subbalteatus* aufgeführte *Panaeolus cinctulus* ist schwach bis mäßig psilocybinhaltig. Er zeigt ein markantes dunkles Band am äußeren Rand des Huts, der sich im Alter bis fast zu flach ausbreitet,

Panaeolus cinctulus und viele *Panaeolus*-Arten haben gefleckte Lamellen, da die Basidien mit den Sporen immer stellenweise reifen.

und eine Blauverfärbung, die sich meist an der Stielbasis und im Basalmyzel zeigt. Stijve und Kuyper fanden maximal 0,14 % Psilocybin, 0 % Psilocin und 0,033 % Baeocystin.[88] In brasilianischen Exemplaren fanden Stijve und andere 0,08 % Psilocybin und kein Psilocin. Jochen Gartz berichtete von maximal 0,7 % Psilocybin, 0 % Psilocin und 0,46 % Baeocystin.[89] Gurevich fand 0,14 bis 0,36 % Psilocybin in Exemplaren, die in Russland und Mittelsibirien gesammelt wurden.[90] Diese Analysen sind jedoch veraltet. So vermute ich, dass sie den tatsächlichen Gehalt in frischen, luftgetrockneten Proben unterschätzen.

Ich finde *Panaeolus cinctulus* meistens direkt auf Pferdedung oder Komposten mit Pferdemist. Die Kultur dieser Art besteht oft unabsichtlich auf den entsorgten Hinterlassenschaften (Dung und Stroh) vom Stallausmisten und ist weit verbreitet. Der Pferdemist von Pferderennbahnen führt insbesondere im späten Frühjahr oft zu überreichen Fruktifizierungen dieser Art. Sie taucht ebenfalls in Kompost auf Pilzfarmen für Champignons auf (Agaricus), besonders wenn Pferdedung Teil des Komposts ist. Sie wächst auch direkt auf kompostierenden Heuballen, daher auch der Name Haymaker's Panaeolus (Heumacher-Panaeolus), der auch ein gebräuchlicher Name für die nicht psilocybinhaltige Art *Panaeolus foenisecii* ist.

Als ich diesen Pilz roh gegessen habe, wurde mir übel. Dieses Symptom hätte verringert werden können, wenn ich mir einen Tee gemacht hätte. *Panaeolus cinctulus* scheint viele andere Organismen zu beherbergen — und ist eine bevorzugte Brutstätte für Insektenlarven. Er verdirbt sehr schnell und sollte daher idealerweise jung, also vor der Sporenreife, gepflückt und schnell getrocknet werden. Sobald die Pilze geerntet werden, werden sie schnell welk, wohingegen die *Psilocybe*-Arten aufgrund ihrer knorpeligeren Natur tendenziell eine stabilere Struktur besitzen.

Ein weiterer *Panaeolus*, der ein dunkles Band entlang des Rands entwickeln kann, insbesondere, wenn er an Ort und Stelle trocknet, ist *Panaeolus rickenii* (= *Panaeolus acuminatus*), siehe Seite 126. Das konsistente dunkle Band entlang des aufgewölbten Hutrands von *Panaeolus cinctulus* und die Blauverfärbung des Basalmyzels des Stiels sind die markantesten makroskopischen Merkmale, die diese Art von *Panaeolus rickenii* und anderen engen Doppelgängern unterscheiden. *Panaeolus oligotrophus* ist ähnlich, wächst aber auf sandigem Boden.

Panaeolus cyanescens SACCARDO = *Copelandia cyanescens* (BERKELEY & BROOME) SACCARDO = *Copelandia papilionacea* (BULLIARD EX FRIES) BRESADOLA

Gebräuchliche Namen: Blauender Düngerling

HUT: 1,5–3,5 (4) cm im Durchmesser. Hut halbkugelig bis glockig, breitet sich mit der Reife bis zu konvex aus. Rand zu Beginn bei Nässe durchscheinend-streifig, nur bei jungen Fruchtkörpern nach innen gebogen, bald opak und abwärts gekrümmt, breitet sich im Alter aus, wird flach und oft unregelmäßig oder gespalten bei Reife. Zunächst ist er hellbraun, beige bis fahlgrau oder fast ganz weiß, wobei die Mitte oft rötlich gelbbraun bleibt, schnell verblassend. Im Alter bricht der Hut horizontal auf und bildet unregelmäßige Brüche, während er trocknet. Das Fleisch verfärbt sich schnell bläulich. **LAMELLEN:** Anheftung adnex, eng stehend, dünn, mit zwei oder drei Reihen zwischenliegenden Lamellen.

Panaeolus cyanescens ist eine wirkstarke, Dung bewohnende, stark blauende Art, die oft zunächst weißlich ist. Sonnenlicht hellt die Farbe des Huts oft auf. Mehrere eng verwandte Arten, die alle psilocybinhaltig sind und eine starke Blauverfärbung zeigen, ähneln dieser emblematischen Art.

Panaeolus cyanescens kann im Schatten rötlich gelbbraun sein, in der Sonne weiß werden, aber im Alter durch die Sporenreife nachdunkeln.

Manchmal können *Psilocybe cubensis* und *Panaeolus cyanescens* auf derselben Weide auftreten, manchmal im selben Dunghaufen.

Panaeolus cyanescens verfärbt sich durch Berührung sowie im Alter schnell bläulich.

Panaeolus cyanescens steht im Mittelpunkt einer Klade von eng verwandten psilocybinhaltigen Panaeoli, zu denen auch der hier abgebildete *Panaeolus chlorocystis* gehört.

Bei Reife gräulich schwarz gefleckt. **STIEL:** 65–115 mm lang und 1,5–3,0 mm dick. Gleichmäßig bis knollenförmig an der Basis, röhrenartig. Oft gräulich zum Apex hin, insgesamt blassgelblich, dann wird das Fleisch hellbraun zur Basis hin, verfärbt sich bei Druck schnell bläulich. Oberfläche bedeckt mit feinen fibrillären Flecken, die bald verschwinden. Ohne Teilvelum. **MIKROSKOPISCHE MERKMALE:** Sporen schwarz im Abdruck, 12–14 × 7,5–11,0 µm, nicht durchsichtig und ohne Granulation. Basidien 4-sporig, gelegentlich 2-sporig. Pleurozystiden spindelförmig-aufgeblasen, verengen sich zu einem spitzen Ende, 30–60 (80) × 12–17 (25) µm. Cheilozystiden vorhanden, 11–15 × 3–5 (6) µm.

HABITUS, LEBENSRAUM UND VERBREITUNG: Wächst verstreut bis gregär auf Dung, auf Feldern und Weiden in äquatorialen und subtropischen Gegenden der Welt. *Panaeolus cyanescens* ist einer der, wenn nicht gar *der* am weitesten verbreitete psilocybinhaltige Pilz der Welt. Er ist in den meisten subtropischen Zonen verbreitet und es gibt Berichte aus dem Süden der USA (Hawaii bis Kalifornien und Texas bis Tennessee, Kentucky, North Carolina, Virginia) und Mexiko, aus Mittel- und Südamerika, aus Asien und Australien sowie aus den wärmeren Teilen der Mittelmeerregion.

KOMMENTAR: Diese Art bildet viel Psilocybin und/oder Psilocin, obwohl wilde Exemplare in ihrem Gehalt sehr stark variieren. Zwei beachtenswerte Berichte weisen 1 % und 2,5 % kombinierten Psilocybin- und Psilocingehalt auf.[91, 92] Ich denke, dass Sonnenlicht (UV-Strahlung) den Psilocybingehalt in diesen kleinen, fragilen Pilzen reduziert. *Panaeolus cyanescens* steht im Mittelpunkt einer Konstellation von anderen wirkstarken psilocybinhaltigen Arten, die sehr ähnlich aussehen und auch dungbewohnend sind. Die Gruppe der blauenden Arten, die taxonomisch mit *Panaeolus cyanescens* verbunden sind, sind *Panaeolus africanus, Panaeolus bisporus, Panaeolus chlorocystis, Panaeolus cambodigeniensis, Panaeolus microsporus* und *Panaeolus tropicalis,* von denen manche als synonym betrachtet werden. Sie alle können besonders im Alter schnell von Maden und kleinen Käfern befallen werden.

Einmal wurde ich zu einem Haus in der Nähe von Tenino, Washington, gerufen, um einen unbekannten Pilz zu identifizieren. Er stellte sich als *Panaeolus bisporus* (bemerkenswerterweise hat er 2-sporige, nicht 4-sporige Basidien) heraus. Der Hausbesitzer hatte kurz zuvor von einem örtlichen Pferdestall Mist erhalten (der kurz zuvor Pferde aus Florida bekommen hatte), mit dem er seinen Garten düngte. Die Pilze zeigten sich zwei Jahre lang und verloren sich dann. Diese Art lässt sich leicht im Labor züchten. Weitere Informationen über Laborkultivierung finden Sie in *The Mushroom Cultivator,* einem Buch, das ich zusammen mit Jeff Chilton geschrieben habe.

Panaeolus olivaceus F.H. MØLLER = *Panaeolus castaneifolius* (MURRILL) OLA'H

HUT: 1,0–3,0 (4) cm im Durchmesser. Zunächst eindeutig glockig, bald leicht halbkugelig, dann konvex und im Alter breit konvex. Ränder zunächst nach innen gebogen, werden bald gerade, nicht behangen und leicht streifig. Bei Feuchtigkeit dunkelrauchgrau, hygrophan, bald trocknend zu eher strohgelb oder blassocker, wobei die Spitze rötlich brauner bleibt und der Rand rauchbrauner. Die Oberfläche ist manchmal fein faltig. **LAMELLEN:** Anheftung adnat bis adnex, eng stehend und dünn. Zunächst fahl, werden mit der Sporenreife dunkel leicht purpur-grauschwarz. **STIEL:** 40–60 (75) mm lang und 3–4 (6) mm dick. Gleichmäßig, verengt sich zur Basis hin. Hohl oder röhrenartig, brüchig. Gräulich bis ockerfarben oder lohfarben an der Basis. Oberfläche leicht streifig, bereift. **MIKROSKOPISCHE MERKMALE:** Sporen schwarz im Abdruck, fein aufgeraut, 12–15 × 7–9,5 µm. Wenige oder keine Pleurozystiden, nicht über die Ebene der Basidien hinaus. Cheilozystiden 20–28 (35) × 7–10 µm.

HABITUS, LEBENSRAUM UND VERBREITUNG: *Panaeolus olivaceus* wächst verstreut bis gregär in grasbewachsenen Gebieten in Nordamerika, im Norden Südamerikas, in Europa und in Russland. Vermutlich weiter verbreitet als aktuell bekannt.

Der schwarzsporige *Panaeolus olivaceus* (= *Panaeolus castaneifolius*) steht dem braunsporigen *Panaeolus foenisecii* nahe, mit dem er oft verwechselt wird.

Panaeolus olivaceus ist schwach psilocybinhaltig und in grasbewachsenen Lebensräumen verbreitet.

KOMMENTAR: Die Art wurde 1923 von Murrill ursprünglich als *Psilocybe castaneifolia* beschrieben. Im Jahr 1948 übertrug Alexander Smith sie in die Gattung *Panaeolus* und gab ihr den neuen Namen *Panaeolus castaneifolius.*[93,94] *Panaeolus olivaceus* ist, wenn überhaupt, nur schwach psilocybinhaltig. Laut einer kürzlich durchgeführten Analyse enthalten manche Sammlungen dieser Art kein Psilocybin.[95] Man kann sie von *Panaeolus foenisecii* durch die Farbe der reifen Lamellen und noch eindeutiger durch die Sporenfarbe im Sporenabdruck unterscheiden. Die Lamellen von *Panaeolus olivaceus* sind sehr dunkel leicht purpur-grauschwarz und die von *Panaeolus foenisecii* braun. (Siehe auch unter *Panaeolus rickenii* auf Seite 126.) Manche Sammlungen von *Panaeolus olivaceus* zeigen zwar eine flüchtige Blauverfärbung im Basalmyzel, aber nur selten in den Fruchtkörpern. Insbesondere sind mehr Studien zu den Varietäten innerhalb dieser Art notwendig. Vergangene Analysen könnten sich auf falsch identifizierte Exemplare gestützt haben, da diese Art und *Panaeolus cinctulus* häufig untereinander verwechselt werden. Bis mehr Studien mit korrekt bestimmten Exemplaren durchgeführt werden, bleibt es fraglich, ob diese Art Psilocybin und/oder Psilocin bildet. Sie ist jedoch eine gute Indikatorart, die mit vielen psilocybinhaltigen Arten gemeinsam auftritt.

Die Gattungen *Conocybe, Conocybula* und *Pholiotina*

Die Gattung *Conocybula* ist eine Ausgliederung aus der Gattung *Pholiotina* und letztendlich der Gattung *Conocybe.* Beide sind klassische kleine braune, normalerweise kegelige Pilze mit vergleichsweise langen Stielen und rostbraunen Sporen. Mehrere früher zu *Conocybe* gehörige Arten werden heute in die Gattung *Pholiotina* gestellt. Diese Gattung wurde 1889 von V.F. Fayod für *Conocybe*-ähnliche Pilze mit Teilvelum begründet, doch sie wurde nun durch diejenigen ohne Teilvelum erweitert.[96] *Conocybe* bedeutet »Kegelkopf«, wohingegen *Pholiota* »Pilz mit Schuppen« bedeutet und *Pholiotina* ein Diminutiv für das Wort ist und sich auf die kleineren Größen der Arten in dieser Gattung bezieht. Genauso ist *Conocybula* das Diminutiv von *Conocybe.* Pholiotina haben Zystiden, die kopfförmig bis abgerundet sind, wohingegen die Cheilozystiden von *Conocybe* lecythiform (kegelig) sind. Zuletzt wurde auf der Basis von phylogenetischen Analysen die Gattung *Conocybula,* zuvor eine Untergattung innerhalb der *Pholiotina,* auf die Ebene einer Gattung erhoben und enthält jetzt die ehemaligen blauenden, psilocybinhaltigen *Pholiotina.* Diese sind LBMs (little brown mushrooms), kleine braune Pilze, deren Entschlüsselung für viele konventionelle Mykologen traditionell eine Herausforderung gewesen ist.

Es ist beachtenswert, dass es in der Gattung *Pholiotina* sowohl psilocybinhaltige als auch giftige Pilzarten gibt. Dies erhöht das Risiko einer falschen Bestimmung für diejenigen, die psilocybinhaltige Pilze suchen.[97, 98]

Normalerweise wachsen *Conocybe-*, *Conocybula-* und *Pholiotina*-Arten verstreut bis gregär und tragen auf ihren dünnen, langen, fragilen Stielen kegelige Hüte. Die Lebensräume, in denen diese Gattungen auftreten, variieren von Dung und Gras bis zu verrottendem Holz.

Zwei Arten von *Conocybula* seien hier besonders erwähnt: *Conocybula cyanopus* und *Conocybula smithii,* die sich vielleicht als synonym herausstellen werden. Zu den anderen Arten, die möglicherweise psilocybinhaltig sind, gehört *Conocybe siligineoides,* die zuerst von Heim und Wasson in Mexiko gefunden und über die berichtet wurde, dass sie von den Mazateken aus Oaxaca zu schamanischen Zwecken verwendet wurden (seit ihrer Entdeckung etwa 1956 gibt es keine Berichte über Analysen oder eine Bestätigung der Eigenschaften dieser Art mehr). Eine weitere Art, die psilocybinhaltig sein soll, ist *Conocybe kuehneriana,* angeblich synonym mit *Conocybe velutipes.*[99] Diese beiden Arten verbleiben aktuell in der Gattung *Conocybe.* Mit der Zeit können die oben genannten Arten sich blau verfärben, obwohl manchmal nicht so deutlich – oder gar nicht – und üblicherweise nur an der Stielbasis. Beide Arten sind sehr klein und der Ring fehlt ihnen vollständig. Aber in Anbetracht des tödlichen *Pholiotina rugosa* (= *Pholiotina filaris*) und seines nicht immer vorhandenen Annulus und der oft dunkel verfärbten Stielbasis warne ich Amateure eindringlich davor, mit diesen Arten von *Conocybe* und *Pholiotina* zu experimentieren. Darüber hinaus hebt Dr. Michael Beug hervor, dass es mindestens fünf weitere potenziell tödliche Schwesterarten gibt, die *Pholiotina rugosa* ähneln, aktuell noch keinen Namen tragen und im Pazifischen Nordwesten von Nordamerika wachsen. Es sind reichlich andere *Psilocybe-* und *Panaeolus*-Arten mit dunkel leicht purpur-braunen Sporen vorhanden, die nicht die Gefahren bergen, wie diese rostbraun-sporigen Gattungen. Gehen Sie mit der höchstmöglichen Vorsicht vor! Am besten betrachten Sie diese nur, und essen Sie sie nicht!

Conocybula cyanopus (G.F. ATK.) T. BAU & H.B. SONG = *Conocybe cyanopus* (ATKINS) KUHNER = ? *Pholiotina smithii* (WATLING) ENDERLE = *Conocybula smithii* (WATLING) T. BAU & H.B. SONG

Gebräuchliche Namen: Blaufuß-Samthäubchen, Blue Footed Cone Head

HUT: 0,7–1,2 (2,5) cm im Durchmesser. Stumpf kegelig, breitet sich im Alter zu fast halbkugelig bis konvex und später breit konvex aus. Rand durchscheinend-streifig bei Feuchtigkeit und manchmal zu Beginn mit feinen fibrillären Resten des Teilvelums behangen. Rostfarben über rötlich zimtbraun bis zu dunkelbraun. Oberfläche feucht, wenn es nass ist, bald trocken, insgesamt im Alter glatt bis leicht faltig zur Mitte hin. **LAMELLEN:** Anheftung adnex, eng stehend, mäßig breit. Matt-rostbraun mit einer weißlichen Randzone entlang der Lamellenschneide. **STIEL:** 20–50 mm lang und 1–1,5 mm dick. Gleichmäßig bis leicht gebogen an der Basis, fragil, zerbricht leicht. Zunächst weißlich, dann gräulich oder bräunlich an der Spitze, manchmal blauend und oft an der Basis geziert mit weißlichem Myzel mit bläulichen Andeutungen. Teilvelum dünn, Cortina, hinterlässt manchmal Reste entlang des Hutrands, die bald verschwinden. Normalerweise ohne Ring oder Ringzone. **MIKROSKOPISCHE MERKMALE:** Sporen rostbraun im Abdruck, 6–9 × 4–5 µm. Keine Pleurozystiden. Cheilozystiden 14–30 × 4–12 µm.

Conocybula cyanopus, der Blaufüßige »Conocybe« »Kegelkopf«, ist auffallend schön, jedoch extrem fragil. Beachten Sie die Blauverfärbungen an der Stielbasis. Dieses Exemplar ist atypisch groß.

HABITUS, LEBENSRAUM UND VERBREITUNG: Im Sommer und Herbst verstreut in grasbewachsenen Bereichen, moosigen Rasenflächen und Feldern. Berichte über Vorkommen in Oregon, Washington und von Colorado bis Virginia, Pennsylvania, New York und Maine. Funde auch in Vancouver und Quebec, Kanada, in Europa, China, der Ukraine und einem Bericht zufolge Russland (Moskau). *Conocybula cyanopus* ist möglicherweise über die gemäßigten Regionen der nördlichen Hemisphäre weit verbreitet, bleibt aber aufgrund seiner winzigen Größe unbemerkt.

KOMMENTAR: Wörtlich übersetzt bedeutet *cyanopus* »Blaufuß«. Diesen sehr fragilen kleinen Pilz findet man selten, und wenn, dann in grasbewachsenen moosigen Lebensräumen alleinstehend oder verstreut und üblicherweise nicht in großen Mengen. Wenn man am Pilz zieht, bricht er an der Stielbasis oft ab, die häufig mit totem Gras verbunden ist. Wenn der Stiel abgebrochen ist, fehlt ein wesentliches Identifikationsmerkmal: die charakteristische Blauverfärbung, was die makroskopische Identifikation erschwert. Obwohl der Pilz sehr klein ist, ist er potenziell aktiv. Michael Beug und Jeremy Bigwood fanden in ihm 0,93 % Psilocybin, aber kein Psilocin.[100] A. L. Christiansen und andere berichteten über Bandbreiten von 0,33–0,55 % Psilocybin and 0,004–0,007 % Psilocin.[101] Jochen Gartz fand 0,78–1,01 % Psilocybin, 0 % Psilocin und 0,12–0,20 % Baeocystin.[102] M. Halama und Mitarbeitende berich-

Sowohl *Conocybula smithii* als auch *Conocybula cyanopus* verfärben sich normalerweise an der Stielbasis bläulich. Diese beiden Arten sind so eng verwandt, dass es sich auch um dieselbe Spezies handeln könnte. Beide sind schwach psilocybinhaltig und finden sich selten in ausreichenden Mengen, um die Aufmerksamkeit derjenigen zu wecken, die auf der Suche nach hoch dosierten Psilocybin-Trips sind. Von *Conocybula smithii* wird berichtet, dass der Pilz einen vagen Flaum durch verlängerte Pileozystiden auf der Hutoberfläche sowie gezahnte Lamellenschneiden aufweist. Diese beiden Merkmale sind von fragwürdiger taxonomischer Relevanz.

teten von 0,90±0,08% Psilocybin, 0,17±0,01% Psilocin, 0,16±0,01% Baeocystin, 0,053±0004% Norbaeocystin und 0,011±0,0007% Aeruginascin.[103]

Conocybula smithii ist nahezu identisch mit *Conocybula cyanopus.* Hamala und andere berichteten von einer Sammlung mit bis zu 1% Psilocybin, aber die meisten Sammlungen verfügten nur über einen kleinen Bruchteil dieses Werts. Sie bemerkten weiterhin, dass »*Pholiotina smithii* nahezu identisch ist, abgesehen davon, dass sie mehr zimt-braune Lamellen, einen deutlich streifigeren und blasseren Pileus und etwas breitere Cheilozystiden hat«. Insgesamt sind die vorgebrachten Unterschiede zwischen diesen beiden Taxa schwach. Es sind DNS-Studien erforderlich, um die Typsammlung von *Pholiotina smithii* zu vergleichen; diese besteht jedoch nur aus einem Exemplar. Hausknecht und andere bemerkten: »Das als Teil des Neotyps vorgesehene Exemplar besteht aus einem stark zusammengefallenen Fruchtkörper, der fast keine intakten Lamellen besitzt.«[104]

Siehe auch unter *Pholiotina aeruginosa, Pholiotina atrocyanea* und *Pholiotina sulcatipes,* die alle Blautöne aufweisen können. Zu den nicht blauenden Doppelgängern gehören *Conocybe velutipes, Conocybe tenera* und der tödliche *Pholiotina rugosa* (= *Pholiotina filaris*). Eine Verwechselung von *Pholiotina rugosa* (= *Pholiotina filaris*) mit diesen blauenden *Conocybula*-Arten kann zum Tode führen. (Siehe Seite 123. Dort finden Sie ein Foto von *Pholiotina rugosa.*)

Die Gattung *Gymnopilus*

Die Gattung *Gymnopilus* umfasst mit ihren mehr als 200 Arten mehrere psilocybinhaltige Spezies und einige Giftpilze. Die allermeisten Gymnopili sind jedoch noch nicht analysiert worden. Viele neue psilocybinhaltige Arten müssen noch veröffentlicht werden. Diese Pilze haben eine komplexe Chemie, verworrene taxonomische Verläufe, und trotz ihrer Größe und ihrer leuchtenden Farben gibt es nur spärliche gesicherte Berichte über eine historische Verwendung.[105]

Gymnopilus bedeutet »nackter Hut« oder »glatter Hut«. Diese mittelgroßen bis großen Pilze sind holzliebend, und ihre Hüte haben eine trockene Oberfläche. Viele von ihnen weisen gut entwickelte Teilvela auf, wobei sich bei den meisten ein membranöser Annulus oder eine deutliche Ringzone bildet, die oft mit rostbraunen Sporen eingestäubt sind. Viele dieser Pilze sind im Ganzen orangestichig-braun. Wenige verfärben sich bläulich und sind psilocybinhaltig.

Ich möchte fünf Arten herausstellen, die sich bläulich verfärben: *Gymnopilus dilepis, Gymnopilus luteofolius, Gymnopilus luteus, Gymnopilus purpuratus* und *Gymnopilus subspectabilis.* Es gibt sehr wenige Bioassays von Personen, die diese Pilze zu sich genommen haben, um die Erfahrungen mit psilocybinhaltigen *Gymnopilus*-Arten zu testen, abgesehen von mancher unterhaltsamer versehentlicher Einnahme.[106] Meiner Meinung nach ist es besser, diese Arten zu kennen, anstatt sie zu konsumieren. Nichtsdestoweniger bin ich von der komplexen Biochemie dieser Pilze fasziniert, insbesondere vom neuroregenerativen Potenzial und, im Falle des Clusters *Gymnopilus junonius,* von den neurotoxischen Eigenschaften, die noch erforscht werden müssen. (Manche Neurotoxine dieser Pilze, wie z. B. die Illudine M und S in *Omphalotus illudens,* einem engen Verwandten von *Omphalotus olearius,* erweisen sich in niedrigeren Dosen als krebshemmende Verbindungen, die für die Neutralisierung von Tumorzelllinien geeignet sind, die gegen konventionelle Pharmaka resistent sind.[107]) Einige weitere *Gymnopilus*-Arten, von denen bekannt ist, dass sie psilocybinhaltig sind, sind *Gymnopilus braendlei, Gymnopilus luteoviridis* und möglicherweise *Gymnopilus validipes.* Letztere ist eine weitere Art in dieser Gattung, die eine verworrene taxonomische Historie aufweist.

Zumindest von einer Art, die als *Gymnopilus junonius* (= *Gymnopilus spectabilis* s. auct.) identifiziert wurde, weiß man, dass sie neurotoxische Oligoisoprenoide enthält, und von einigen anderen wird vermutet, dass

Gymnopilus ventricosus, der Westliche Riesen-Gymnopilus, ist eine nicht Psilocybin produzierende Art, die sehr groß werden kann. Viele Arten sind leuchtend gefärbt und majestätisch schön. Manche Arten, die eng mit *Gymnopilus ventricosus* verwandt sind, wie z. B. *Gymnopilus voitkii,* könnten Psilocybin enthalten.

sie Psilocybin enthalten. Bei den Analysen könnten jedoch zwei eng verwandte Arten vermischt worden sein.[108] *Gymnopilus spectabilis* ist historisch als psilocybin- und psilocinhaltig gelistet worden, aber die tatsächlich getesteten Exemplare weisen auch eine verworrene taxonomische Vorgeschichte auf und wurden wahrscheinlich falsch identifiziert.[109,110,111] Von *Gymnopilus junonius* gibt es noch keine Funde aus Nordamerika, jedoch aus Europa, Südamerika und Australien.[112] In Nordamerika wurden mit *Gymnopilus junonius* eng verwandte Arten gefunden, ihre Chemie wurde jedoch noch nicht erforscht. Ich rate vom Genuss von *Gymnopilus*-Arten ab, und zwar aufgrund ihrer komplexen Chemie und der Wahrscheinlichkeit der Falschbestimmung in Bezug auf die toxische *Gymnopilus*-Art, *Omphalotus illudens* (Jack O'Lantern) und die kleinere tödliche *Galerina marginata* (Gift-Häubling), die alle orangestichig-braune Hüte und ähnliche Sporenfarben aufweisen können. In Anbetracht der mehr als 200 Arten dieser Gattung erwarte ich, dass wahrscheinlich weitere psilocybinhaltige und giftige Arten entdeckt werden. Seien Sie gewarnt. Seien Sie vorsichtig. *Gymnopilus*-Arten sind nicht zum Verzehr geeignet. Nur sehr wenige Menschen haben sie wiederholt gegessen, und ihre Sicherheit ist zweifelhaft. Man ist schlecht beraten, wenn man eine der ersten Personen ist, die diese Art zu sich nimmt oder einen Bioassay durchführt.

Gymnopilus luteofolius ist für seinen magentafarbenen Hut und die leuchtend gelben Lamellen bekannt, blauend, manchmal an der Stielbasis sichtbar.

Gymnopilus luteofolius (PECK) SINGER = ? *Gymnopilus aeruginosus* (PECK) SINGER

Gebräuchliche Namen: Gelbkehliger Gymnopilus

HUT: 2–8 cm im Durchmesser. Zunächst konvex, spannt sich mit der Reife zu breit konvex und fast flach auf. Oberfläche trocken, bedeckt mit dichten, oft fibrillären, angepressten purpurroten bis orangestichigen Schüppchen, die im Alter verschwinden. Dunkelrot bis rötlich braun, verblasst beim Trocknen zu rosarot oder gelblich rot und letztendlich zu gelb. Manchmal verfärbt er sich zu bläulich grün. Rand gleichmäßig, während der Jugend eingerollt oder nach innen gebogen, bald gerader werdend, verziert mit fibrillären Velumresten. Fleisch dick, rötlich bis leicht purpurn, verblasst dann während des Trocknens zu gelblich. **LAMELLEN:** Anheftung adnat bis sinuat, bis leicht herablaufend, eng bis leicht entfernt stehend, breit, anfangs gelb, dann rostorange mit gesägten Lamellenschneiden. **STIEL:** 30–80 mm lang und 3–10 mm dick, gleichmäßig bis nach unten hin verdickt, wenn alleinstehend, dünner werdend bei Bildung in Clustern, oft an der Basis gebogen. Gelblich oder fleckig rostfarben im Alter. Stielbasis manchmal blauend. Teilvelum dicht, Cortina, bis fast membranös, hinterlässt im oberen Bereich einen häutigen Annulus oder eine fibrilläre Ringzone, die schon bald mit rostorangen Sporen eingestäubt sind. **MIKROSKOPISCHE MERKMALE:** Sporen rostig-orange im Abdruck, ellipsoid, geraut, 5,5–8,5 × 3,5–4,5 µm. Pleurozystiden 30–38 × 5–10 µm, spindelförmig bis zu leicht aufgeblasen. Cheilozystiden 23–28 × 4–7 µm, aufgeblasen bis flaschenförmig mit oder ohne angeschwollenen Kopf.

HABITUS, LEBENSRAUM UND VERBREITUNG: Üblicherweise findet man die Art von Juni bis November von Kalifornien bis British Columbia auf Hartholzresten von Eichen, Erlen oder Eukalyptus, insbesondere innerhalb der ersten zwei Jahre, und auf Holzschnitzeln in Baumschulen und im Landschaftsbau. Funde gibt es ebenfalls in Texas, Florida, New York, Tennessee, Michigan und Neumexiko. Hesler berichtete, dass diese Art weit verstreut über die Koniferenwälder der

Gymnopilus luteofolius aus British Columbia, Kanada. Beachten Sie die blassbläulichen Töne an den Hutrándern.

USA verbreitet ist,[113] was aus meiner begrenzten Erfahrung nicht zutreffend ist. Sie tritt auch auf Baumstümpfen und -stämmen auf. Kurioserweise habe ich gesehen, wie dieser Pilz ein oder zwei Wochen, nachdem ich mein Holzboot abgespritzt hatte, aus seinen Erlenbrettern spross. Und ein Freund brachte mir Proben dieses Pilzes mit, der auf der Hartholzverkleidung (Erle) eines anderen Bootes einige Kilometer entfernt fruktifizierte. Das Myzel dieses Pilzes scheint sich in Erlen und anderen Bäumen zu entwickeln. Da Erle häufig im Boots- und Möbelbau verwendet wird, wird diese Art unabsichtlich durch Menschen verbreitet.

KOMMENTAR: Das Beiwort *luteofolius* bedeutet »gelbblättrig«. Der leicht aktive *Gymnopilus luteofolius* verfärbt sich besonders bei kaltem Wetter bläulich. Ich habe diesen Pilz auf Eichenholzschnitzeln (*Quercus lobata* und anderen Arten) in der Nähe von Sebastopol, Kalifornien, und auf Erlenholzschnitzeln *(Alnus rubra)* auf Cortes Island, British Columbia, gesammelt. Die Phänotypen der kalifornischen Sammlungen, die ich gesehen habe, haben leuchtender gelbe Lamellen als diejenigen aus British Columbia. Klone von Sammlungen bilden in Kultur auf Petrischalen mit Nährlösung Fruchtkörper. Dies ist ein starkes Indiz dafür, dass diese Art auf sterilisierten Materialien gezüchtet werden kann. Ich vermute, dass dieser Pilz im Freiland in Beeten aus Holzsubstraten wie Holzschnitzeln leicht zu kultivieren ist. Siehe auch *Gymnopilus dilepis,* eine sehr ähnliche Art.

Gymnopilus luteus (PECK) HESLER

Gebräuchliche Namen: Gelber Gymnopilus

HUT: 3–20 cm im Durchmesser. Halbkugelig, dann konvex bis breit konvex, spannt sich während der Reife bis zu breit konvex auf, mit unregelmäßig nach innen gefaltetem überhängendem Rand. Gelblich bis gelblich orange und warm-gelbbraun-orange, zur Mitte hin dunkler. Trocken, glatt, bedeckt mit feinen flockigen Fibrillen, seidig und gelegentlich zur Mitte hin mit flockig-blättrigen fibrillären Schüppchen geschmückt. Fleisch blassgelb bis orangestichig-braun und sich manchmal bläulich-grün verfärbend. **LAMELLEN:** Angeheftet, adnex, dünn, eng stehend, blassgelb, im Alter und bei Sporenreife rostbraun werdend. **STIEL:** 40–100 mm lang und 5–30 mm dick, gleichmäßig bis leicht verdickt in Richtung Basis. Fest, stabil, mit dem Hut farbgleich, verfärbt sich natürlich oder bei der Handhabung gelblich mit rostfarbenen Flecken, manchmal mit bläulich grünen Tönen. Fein fibrillär, längs gestreift. Teilvelum dünn membranös, flüchtig, normalerweise bildet es einen fragilen temporären membranösen, zerrissenen Ring, aber typischerweise eher eine Ringzone im oberen Bereich, die mit orangestichig-braunen Sporen eingestäubt ist. Insgesamt orangestichig-braun, gelegentlich bei Druck oder natürlich im Alter bläulich grün verfärbt. **MIKROSKOPISCHE MERKMALE:** Sporen rostbraunorange im Abdruck, 6,5–8,3 × 4,5–5,7 µm, ellipsoid, dextrinoid, Oberfläche fein geraut bis warzig, keine Keimpore. Pleurozystiden selten oder keine. Cheilozystiden flaschenförmig bis kegelig, aber ohne die geschwollenen Spitzen, 19,3–35,4 µm. Schnallen vorhanden.

HABITUS, LEBENSRAUM UND VERBREITUNG: Im Osten der USA, in Kanada, Europa und Russland weit verbreitet. Außerdem gibt es einige Berichte aus Thailand, Südindien und Ostaustralien. Diese Art findet man gewöhnlich von Juni bis September auf verrottenden Harthölzern und manchmal auf Koniferen solitär oder in kleinen Gruppen vor.

KOMMENTAR: Die Pilze sind schwach bis mäßig psilocybinhaltig mit einem Gesamtgehalt von 0,1–0,5 % Tryptaminen in getrockneten Pilzen.[114] Es gibt inzwi-

Gymnopilus luteus ist eine leuchtend gelbe Art, deren Blauverfärbung nicht immer offensichtlich ist. Blau getönte Streifen können oft durch Alterung oder bei Verletzungen auftreten, so wie bei dem kleinen Exemplar links unten im Bild. Makellose Exemplare zeigen bis zu Stunden nach der Ernte und durch Berührung möglicherweise überhaupt keine Blauverfärbung,

schen häufigere Berichte über diesen bitter schmeckenden *Gymnopilus,* der von den Lamellen her einzigartig stark nach Anis riecht, da jetzt der Fokus verstärkt auf psilocybinhaltigen Arten liegt. Diese Art hat einen wesentlich dünneren Stiel als der größere *Gymnopilus subspectabilis* und verwandte Arten. Primordien, die nicht reifen und nachfolgend absterben, zeigen tendenziell eine auffallendere Blauverfärbung als gesunde, kräftige Primordien mit unverletztem Gewebe.

Gymnopilus purpuratus (COOKE & MASSEE) SINGER

Gebräuchliche Namen: Purpurroter Flämmling, Rotschuppiger Flämmling

HUT: 1–6 cm im Durchmesser. Zunächst konvex mit einem nach innen, später nach unten, gebogenen Rand, spannt sich mit dem Alter zu breit konvex und flach auf. Rötlich purpur-braun bis zu purpurrot mit Gelb- und Grüntönen, manchmal mit bläulichen Flecken. Oberfläche bedeckt mit verstreuten fibrillären/flockigen Flecken. Trama verfärbt sich blau, wenn es eingeschnitten wird. **LAMELLEN:** Anheftung adnex bis sinuat, wachsgelb, bei Sporenreife bis zu bräunlich zimtfarben-gelb. **STIEL:** 20–40 mm lang und 2–4 mm dick, kräftig, nach oben hin schlanker, mit feinen parallelen Längsstreifen und bedeckt mit feinen, fragilen Fibrillen, die oft mit rostorangen Sporen eingestäubt sind. In der Jugend fahl, bald gelblich bis insgesamt rötlich braun mit grünlichen und gelblichen Tönen und mit bläulichen Tönen oder Blauverfärbungen. Fleisch leicht purpurn. **MIKROSKOPISCHE MERKMALE:** Sporen leuchtend rostorange im Abdruck, 7,5–9 × 4,8–5,7 µm, ellipsoid, leicht warzig oder mit schmalen Rippen. Cheilozystiden zylindrisch bis aufgeblasen, 18–26 × 4–4,5 µm, zum Apex hin schmaler, aber oft mit einem 3 µm großen kopfförmigen Ende. Eng sakkadenartig, 14–16 × 4–4,5 µm. Pleurozystiden fehlen.

HABITUS, LEBENSRAUM UND VERBREITUNG: Diese Art wächst auf verrottendem Holz von gefällten Bäumen bis zu Holzschnitzeln für die Landschaftsgestaltung oder als Einstreu für Tiere. Es gibt Berichte aus Nord- und Südamerika, dem Vereinigten Königreich, Europa, Australien, Neuseeland und Chile. In Anbetracht dieser geografisch weit auseinanderliegenden Fundstellen ist diese Art möglicherweise zirkumpolar und in verschiedenen Wäldern der gemäßigten Zonen der Welt beheimatet.

Gymnopilus purpuratus fruktifiziert auf Holz.

Zerschnittene Stiele von *Gymnopilus purpuratus.* Beachten Sie die starken Blauverfärbungen.

KOMMENTAR: Die Art ist schwach bis mäßig aktiv. Jochen Gartz berichtete, dass getrocknete, kultivierte Exemplare sehr variable Mengen von 0,07 bis 0,33 % Psilocybin und Psilocin sowie 0,005 bis 0,05 % Baeocystin erreichten.[115] Später stellte Gartz grob die gleichen Mengen fest: 0,25 % Psilocybin, 0,33 % Psilocin und 0,03 % Baeocystin — ebenfalls in kultivierten Exemplaren.[116] Die jüngeren Exemplare enthielten mehr Psilocybin und Psilocin als die reifen Exemplare.

Gymnopilus subspectabilis HESLER

Gebräuchliche Namen: Big Gym, Giant Laughing Mushroom, Big Laughing Mushroom, Giant Gymnopilus

HUT: 5–40 cm im Durchmesser. Konvex bis breit konvex, spannt sich mit der Reife zu fast flach auf. Leuchtend gelblich-orange, mit der Reife rostorange über rötlich gelbbraun-gold zu orangestichig-braun oder rötlich braun. Oberfläche trocken, bedeckt mit Fibrillen oder fibrillären Schuppen. Rand zunächst nach innen gebogen, kann in der Jugend mit Resten des membranösen Teilvelums geziert sein, wird im Alter gerade oder wellig. Fleisch gelblich. **LAMELLEN:** Anheftung adnat bis sinuat oder subdecurrent. Blassgelb bis rostorange, werden rostbraun bei Sporenreife. Eng stehend bis gedrängt. **STIEL:** 30–250 mm lang und 1–10 mm dick. Fest, stabil, ungleichmäßig, in der Mitte angeschwollen oder oft zur Basis hin schlanker. Rostorange bis gelblich orange, schmutzig braun in Richtung der Basis. Oberfläche unterhalb des Rings bedeckt mit feinen Fibrillen. Teilvelum dicht, Cortina-artig bis membranös, normalerweise hinterlässt er einen gut ausgebildeten, membranösen Annulus in den oberen Bereichen des Stiels, der schon bald von rostorangen Sporen eingestäubt wird. **MIKROSKOPISCHE MERKMALE:** Sporen rostorange im

Abdruck, ovoid bis ellipsoid, geraut, 7–10 × 4,4–6 µm. Pleurozystiden 21–37,3 µm lang und 3,8–7,2 µm breit, spindelförmig-aufgeblasen, schmaler in Richtung Apex, verstreut. Cheilozystiden spindelförmig-aufgeblasen mit leicht keulenförmigen Enden, 21–37 × 4–7 µm.

HABITUS, LEBENSRAUM UND VERBREITUNG: Berichte aus dem Südosten und Osten Nordamerikas. Dieser Herbstpilz wächst gregär, jedoch meistens in Clustern auf Hartholzbäumen und -baumstümpfen, oft an der Basis von Bäumen, aus den Wurzeln oder gelegentlich auf vergrabenem Holz.

KOMMENTAR: Nicht empfohlen. *Gymnopilus subspectabilis* ist mäßig psilocybinhaltig und extrem bitter. Da der Pilz Psilocybin und nur manchmal Psilocin enthält, verfärbt er sich bei Verletzungen nicht zwangsläufig bläulich, denn nur das Psilocin veranlasst die Blauverfärbung. Er bildet die größten Fruchtkörper aller psilocybinhaltigen Pilze und hat einige sehr ähnlich aussehende Artgenossen. *Gymnopilus subspectabilis* ist ein Synonym für die zuvor *Gymnopilus spectabilis* genannte Art, die in ihren vielen Ausprägungen als psilocybinhaltig und auch als neurotoxisch beschrieben wurde,[117] obwohl diese ursprünglichen Berichte auf Fehlbestimmungen basiert haben könnten. In Anbetracht der weiten Verbreitung dieser Art und der Gefahr der Fehlidentifikation würde ich mich nicht auf geografische Zonen zur taxonomischen Trennung dieser Arten vom Ansehen her verlassen. *Gymnopilus junonius,* eine verwandte Art, ist hier von Bedeutung. Sie wird von einigen Experten für psilocybinhaltig gehalten, die auch der Meinung sind, dass sie das neurotoxische Oligoisoprenoid Gymnopilin enthält, ein Gift, das in vielen anderen *Gymnopilus*-Arten enthalten ist. Am besten ist es, diese Pilze nicht zu sich zu nehmen, insbesondere da die kleineren *Gymnopilus*-Arten und die *Galerina*-Arten für das ungeübte Auge bei der Unterscheidung der beiden Gattungen gleich erscheinen können. *Psilocybe*-Arten können eine wesentlich bessere Wahl für diejenigen sein, die einen psilocybinhaltigen Pilz zu sich nehmen möchten.

Gymnopilus subspectabilis, der Big Laughing Gym, ist eine charakteristisch große Art, die in Clustern an der Basis von Bäumen wächst.

Die Gattung *Inocybe*

Die Gattung *Inocybe* umfasst mehr als 1000 Arten, deren Großteil weder giftig noch toxisch ist. Einige Arten sind psilocybinhaltig. *Inocybe* bedeutet »Faserkopf«, so genannt aufgrund seiner streifigen, filzigen Fasern, die von der Mitte des normalerweise kegeligen Huts, der manchmal einen Buckel trägt, nach außen streben. Die Hutfarbe kann von weiß über matt-braun und rötlich braun bis zu lila variieren.

Dutzende von *Inocybe*-Arten sind aber aufgrund des enthaltenen Muscarins dennoch giftig. Muscarin verursacht innerhalb von 15 bis 60 Minuten nach der Einnahme Schwitzen, Speichelfluss und verstärktes Augentränen (Lakrimation). Bei höheren Dosen können die Muscarin bildenden *Inocybe* ohne medizinische Intervention tödliche Intoxikationen herbeiführen. Todesfälle sind jedoch selten dokumentiert, da diese Faserköpfe nicht als gute Speisepilze gefragt sind. Es bereitet mir Sorgen, dass unerfahrene Psilocybin-Psychonauten mit ihnen experimentieren könnten. Von keinen ist bisher bekannt, dass sie gleichzeitig Muscarin und Psilocybin enthalten, auch wenn mich dies nicht überraschen würde.[118]

Alle *Inocybe*-Arten sind Mykorrhizapilze, was sie zu der einzigen Mykorrhiza-Gattung macht, die auch psilocybinhaltige Arten umfasst. (Alle anderen Gattungen, zu denen psilocybinhaltige Arten gehören, sind saprobisch.) Die Sporenfarbe variiert charakteristischerweise in Schattierungen von matt- bis dunkelbraun. Diese Pilze sind normalerweise klein bis mittelgroß, und keine sind meines Wissens nach ausgesuchte kulinarische Speisepilze.

Stijve und Kuyper testeten 20 *Inocybe*-Arten mit einem Schwerpunkt auf Arten mit grünlich grauen Farben oder mit blauen Flecken insbesondere an der Stielbasis.[119] Sechs der Arten wurden positiv auf Psilocybin getestet: *Inocybe aeruginascens, Inocybe caerulata, Inocybe corydalina* var. *corydalina, Inocybe coelestium, Inocybe haemacta* und *Inocybe tricolor.* Außerdem kann eine Gruppe von Arten, von denen viele noch nicht benannt sind und in deren Mittelpunkt *Inosperma calamistratum* (ehemals *Inocybe calamistrata*) steht, dunkelblauschwarze Stielbasen aufweisen. Sie ist bisher weder positiv auf Psilocybin oder Psilocin noch auf Muscarin getestet worden (siehe Seite 71). Wir wissen bislang noch nicht, welche Verbindungen für die Blauverfärbung bei *Inosperma calamistratum* verantwortlich sind. Hier führe ich repräsentativ nur zwei psilocybinhaltige *Inocybe*-Arten auf.[120] Ich erwarte, dass Dutzende von psilocybinhaltigen *Inocybe* noch entdeckt und benannt werden. Bitte nehmen Sie keine *Inocybe* zu sich, denn wir verstehen ihre komplexe Biochemie noch nicht sehr gut. *Psilocybe*- und *Panaeolus*-Arten sind sicherer.

Inocybe aeruginascens BABOS

Gebräuchliche Namen: Grünender Risspilz, Grünlichverfärbender Risspilz, Green Flushed Fiber Cap

HUT: 1,0–5,0 cm im Durchmesser. Zunächst kegelig, spannt sich im Alter zu konvex und schließlich zu flach auf mit einem stumpfen Buckel. Rand nach innen gebogen, wenn jung, bald gerade werdend. Oberfläche geziert mit strahlenförmigen Fibrillen, flockiger zur Mitte hin. Farbe schmutzig braungelb bis schmutzig ockerbraun, oft mit Grüntönen. **LAMELLEN:** Anheftung adnat bis fast frei, gedrängt, blassgräulich braun bis

Inocybe aeruginascens ist eine rare Art, die aktuell nur aus dem Vereinigten Königreich und Europa bekannt ist. Beachten Sie die leichte Blauverfärbung in den unteren Bereichen der Stiele.

lehmbraun mit grünlichen Tönen oder bei Verletzung grün verfärbend. **STIEL:** 22–50 mm lang und 3–7 mm dick. Gleichmäßig bis zu geschwollen an der Basis, solide, zunächst weißlich bis fahl, von der Basis her nach oben bläulich grün werdend. Oberfläche bereift in der Nähe des Apex und längs fibrillär gestreift im unteren Bereich. Teilvelum, Cortina, schon bald verschwindend. Fleisch weißlich, bald bei Druck bläulich grün verfärbend oder natürlich bläulich grün an der Basis. Geruch unangenehm, seifig. **MIKROSKOPISCHE MERKMALE:** Sporen lehmbraun im Abdruck, glatt, ellipsoid, ungleichseitig, 7,5–10 × 4–5 µm. Pleurozystiden 31–71 × 9–24 µm, eng bis breit fusiform, leicht keulenförmig, mit transparenten bis gelblich getönten Wänden. Cheilozystiden verstreut, falls vorhanden, den Pleurozystiden ähnlich.

HABITUS, LEBENSRAUM UND VERBREITUNG: Über diese selten gefundene Art gibt es Berichte von den Britischen Inseln und Mitteleuropa. Sie ist wahrscheinlich weiter verbreitet als aktuell berichtet. Man findet sie in sandigen Böden (sowie Dünen), Koniferenmischwäldern und Laubwäldern und unter Pappeln (*Populus* spp.) und Weiden (*Salix* spp.) von Juni bis Oktober.

KOMMENTAR: Schwach bis mäßig aktiv mit einem berichteten Maximum von 0,28 % Psilocybin, 0,008 % Psilocin und 0,08 % Baeocystin.[121] Auch wurde berichtet von 0,40 % Psilocybin, 0 % Psilocin, 0,52 % Baeocystin und 0,35 % Aeruginascin.[122] Jochen Gartz behauptete, diese Art ohne die Baumwurzeln in vitro gezüchtet zu haben, was mich überrascht, da die meisten Mykorrhiza-Arten schwierig in Kultur zu züchten sind. Er berichtete über die Bildung von bläulich grünen Sklerotien.

Inocybe corydalina QUÉLET = *Inocybe corydalina* var. *corydalina* QUÉLET

Gebräuchliche Namen: Grüngebuckelter Risspilz, Grünscheiteliger Risspilz, Greenflush Fibercap

HUT: 3,8–5,2 cm im Durchschnitt. Zunächst stumpf kegelig bis konvex mit einem nach innen gebogenen und oft fein gezähnten Rand, im Alter breit konvex bis fast flach mit oder ohne breiten flachen Buckel. Braun bis schmutzig braun, mit grünlich grauen Tönen und dunkler braun bis grünlich-blau, manchmal in der Nähe der Mitte fast schwarz. Oberfläche bedeckt mit angedrückten fibrillären Schüppchen, zur Mitte hin dichter. Fleisch weiß. **LAMELLEN:** Anheftung eng adnat, gedrängt, breit, mit einem exakt ausgefransten Rand. Blassbraun bis schmutzig oder blassgräulich braun. **STIEL:** 24–95 mm lang und 5–15 mm dick. Solide, gleichmäßig bis leicht verdickt zur Basis hin. Oberfläche oben glatt bis fibrillär und unten längs gestreift. Weißlich bis matt-grau unten und gräulich ockerbraun bis schmutzig braun im Ganzen, wobei die Basis oft gräulich grünlich getönt ist. Fleisch weiß bis grau hin zur Basis, leicht rötlich werdend, wenn freiliegend. Teilvelum, Cortina, schon bald verschwindend. Aromatisch duftend, ähnlich dem Perubalsam. **MIKROSKOPISCHE MERKMALE:** Sporen im Abdruck braun, glatt, zitronen- bis mandelförmig, 7–10 mal 5–6 µm. Pleuro-

Inocybe corydalina, der Grüngebuckelte Risspilz, enthält eine kleine Menge Psilocybin und vermutlich Psilocin, da er auf Druck oder natürlich im Alter eine leichte Blauverfärbung zeigt.

zystiden 33–70 × 9–21 µm, zylindrisch bis keulenförmig-zylindrisch. Cheilozystiden selten, falls vorhanden, den Pleurozystiden ähnlich.

HABITUS, LEBENSRAUM UND VERBREITUNG: Von August durchgehend bis Oktober in Europa, auf den Britischen Inseln und in Nordamerika weit verbreitet. Die Pilze wachsen primär unter Laubbäumen wie Eichen *(Quercus),* Buchen *(Fagus),* Hainbuchen *(Carpinus)* und in einem geringeren Maße unter Koniferen wie der Blautanne *(Picea pungens).*

KOMMENTAR: Schwach aktiv.[123] Eine Varietät, *Inocybe corydalina* var. *corydalina,* enthält bis zu 0,032 % Psilocybin, 0 % Psilocin und 0,034 % Baeocystin, wohingegen *Inocybe corydalina* var. *erinaceomorpha* 0,10 % Psilocybin, 0 % Psilocin und 0,034 % Baeocystin aufweist, aber normalerweise keine bläulichen Tönungen als Merkmal hat. *Inocybe corydalina* var. *erinaceomorpha* (Stangl & J. Veselský) Kuyper ist nun als eigene Art klassifiziert: *Inocybe erinaceomorpha* Stangl & J. Veselský.[124] Über diese Art gibt es Berichte aus dem Osten der USA sowie aus Mitteleuropa. Da die Chemie sowie die Taxonomie der Inocybe weitgehend unerforscht sind, steht diese Art wahrscheinlich im Mittelpunkt vieler Arten, zu denen noch Erhellung erforderlich ist.

Die Gattung *Pluteus*

Die Gattung *Pluteus* umfasst Arten, die primär holzzersetzend und deren Hüte typischerweise konvex bis flach ausgebreitet und deren Lamellen rosa und mit der Reife nicht am ringlosen Stiel angeheftet, sondern frei sind. Die Arten der Gattung *Pluteus* weisen blassrosa über lachsfarbene bis bräunliche Sporen auf. Manche zeigen im Hut auch Rosatöne. Die Pilze sind im Allgemeinen fragil, brechen leicht, wenn sie gepflückt werden, und fallen bei geringster Berührung oder bei anderer Einwirkung auseinander. *Pluteus* ist Latein für »bewegliches Obdach« oder »Dach« in Anlehnung an den überspannenden Hut mancher Arten.

Die meisten sind klein bis mittelgroß und ihre Sporenabdrücke sind blassrosa, lachs- oder fleischfarben. Hier bespreche ich nur zwei der psilocybinhaltigen Arten, *Pluteus phaeocyanopus* und *Pluteus salicinus.* Weitere drei *Pluteus*-Arten sind potenziell psilocybinhaltig: *Pluteus glaucus, Pluteus septocystidatus* und *Pluteus villo-*

Pluteus phaeocyanopus sind außerordentlich fragil und brechen bei der Ernte oft auseinander. Beachten Sie die Blauverfärbung an den Stielen. *Pluteus phaeocyanopus* ist zwar psilocybinhaltig, jedoch nur schwach.

sus,[125] von der berichtet wird, dass sie bis zu 0,28 % Psilocybin und 0,12 % Psilocin enthält. Diese Bandbreite ist vergleichbar mit der von *Pluteus salicinus,* die Kuyper mit 0,25 % angibt.[126]

Pluteus phaeocyanopus MINNIS & SUNDBERG

HUT: 0,5–2 cm im Durchmesser. Kegelig konvex, breitet sich zu breit konvex und zu flach aus, leichter Buckel. Oberfläche trocken, matt, bedeckt mit feinen, samtartigen Haaren, dunkelbraun in der Mitte, heller hin zum durchscheinend-streifigen Rand, zunächst nach innen gebogen, bei Reife an den Rändern rissig. **LAMELLEN:** Eng stehend, aufstrebend, frei, mit drei Reihen Zwischenlamellen, fahl, wenn jung, bei Reife blasslachsfarben-braun. **STIEL:** 10–30 mm lang und 4 mm dick, hin zum Apex schmaler und an der Basis geschwollen, oft gebogen, bei Reife längs gespalten, Oberfläche fibrillär-streifig, insgesamt weißlich, aber oft zur Basis hin bläulich grau. **MIKROSKOPISCHE MERKMALE:** Sporen lachsfarben bis blassrosa-braun, 6,2–8,8 × 5,3–7,5 µm, kugelig bis breit ellipsoid, von vorn gesehen ovoid. Pleurozystiden 39–75 × 17–33 µm, dunkel, breit flaschenförmig bis utriform, mit kurzen Hälsen und stumpfen Spitzen. Cheilozystiden 33–51 × 17–28 µm, pyriform, clavat, lageniform bis utriform.

HABITUS, LEBENSRAUM UND VERBREITUNG: Wächst einzeln stehend bis verstreut auf Humus und aus vergrabenen Wurzeln in Mischwäldern aus Eiche *(Quercus),* Ahorn *(Acer),* Esche *(Fraxinus)* und Linde *(Tilia)* entlang der Westküste von Nordamerika von Südkalifornien bis nach British Columbia. Es gibt auch Berichte aus Florida. Vermutlich weiter verbreitet als aktuell berichtet.

KOMMENTAR: Obwohl ich von keiner kürzlich vorgenommenen Analyse von frisch gepflückten Exemplaren weiß, ist dies eine psilocybinhaltige Art. Die *Pluteus*-Arten zeichnen sich durch ihre Fragilität und die blau verfärbte Stielbasis aus, die leicht abgerissen werden kann, wenn die Pilze nicht vorsichtig gepflückt werden. *Pluteus phaeocyanopus* wurde Berichten zufolge bisher nur in den USA und in Westkanada gefunden.

Pluteus salicinus (PERSOON ex FRIES) KUMMER

Gebräuchliche Namen: Grauer Dachpilz, Willow Shield, Knackers Crumpet

HUT: 3–7 cm im Durchmesser. Hut konvex bis breit konvex, spannt sich im Alter zu breit konvex bis flach auf. Grau bis graugrünlich und bläulich grau, zur Mitte hin dunkler. Oberfläche glatt bis fein schuppig in der Nähe zur Mitte. **LAMELLEN:** Frei, nicht angeheftet. Fahl bis cremefarben, schon bald blassrosa bis lachsfarben bei Sporenreife. **STIEL:** 40–100 mm lang und 2–6 mm dick. Weiß bis gräulich grün, oft mit bläulichen Tönen. Fleisch bei Verletzungen besonders nahe der Basis oft bläulich verfärbt. Stielbasis blauend. **MIKROSKOPISCHE MERKMALE:** Sporen im Abdruck blassrosa, glatt, ellipsoid bis ovoid, 7–8,5 × 5–6 µm. Pleurozystiden fusiform bis lageniform, mit oder ohne Haken an den Enden, 58–90 × 10–22 µm, mit einer 5–10 µm dicken Spitze. Cheilozystiden birnenförmig, keulig bis zylindrisch oder leicht flaschenförmig, 30–85 × 8–20 µm.

HABITUS, LEBENSRAUM UND VERBREITUNG: Wächst solitär bis zu wenigen zusammen, normalerweise nicht in großen Kolonien, auf dem Humus unter Hartholzbäumen wie Weiden *(Salix),* Erlen *(Alnus),* Buchen *(Fagus),* Eichen *(Quercus),* Eukalyptus *(Eucalyptus)* und Pappeln *(Populus)* oder auf deren Holzresten. Die Art bevorzugt besonders ufernahe Lebensräume. Sie ist auf den Britischen Inseln (England, Schottland und Wales), in Europa und Russland weit verbreitet. Es gibt auch Sammlungen aus Südkorea, Indien, Neuguinea und Südafrika. Wahrscheinlich weiter verbreitet als aktuell berichtet.

KOMMENTAR: Ich vermute, dass diese Art im Mittelpunkt einer Konstellation von geografisch verteilten psilocybinhaltigen Arten der Gattung *Pluteus* steht. Analysen zeigen, dass *Pluteus salicinus* schwach bis mäßig aktiv ist.[127, 128] Ich kenne keine Berichte von Menschen, die diesen zerbrechlichen Pilz zu sich genommen haben. Auch wenn der Pilz makellos ist, neigt er dazu auseinanderzufallen, wenn er in einem Körbchen mit anderen Pilzen in Berührung kommt, falls dies

Pluteus salicinus ist eine weit verbreitete Art. Beachten Sie die Blauverfärbung an der Stielbasis. *Pluteus salicinus* ist schwach psilocybinhaltig.

nicht schon beim Pflücken passiert. Er ist ausgesprochen zerbrechlich.

Eine Art, die früher als *Pluteus salicinus* identifiziert wurde, wird nun *Pluteus americanus* genannt. Diese ähnliche Art ist psilocybinhaltig und wächst in Nordamerika und Ostrussland.

Stijve und Kuyper berichteten von einer Bandbreite von 0,05–0,25 % Psilocybin, 0 % Psilocin und 0–0,008 % Baeocystin.[129] A. L. Christiansen und andere fanden 0,35 % Psilocybin und 0,011 % Psilocin.[130] Siehe auch Saupe (1981) und Stijve und Bonnard (1986).

Neue Arten? Noch zu bestimmen …

Es werden viele neue psilocybinhaltige Arten entdeckt oder, im Fall von vorangegangener Verwendung durch indigene Völker, durch wissenschaftlich arbeitende Mykologen wiederentdeckt. Manche dieser Pilzarten bekommen vielleicht nach der Vorlage dieses Buchs neue lateinische binäre Namen. Ich gebe hier einige wenige an, die ich besonders spannend finde. Um auf dem Laufenden zu bleiben, schauen Sie gern unter www.psilocybinmushroomsintheirnaturalhabitats.com.

Psilocybe gandalfiana nom. prov. ist eine sekotioide psilocybinhaltige Art, die in der Nähe des Lake Tahoe, Kalifornien, wächst.

Eine *Psilocybe*-Art, die oft *Psilocybe tasmaniana* genannt wird, könnte eine andere Art sein. Fund aus Neuseeland.

Wahrscheinlich eine neue *Psilocybe*-Art ist »Psilocybe sp-CA03«, die auf Holzschnitzeln für die Landschaftsgestaltung in Pasadena, Kalifornien, wächst.

Psilocybe polytrichoides, eine neue sekotioide Art, die *Psilocybe pelliculosa* nahe steht, wächst in der Region des Mount Shasta im Norden Kaliforniens.

Psilocybe incaica nom.prov. ist eine potenziell neue *Psilocybe*-Art aus Peru, unten rechts.

Danksagung

María Sabina, Tina Wasson und Catherine »Kit« Scates waren großartige Mykologinnen, deren Leistung als Hüterinnen des Wissens mein Leben als Mykologe weitreichend beeinflusst hat. Dieses Buch ist ihnen gewidmet.

Viele weitere haben mich auf dieser langen Reise unterstützt. An erster Stelle seien Michael Beug, Andrew Weil, Alexander Smith, Daniel Stuntz und Gastón Guzmán genannt.

Weitere, die dazu beigetragen haben, dieses Buch möglich zu machen, sind Ahmed AbdelAzeem, Donald Abrams, John W. Allen, Julio Alvarez, Mike und Eileen Amaranthus, Stephen Apkon, Geeta Arora, Linsie Auseth, Don José Ávila, Anthony Back, Erlon Bailey, Zolton Bair, Chase Beathard, Denis Benjamin, Ann Beug, Tom Bigelow, Jeremy Bigwood, Robert Blanchette, Eugenia Bone, Jan Borovička, Anthony Bossis, Ignacio Seral Bozal, Alexander Bradshaw, Taylor Bright, David Bronner, Bernard Brown, Peter Buchanan, Tad und Emilia Buchanan, Betsy Bullman, Seymour Burgess, Jon Callaghan, Kyle Canan, Robin Carhart-Harris, Steve Cividanes, James Conway, J.A. Cooper, Alexandra Cohen, Katsie Cook, Ashley Cowie, John Cumbers, Lavinia Currier, Alfred DH, Renee Davis, Wade Davis, Chelsea DeLeon, Bryn Dentinger, Dennis Desjardin, Felice Di Palma, Rick Doblin, Gül Dölen, Sanjay Dubé, Josh Dugdale, James Fadiman, Amanda Feilding, Rock Feilding, Cosmo Feilding-Mellen, Tim Ferris, Giuliana Furci, Richard Gaines, Adam Gazzaley, Inti Garcia Flores, Tim Girvin, James Gouin, Alex und Allyson Grey, Roland Griffiths, Charles Grob, Hans Grootewal, Guujaaw, Gastón Guzmán, Laura Guzmán-Dávalos, Marcina Hale, Graham und Santha Hancock, Michael Hanuschik, Kalin Harvey, David Hawksworth, Mark Henson, David Hibbett, Patrick C. Hickey, Paxton Hoag, Dave Hodges, Julie Holland, William Hyde, Baba Kilindi Iyi, Jim Jacobs, James & Zem Joaquin, Chris Kantrowitz, Don Kneeland, Daniel Kraft, Paul Kroeger, Kim Kuypers, Nikola Lačković, Rick Langer, Bruce Langereis, Renée Lebeuf, Andrew Lenzer, Bill Linton, Rich Locus, Mike Magee, Geraldine Mansoor, Albert und Murdena Marshall, Joel McCleary, Dennis McKenna, Terence McKenna, Andy MacKinnon, Jonathan Meader, Poncho Meisenheimer, Kyle Meyer, Nick Moore, Steve Morris, T. Moult, Casey Mullen, Iván Pérez Muñoz, Brian Muraresku, Patrick Murphy, Regan Nally, Machiel E. Noordeloos, Musa Ngwenya, Chris W. Nelson, Melissa Nelson, Paul Noth, David Nutt, Michael Olson, Scott Ostuni, Jonathan Ott, Chris Park, Michael Pollan, Scott Redhead, Benhadja Ahmed Riadh, Bill Richards, Marlena Robbins, Joey Rootman, Martine und Bina Rothblatt, Nathan Sackett, Giorgio Samorini, Eesmyal Santos Brault, Ethan Schaffer, Steven Schnoor, Nicolas Schwab, Christian Schwarz, Cosmo Sheldrake, Merlin Sheldrake, Alexander Sherwood, Sasha und Ann Shulgin, Josh Siegel, João Silva, Mike Sinyard, Autumn Skye, Ryan Snyder, Bulmaro Solano, Azureus Stamets, LaDena Stamets, Lilly Stamets, Patricia Stamets, William K. Stamets, Lee und June Stein, David Sumerlin, Gerhard Suttner, David Tatelman, David Taylor, Santiago Tiscornia, D. B. Townsend, Jim Trappe, Tina Trujillo, Nancy Turner, Sara und Steve Urquhart, Rytas Vilglays, Michael Wallace, Zach Walsh, Roy Watling, Bill Webb, Will Weisman, Annie Weissman, Clint Werner, Dakota Wint, Dusty Yao. In tiefer Dankbarkeit für den produktiven Alan Rockefeller, der auch ein exzellenter Fotograf ist, und die vielen anderen erfahrenen Fotografen und Künstler, die Bilder beitrugen. Zolton Bair, Jim Fadiman, Pamela Kryskow, Mark Plotkin, Tom Rieldlinger und Bill Stamets danke ich für ihre Zeit des Lesens, Editierens und Lektorierens.

Die Musik, die mich auf dieser Reise begleitet hat, kam von Adam Bauer, Beats Antiques, Mitarbeitenden der Buddha Bar, Burning Spear, Crosby, Stills & Nash, Amani & Desert Dwellers, Bob Dylan, Pink Floyd, Marvin Gaye, Grateful Dead und The Dead, JL & Afterman, Kaya Project, Majik Band, Bob Marley, Dave Matthews, Paul McCartney und The Beatles, Joni Mitchell, Van Morrison, Bob Moses, Kacey Musgraves, Nasiri, Willie, Micah and Lukas Nelson, 1 Giant Leap, Ott, Peter Tosh, Phutureprimitive, Radiohead, The Rolling Stones,

Sting, James Taylor, The Human Experience, U2, Neil Young, YAIMA … und so vielen mehr!

Danke an Julie Bennett, Ashley Pierce, Lizzie Allen, Philip Leung, Joey Lozada und Chloe Aryeh von Ten Speed Press; Copyeditor Lisa Brousseau, die dieses Buch meisterhaft editierte; Lektor Sasha Tropp; und David Arora, der meine Arbeit bei Phil Wood, dem Gründer von Ten Speed Press, eingebracht hat. Und vielleicht am wichtigsten, ich schätze meinen älteren Bruder John Stamets zutiefst, der meine lebenslange Reise zur Erforschung von psilocybinhaltigen Pilzen zunächst lenkte. Ich werde ihm immer dankbar sein und im weiteren Sinne Ihnen allen. Zusammen führen wir die Linie der Hüter der Weisheit für psilocybinhaltige Pilze fort.

Glossar

abgetrennt, abgespalten (Lamellen) Zustand, in dem sich die Lamellen vom Stiel gelöst haben und frei aussehen, hinterlassen oft Längsstreifen auf dem Pilzstiel, wo die Lamellen zuvor angeheftet waren

adnat (Lamellen) gerade an den Stiel angewachsen

adnex (Lamellen) aufstrebend an den Stiel angeheftet

Agaricaceae eine Pilzfamilie, die primär Mitglieder der Gattung *Agaricus* umfasst

Agaricaceen Pilze mit Lamellen

Agaricales Champignonartige, die Ordnung, die alle Pilze mit echten Lamellen umfasst

ampullenförmig wie eine Flasche oder Blase geformt

amyloid die Gesamtheit der Proteine im Fleisch oder in den Sporen eines Pilzes, der eine charakteristische Blauverfärbung in Melzers Iod zeigt

Anheftung Verbindung zwischen Lamellen und Stiel

Annulus Gewebereste des Teilvelums, die am Stiel anhaften und einen membranösen Ring bilden

Apex (des Stiels) die Spitze, der Scheitel oder höchster Punkt, höchste Region

Ascomyzeten Pilze, die durch einen Ascus, eine beutelartige Zelle, Sporen bilden (im Gegensatz zum Basidium der Basidiomyceten)

atypisch nicht typisch

aufgeblasen (Zellen) in der Mitte angeschwollen oder verdickt

aufstrebend (Lamellen) Lamellen erstrecken sich vom Hutrand nach oben zur Anheftung am Stiel

autonom unabhängig, eigenständig

Basidiokarp der Fruchtkörper, die fleischige Reproduktionsstruktur, die Basidien bildet

Basidiomyzeten Pilze, die Sporen auf Basidien tragen (im Gegensatz zu Ascomyzeten, die Sporen in einem Ascus tragen)

Basidium (pl. Basidien) besonders fruchtbare Zelle, in der Meiose stattfindet und durch die Sporen gebildet werden

bereift Pilzstiel sieht aufgrund einer Fülle von Caulozystiden auf der Stieloberfläche wie bepudert aus

breit ein relativer Begriff für die Breite (als Gegensatz zu Länge) in Bezug auf die Lamellen (in der Reihenfolge schmal, mäßig breit, breit)

Buckel knopfartige Vorwölbung in der Mitte des Pilzhuts

buckelig einen Buckel habend

Caulozystiden sterile Zellen auf der Stieloberfläche

Cheilozystiden sterile Zellen auf den Lamellenschneiden

clavat keulenförmig, abgestumpft in der Form

claviform keulenförmig, keulig

collyboid rüblingsartig, einem Pilz aus der Gattung *Collybia* ähnelnd, typischerweise mit aufgespannten Hüten (breit konvex bis flach) und Stielen mit nicht mehr als der zwei- oder dreifachen Breite des Huts, wächst oft in Gruppen oder Clustern, Bezeichnung wird oft im Gegensatz zu *mycenoid* verwendet

Copelandia Gattung *Copelandia,* unterscheidet sich von ihren engen Verwandten, den *Panaeolus*-Arten, durch den dungliebenden Lebensraum, die starke Blauverfärbung und große Pleurozystiden

Cortina eine Art Teilvelum, das aus feinen spinnwebartigen Fäden besteht

dauerhaft, beständig nicht mit dem Alter verfallend; während der Lebensdauer des Fruchtkörpers vorhanden

decurrent (Lamellen) herablaufend, Art der Anheftung, bei der die Lamellen den Stiel nach unten herablaufen

Dekagon Zehneck

dextrinoid rötlich braune Verfärbung nach der Anwendung von Melzer Reagenz

dichotom wiederholte Teilung oder Gabelung in Paaren

Dikaryophase Phase, in der jede Zelle des Pilzes zwei einzelne Kerne (Nuklei) enthält

dikaryotisch Zustand der Zelle in der Dikaryophase

diploid genetischer Zustand, in dem jede Zelle den vollen Chromosomensatz für die Art enthält (2N)

durchscheinend diffus lichtdurchlässig, halb transparent

durchscheinend-streifig beschreibt die Sichtbarkeit der unterliegenden Lamellenplatten, wenn die feuchten Pilzhüte von oben betrachtet werden

ellipsoid ellipsenförmig, wie ein länglicher Kreis geformt

eng (Lamellen) ein relativer Begriff für die Abstände der Lamellen (in der Reihenfolge gedrängt, eng, entfernt, weit)

entfernt stehend in Bezug auf Lamellenabstände zwischen eng und weit

erodiert (Hutrand oder Lamellen) unregelmäßig verletzt

fahl sehr blass an Farbe, fast mattweißlich

fast gleichmäßig (Stiel) nicht ganz gleichmäßig

fein gezähnt mit dreieckigen Gewebefragmenten geziert

fibrillär mit Fibrillen

Fibrillen feine, zarte Stränge, die man auf der Oberfläche von Hut oder Stiel findet

fibrös (Stiel) faserig, bestehend aus starkem, schnurartigem Gewebe

filamentös fadenartig, bestehend aus Hyphen oder fadenartigen Zellen, die einer Gelatinierung unterliegen können

filzig bedeckt mit dicht gepackten Fasern

flockig leicht zu entfernen; bezieht sich normalerweise auf wollige Flocken oder baumwollartige Velumreste auf Hut oder Stiel

flüchtig unbeständig, leicht zerreiß- oder zerstörbar

fragil vergänglich, flüchtig und bald verschwindend

fusiform spindelförmig, an beiden Enden zugespitzt

fusoid (Zystiden) gerundet und zuspitzend von der Mitte her

fusoid-ventricose spindelförmig-aufgeblasen, geschwollen in der Mitte und zuspitzend zu den Enden hin

gallertartig mit einer Konsistenz von Gelee, normalerweise durchscheinend

gedrängt (Lamellen) ein relativer Begriff, der die engen Abstände der Lamellen beschreibt (in der Reihenfolge gedrängt, eng, entfernt, weit)

gefleckt unregelmäßig gepunktet, wie durch die ungleichmäßige Reifung der Sporen der Gattung *Panaeolus* entstehend

genabelt (Hut) in der Mitte vertieft

geschlängelt (Stiel) abwechselnd in entgegengesetzte Richtungen gebogen

geschnäbelt mit einem Schnabel oder schnabelartigen Fortsatz

gleichmäßig (Stiel) gleichmäßig dick

glockig (Hut) in Form einer Glocke

gregär in zahlreichen bis dichten Gruppen wachsend, aber nicht in Clustern wie in rasig

Gruppe alle verwandten Varietäten und Formen einer Art

Habitat Lebensraum, Substrat, in dem man den Pilz findet

Habitus die Art, in der Pilze vorkommen (ob einzeln stehend oder zahlreich bis büschelig aus einer gemeinsamen Basis), und das Erscheinungsbild

hochgebogen (Rand) beschreibt die Hutart, deren Rand nach oben gebogen ist, normalerweise im Alter

Holotypus ein einzelnes Muster, das in der ursprünglichen Beschreibung festgelegt ist

hyalin glasklar oder transparent erscheinend

hygrophan merkliches Verblassen der Farbe während des Trocknens

Hyphe (pl. Hyphen) einzelne Zelle des Myzels

hypogäisch unter der Erdoberfläche wachsend, unterirdisch

indigen in einer gewissen Region einheimisch

kegelig (Hut) in Form eines Kegels

KOH chemisches Kürzel für Kaliumhydroxid, ein häufig verwendetes Mittel zur Reaktivierung von getrocknetem Pilzmaterial für mikroskopische Untersuchungen mit einer Konzentration von 2,5 % (2,5 g KOH in 97,5 ml destilliertem Wasser)

Kolonisierung (biologische Definition) Besetzung eines Lebensraums oder eines Gebiets durch eine biologische Gemeinschaft oder einer ökologischen Nische durch eine einzelne Population einer Art, einschließlich Mikrobenarten (Bakterien, Archaea und Fungi) zu komplexeren Organismen wie Pflanzen und Tieren, Besiedelung

Kolonisierung (kulturelle Definition) die Ausdehnung der Macht eines Kolonialstaats durch kulturelles Wissen, Aktivitäten und Institutionen (besonders Bildung und Medien) oder die systematische Unterordnung eines konzeptuellen Rahmens oder einer kulturellen Identität unter eine andere

Komplex eine Gruppe von ähnlich verwandten Arten, die durch eine zentrale Art versinnbildlicht wird

konspezifisch gleich, synonym zu

konvex (Hut) gerundet, wie die Außenseite einer Halbkugel

koprophil auf Dung wachsend

Kutikula die obere Schicht aus Zellen auf dem Hut, die unterschiedliche Grade der Differenzierung durchlaufen kann

lageniform unten breit und sich zu einem schlanken Hals oben verjüngend, flaschenförmig

Lamellen sporenproduzierende Teile des Lamellenpilzes, plattenartige Struktur, die von der Mitte der Hutunterseite radial nach außen strebt

lanzettlich sich zu einem Punkt im Apex und manchmal an der Basis verjüngend, wie ein Blatt

Laubbäume Bäume, die saisonal ihre Blätter verlieren

lecythiform in Form eines Kegels oder einer Flasche, kegelförmig

lignikol in Holz oder auf einem Substrat aus verrottetem Holz wachsend

Lignin grundlegende organische Substanz des Holzgewebes im Gegensatz zu Zellulose

makroskopisch für das bloße Auge sichtbar

Mark Inneres des Pilzstiels

mäßig eng stehend in Bezug auf Lamellenabstände zwischen eng und gedrängt

Meiose der Vorgang der Reduktionsteilung, bei der eine einzelne Zelle mit einem Zellkern sich in vier Zellen mit jeweils einem haploiden Zellkern teilt; jeder Zellkern verfügt über die jeweils die Hälfte des genetischen Materials der Mutterzelle

membranös dünn, gewebeähnlich, hautähnlich, wie bei einer homogenen Membran

Mikrometer (µm) ein Millionstel eines Meters, ein Tausendstel eines Millimeters

mikroskopisch nur mithilfe eines Mikroskops sichtbar

Mitte der zentrale Bereich des Pilzhuts

mukronat stachelspitzig, mit einer abrupten kurzen Spitze

mycenoid einem Pilz der Gattung *Mycena* ähnelnd: groß, schlank mit langen Stielen und vergleichsweise kleinen, konischen Hüten; Bezeichnung wird oft als Gegensatz zu collybo-id, rüblingsartig, verwendet

Mycorrhiza einzigartige symbiotische Beziehung, die ein Pilzmyzel mit den Wurzeln pflegt

Mykologie das Studium der Pilze

Mykonaut Person, die Pilze verwendet

nach unten gebogen (Rand) die Form oder Neigung zeigt direkt nach unten

Nomenklatur jedwedes Klassifizierungssystem

Nukleus (pl. Nuklei) Zellkern, Masse differenzierten Protoplasmas in allen Zellen, die eine wesentliche Rolle bei der Reproduktion und Weitergabe genetischer Informationen an Tochterzellen hat

oberer Bereich bezeichnet den Ort des Annulus im oberen Drittel des Stiels

ocker hell orangestichig-braun bis blass gelbbraun

ölig leicht rutschig, aber nicht viskos

olivfarben oliv-grau-braun

ovoid oval bis eiförmig

Papille Warze

papillös mit einer Warze versehen

Pellikel ein hautartiger Überzug über dem Pilzhut, oft gallertartig und abtrennbar

phototrop von Licht angezogen oder lichtempfindlich

Pileozystiden sterile Zellen oder Körper, häufig mit einer bestimmten Form, auf der Hutoberfläche des Pilzes

Pileus Hut eines Pilzes

Pleurozystiden sterile Zellen auf der Lamellenoberfläche

Pore bei vielen Arten runde Vertiefung am Ende von Sporen

Pseudorhiza lange, wurzelartige Verlängerung der Stielbasis

Psilocin 4-Hydroxy-N,N-Dimethyltryptamin, die aktive, jedoch instabile Verbindung, die an Neurorezeptoren andockt, die in der Menge das Bewusstsein verändert

Psilocybin 3-[2-(Dimethylamino)Ethyl]-1H-Indol-4-yl-Dihydrogenphosphat, auch bekannt als 4-Phosphoryloxy-N,N-Dimethyltryptamin, die relativ stabile Vorläufersubstanz für Psilocin und wesentliches psychoaktives Molekül vieler Pilzarten

Psychonaut Person, die psilocybinhaltige Pilze (und andere Psychedelika) für innere Reisen einnimmt

pyriform birnenförmig

rasig angehäuft aus derselben Basis wachsend

retikular netzartig, normalerweise aus parallelen Linien

Rhizomorphen an der Stielbasis ansetzende kordelähnliche Stränge von ineinandergedrehten Hyphen

rhomboid einem Rhombus ähnlich, rautenförmig

rissig mit vielen Rissen, Spalten oder Brüchen

rötlich gelbbraun in etwa die Farbe eines Löwens

schäbig schmutzig aussehend

schmierig mit einer hoch viskosen gallertartigen Schicht, ein extremer Zustand der Klebrigkeit

Schnalle ein ellbogenartiger Vorsprung, der die Zellwände zwischen Zellen in dikariotischem Myzel mancher Pilzarten überwölbt

sekotioid Zwischenstadium bei der Entwicklung zur gasteroiden Form, in dem der Hut des Fruchtkörpers beutelartig die sich entwickelnden sporenbildenden Oberflächen (normalerweise Lamellen) umhüllt

sinuat (Lamellen) Art der Anheftung am Stiel, wobei die Lamellen kurz vor der Anheftung eingekerbt erscheinen, gebuchtet

spheroidisch kugelähnlich, die Form eines Sphäroids aufweisend

Sporen reproduktive Zellen oder »Samen« von Pilzen, die von spezialisierten Zellen gebildet werden

stametsisch von und in Bezug auf die Philosophie zur Mykologie und zu den Methoden von Paul Stamets

Stipes Stiel, Stängel eines Pilzes

streifig mit Streifen, Linien oder Furchen

strigose mit langen, steifen, groben Härchen

Strophariaceae Pilzfamilie, welche die eng verbundenen Gattungen umfasst, die historisch *Hypholoma, Pholiota, Psilocybe, Stropharia* und fast ein Dutzend weiterer Gattungen ausmachte

Substrat Material, in dem die Pilze wachsen

Taxa nomenklatorisch eingeordneter Organismus in der Taxonomie, z. B. eine Art oder Varietät

Teilvelum auch Teilschleier, der innere Schleier aus Hüllgeflecht, der sich vom Hutrand zum Stamm zieht und zunächst die Lamellen bedeckt

terrestrisch auf dem Boden wachsend

Trama das Fleisch von Hut oder Stiel

uncinat hakenförmig

utriform in Form einer Gebärmutter

Varietät Unterartbeiname, verwendet zur Beschreibung einer beständig auftretenden Abweichung bei einer bestimmten Pilzart

veilchenblau bläulich purpurn

Velum auch Schleier, ein Hüllgeflecht, das Pilze umschließt, während sie sich entwickeln, siehe auch die Definitionen von Teilvelum (Velum partiale) und Velum universale

Velum universale äußeres Hüllgeflecht, das den Hut und den Stiel mancher Pilze einhüllt, am besten im frühesten Stadium der Fruchtkörperentwicklung sichtbar

vesikelartig umhüllt mit kleinen, flüssigkeitsgefüllten Beuteln

viskos bei Berührung schleimig, glitschig oder klebrig, bei Feuchtigkeit verstärkt

weit relativer Begriff, der die breit auseinanderstehenden Lamellen bezeichnet (in der Reihenfolge gedrängt, eng, entfernt, weit)

wellig der Hutrand von *Psilocybe cyanescens* ist ein klassisches Beispiel

zellulär aus kugeligen bis allgemein abgerundeten Zellen, nicht fadenförmig

zirkumpolar in der Umgebung des Nord- und Südpols der Erde befindlich

Zystiden mikroskopisch sterile Zellen

Anmerkungen

Einleitung: Die Reise mit psilocybinhaltigen Pilzen beginnt

1. Smith, A. H. 1973. *Mushrooms in Their Natural Habitats.* Hafner Press, New York.
2. Ainsworth, G. C. 1976. *Introduction to the History of Mycology.* Cambridge University Press, New York.
3. Margolin, M., Hartman, S. 2021. Jews, Christians, and Muslims are reclaiming ancient psychedelic practices, and that could help with legalization. *Rolling Stone,* 23. April.
4. Hawksworth, D. L. Lücking, R. Fungal. 2017. Diversity revisited: 2.2 to 3.8 million species. *Microbiol Spectrum* 5(4). doi:10.1128/microbiolspec.funk-0052-2016.
5. BC Centre for Disease Control. Fact sheet, wild mushrooms may be poisonous. http://www.bccdc.ca/resource-gallery/Documents/Educational%20Materials/EH/FPS/Fruit%20and%20Veg/Wild%20Mushrooms%20May%20Be%20Poisonous%20Fact%20Sheet.pdf.
6. Colorado State University. Fact sheet, food source information: mushrooms. https://www.chhs.colostate.edu/fsi/food-articles/produce-2/ mushrooms.
7. Bradshaw, A. J., Ramírez-Cruz, V., Awan, A. R., et al. 2024. Phylogenomics of the psychoactive mushroom genus *Psilocybe* and evolution of the psilocybin biosynthetic gene cluster. *Proceedings of the National Academy of Sciences USA* 121(3):1–9. doi.org/10.1073/pnas.2311245121.
8. Guzmán, G., Allen, J.W., Gartz, J. 1998. A worldwide geographical distribution of the neurotropic fungi, an analysis and discussion. *Annali del Museo Civico di Rovereto* 14:189–280.
9. Strauss, D., Ghosh, S., Murray, Z., et al. 2022. An overview on the taxonomy, phylogenetics and ecology of the psychedelic genera *Psilocybe, Panaeolus, Pluteus,* and *Gymnopilus. Frontiers in Forests and Global Change* 5:813998. doi:10.3389/ffgc.2022.813998.
10. Strauss et al. 2022.
11. Stijve, T., Kuyper, T. W. 1985. Occurrence of psilocybin in various higher fungi from several European countries. *Planta Medica* 51(5):385–387. doi.g/10.1055/s-2007-969526.
12. Gotvaldová, K., Borovička, J., Hájková, K., et al. 2022. Extensive collection of psychotropic mushrooms with determination of their tryptamine alkaloids. *International Journal of Molecular Sciences* 23(22):14068. doi:10.3390/ijms232214068.
13. Besl, H. 1993. *Galerina steglichii* spec. nov., ein halluzinogener Häubling. *Zeitschrift für Mykologie* 59(2):215–218.
14. Tanaka, M., Hashimoto, K., Okuno, T., Shirahama, H. 1993. Neurotoxic oligoisoprenoids of the hallucinogenic mushroom, *Gymnopilus spectabilis. Phytochemistry* 34(3):661–664. doi.org/10.1016/0031-9422(93)85335-O.
15. Lenz, C., Dörner, S., Sherwood, A., Hoffmeister, D. 2021. Structure elucidation and spectroscopic analysis of chromophores produced by oxidative psilocin dimerization. *Chemistry* 27(47):12166–12171. doi. org/10.1002/chem.202101382.
16. Patocka, J., Wu, R., Nepovimova, E., et al. 2021. Chemistry and toxicology of major bioactive substances in *Inocybe* mushrooms. *International Journal of Molecular Sciences* 22(4):2218. doi: 10.3390/ijms22042218.
17. Die mittlere tödliche Dosis (LD50) für Psilocybin liegt bei 280 mg/kg oder 19,6 g bei einer 70 kg schweren Person. Bei 1 % Psilocybin in einem getrockneten Pilz würde dies etwa 1,96 kg getrockneten Pilzen oder 19,6 kg frischen Pilzen bei 90 %, 10 % Trockenmasse, entsprechen. Also müsste eine 70 kg schwere Person ca. 18,9 kg frische Psilocybinpilze essen, um diese Dosis zu erreichen. Das ist ein Ding der Unmöglichkeit. Siehe https://www.aatbio.com/resources/toxicity-lethality-median-dose-td50-ld50/psilocybin.

Kapitel 1. Entwicklung und historische Verwendung von psilocybinhaltigen Pilzen

1. Bradshaw et al. 2024.
2. Meyer, M., Slot, J. 2023. The evolution and ecology of psilocybin in nature. *Fungal Genetics and Biology* 167:103812. doi.org/10.1016/j.fgb.2023.103812.
3. Bradshaw et al. 2024.
4. Smith, D. 1996. *The Cattle Egret* (Bubulcus ibis): *Colonizer of Old-World Origin and a Vector of* Psilocybe cubensis *Spores.* Stain Blue Press, Spring, Texas.
5. Meyer, M. und Slot, J. 2023. The evolution and ecology of psilocybin in nature. *SSRN* Electronic Journal 10.2139/ssrn.4384673.
6. Reynolds, H. T., Vijayakumar, V., Gluck-Thaler, E., et al. 2018. Horizontal gene cluster transfer increased hallucinogenic mushroom diversity. *Evolution Letters* 2:88–101. doi.org/10.1002/evl3.42.
7. Pollan, M. 2002. *The Botany of Desire: A Plant's-Eye View of the World.* Random House, New York.
8. Hilden, N. 2021. Future space travel might require mushrooms. *Scientific American Space & Physics* 4(5). www.scientificamerican.com/article/space-travels-most-surprising-future-ingredient-mushrooms.

9. Hanson, A. M., Hodge, K. T., Porter, L. M. 2003. Mycophagy among primates. *Mycologist* 17(1):6–10. doi.org/10.1017/S0269-915X(03)00106-X.
10. de Vos, C. M. H., Mason, N. L., Kuypers, K. P. C. 2021. Psychedelics and neuroplasticity: a systematic review unraveling the biological underpinnings of psychedelics psychiatry. *Frontiers in Psychiatry* 12:724606. doi.org/10.3389/fpsyt.2021.724606.
11. van der Merwe, B., van der, A., Rockefeller, A., et al. 2024. A description of two novel *Psilocybe* species from southern Africa and some notes on African traditional hallucinogenic mushroom use. *Mycologia,* 116(5), 821–834. doi.org/10.1080/00275514.2024.2363137.
12. Nair, J. J., Van Staden, J. 2014. Traditional usage, phytochemistry and pharmacology of the South African medicinal plant *Boophone disticha* (L.f.) Herb. (Amaryllidaceae). *Journal of Ethnopharmacology* 151(1).
13. Samorini, G. 1992. The oldest representations of hallucinogenic mushrooms in the world (Sahara Desert, 9000-7000 B.P.). *Integration* 2(3):69–78.
14. Samorini, G. 1995. Uso tradizionale di funghi psicoattivi in Costa d'Avorio? *Eleusis* 1:22–27.
15. Lajoux, J. D. 1963. *The Rock Paintings of Tassili.* The World Publishing Company, Cleveland, Ohio. Übersetzung aus Société Nouvelle des Éditions du Chêne Paris, 1962:68–73.
16. Wasson, R. G., Hofmann, A., Ruck, C. 2008. *The Road to Eleusis: Unveiling the Secret of the Mysteries.* North Atlantic Books, Berkeley, Kalifornien.
17. Akers, B. P., et al. 2011. A prehistoric mural in Spain depicting neurotropic *Psilocybe* mushrooms? *Economic Botany* 65:121–128.
18. Muraresku, B. C. 2020. *The Immortality Key: The Secret History of the Religion with No Name.* St. Martin's Press, New York.
19. Wasson, R. G., Hofmann, A., Ruck, C. 2008. *The Road to Eleusis: Unveiling the Secret of the Mysteries.* North Atlantic Books, Berkeley, Kalifornien.
20. Ott, J. 1993. *Pharmacotheon.* Natural Products Co., Kennewick, Washington.
21. Battin, J. 2010. Le feu Saint-Antoine ou ergotisme gangreneux et son iconographie médiévale [Saint Anthony's Fire or gangrenous ergotism and its medieval iconography]. *Histoire des sciences médicales* 44(4):373–382.
22. Omissi, A. 2016. The cap of liberty: Roman slavery, cultural memory, and magic mushrooms. *Folklore* 127(3):270–285. doi.org/l0.1080/0015587X.2016.1155371.
23. Riedlinger, T. J. 2002. Polydamna's drug: Egyptian beer and the kykeon of Eleusis. *The Entheogen Review* 11(2):49–57.
24. Wasson, R. G. 1971. *Soma - divine mushroom of immortality.* Harcourt Brace Jovanovich, New York.
25. Maillart-Garg, M., Winkelman, M. 2019. The "Kamasutra" temples of India: A case for the encoding of psychedelically induced spirituality. *Journal of Psychedelic Studies* 3(2):81–103. doi.org/10.1556/2054.2019.012.
26. Wint, Dakota. 2024. Persönliches Gespräch mit dem Autor.
27. Wasson, R. G., O'Flaherty, W. D. 1982. The last meal of the Buddha. *Journal of the American Oriental Society* 102(4):591–603. doi.org/10.2307/601968.
28. Brown, J. B., Brown, J. M. 2016. *The Psychedelic Gospels: The Secret History of Hallucinogens in Christianity.* Park Street Press, Rochester, New York.
29. Kurioserweise kann ich die Vorfahren meiner Mutter bis zu dem nördlichen Familienclan der Guilford House of Azure einige Kilometer von Stonehenge entfernt zurückverfolgen. Dies war mir nicht bekannt, als ich meinen Sohn Azureus nannte und an der Benennung von *Psilocybe azurescens* beteiligt war.
30. Sayin, H. U. 2014. The consumption of psychoactive plants during religious rituals: the roots of common symbols and figures in religions and myths. *NeuroQuantology* 12(2):276–296. doi.org/10.14704/nq.2014.12.2.753.
31. Shukir Muhammed Amin, O. 2017. Godess Kubaba. World History Encyclopedia. https://www.worldhistory.org/image/7198/goddess-kubaba/#google_vignette.
32. Berlant, S. R. 2005. The entheomycological origin of Egyptian crowns and the esoteric underpinnings of Egyptian religion. *Journal of Ethnopharmacology* 102:275–288. doi.org/10.1016/j.jep.2005.07.028.
33. El Enshasy, H., Elsayed, E. A., Aziz, R., et al. 2013. Mushrooms and truffles: historical biofactories for complementary medicine in Africa and in the Middle East. *Evidence-Based Complementary and Alternative Medicine* 2013:620451. doi.org/10.1155/2013/620451.
34. Budge, E. A. W. 1967. *The Egyptian Book of the Dead: The Papyrus of Ani.* Dover, Mineola, New York.
35. Abdel-Azeem, A. 2017. Egypt's national fungus day. *Microbial Biosystems* 2:21–25.
36. Berlant, S. R. 2005. The entheomycological origin of Egyptian crowns and the esoteric underpinnings of Egyptian religion. *Journal of Ethnopharmacology* 102:275–288. doi.org/10.1016/j.jep.2005.07.028.

37. Froese, T., Guzmán, G., Guzmán-Dávalos, L. 2016. On the origin of the genus *Psilocybe* and its potential ritual use in ancient Africa and Europe. *Economic Botany* 70(2):103–114.
38. Abdel-Azeem, A. M., Blanchette, R. A., Mohesien, M. T., et al. 2016. The conservation of mushroom in ancient Egypt through the present. *Proceedings of the First International Conference on Fungal Conservation in the Middle East and North of Africa,* 18–20 October 2016:1–2. Ismailia.
39. Abdel-Azeem, A. M. 2010. The history, fungal biodiversity, conservation, and future perspectives for mycology in Egypt. *IMA Fungus* 1(2):123–142.
40. Kilindi, I. 2013. »Breaking Convention Conference. High-Dose Mushrooms Beyond the Threshold.« https://www.youtube.com/watch?v=ejdKeghBhNs: 27:09.
41. Finkelstein, I., Langgut, D. 2014. Dry climate in the Middle Bronze I and its impact on settlement patterns in the Levant and beyond: new pollen evidence. *Journal of Near Eastern Studies* 73(2):219–234. doi.org/10.1086/677300.
42. Rätsch, C. 1996. *Urbock – Bier jenseits von Hopfen und Malz: Von den Zaubertrünken der Götter zu den psychedelischen Bieren der Zukunft.* AT Verlag, Aarau, Schweiz.
43. Siméon, R. 1885. *Dictionnaire de la langue nahuatl ou mexicaine.* Imprimerie Nationale, Paris.
44. Dibble, C. E., Anderson, A. J. O. 1950–1982. Translation and introduction of Bernardino de Sahagún, *Historia General de Las Cosas de La Nueva España* [*Florentine Codex: General History of the Things of New Spain*]. 12 vols. University of Utah Press, Salt Lake City.
45. »They transformed agricultural fields into pastures by eating the vegetation, creating favorable conditions for Old World grasses and plants accidentally introduced by ships to replace native species. Cattle modified environments in ways that inadvertently benefited Spanish colonization.« Ficek, R. E. 2019. Cattle, capital, colonization: tracking creatures of the Anthropocene in and out of human projects. *Current Anthropology* 60:S260–S271. www.journals.uchicago.edu/doi/ pdf/10.1086/702788.
46. McIlvaine, C. 1900. *One Thousand American Fungi.* The Bowen-Merrill Co., Indianapolis, Indiana.
47. Schultes, R. E., Reko, P. 1938. *Collections of Economic Botany* No. 5548. Botanical Museum, Harvard University, Cambridge.
48. Johnson, J. B. 1939. The elements of Mazatec witchcraft. *Etnologiska Studier* 9:128–150.
49. Hofmann, A. 1980. The sacred mushroom teonanácatl: the Mexican relatives of LSD. In *LSD, My Problem Child.* McGraw-Hill, New York.
50. Pike, E., Cowan, F. 1959. Mushroom ritual versus Christianity. *Practical Anthropology* 6(5):145–151.
51. Schultes, R. E. 1940. Teonanácatl: the narcotic mushroom of the Aztecs. *American Anthropologist* (n.s.) 42(3):429–443.
52. Wasson, R. G. 1963. *The Hallucinogenic Mushrooms of Mexico and Psilocybin: A Bibliography.* 2. Ausgabe mit Korrekturen und Nachträgen. Faltblätter des Botanical Museum, Harvard University 20(2a):25–73c. http://www.jstor.org/stable/41762224.
53. Allen, J. W. 1997. Wasson's first voyage: the rediscovery of entheogenic mushrooms. In *Mushroom Pioneers.* Psilly Publications und Raver Books, Seattle: 29. Siehe auch https://erowid.org/plants/mushrooms/ mushrooms_article5.shtml.
54. Wasson, R. G., Wasson, V. P. 1957. The riddle of the toad and other secrets mushroomic. *Mushrooms, Russia and History.* Pantheon Books, New York. Verfügbar via www.newalexandria.org/archive/mushrooms+russia+and+history+Volume+1.pdf.
55. Riedlinger, T. J. 2024. Persönliches Gespräch mit dem Autor.
56. Wasson, R. G. 1957. Seeking the Magic Mushroom. *Life Magazine,* 13. Mai: 102, 109.
57. Wasson, R. G. 1957: 100–120.
58. Wasson, V. P. 1957. I ate the sacred mushrooms. *This Week Magazine* (*Salt Lake Tribune*), 19. Mai: 8.
59. »J.P. Morgan & Co. (see Wasson file).« MKUltra Subproject, no. 58 (doc: 17457). Washington, D.C.: National Security Archive at George Washington University. Aufgedeckt von John Marks, einem in CIA-Kultur und -Geschichte spezialisierten Journalist. Siehe auch Marks, J. 1979. *The Manchurian Candidate: The CIA and Mind Control.* Times Books, New York.
60. Riedlinger, T. J., hrsg. 1990. *The Sacred Mushroom Seeker: Tributes to R. Gordon Wasson by Terence McKenna, Joan Halifax, Peter T. Furst, Albert Hofmann, Richard Evans Schultes, and Others:* 215. Dioscorides Press, Portland, Oregon.
61. Singer, R. 1949. The agaricales (mushrooms) in modern taxonomy. *Lilloa* 22: 474, 506. Chronica Botanica, Leyden. Beachten Sie, dass Singer nicht »teonanácatl« angab, sondern »Bedeutsamkeit der Anwendung: Mindestens eine Art wird in Mexiko als Medizin verwendet (verursacht vorübergehenden narkotischen Zustand der Ausgelassenheit), ist jedoch im Übermaß giftig.« Natürlich hat er sich in Bezug auf die Giftigkeit der *Psilocybe*-Arten geirrt. Sie sind es nicht.

62. Singer, R., Smith, A. H. 1958. Mycological investigation on teonanácatl, the Mexican hallucinogenic mushroom. Part II. A taxonomic monograph of *Psilocybe,* section Caerulescentes. *Mycologia* 50:262–303.
63. Ott, J. 1993. *Pharmacotheon. Entheogenic Drugs, Their Plant Sources and History.* Natural Products Company: 302.
64. Heim, R. 1958. Diagnose latine du *Psilocybe wassonii* Heim, espèce hallucinogène des Aztèques. *Revue de Mycologie* 23(1):119–120.
65. Singer, R., Smith, A. H. 1958. New species of *Psilocybe. Mycologia* 50:141–142.
66. Singer, R. 1958. Mycological investigations on teonanácatl, the Mexican hallucinogenic mushroom. Part I. The history of teonanácatl, field work and culture work. *Mycologia* 50:239–261.
67. Singer, R. Smith, A. H. 1958. Mycological investigation on teonanácatl, the Mexican hallucinogenic mushroom. Part II. A taxonomic monograph of *Psilocybe,* section Caerulescentes. *Mycologia* 50:262–303.
68. Heim, R., Cailleux, R. 1960. Nouvelle contribution à la Connaissance des *Psilocybe*s Hallucinogènes du Mexique. *Revue de Mycologie* 24:437–441.
69. Bartlett, C., Marshall, M., Marshall, A. 2012. Twoeyed seeing and other lessons learned within a colearning journey of bringing together Indigenous and mainstream knowledges and ways of knowing. *Journal of Environmental Studies and Sciences* 2:331–340.
70. Paul Stamets erhielt den MSA Wasson Award aus den Händen von Jean Lodge, dem Vorsitzenden der MSA 2015- 2016, bei der MSA-Sitzung am 29. Juli 2015 in Edmonton, Ontario, Canada. https://www.youtube.com/watch?v=Zm1c86gRX60.
71. Wasson, R. G., Wasson, V. P. 1957. *Mushrooms, Russia, and History.* Pantheon Books, New York.
72. Gerber, K., Flores, I. G., Ruiz, A. C., Ali, I., et al. 2021. Ethical concerns about psilocybin intellectual property. *ACS Pharmacology & Translational Science* 4(2):573–577. doi.org/10.1021/acsptsci.0c00171.
73. Spiers, N., Labate, B. C., Ermakova, A. O., Farrell, P., et al. 2024. Indigenous psilocybin mushroom practices: an annotated bibliography. *Journal of Psychedelic Studies* 8(1):3–25. doi.org/10.1556/2054.2023.00297.
74. Kneebone, L. R. 1960. Methods for the production of certain hallucinogenic agarics. *Developments in Industrial Microbiology* 1:109. doi.org/10.1007/978-14899-5073-4_16.
75. Kilmer, B., et al. 2024. considering alternatives to psychedelic drug prohibition. *RAND Corporation.* doi.org/10.7249/RRA2825-1.
76. Turner, N. J., Cuerrier, A. 2022. »Frog's umbrella« and »ghost's face powder«: the cultural roles of mushrooms and other fungi for Canadian Indigenous Peoples. *Botany* 100(2):183–205. doi.org/10.1139/cjb-2021-0052.
77. McCawley, E. L, Brummett, R. E., Dana, G. W. 1962. Convulsions from *Psilocybe* mushroom poisoning. *Proceedings of the Western Pharmacology Society* 5:27–33. PMID: 13932070.
78. Kroeger, P., et al. 2012. *The Outer Spores: Mushrooms of Haida Gwaii.* Vancouver Mycological Society and Mycologue Publications, Sidney-by-the-Sea, British Columbia.
79. Weil, A. T. 1977. *The Use of Psychoactive Mushrooms in the Pacific Northwest: An Ethnopharmacologic Report.* Faltblätter des Botanical Museum, Harvard University 25(5):131–149. www.jstor.org/stable/41762782.
80. Griffiths R. R., Richards W. A., McCann U., Jesse R. 2006. Psilocybin can occasion mystical-type experiences having substantial and sustained personal meaning and spiritual significance. *Psychopharmacology* (Berl). 187(3):268-83; discussion 284-92. doi: 10.1007/s00213006-0457-5.; Davis A. K., Barrett, F. S., May, D. G., et al. 2021. Effects of Psilocybin-Assisted Therapy on Major Depressive Disorder: A Randomized Clinical Trial. *JAMA Psychiatry*78(5):481–489. doi:10.1001/jamapsychiatry.2020.3285.

Kapitel 2. Wo man psilocybinhaltige Pilze findet

1. Dennis, R. W. G., Wakefield, E. M. 1946. New or interesting British fungi. *Transactions of the British Mycological Society* 29(3):141–166. doi.org/10.1016/S0007-1536(46)80038-X.
2. Wildlife Conservation Society. 2004. Woodpeckers carry fungus in beaks that promotes tree decay. *ScienceDaily* 12. Februar. www.sciencedaily.com/releases/2004/02/040212090015.htm.
3. Jusino, M. A., Lindner, D. L., Banik, M. T., et al. 2016. Experimental evidence of a symbiosis between redcockaded woodpeckers and fungi. *Proceedings of the Royal Society of Biological Sciences* 283(1827):20160106. doi.org/10.1098/rspb.2016.0106.
4. Rosero, S. 2024. How a trial about the rights of nature led to the discovery of a hallucinogenic mushroom in Ecuador. *El País,* 10. Feb. https://english.elpais.com/ science-tech/2024-02-10/how-a-trial-about-the-rightsof-nature-led-to-the-discovery-of-a-hallucinogenicmushroom-in-ecuador.html.

5. Dentinger, B., Furci, G. 2023. *Psilocybe stametsii* Dentinger & Furci, sp. nov. *Index Fungorum* 529.
6. San Ysidro oder San Isidro ist von dem griechischen Wort *Isidoros* abgeleitet, das »Geschenke der Isis« bedeutet.

Kapitel 3. So erkennen Sie psilocybinhaltige Pilze

1. Psilocybin ist in *Massospora levispora* und *Massospora platypediae* gefunden worden, parasitären Pilzen von Zikaden, die ihr Verhalten verändern. Boyce, G. R., Gluck-Thaler, E., Slot, J. C., et al. 2019. Psychoactive plant- and mushroom-associated alkaloids from two behavior modifying cicada pathogens. *Fungal Ecology* 41:147–164. Doi.org/10.1016/j.funeco.2019.06.002.
2. Stamets, P., Chilton, J. S. 1983. *The Mushroom Cultivator.* Agarikon Press, Olympia, Washington: 204–209.
3. Stamets, P. 2000. *Growing Gourmet and Medicinal Mushrooms.* Ten Speed Press, Berkeley.
4. Edwards, L. 2010. Lightning really does make mushrooms multiply. https://phys.org/news/2010-04lightning-mushrooms.html.
5. Kobayashi, C., Hiromi, M., and Takuma, T. 2023. Vibrations and mushrooms: Do environmental vibrations promote fungal growth and fruit body formation? *Ecology* 104(6): e4048. Doi.org/10.1002/ecy.4048.
6. Lenz, C., Wick, J., Braga, D., et al. 2020. Injury-triggered blueing reactions of *Psilocybe* «magic« mushrooms. *Angewandte Chemie International Edition* 59(4):1450– 1454. Doi.org/10.1002/anie.201910175.

Kapitel 4. So legen Sie ein Beet für psilocybinhaltige Pilze an

1. Brown, P. 2011. Magic mushrooms thrive as weeds wane. *The Guardian,* 3. Jan.
2. Obwohl hier die Fruktifizierung für den Herbst verallgemeinert ist, beachten Sie bitte, dass *Psilocybe ovoideocystidiata* und essbare Pilze wie der Riesen-Träuschling, *Stropharia rugoso-annulata,* im Frühjahr fruktifizieren können.
3. Hebling, A., Horner, J. W. E., Lehrer, S. B. 1993. Comparison of *Psilocybe cubensis* spore and mycelium allergens. *Journal of Allergy and Clinical Immunology* 91(5):1059–1066. Doi.org/10.1016/0091-6749(93)90220-A.
4. Bradshaw, A. J., Backman, T. A., Ramírez-Cruz, V., et al. 2022. HAT authentication and chemical analysis of *Psilocybe* mushrooms reveal widespread misdeterminations in fungaria and inconsistencies in metabolites. *Applied and Environmental Microbiology* 88:e01498-22. Doi.org/10.1128/aem.01498-22.
5. Gotvaldová, K., Hájková, K., Borovička, J., et al. 2021. Stability of psilocybin and hat four analogs in the biomass of the psychotropic mushroom *Psilocybe cubensis. Drug Test Anal.* Feb;13(2):439-446. Doi: 10.1002/dta.2950.

Kapitel 5. Psilocybin ist nicht für alle geeignet

1. Goff, R., Smith, M., Islam, S., et al. 2024. Determination of psilocybin and psilocin content in multiple P*silocybe cubensis* mushroom strains using liquid chromatography–tandem mass spectrometry. *Analytica Chimica Acta* 1288:342161. Doi.org/10.1016/j.aca.2023.342161.
2. Griffiths, R. R., Johnson., M. W., Richards, W. A., et al. 2011. Psilocybin occasioned mystical-type experiences: immediate and persisting dose-related effects *Psychopharmacology* 218:649–665. Doi.org/ 10.1007/s00213-011-2358-5.
3. Kryskow, P., Stamets, P., La Torre, J., et al. 2024. »The mushroom was more alive and vibrant«: Patient reports of synthetic versus organic forms of psilocybin. *Journal of Psychedelic Studies* doi.org/10.1556/2054.2024.00379.
4. Griffiths, R. R., Richards, W. A., Johnson, M. W., et al. 2008. Mystical-type experiences occasioned by psilocybin mediate the attribution of personal meaning and spiritual significance 14 months later. *Journal of Psychopharmacology* 22:621–632.
5. Edinoff, A. N., Swinford, C. R., Odisho, A. S., et al. 2022. Clinically relevant drug interactions with monoamine oxidase inhibitors. *Health Psychology Research* 10(4):39576. Doi.org/10.52965/001c.39576.
6. Erritzoe, David et al., 2024. Effect of psilocybin versus escitalopram on depression symptom severity in patients with moderate-to-severe major depressive disorder: observational 6-month follow-up of a phase 2, double-blind, randomised, controlled trial. The Lancet Clinical-Medicine, Band 0, Ausgabe 0, 102799.
7. Chen, Y., Tian, P., Wang, Z., et al. 2022. Indole acetic acid exerts anti-depressive effects on an animal model of chronic mild stress. *Nutrients.* 14(23):5019. Doi: 10.3390/nu14235019.
8. Jabłońska-Ryś, E., Sławińska, A., Stachniuk, A., et al. 2020. Determination of biogenic amines in processed and unprocessed mushrooms from the Polish market. *Journal of Food Composition and Analysis* 92:103492. Doi. Org/10.1016/j.jfca.2020.103492.
9. Barnett, B. S., Koons, C. J., Van den Eynde, V., et al. 2024. Hypertensive emergency secondary to combining psilocybin mushrooms, extended release dextroamphetamine-amphetamine, and tranylcypromine. *J Psychoactive Drugs* 1–7. Doi:10.1080/02791072.2024.2368617.

10. Nayak, S. M., Jackson, H., Sepeda, N. D., et al. 2023. Naturalistic psilocybin use is associated with persisting improvements in mental health and wellbeing: results from a prospective, longitudinal survey. *Frontiers in Psychiatry* 14:1199642. Doi.org/10.3389/ fpsyt.2023.1199642.
11. Heim, R., Hofmann, A., Brack, A., et al. 1959. Psilocybin and psilocin and processes for their preparation. 20.8.1959, abgetreten an Sandoz, A. G. Patent Nr. 959045948. Eine frühere Patentanmeldung (Nr. 12217) wurde am 12.2.1958 beim Israelischen Patentamt mit demselben Titel und denselben Ansprüchen auch zugunsten von Sandoz eingereicht.
12. Stanislav Grof interviewt Dr. Albert Hofmann, Esalen Institute, Big Sur, California, 1984. https://maps.org/ news-letters/v11n2/11222gro.html.

Kapitel 6. Die Dosierung

1. Rootman, J. M., Kryskow, P., Harvey, K., et al. 2021. Adults who microdose psychedelics report health related motivations and lower levels of anxiety and depression compared to non-microdosers. *Scientific Reports* 11: 22479. Doi.org/10.1038/s41598-021-01811-4.
2. Rootman, J. M., Kryskow, P., Harvey, K., et al. 2021. Adults who microdose psychedelics report health related motivations and lower levels of anxiety and depression compared to non-microdosers. *Scientific Reports* 11: 22479. Doi.org/10.1038/s41598-021-01811-4.
3. Weiss, B., Roseman, L., Giribaldi, B. et al. 2024. Unique Psychological Mechanisms Underlying Psilocybin Therapy Versus Escitalopram Treatment in the Treatment of Major Depressive Disorder. *Int J Ment Health Addiction* 22, 806–841. Doi.org/10.1007/s11469-024-01253-9.
4. Weiss, B., Ginige, I., Shannon, L., et al. 2024. Personality change in a trial of psilocybin therapy v. escitalopram treatment for depression. *Psychological Medicine* 54(1):178–192. Doi.org/10.1017/S0033291723001514.
5. Araùjo, A. M., Carvalho, F., de Lourdes Bastos, M., et al. 2015. The hallucinogenic world of tryptamines: an updated review. *Archives of Toxicology* 89(8):1151–1173. Doi:10.1007/s00204-015-1513-x.
6. Vargas, M. V., Dunlap, L. E., Dong, C., et al. 2023. Psychedelics promote neuroplasticity through the activation of intracellular 5-HAT2A receptors. *Science* 379(6633):700–706. Doi.org/10.1126/science.adf0435.
7. Sherwood, A. M., Halberstadt, A. L., Klein, A. K., et al. 2020. Synthesis and biological evaluation of tryptamines found in hallucinogenic mushrooms: norbaeocystin, baeocystin, norpsilocin, and aeruginascin. *Journal of Natural Products* 83(2):461–467. Doi.org/10.1021/acs.jnatprod.9b01061.
8. Tobin, M. K., Musaraca, K., Disouky, A., et al. 2019. Human hippocampal neurogenesis persists in aged adults and Alzheimer's disease patients. *Cell Stem Cell* 24(6):974–982.e3. doi.org/10.1016/j.stem.2019.05.003.
9. Madsen, M. K., Fisher, P. M., Burmester, D., et al. 2019. Psychedelic effects of psilocybin correlate with serotonin 2A receptor occupancy and plasma psilocin levels. *Neuropsychopharmacology* 44:1328–1334.
10. Rootman, J. M., Kiraga, M., Kryskow, P., et al. 2022. Psilocybin microdosers demonstrate greater observed improvements in mood and mental health at one month relative to non-microdosing controls. *Scientific Reports* 12:11091: Doi.org/10.1038/s41598-022-14512-3.
11. Casarotto, P. C., Girych, M., Fred, S. M., et al. 2021. Antidepressant drugs act by directly binding to TRKB neurotrophin receptors. *Cell* 184(5):1299–1313.e19. doi.org/10.1016/j.cell.2021.01.034.
12. Moliner, R., Girych, M., Brunello, C. A., et al. 2023. Psychedelics promote plasticity by directly binding to BDNF receptor TrkB. *Nature Neuroscience* 26:1032– 1041. Doi.org/10.1038/s41593-023-01316-5.
13. Gasperi, V., Sibilano, M., Savini, I., et al. 2019. Niacin in the central nervous system: an update of biological aspects and clinical applications. *International Journal of Molecular Sciences* 20(4):974. Doi.org/10.3390/ijms20040974. PMID: 30813414; PMCID: PMC6412771.
14. Morris, M. C., Evans, D. A., Bienias, J. L., et al. 2004. Dietary niacin and the risk of incident Alzheimer's disease and of cognitive decline. *Journal of Neurology, Neurosurgery & Psychiatry* 75:1093–1099.
15. Kawagishi, H., Shimada, A., Shirai, R., et al. 1994. Erinacines A, B and C, strong stimulators of nerve growth factor (NGF)-synthesis, from the mycelia of *Hericium erinaceum. Tetrahedron Letters* 35(10):1569–1572. Doi.org/10.1016/S0040-4039(00)76760-8.
16. Eu, W. Z., Chen, Y. J., Chen, W. T., et al. 2021. The effect of nerve growth factor on supporting spatial memory depends upon hippocampal cholinergic innervation. *Translational Psychiatry* 11(1):162. Doi.org/0.1038/s41398-021-01280-3.
17. Saitsu, Y., Nishide, A., Kikushima, K., et al. 2019. Improvement of cognitive functions by oral intake of *Hericium erinaceus. Biomedical Research* 40(4):125–131. Doi.org/10.2220/biomedres.40.125.
18. Nagano, M., Shimizu, K., Kondo, R., et al. 2010. Reduction of depression and anxiety by 4 weeks *Hericium erinaceus* intake. *Biomedical Research* 31(4):231–237. doi.org/10.2220/biomedres.31.231.

19. Yang, P. P., Lin, C.-Y., Lin, T.-Y., et al. 2020. *Hericium erinaceus* mycelium exerts neuroprotective effect in Parkinson's disease: in vitro and in vivo models. *Journal of Drug Research and Development* 6(1). doi.org/10.16966/2470-1009.150.
20. de Veen, B. T. H., Schellekens, A. F. A., Verheij, M. M. M., et al. 2017. Psilocybin for treating substance use disorders? *Expert Review of Neurotherapeutics* 17(2):203–212. doi.org/10.1080/14737175.2016.1220834.
21. Pallav, K., Dowd, S., Villafuerte, J., et al. 2014. Effects of polysaccharopeptide from *Trametes versicolor* and amoxicillin on the gut microbiome of healthy volunteers. *Gut Microbes* 5(4):458–467. doi.org/10.4161/ gmic.29558.
22. Siegel, J. S., Subramanian, S., Perry, D., et al. 2024. Psilocybin desynchronizes the human brain. *Nature* 632:131–138. doi.org/10.1038/s41586-024-07624-5.
23. Nardou, R., Sawyer, E., Song, Y. J., et al. 2023. Psychedelics reopen the social reward learning critical period. *Nature* 618:790–798. doi.org/10.1038/s41586-023-06204-3.
24. Pollan, M. 2019. *How to Change Your Mind.* Penguin Books, New York.
25. Petri G., Expert P., Turkheimer F., Carhart-Harris R., et al. 2014. Homological scaffolds of brain functional networks. *J. R. Soc. Interface* 11:20140873. doi.org/10.1098/rsif.2014.0873.
26. Die Leser könnten von dem Kapitel »Good Tips for Great Trips« aus meinem 1996 erschienenen Buch *Psilocybin Mushrooms of the World* (Ten Speed Press, Berkeley) profitieren.
27. Johnson, M. W., Garcia-Romeu, A., Griffiths, R. R. 2017. Long-term follow-up of psilocybin-facilitated smoking cessation. *American Journal of Drug and Alcohol Abuse* 43(1):55–60. doi.org/10.3109/00952990.2016.1170135. Erratum in: *American Journal of Drug and Alcohol Abuse* 43(1):127. PMID: 27441452.
28. Bogenschutz, M. P., Ross, S., Bhatt, S., et al. 2022. Percentage of heavy drinking days following psilocybinassisted psychotherapy vs placebo in the treatment of adult patients with alcohol use disorder: a randomized clinical trial. *JAMA Psychiatry* 79(10):953–962. doi.org/10.1001/ jamapsychiatry.2022.2096.
29. Bahnbrechende Therapie. Verfügbar via https://www.fda.gov/patients/fast-track-breakthrough-therapyaccelerated-approval-priority-review/breakthroughtherapy. Siehe auch Saplakoglu, Y. 2019. FDA calls psychedelic psilocybin a »breakthrough therapy« for severe depression. Verfügbar via https://www.livescience.com/psilocybin-depression-breakthroughtherapy.html.
30. Griffiths, R. R., Johnson, M. W., Carducci, M. A., et al. 2016. Psilocybin produces substantial and sustained decreases in depression and anxiety in patients with life-threatening cancer: a randomized double-blind trial. *Journal of Psychopharmacology* 30(12):1181–1197. doi.org/10.1177/0269881116675513.
31. Nayak, S. M., Bari, B. A., Yaden, D. B., et al. 2023. A Bayesian reanalysis of a trial of psilocybin versus escitalopram for depression. *Psychedelic Medicine* 1(1):18–26. doi.org/10.1089/psymed.2022.0002.
32. Weiss, B., Ginige, I., Shannon, L., et al. 2023. Personality change in a trial of psilocybin therapy v. escitalopram treatment for depression. *Psychological Medicine* 54(1):178–192. doi.org/10.1017/S0033291723001514.
33. Gukasyan, N., Davis, A. K., Barrett, F. S., et al. 2022. Efficacy and safety of psilocybin-assisted treatment for major depressive disorder: prospective 12-month follow-up. *Journal of Psychopharmacology* 36(2):151–158. doi.org/10.1177/02698811211073759.
34. Goodwin, G. M., Aaronson, S. T., Alvarez, O., et al. 2022. Single-dose psilocybin for a treatment-resistant episode of major depression. *New England Journal of Medicine* 387(18):1637–1648. doi.org/10.1056/NEJMoa2206443.
35. Kettner, H., Gandy, S., Haijen, E. C. H. M., et al. 2019. From egoism to ecoism: psychedelics increase nature relatedness in a state-mediated and context-dependent manner. *International Journal of Environmental Research and Public Health* 16(24):5147. doi.org/10.3390/ ijerph16245147.
36. Forstmann, M., Kettner, H. S., Sagioglou, C., et al. 2023. Among psychedelic-experienced users, only past use of psilocybin reliably predicts nature relatedness. *Journal of Psychopharmacology* 37(1):93–106. doi.org/10.1177/ 02698811221146356.
37. Hendricks, P. S., Crawford, M. S., Cropsey, K. L., et al. 2018. The relationships of classic psychedelic use with criminal behavior in the United States adult population. *Journal of Psychopharmacology* 32(1):37–48. doi.org/10.1177/0269881117735685.
38. Thiessen, M. S., Walsh, Z., Bird, B. M., et al. 2018. Psychedelic use and intimate partner violence: the role of emotion regulation. *Journal of Psychopharmacology* 32(7):749–755. doi.org/10.1177/0269881118771782.
39. Jones, G., Ricard, J. A., Lipson, J., Nock, M. K. 2022. Associations between classic psychedelics and opioid use disorder in a nationally representative U.S. adult sample. *Scientific Reports* 12(1):4099. doi:10.1038/ s41598022-08085-4.

Kapitel 8. Die psilocybinhaltigen Arten

1. Gotvaldová, K., Borovička, J., Hájková, K., et al. 2022. Extensive collection of psychotropic mushrooms with determination of their tryptamine alkaloids. *International Journal of Molecular Sciences* 23(22):14068. doi.org/10.3390/ijms232214068.
2. Besl, H. 1993. *Galerina steglichii* spec. nov., ein halluzinogener Häubling. *Zeitschrift für Mykologie* 59(2):215–218.
3. Guzmán, G. 1995. Supplement to the monograph of the genus *Psilocybe*. Taxonomic monographs of agaricales. *Bibliotheca Mycologica* 159:91–141. www.researchgate.net/publication/254725842.
4. Bradshaw, A. J., Ramírez-Cruz, V., Awan, A. R., Dentinger, B. T. M. 2024. Phylogenomics of the psychoactive mushroom genus *Psilocybe* and evolution of the psilocybin biosynthetic gene cluster. *Proceedings of the National Academy of Sciences* 121(3):1–9. doi.org/10.1073/pnas.2311245121.
5. Fries, E. 1821. Systema mycologicum: sistens fungorum ordines, genera et species, huc usque cognitas, quas and normam methodi naturalis determinavit. *Ex Officina Berlingiana,* Lund, Sweden: 289. doi.org/10.5962/bhl.title.5378.
6. Cho, H. J., Lee, H., Park, J. Y., et al. 2016. Seven new recorded species in five genera of the Strophariaceae in Korea. *Mycobiology* 44(3):137–145. doi.org/10.5941/MYCO.2016.44.3.137.
7. Earle, F. S. 1906. Algunos hongos cubanos. *Información Anual Estación Central Agronomica Cuba* 1:225–242.
8. Singer, R. 1958. Mycological investigations on teonanácatl, the Mexican hallucinogenic mushroom. Part I. The history of teonanácatl, field work and culture work. *Mycologia* 50:239–261.
9. Guzmán, G. 1984. *The Genus* Psilocybe: *A Systematic Revision of the Known Species Including the History, Distribution and Chemistry of the Hallucinogenic Species.* J. Cramer Verlag, Liechtenstein.
10. Noordeloos, M. E. 1995. Strophariaceae Sing. & Smith. *Flora Agaricina Neerlandica* 4:81.
11. Singer, R., Smith, A. H. 1946. The taxonomic position of *Pholiota mutabilis* and related species. *Mycologia* 38(5):500–523. doi.org/10.1080/00275514.1946.12024074.
12. Noordeloos, M. E. 2011. Strophariaceae s. l. *Fungi Europaei* 13. Edizioni Candusso, Alassio, Italy.
13. Redhead, S. A., Moncalvo, J.-M., Vilgalys, R., et al. 2007. Proposal to conserve the name *Psilocybe* (Basidiomycota) with a conserved type. *Taxon* 56(1):255–257. www.jstor.org/stable/25065762.
14. McNeill, J., Turland, N. J., Monro, A., et al. 2011. XVIII International Botanical Congress: preliminary mail vote and report of Congress action on nomenclature proposals. *Taxon* 60(5):1507–1520. www.jstor.org/stable/41317562.
15. Borovička, J., Oborník, M., Stříbrný, J., et al. 2015. Phylogenetic and chemical studies in the potential psychotropic species complex of *Psilocybe atrobrunnea* with taxonomic and nomenclatural notes. *Persoonia* 34:1–9. doi.org/10.3767/003158515X685283.
16. Bradshaw et al. 2024. *Proceedings of the National Academy of Sciences* 121(3):1– 9. doi.org/10.1073/pnas.2311245121.
17. Favre, J. 1939. *Psilocybe turficola.* In Gargominy O. 2022. TAXREF. Version 4.9. UMS PatriNat (OFB-CNRSMNHN), Paris. Checklist dataset doi.org/10.15468/vqueam.
18. Borovička, J., Oborník, M., Stříbrný, J., et al. 2015. Phylogenetic and chemical studies in the potential psychotropic species complex of *Psilocybe atrobrunnea* with taxonomic and nomenclatural notes. *Persoonia* 34:1–9. doi.org/10.3767/003158515X685283.
19. Dentinger, B. 2023. Persönliches Gespräch mit dem Autor.
20. Miller, D. Danny's DNA Discoveries: *Psilocybe* of the PNW. https://www.alpental.com/psms/ddd/Hymenogastraceae/Psilocybe.htm.
21. Stamets, P., Gartz, J. 1995. A new caerulescent *Psilocybe* from the Pacific Coast of Northwestern North America. *Integration: Journal for Mind Moving Plants and Culture* 6:21–27. [MB#446057]
22. Sherwood, A. M., Halberstadt, A. L., Klein, A. K., et al. 2020. Synthesis and biological evaluation of tryptamines found in hallucinogenic mushrooms: norbaeocystin, baeocystin, norpsilocin, and aeruginascin. *Journal of Natural Products* 83(2):461–467. doi.org/10.1021/acs.jnatprod.9b01061.
23. Chadeayne, A. R., Pham, D. N. K., Reid, B. G., et al. 2020. Active metabolite of aeruginascin (4-hydroxyN,N,N-trimethyltryptamine): synthesis, structure, and serotonergic binding affinity. *ACS Omega* 5(27):16940–16943. doi.org/10.1021/acsomega.0c02208.
24. Gartz, J. 1989. Analysis of aeruginascin in fruit bodies of the mushroom *Inocybe aeruginascens. International Journal of Crude Drug Research* 27:141–144. doi.org/10.3109/13880208909053954.
25. Jensen, N., Gartz, J., Laatsch, H. 2006. Aeruginascin, a trimethylammonium analogue of psilocybin from the hallucinogenic mushroom *Inocybe aeruginascens. Planta Medica* 72:665–666.

26. Beug, M., Bigwood, J. 1981. Quantitative analysis of psilocybin and psilocin in *Psilocybe baeocystis* Singer & Smith by high-performance liquid chromatography and by thin-layer chromatography. *Journal of Chromatography* 207:370–385.
27. Beug, M., Bigwood, J. 1982. Psilocybin and psilocin levels in twenty species from seven genera of wild mushrooms in the Pacific Northwest (U.S.A.). *Journal of Ethnopharmacology* 5:271–278.
28. Canan, K., Ostuni S., Rockefeller. A., Birkebak, J. 2024. *Psilocybe caeruleorhiza:* a new, cold weather fruiting species of psilocybin containing mushroom from the Midwest in section *Aztecorum. McIlvainea* 33:3. [MB#853101]
29. Murrill, W. A., 1923. Dark spored agarics 5. *Psilocybe. Mycologia* 15:1–55.
30. Heim R. Wasson, R. G. 1958. Les champignons hallucinogènes du mexique. *Muséum d'Histoire naturelle* 268–71, Paris.
31. Bradshaw et al. 2024. *Proceedings of the National Academy of Sciences* 121(3):1– 9. doi.org/10.1073/pnas.2311245121.
32. Dentinger, B. 2023. Persönliches Gespräch mit dem Autor.
33. Singer, R., Smith, A. H. 1958. New species of *Psilocybe. Mycologia* 50:141–142.
34. Bradshaw et al. 2024. *Proceedings of the National Academy of Sciences* 121(3):1– 9. doi.org/10.1073/pnas.2311245121.
35. Goff, R., Smith, M., Islam, S., et al. 2024. Determination of psilocybin and psilocin content in multiple P*silocybe cubensis* mushroom strains using liquid chromatography–tandem mass spectrometry. *Analytica Chimica Acta* 1288:342161. Doi.org/10.1016/j.aca.2023.342161.
36. Gotvaldová, K., Hájková, K., Borovička, J., et al. 2021. Stability of psilocybin and its four analogs in the biomass of the psychotropic mushroom *Psilocybe cubensis. Drug Testing and Analysis* 13(2):439–446. doi.org/10.1002/dta.2950.
37. Stamets, P., Chilton, J. S. 1983. *The Mushroom Cultivator.* Agarikon Press, Olympia, Washington.
38. Stamets, P. 2000. *Growing Gourmet and Medicinal Mushrooms.* Ten Speed Press, Berkeley.
39. McTaggart, A.R., McLaughlin, S., Slot, J.C., et al. 2023. Domestication through clandestine cultivation constrained genetic diversity in magic mushrooms relative to naturalized populations. *Current Biology* 33(23):5147-5159. doi.org/10.1016/j.cub.2023.10.059.
40. Helbling, A., Horner, W. E., Lehrer, S. B. 1993. Comparison of *Psilocybe cubensis* spore and mycelium allergens. *Journal of Allergy and Clinical Immunology* 91(5):1059–1066. doi.org/10.1016/0091-6749(93)90220-a.
41. Beug, M., Bigwood, J. *Journal of Ethnopharmacology* 5:271–278.
42. Gartz, J. 1994. Extraction and analysis of indole derivatives from fungal biomass. *Journal of Basic Microbiology* 34(1):17–22. doi.org/10.1002/jobm.3620340104.
43. Stijve, T., Kuyper, T. W. 1985. Occurrence of psilocybin in various higher fungi from several European countries. *Planta Medica* 51(5):385–387. doi.org/10.1055/s-2007-969526.
44. Singer, R., Smith, A. H. 1958. Mycological investigation on teonanácatl, the Mexican hallucinogenic mushroom. Part II. A taxonomic monograph of *Psilocybe,* section Caerulescentes. *Mycologia* 50(2):262–303. doi.org/10.108 0/00275514.1958.12024726.
45. Stamets, P. E., Beug, M. W., Bigwood, J. E., Guzmán, G. 1980. A new species and new variety of *Psilocybe* from North America. *Mycotaxon* 11(2):476–484.
46. Guzmán, G. 2000. New species and new records of *Psilocybe* from Spain, the U.S.A. and Mexico, and a new case of poisoning by *Psilocybe herrerae. Documents Mycologiques* 29(116):41–52.
47. Gotvaldová, K., Borovička, J., Hájková, K., et al. 2022. Extensive collection of psychotropic mushrooms with determination of their tryptamine alkaloids. *Int J Mol Sci.* 15. Nov.;23(22):14068. doi:10.3390/ijms232214068.
48. Fernández-Sasia, R. 2006. *Psilocybe hispanica* Guzmán, un taxón novedoso en nuestro entorno. *Errotari* 3:73–76.
49. Akers, B., Piper, A., Ruiz, J. F., Ruck, C. 2011. A prehistoric mural in Spain depicting neurotropic *Psilocybe* mushrooms. *Economic Botany* 65(2):121–128. doi.org/10.1007/s12231-011-9152-5.
50. Guzmán, G. 1984. *The Genus* Psilocybe: *A Systematic Revision of the Known Species Including the History, Distribution and Chemistry of the Hallucinogenic Species.* J. Cramer Verlag, Liechtenstein.
51. Guzmán, G., Greene, J., Ramirez-Guillén, F. 2010. A new for science neurotropic species of *Psilocybe* (Fr.) P. Kumm. (Agaricomycetideae) from the western United States. *International Journal of Medicinal Mushrooms* 12(2):201–204. doi.org/10.1615/IntJMedMushr.v12.i2.110.
52. van der Merwe, B., Rockefeller, A., Kilian, A., et al. 2024. A description of two novel *Psilocybe* species from southern Africa and some notes on African traditional hallucinogenic mushroom use. *Mycologia* 116(5): 821–834.

53. Guzmán, G. 1983. *The Genus Psilocybe,* J. Cramer, Vaduz, Deutschland.
54. Stamets et al. 1980. *Mycotaxon* 11:476-484.
55. Stijve, T., Kuyper, T. W. 1985. Occurrence of psilocybin in various higher fungi from several European countries. *Planta Medica* 51(5):385–387. doi.org/10.1055/s-2007-969526.
56. Beug, M., Bigwood, J., 1982. *Journal of Ethnopharmacology* 5:271–278.
57. Borovička, J., Oborník, M., Stříbrný, J., et al. 2015. Phylogenetic and chemical studies in the potential psychotropic species complex of *Psilocybe atrobrunnea* with taxonomic and nomenclatural notes. *Persoonia* 34:1–9. doi.org/10.3767/003158515X685283.
58. Guzmán, G., Walstad, L., Gándara, E., et al. 2007. A new bluing species of *Psilocybe,* section *Stuntzii,* from New Mexico, USA. *Mycotaxon* 99:223–226.
59. Stamets, P., Chilton, J. 1983. *The Mushroom Cultivator.* Agarikon Press, Olympia, Washington.
60. Gartz, J., Reid, D., Eicker, A., Smith, M. T. 1995. *Psilocybe natalensis* sp. nov.: the first indigenous bluing member of the Agaricales of South Africa. *Integration* 6:29–34.
61. Gartz, J. (Taake, C., trans. & ed.) 1996. *Magic Mushrooms around the World: A Scientific Journey across Cultures and Time—The Case for Challenging Research and Value Systems.* LIS Publications, Los Angeles.
62. Ostuni, S., Rockefeller, A., Jacobs, J., Birkebak, J. 2024. *Psilocybe niveotropicalis:* a new species of psilocybin containing mushroom from South Florida. *McIlvainea* 33. https://namyco.org/wp-content/uploads/2024/03/New-Speciesofwood-lovingPsilocybe.pdf
63. Dentinger, B. 2024. Persönliches Gespräch mit dem Autor.
64. Gartz, J. 1994. Extraction and analysis of indole derivatives from fungal biomass. *Journal of Basic Microbiology* 34(1):17–22. doi.org/10.1002/jobm.3620340104.
65. Stijve, T., de Meijer, A. A. R. 1993. Macromycetes from the State of Parana, Brazil. 4. The psychoactive species. *Brazilian Archives of Biology and Technology* 36(2):313–329.
66. Guzmán, G., Bandala, V. M., Allen, J. W. 1993. A new bluing *Psilocybe* from Thailand. *Mycotaxon* XLVI:155–160.
67. Keay, S. M., Brown, A. E. 1990. Colonization by *Psilocybe semilanceata* of roots of grassland flora. *Mycological Research* 94(1):49–56. doi.org/10.1016/S09537562(09)81263-X.
68. Bradshaw, A. J., Ramìrez-Cruz, V., Awan, A. R., Dentinger, B. T. M. *Proceedings of the National Academy of Sciences* 121(3):1–9. doi.org/10.1073/pnas.2311245121.
69. Gartz, J. 1994. New aspects of the occurrence, chemistry and cultivation of European hallucinogenic mushrooms. *Annali del Museo Civico di Rovereto* 8:107–23.
70. Stijve, T., Kuyper, T. W. 1985. Occurrence of psilocybin in various higher fungi from several European countries. *Planta Medica* 51(5):385–387. doi.org/10.1055/s-2007-969526.
71. Christiansen, A. L., Rasmussen, K. E., Hoiland, K. 1981. The content of psilocybin in Norwegian *Psilocybe semilanceata. Planta Medica* 42:229–235.
72. Ohenoja, E., Jokiranta, J., Mäkinen, T., et al. 1987. The occurrence of psilocybin and psilocin in Finnish fungi. *Journal of Natural Product*s 50(4):741–744.
73. Bradshaw, A. J. 2022.
74. Keay, S. M., Brown, A. E. 1990. Colonization by *Psilocybe semilanceata* of roots of grassland flora. *Fungal Biology* 94; 49–56.
75. Gotvaldová, K., Borovička, J., Hájková, K., et al. 2022. Extensive collection of psychotropic mushrooms with determination of their tryptamine alkaloids. *International Journal of Molecular Sciences* 23(22):14068. doi.org/10.3390/ijms232214068.
76. Guzmán, G. 1995. Supplement to the monograph of the genus *Psilocybe.* Taxonomic monographs of agaricales. *Bibliotheca Mycologica* 159:91–141.
77. Beug M. 2011. The genus *Psilocybe* in North America. *Fungi Magazine.* 4(3):6–17.
78. Musshoff, F., Madea, B., Beike, J. 2000. Hallucinogenic mushrooms on the German market—simple instructions for examination and identification. *Forensic Science International.* 113(1–3): 389–95. doi:10.1016/S0379-0738(00)00211-5.
79. Chang, Y. S., Gates, G. M., Ratkowsky, D. A. 2006. Some new species of the Strophariaceae (Agaricales) in Tasmania. *Australasian Mycologist* 24:53–68.
80. Guzmán, G., Watling, R. 1978. Studies in Australian agarics and boletes. I. Some species of *Psilocybe. Notes of the Royal Botanic Garden Edinburgh* 36(1):199–210.
81. Siehe Kommentar Ref. 16. *bioRxiv* 12.13.520147. doi.org/10.1101/2022.12.13.520147.
82. Guzmán, G., Tapia, F., Stamets, P. 1997. A new bluing *Psilocybe* from U.S.A. *Mycotaxon* 65:191–196.

83. McTaggart, A., Scarlett, K., Slot, J., et al. 2023. Wood-loving magic mushrooms from Australia are saprotrophic invaders in the northern hemisphere. *Authorea.* doi:10.22541/au.170019739.91075425/v1.
84. Heim, R., Wasson, R. W. 1958. *Les champignons hallucinogènes du Mexique.* Editions du Museum National d'Histoire Naturelle, Paris.
85. Guzmán, G. 1984. *The Genus* Psilocybe: *A Systematic Revision of the Known Species Including the History, Distribution and Chemistry of the Hallucinogenic Species.* J. Cramer Verlag, Liechtenstein.
86. Strauss, D., Ghosh, S., Murray, Z., Gryzenhout, M. 2023. Global species diversity and distribution of the psychedelic fungal genus *Panaeolus. Heliyon* 9(6):e16338. doi.org/10.1016/j.heliyon.2023.e16338.
87. Ola'h, G. M. 1969. *Le genre Panaeolus: Essai taxonimique et physiologique*. Laboratoire de Cryptogamie, Paris.
88. Stijve, T., Kuyper, T. W. 1985. Occurrence of psilocybin in various higher fungi from several European countries. *Planta Medica* 51(5):385–387. doi.org/10.1055/s-2007-969526.
89. Gartz, J. 1989. Analyse der Indolderivate in Fruchtkörpern und Mycelien von Panaeolus subbalteatus (Berk. et Br.) Sacc. *Biochemie und Physiologie der Pflanzen* 184:171–78.
90. Gurevich L.S. 1993. Indole derivatives in certain *Panaeolus* species from east Europe and siberia. *Mycol. Res.* 97:251–254. doi:10.1016/S0953-7562(09)80249-9.
91. Stijve, T. 1992. Psilocin, psilocybin, serotonin and urea in *Panaeolus cyanescens* from various origin. *Persoonia* 15(1):117–121. Rijksherbarium, Hortus Botanicus, Leiden.
92. Laussmann, T., Meier-Giebing, S. 2010. Forensic analysis of hallucinogenic mushrooms and khat (*Catha edulis* Forsk) using cation-exchange liquid chromatography. *Forensic Science International.* 195(1–3):160–164. doi.org/10.1016/j.forsciint.2009.12.013.
93. Murrill, W. 1923. Dark spored agarics. *Mycologia* 15(1):17.
94. Smith, A. H. 1948. Dark spored agarics. *Mycologia* 40(6):685.
95. Gotvaldová, K., Borovička, J., Hájková, K., et al. 2022. Extensive collection of psychotropic mushrooms with determination of their tryptamine alkaloids. *International Journal of Molecular Sciences* 23(22):14068. doi.org/10.3390/ijms232214068.
96. Fayod, V. F. 1889. Prodrome d'une histoire naturelle des Agaricinés. *Annales des Sciences Naturelles, Botanique.* 9:181–411.
97. Hausknecht, A. 2009. Monograph of the Genera Conocybe Fayod, Pholiotina Fayod in Europe. Italien: Edizioni Candusso, Alassio. 2009.
98. Song, H. B., Bau, T. 2024. Resolving the polyphyletic origins of Pholiotina s.l. (Bolbitiaceae, Agaricales) based on Chinese materials and reliable foreign sequences. *Mycosphere* 15(1), 1595–1674, doi.10.5943/mycosphere/15/1/14.
99. Ohenoja, E., Jokiranta, J., Mäkinen, T., et al. 1987. The occurrence of psilocybin and psilocin in Finnish fungi. *Journal of Natural Products* 54(4):741–744.
100. Beug, M., Bigwood, J. *Journal of Ethnopharmacology* 5:271–278.
101. Christiansen, A. L., Rasmussen, K. E., Hoiland, K. 1984. Detection of psilocybin and psilocin in Norwegian species of *Pluteus* and *Conocybe. Planta Medica* 45: 341–343.
102. Gartz, J. 1992. New aspects of the occurrence, chemistry and cultivation of European hallucinogenic mushrooms. *Annali Musei Civic di Rovereto* 8:107–124.
103. Halama, M., Poliwoda, A., Jasicka-Misiak, I., et al. 2014. *Pholiotina cyanopus,* a rare fungus producing psychoactive tryptamines. *Open Life Sciences* 10(1):40–51. doi.org/10.1515/biol-2015-0005.
104. Hausknecht, A., Krisai-Greilhuber, I., Voglmayr, H. 2004. Type studies in North American species of Bolbitiaceae belonging to the genera *Conocybe* and *Pholiotina.* Österreichische Zeitschrift für Pilzkunde 13:153–235.
105. Guzmán-Dávalos, L., Mueller, G. M., Cifuentes, J., et al. 2003. Traditional infrageneric classification of *Gymnopilus* is not supported by ribosomal DNA sequence data. *Mycologia* 95:1204–1214. doi.org/10.2307/3761920.
106. Ein interessanter Bioassay aus den USA ist eine Erwähnung wert. David Arora (in *Mushrooms Demystified,* 1986:410, Ten Speed Press, Berkeley) berichtet über ein überraschtes Opfer, das nach dem Verzehr dieses Pilzes und unerwartet seinen Effekten erliegend, auf dem Weg ins Krankenhaus ausrief: »Wenn dies die Art ist, wie man an einer Pilzvergiftung stirbt, dann bin ich ganz dafür«.
107. Chaverra-Muñoz, L., Briem, T., Hüttel, S. 2022. Optimization of the production process for the anticancer lead compound illudin M: improving titers in shake-flasks. *Microb Cell Fact.* 21(1):98. doi:10.1186/s12934-022-01827-z.
108. Tanaka, M., Hashimoto, K., Okuno, T., Shirahama, H. 1993. Neurotoxic oligoisoprenoids of the hallucinogenic mushroom, *Gymnopilus spectabilis. Phytochemistry* 34(3):661–664. doi.org/10.1016/0031-9422(93)85335-O.
109. Hatfield, G. M., Valdes, L. J., Smith, A. H. 1978. The occurrence of psilocybin in *Gymnopilus* species. *Lloydia* 41:140–144.

110. Lee, I. K., Cho, S. M., Seok, S. J., Yun, B. S. 2008. Chemical constituents of *Gymnopilus spectabilis* and their antioxidant activity. *Mycobiology* 36(1):55–59. doi.org/10.4489/MYCO.2008.36.1.055.
111. Stijve, T., Kuyper, T. W. 1988. Absence of psilocybin in species of fungi previously reported to contain psilocybin and related tryptamine derivatives. *Persoonia* 13:463–465. https://www.repository.naturalis.nl/document/569679.
112. Thorn, R. G., Malloch, D. W., Saar, I., et al. 2020. New species in the *Gymnopilus junonius* group (Basidiomycota: Agaricales). *Botany* 98(6):293–315. doi.org/10.1139/cjb-2020-0006.
113. Hesler, L. R. 1969. North American species of *Gymnopilus. Mycological Memoirs* no. 3. Hafner Publishers, New York.
114. Hatfield, G. M., Valdes, L. J. 1978. The occurrence of psilocybin in *Gymnopilus* species. *Lloydia* 41(2):140–4. PMID: 565861.
115. Gartz, J. 1989. Occurrence of psilocybin, psilocin and baeocystin in *Gymnopilus purpuratus. Persoonia* 14:19–22.
116. Gartz, J. 1994. Extraction and analysis of indole derivatives from fungal biomass. *Journal of Microbiology* 34:17–22.
117. Tanaka, M., Hashimoto, K., Okuno, T., et al. 1993. Neurotoxic oligosoprenoids of the hallucinogenic mushroom *Gymnopilius spectabilis. Phytochemistry* 34(2):661–664.
118. Stijve, T., Kuyper, T. W. 1985. Occurrence of psilocybin in various higher fungi from several European countries. *Planta Medica* 51(5):385–387. doi.org/10.1055/s-2007-969526.
119. Stijve, T., Klan, J., Kuyper, T. W. 1985. Occurrence of psilocybin and baeocystin in the genus *Inocyb*e (Fr.) Fr. *Persoonia* 12(4):469–473.
120. Gotvaldová, K., Borovička, J., Hájková, K., et al. 2022. Extensive collection of psychotropic mushrooms with determination of their tryptamine alkaloids. *Int J Mol Sci.* 15. Nov.;23(22):14068. doi:10.3390/ijms232214068.
121. Stijve, T., Klan, J., Kuyper, T. W. 1985.
122. Gartz, J. 1986. Psilocybin in Mycelkulturen von *Inocybe aeruginascens. Biochemie und Physiologie der Pflanzen* 181(7):511–517. doi.org/10.1016/S0015-3796(86)80042-7.
123. Stijve, T., Klan, J., Kuyper, T. W. 1985.
124. Cullington, P., Outen, A. 2009. *Inocybe erinaceomorpha:* why it should be regarded as a good species. *Field Mycology* 10(1):11–14. doi.org/10.1016/S1468-1641(10)60490-2.
125. Andersson, C., Gry, J., Kristinsson, J., 2009. Occurrence and use of hallucinogenic mushrooms containing psilocybin alkaloids. *TemaNord* Nordisk Ministerråd.
126. Stijve, T., Kuyper, T. W. 1985. Occurrence of psilocybin in various higher fungi from several European countries. *Planta Medica* 51(5):385–387. doi.org/10.1055/s-2007-969526.
127. Christiansen, A. L., Rasmussen, K. E., Hoiland, K. 1984. Detection of psilocybin and psilocin in Norwegian species of *Pluteus* and *Conocybe. Planta Medica* 50(4):341–343. doi.org/10.1055/s-2007-969726.
128. Ohenoja, E., Jokiranta, J., Mäkinen, T., et al. 1987. The occurrence of psilocybin and psilocin in Finnish fungi. *Journal of Natural Products* 50(4):741–744. doi.org/10.1021/np50052a030.
129. Stijve, T., Kuyper, T. W. 1985. Occurrence of psilocybin in various higher fungi from several European countries. *Planta Medica* 51(5):385–387. doi.org/10.1055/s-2007-969526.
130. Christiansen, A. L., Rasmussen, K. E., Hoiland, K. 1984.

Weiterführende Quellen

Einige von vielen hilfreichen Feldführern

Fungi of Temperate Europe von Jens H. Petersen and Thomas Læssøe (Princeton University Press, 2019)

Mushrooms of British Columbia von Andy MacKinnon und Kem Luther (The Royal British Columbia Museum, 2021)

Mushrooms of Cascadia: A Comprehensive Guide to Fungi of the Pacific Northwest von Noah Siegel und Christian Schwarz (Backcountry Press, 2024)

Mushrooms of Cascadia, Second Edition: An Illustrated Key to the Fungi of the Pacific Northwest von Michael Beug (Ten Speed Press, 2024)

Mushrooms of the Pacific Northwest von Steve Trudell und Joe Ammirati (Timber Press, 2009)

Webseiten

Effekte und Toxikologie von Pilzen

Hinweis: Aufgrund der Bestimmungen des Health Insurance Portability and Accountability Act (HIPPA) können in den USA nur sehr wenige Patienteninformationen mit Pilzspezialisten geteilt werden, was die Möglichkeiten von Mykologen einschränkt, bei der Diagnose und der Behandlung zu helfen.

Erowid – erowid.org

North American Mycological Association – namyco.org

Pilzbestimmung und Information

Hinweis: Es ist nicht möglich, sich für die korrekte Pilzbestimmung ausschließlich auf Webseiten zu verlassen. Seien Sie sich immer absolut sicher, dass ein Pilz essbar und nicht giftig ist, bevor Sie ihn selbst essen oder anderen zum Verzehr anbieten.

Danny's DNA Discoveries – alpental.com/psms/ddd/

Global Biodiversity Information Facility – gbif.org

iNaturalist – inaturalist.org

Index Fungorum – indexfungorum.org

Mushroom Expert – mushroomexpert.com

Mushroom Observer – mushroomobserver.org

MycoBank – mycobank.org

MycoMatch – mycomatch.com

Die Aussprache der lateinischen Pilznamen

Hören Sie sich die Aussprache der lateinischen Namen der Pilze des amerikanischen Mykologen Dr. Alexander Smith und des europäischen Mykologen Dr. Rolf Singer an. Erstellt von Kit Scates Barnhart und Kenneth W. Cochran für das Education Committee, North American Mycological Society.

Snohomish County Mycological Society scmsfungi.org (unter dem Tab »Mycology«)

Psilocybinkirchen und religiöse Gemeinschaften

The Church of Ambrosia, Oakland, California ambrosia.church

The Divine Assembly, Salt Lake City, Utah thedivineassembly.org

The Healing Warrior Church, Austin, Texas healingwarriorfoundation.org

Lotus Entheogenic Church, Oakland, California lotuschurch.com

Informationen zur Mikrodosierung

Have A Good Trip: Exploring The Magic Mushroom Experience von Eugenia Bone (Flatiron Books, 2024)

Microdosing: Health, Healing, and Enhanced Performance von James Fadiman und Jordan Gruber (St. Martin's Essentials, 2025)

Pilz-Nahrungsergänzungsmittel

Host Defense – hostdefense.com

Fungi Perfecti, LLC – fungi.com

Laufend aktualisierte Zusammenfassungen von wissenschaftlichen Referenzen – mushroomreferences.com

Dieses Buch ist Teil einer Geschichte ohne Ende. Weitere laufende Updates zu *Psilocybinpilze und ihre Lebensräume* finden Sie auf psilocybinmushroomsintheirnaturalhabitats.com.

Bildnachweis

Alle Fotografien mit Ausnahme der nachfolgend gelisteten sind von Paul Stamets.

Umschlagvorderseite:
Psilocybe weraroa (oben rechts) von D. B. Townsend; *Psilocybe hoogshagenii* (Mitte rechts), *Psilocybe cubensis* (Mitte links) und *Psilocybe caerulescens* (unten links) von Alan Rockefeller; *Psilocybe baeocystis* (unten rechts) von Paul Stamets.

Umschlagrückseite:
Christian Schwarz (*Psilocybe semilanceata*)

Seite 2, 88 und 229 von Pamela Kryskow
Seite 6 »The Generous Queen« von Autumn Skye, 30" × 40" Acryl auf Canvas 2024
Seite 8, 30 und 48 von Dr. Patrick C. Hickey
Seite 10 von John Stamets
Seite 18, 22 und 98 von Alex Grey
Seite 19, 193, 198 und 202 von Bryn Dentinger
Seite 20 von Gary Lincoff
Seite 25 von Jonathan Meader
Seite 25 und 27 von Jean-Dominique Lajoux
Seite 27, 161, 162 und 185 von Ignacio Seral Bozal
Seite 27 von unbekannt
Seite 28 von Dakota Wint
Seite 29 von der Eric P. Newman Numismatic Education Society
Seite 31 von unbekannt
Seite 35 von Dusty Yao
Seite 35 von Casey Mullen
Seite 37 von unbekannt
Seite 41, 42 und 44 von Allan B. Richardson, mit freundlicher Genehmigung von The Tina & Gordon Wasson Ethnomycological Collection, Harvard University
Seite 41 und 44 von Inti García Flores
Seite 41 von Don José Ávila
Seite 49 von Azureus Stamets
Seite 50 von Bill Stamets
Seite 50 und 51 von Chris W. Nelson
Seite 51 mit freundlicher Genehmigung von MAPS
Seite 51 mit freundlicher Genehmigung von Roland Griffiths
Seite 54 mit freundlicher Genehmigung von Bryn Dentinger
Seite 56 von Rich Locus
Seite 56 von Jeremy Bigwood
Seite 57 und 58 von Cosmo Sheldrake
Seite 60 von Lee Stein
Seite 70 von Dave Hodges
Seite 71 und 170 von Nicolas Schwab
Seite 72 und 153 von Kit Scates Barnhart
Seite 72, 122, 125, 189 und 205 von Michael W. Beug
Seite 92 von Mark Henson
Seite 108 von Public Domain
Seite 109 von Josh Siegel
Seite 111 von Amanda Feilding, Countess of Wemyss
Seite 112 von Paul Noth
Seite 122, 127, 128 und 129 von Kit Scates Barnhart und Michael W. Beug
Seite 124, 125 und 128 von João Silva
Seite 126 von Steve Cividanes
Seite 129 von Harley Barnhart und Michael W. Beug
Seite 129 von Erlon Bailey
Seite 130 von Nelson Andres Masis
Seite 135, 136, 138, 147, 148, 151, 152, 163, 164, 172, 173, 174, 179, 200, 201, 208, 215, 222 und 227 von Alan Rockefeller
Seite 137 von Renée Lebeuf
Seite 145 von Santiago Tiscornia
Seite 145 und 146 von Kyle Canan
Seite 149, 183, 192, 213 und 223 von Christian Schwarz
Seite 160 von Alfred DH
Seite 165 und 178 von T. Moult
Seite 166 von Jelte Vredenbregt
Seite 167 von Benhadja Ahmed Riadh (truth_hunterr)
Seite 168 von J. A. Cooper
Seite 169 und 170 von David Taylor
Seite 169 von Jon Mac Gillivray
Seite 170, 171 und 187 von Gerhard Suttner
Seite 175 von Jochen Gartz
Seite 176, 177, 195 und 208 von Scott Ostuni
Seite 179 von Richard Gaines
Seite 182 von John W. Allen
Seite 186 von Nikola Lačković
Seite 188 von Giuliani Furci
Seite 194 von Jordan T. Jacobs
Seite 196 von Beryl Duck
Seite 196 von Michael Wallace
Seite 197 von Anonymus
Seite 198 von D. B. Townsend
Seite 199 von James Conway
Seite 205 von Julio Alvarez
Seite 217 von Tom Bigelow
Seite 218 von Mycellenz, WikiCommons
Seite 219 von Annie Weissman
Seite 221 von Werner Diekow
Seite 225 von Felice Di Palma-Rome
Seite 226 von Taylor Bright
Seite 227 von Seymour Burgess
Seite 227 von Andrew Kunik
Seite 227 von Iván Pérez Muñoz

Register

Über den Autor

Paul Stamets, Autor von sieben Büchern, ist seit fünfzig Jahren Mykologe. Er hat neue psilocybinhaltige Pilzarten benannt, eine neue Art wurde kürzlich zu Ehren seines lebenslangen Beitrags zur Mykologie *Psilocybe stametsii* genannt.

Stamets ist Erfindungsbotschafter für die American Association for the Advancement of Science und wurde 2020 in The Explorer's Club eingeführt. Er hat zahlreiche Auszeichnungen erhalten, unter anderen den National Mycologist Award der North American Mycological Association, den Gordon and Tina Wasson Award von der Mycological Society of America, den Disruptor Award von NextMed und den Lifetime Achievement Award von SynBioBeta für sein Lebenswerk.

Als hingebungsvoller Erdenbürger und Hüter des Wissens ist Stamets führend im Schutz von Ökosystemen mit Fokus auf der Rolle des Myzels und der Pilze und vertritt die Philosophie, dass »MycoDiversity is BioSecurity« (in etwa: Mykodiversität bedeutet Biostabilität). Er finanziert Forschung zur Rettung seltener Pilzstämme, die in den Primärwäldern leben, und glaubt, dass diese Wälder ein großes Reservoir an Arten beherbergen, die für den Kampf gegen Pandemien wesentlich sind. Er hat mit Pilzmyzel zu etlichen klinischen Studien zur Unterstützung des Immunsystems beigetragen. Er arbeitet mit zahlreichen akademischen wissenschaftlichen Organisationen und Forschungsinstituten zusammen. Seine Forschung wird von Vordenkern der Bewusstseinserweiterung als Durchbruch angesehen, welche die Gesundheit von Ökosystemen weltweit verbessern kann.

Seine Arbeit fand selbst Eingang in die etablierte Populärkultur, als ein Astromykologe aus der CBS-Serie Star Trek: Discovery als Lt. Commander Paul Stamets nach ihm benannt wurde. Seine Arbeit mit Myzel ist zum zentralen Thema der Serie geworden. Darüber hinaus ist Stamets der Hauptführer in der Dokumentation *Fantastische Pilze.*

Als Hüter der Weisheit führt sein Leben die Tradition fort, das Wissen der vorangegangenen Generationen weiterzugeben, neue Entdeckungen zugunsten der nächsten Generationen von Mykologen zu machen und durch Pilze Brücken zwischen Kulturen und Kontinenten zu bauen. Paul Stamets lebt im Staat Washington.

Dieses Buch hat zum Ziel, den Leser mit nützlichen Informationen über eine Vielfalt an Pilzen und deren potenziellen Nutzen zu versehen. Der Autor sowie der Herausgeber sind nicht verantwortlich für Fehler bei der Identifizierung von Pilzarten und geben keine Zusicherung zu deren Sicherheit oder gesundheitlichen Vorzügen ab. Es bestehen Risiken beim Verzehr wilder Pilze; er kann zu Erkrankung und sogar zum Tode führen. Manche Pilze, die für die meisten Menschen nicht giftig sind, können bei anderen Erkrankungen auslösen. Der Autor sowie der Herausgeber geben keine Garantien bezüglich des Verzehrs wilder Pilze und übernehmen keine Verantwortung für jedwede Folgen oder gesundheitliche Probleme, die aus dem Vertrauen auf die hier gegebenen Informationen oder aus dem Kontakt mit oder dem Verzehr von im Buch beschriebenen Pilzen resultieren. Alle Personen, die Pilze oder jedwede anderen potenziell gefährlichen Fungi zu sich nehmen, handeln auf eigenes Risiko und sollten keine Pilze mit unbekannter Herkunft verzehren.

Die Originalausgabe dieses Buches ist unter dem Titel »Psilocybin Mushrooms in their Natural Habitats: A Guide to the History, Identification, and Use of Psychoactive Fungi« 2025 bei Ten Speed Press, einem Imprint der Crown Publishing Group, einem Unternehmensbereich von Penguin Random House LLC, New York, erschienen.

Diese Ausgabe ist eine von Ten Speed Press, einem Imprint der Crown Publishing Group, einem Unternehmensbereich von Penguin Random House LLC, genehmigte Lizenzausgabe.

Aus dem Amerikanischen übersetzt von Daniela Janz.

AT Verlag AG, Aarau und München
Fachlektorat: Markus Berger
Gestaltung und Satz: AT Verlag, Aarau
Druck und Bindearbeiten: Firmengruppe APPL, aprinta druck, Wemding

Printed in Germany

MIX
Papier | Fördert gute Waldnutzung
FSC® C004592

ISBN 978-3-03902-295-3

Für Herstellung und Einfuhr in die EU: AT Verlag AG, Bahnhofstraße 41, 5000 Aarau, Schweiz, info@at-verlag.ch; AT Verlag Deutschland, c/o Liberté Buchservice GmbH, Fruchthof, Gotzinger Straße 52b, 81371 München, Deutschland, info@atverlag.de

www.at-verlag.ch

Der AT Verlag wird vom Bundesamt für Kultur für die Jahre 2026–2028 mit einem Strukturbeitrag unterstützt.